高产水稻氮肥高效利用原理与技术

杨建昌 刘立军 张 耗 著

科学出版社

北 京

内 容 简 介

本书围绕水稻产量与氮肥利用率协同提高的科学和技术问题，解析了我国水稻品种在演进过程中产量和氮肥利用率的变化特点及高产与氮高效品种的农艺与生理特征，论述了实地氮肥管理技术在高产稻区的适用性和超高产栽培水稻的养分吸收利用规律，重点阐述了氮肥高效利用的“三因”氮肥施用技术、综合栽培技术、水氮耦合调控技术协同提高水稻产量与氮肥利用率的技术原理、方法、试验示范应用效果及稻米品质效应，从群体冠层结构与功能、光氮分布与匹配、内源激素间平衡、碳氮代谢酶活性和根系形态生理等方面揭示了水稻高产与氮高效利用协同的生物学机制。书中所有图表数据来自作者课题组的研究结果，其中许多数据是首次呈现。

本书具有科学性和实用性，理论联系实际，具有较强的可读性和可操作性，可供农业科研人员、农业院校师生、农技推广人员和广大稻农在科研生产和示范推广应用中参考。

图书在版编目（CIP）数据

高产水稻氮肥高效利用原理与技术/杨建昌，刘立军，张耗著. —北京：科学出版社，2022.3

ISBN 978-7-03-071805-1

Ⅰ. ①高… Ⅱ. ①杨… ②刘… ③张… Ⅲ. ①水稻栽培－氮肥－施肥 Ⅳ. ①S511.062

中国版本图书馆 CIP 数据核字（2022）第 042204 号

责任编辑：李秀伟 / 责任校对：宁辉彩
责任印制：吴兆东 / 封面设计：刘新新

科 学 出 版 社 出版
北京东黄城根北街 16 号
邮政编码：100717
http://www.sciencep.com

北京中科印刷有限公司 印刷
科学出版社发行 各地新华书店经销
*
2022 年 3 月第 一 版 开本：720×1000 1/16
2023 年 1 月第二次印刷 印张：17 3/4
字数：355 000

定价：198.00 元

（如有印装质量问题，我社负责调换）

前　言

水稻是世界上主要的粮食作物，为30多亿人口提供了近60%的饮食热量。水稻在我国是最主要的口粮作物，全国有60%以上的人口以稻米为主食。随着人口增长和经济发展，我国的粮食需求仍将呈现持续刚性增长。要保障2030年我国粮食安全，水稻总产年均增长率要达到2.0%。在水稻种植面积扩大潜力非常有限的形势下，大面积持续提高水稻单产是保障我国粮食安全的唯一选择。氮素则是水稻等作物的“粮食”，也是水稻生产成本投入的主要部分。长期以来，我国一直以增加氮肥投入提高单位面积水稻产量。目前，我国水稻氮肥消费量高达570万t，位居世界第一，占世界水稻氮肥消费总量的37%。我国水稻氮肥用量平均为180kg/hm^2（高产太湖稻区氮肥平均施用量达270kg/hm^2），比世界单位面积稻田氮肥平均用量高出75%左右，平均氮肥农学利用率（单位施氮量增加的产量）不足12kg/kg N，不到发达国家的一半。氮肥投入量高、利用效率低不仅增加生产成本、降低稻米品质和稻农收入，而且会造成严重的环境污染。持续提高水稻产量是否必须依赖于氮肥的大量投入？水稻产量与氮肥利用率能否协同提高？这是国内外关注的热点和重大研究课题，也是学术界仍在争论的重大科学命题。

为了提高水稻产量和氮肥利用率，我国农业科研工作者对水稻氮肥吸收规律、氮肥的损失途径和施用技术等进行了大量研究，创建、集成或引进了一系列水稻氮肥施肥技术，如区域平均适宜施氮量法、测土配方施肥技术、实地氮肥管理、精确定量施肥技术、“三定”栽培技术、“三控”施肥技术等。这些技术对提高水稻产量和氮肥利用率，减少氮素损失对环境的不利影响发挥了重要作用。但是，目前我国水稻氮肥利用率仍明显低于世界平均水平，氮肥供应仍然不能很好地与土壤供肥能力、水稻品种需肥特性及不同生育期对氮素需求相匹配，水、氮与产量效应不耦合导致氮肥利用率低的问题仍然突出，水稻产量与氮肥利用率协同提高的生物学机制仍不清楚。研究并阐明高产水稻氮肥高效利用的原理与技术，对于解答水稻产量与氮肥利用率协同提高的科学问题，建立绿色、高效、优质和可持续发展的水稻生产技术体系，保证我国粮食安全具有十分重要的理论和实践意义。

本书作者长期从事水稻高产及氮肥高效利用理论与技术的研究并取得了重要进展：探明了中熟籼、粳稻品种在改良过程中产量和氮吸收利用的变化特点，从植株形态生理方面解析了其原因；明确了长江下游主栽粳稻品种对氮肥响应的特点，筛选出高产氮敏感性（高产氮高效）水稻品种，并阐明了高产氮敏感水稻品种的生理生化机理；引进并改进了国际水稻研究所研发的水稻实地氮肥管理技术，分析了该技术在高产稻区的适用性和应用效果；构建了水稻超高产栽培技术体系，揭示了超高产栽培水稻群体生长发育和养分吸收规律，探明了超高产水稻主要生育期氮、磷、钾吸收指标；创建了氮肥高效利用的“三因”（因地力、因叶色、因品种）氮肥施用技术、综合栽培技术和水氮耦合调控技术，从群体冠层结构与功能、光氮分布与匹配、内源激素间平衡、碳氮代谢酶活性和根系形态生理等方面阐明了氮肥高效利用栽培技术协同提高水稻产量和氮肥利用率的生物学机制。建立的水稻高产与氮肥高效利用技术在江苏、安徽、上海、黑龙江、江西、广东等省（直辖市）示范应用，取得了十分显著的节氮、增产和氮肥高效利用的效果，并可改善稻米品质，减少稻田甲烷等温室气体的排放。研究成果“水稻高产与水分养分高效利用栽培技术的研究与应用”获教育部科学技术进步奖一等奖；完成的“水稻产量与水氮利用效率协同提高的关键栽培技术创新及应用”研究成果通过了由中国农学会组织的成果评价并入选国家成果库。本书内容是上述研究成果的总结和凝练，书中所有图表数据均来自作者课题组的研究结果，许多数据是首次呈现。

扬州大学杨建昌教授撰写了本书的第 1、第 3、第 4、第 7 和第 9 章，并负责全书的统稿；刘立军教授撰写了第 2、第 5 和第 6 章；张耗教授撰写了第 8 和第 10 章。

扬州大学朱庆森教授和张洪程院士、中国农业大学张福锁院士、香港浸会大学张建华教授、华中农业大学彭少兵教授和黄见良教授、广东省农业科学院钟旭华研究员、湖南农业大学邹应斌教授和唐启源教授、中国科学院南京土壤研究所颜晓元研究员、中国农业科学院赵明研究员和张卫建研究员、山东省农业科学院王法宏研究员、东北农业大学刘元英教授和彭显龙教授对我们开展水稻高产及氮肥高效利用理论与技术研究提供了指导和帮助。在本项技术的研究过程中，先后有 20 多位博士和硕士研究生直接参与了研究工作并完成了他们的学位论文，尤其是杜永、朱宽宇、陈新红、徐国伟、褚光、薛亚光、剧成欣、付景、常二华等博士研究生，吴长付、徐伟、陈露、杨凯鹏、盛家艳、余超、陈颖、申勇、李鸿伟、杨立年、张文虎等硕士研究生在研究中取得了新的重要结果。作者所在课题组的王志琴、张祖建、顾骏飞、张伟杨、袁莉民、张亚洁、徐云姬等老师参加了本项技术的部分研究工作。扬州大学顾世梁教授为试验数据的统计分析提供了支持。江苏、安徽、上海、黑龙江、江西、广东等省（直辖市）的许多稻作科技人员、农业推广专家和稻农参与了本项技术的示范和推广应用。谨此一并致谢！

高产水稻氮肥高效利用原理与技术的研究及本书的撰写得到 973 计划、863 计划、科技支撑计划、公益性行业（农业）科研专项、国家重点研发计划、国家自然科学基金、江苏省自然科学基金、扬州大学江苏省作物遗传生理重点实验室、扬州大学江苏省作物栽培生理重点实验室、江苏省粮食作物现代产业技术协同创新中心、扬州大学高端人才支持计划、国际水稻研究所、香港浸会大学研究基金会的资助，在此表示衷心感谢！

由于时间仓促和作者水平有限，书中不足之处在所难免，恳望读者批评指正。

杨建昌

2021 年 7 月 5 日

目　录

图 表 目 录

第1章　概　　论

水稻（*Oryza sativa* L.）是世界上最主要的粮食作物之一，为30多亿人口提供了近60%的饮食热量[1,2]。水稻是我国最主要的口粮作物，稻谷产量约占粮食产量的1/3，全国有2/3的人口以稻米为主食，持续提高水稻产量对保障我国乃至世界的粮食安全和人民的生活水平具有极其重要的作用[3,4]。长期以来，我国水稻生产以矮秆、抗倒、耐肥品种的培育和应用为基础，以增加化肥、农药和水资源的用量为手段，大幅度地提高了单位面积的产量，使我国水稻单产从1950年的2.1t/hm^{2}增加到2020年的7.08t/hm^2，单产在世界主要产稻国中名列前茅，为促进我国经济发展做出了重要贡献[4-6]。但与此同时也形成了高投入、高产出、高污染、低效益的“三高一低”生产模式，给社会、经济和环境带来了巨大的压力[5-8]。氮素是水稻生产中的关键因子，也是水稻生产成本投入的主要部分。多年来我国水稻增产过度依赖氮肥的大量投入，氮肥利用率低[9-12]。目前我国水稻平均氮肥施用量（折合纯氮，下同）为180kg/hm^2，高出世界水稻氮肥平均施用量的75%；在高产的太湖稻区，氮肥平均施用量达270kg/hm^2，较全国一季水稻的平均氮肥施用量高出50%，氮肥平均农学利用率（单位施氮量增加的产量）不足12kg/kg N，不到发达国家的一半[13-16]。氮肥投入量过多、利用效率低不仅增加生产成本，而且还会造成严重的环境污染并降低稻米品质[15-18]。随着我国社会经济发展和消费升级，以及受外部形势等影响，持续提高水稻单产水平仍是刚性需求[19-21]。持续提高水稻产量是否必须依赖于氮肥的大量投入？水稻产量与氮肥利用率能否协同提高？这是国内外关注的热点，也是学术界仍在争论的重大科学命题[5,19-23]。探明高产水稻氮肥高效利用的原理与技术，对于解答水稻产量与氮肥利用率协同提高的科学问题，建立绿色、高效、优质和可持续发展的水稻生产技术体系，保障我国粮食安全具有十分重要的理论和实践意义。

1.1　氮肥（素）利用率的评价指标

氮肥或氮素利用率常用的定量评价指标有氮素干物质利用率、氮素产谷利用率、氮肥吸收利用率、氮肥生理利用率、氮肥农学利用率、氮肥偏生产力等，这些指标从不同角度反映了作物对氮肥或氮素的吸收利用状况[24-26]。

1.1.1 氮素利用率

计算氮素利用率时无须设立氮空白区，直接以水稻吸氮量表示水稻对氮素的利用效率。又可分为氮素干物质利用率和氮素籽粒生产效率两种。

氮素干物质利用率（biomass nitrogen use efficiency，BE_N），又称为氮素干物质生产效率、氮素生物产量利用率等，表示水稻吸收单位氮素所能产生的干物质的量。其计算公式为 BE_N（kg/kg N）＝某一生育时期地上部水稻生物产量/对应生育时期的水稻吸氮量。用该指标可了解水稻不同生育阶段的氮素吸收利用状况。

氮素产谷利用率（grain nitrogen use efficiency，GE_N 或 internal efficiency，IE_N），又称为氮素籽粒生产效率、氮素体内利用效率等，表示水稻吸收单位氮素所能产生的稻谷数量。其计算公式为 IE_N（kg/kg N）＝稻谷产量/成熟期水稻吸氮量。在较好的栽培管理及无明显其他限制因素的情况下，氮素籽粒生产效率可达 68kg/kg N[27]。我国目前水稻生产中的氮素籽粒生产效率，粳稻和籼稻分别在 40～50kg/kg N 和 45～55kg/kg N[15,28]。

以上两个指标均是以水稻植株吸氮量来衡量水稻氮素利用效率的，而水稻吸氮量来源于两个方面，一方面是来源于施入土壤的氮素，另一方面是来源于土壤本身的氮素包括灌溉水、干湿沉降、生物固氮等。因此，上述两个指标无法真正反映当季施入土壤的氮肥利用率。因此通常称之为氮素利用率。

1.1.2 氮肥利用率

通过设立无氮区（不施氮区或氮空白区），在计算氮肥利用率时需减去无氮区的本底值。主要指标有氮肥吸收利用率、氮肥生理利用率和氮肥农学利用率等。

氮肥吸收利用率（recovery efficiency，RE_N），也称为回收利用率，表示被地上部植株吸收的氮占施入土壤的肥料氮的比例。其计算公式为 RE_N（%）＝（施氮区作物吸氮量－氮空白区作物吸氮量）/作物施氮量×100。氮肥吸收利用率的高低不仅与施肥技术有关，而且与施用氮肥的种类有密切关系。在较好的栽培管理条件下，氮肥吸收利用率可达 50%以上，甚至 80%[29-31]。我国大多数农户稻田氮肥吸收利用率一般低于 40%[24-26,32-34]。通常，我国水稻碳铵的吸收利用率低于 30%，尿素的吸收利用率为 30%～40%[35-37]。

氮肥生理利用率（physiological efficiency，PE_N）反映了作物将所吸收的肥料氮素转化为经济产量的能力，其定义为作物因施用氮肥而增加的产量与相应的植株氮素增加量的比值。其计算公式为 PE_N（kg/kg N）=（施氮区籽粒产量－氮空白区籽粒产量）/（施氮区植株吸氮量－氮空白区植株吸氮量）。氮肥生理利用率受到水稻品种、施氮量等多种因素的影响，在氮肥运筹较好的情况下，氮肥生理利用率约为 50kg/kg N[24-26]。一般认为，在温带地区，在适宜的施氮量条件下，水稻的氮肥生理利用率比热带稻区要高 20%左右[29]。当氮肥过量施用时，会造成水稻对氮素的奢侈吸收，降低氮肥生理利用率，我国南方水稻的氮肥生理利用率为 25～35kg/kg N[24-26,38-40]。

氮肥农学利用率（agronomic use efficiency，AE_N），是指施入单位氮肥所能增加的稻谷产量。其计算公式为 AE_N（kg/kg N）=（施氮区水稻产量－氮空白区水稻产量）/施氮量。施氮方式、氮肥施用技术、气候条件等对氮肥农学利用率有很大影响。氮肥深施或施用缓控释氮肥，农学利用率可达 20～30kg/kg N[41-43]。有学者认为，在较好的营养及作物管理条件下，水稻的氮肥农学利用率应大于或等于 20kg/kg N[27]。在我国，水稻的氮肥农学利用率在 1958～1965 年为 15～20kg/kg N，近 30 年南方稻区的氮肥农学利用率平均不到 12kg/kg N[12-16,44]。

氮肥吸收利用率反映了氮肥投入被植株吸收的状况。氮肥生理利用率和氮肥农学利用率反映了氮素投入与产出之间的关系，可以衡量氮肥的投入对产量增加的贡献度。长期以来，我国将氮肥吸收利用率作为氮肥利用率的一个重要评价指标。但有研究表明，在高投入超高产栽培条件下，氮肥吸收利用率较高（>50%），但氮肥的农学利用率、生理利用率并不高（AE_N<15kg/kg N，PE_N<30kg/kg N）[15,45-47]。说明在高投入超高产栽培条件下稻株吸收的氮并没有充分地在增加产量上发挥作用，吸收的氮滞留在稻草中，形成氮的奢侈吸收。所以氮肥吸收利用率指标并不能充分反映施氮的增产效应或经济效益；而氮肥的农学利用率直接反映了施氮的增产效率，且该指标不需要测定稻株中含氮量和氮积累量，计算方便。鉴于此有人认为，在生产上用氮肥农学利用率评定氮肥利用率及作为计算施氮总量的一个参数更为直接和简单[22-24,45-47]。

1.1.3　氮肥偏生产力

氮肥偏生产力（partial factor productivity，PFP）是指产量与施氮量的比值，反映了作物吸收肥料氮和土壤氮后所产生的边际效应。计算该指标值既不需要设置氮空白小区，也无须测定植株的氮素吸收量，方法简单。其计算公式为 PFP（kg/kg N）=水稻产量/施氮量。但该指标不仅受到土壤供氮能力的影响，还受到施氮量的影响。当施氮量相同，土壤有效氮供应水平不同，土壤供氮能力强或基础地力产量（不施氮区产量）高的田块，氮肥偏生产力较高；同一田块，当施氮量很低时，氮肥偏生产力值会很高。因此，只有当施氮量较高时，氮肥偏生产力才能较为客观地反映氮肥的利用效率。在较好的作物管理条件下，氮肥偏生产力可超过 50kg/kg N[48]。在我国南方稻区，氮肥偏生产力大多在 30～40kg/kg N[49-51]。

除了上述氮肥（素）利用率的评价指标，还有一些用于表示水稻氮素转运和分配的指标，主要有氮转运率（nitrogen translocation rate）和氮收获指数（nitrogen harvest index）。氮转运率主要反映水稻抽穗至成熟期营养器官中的氮向其他器官（如籽粒）转运的情况，计算公式为氮转运率（%）=（抽穗期水稻茎叶中氮积累量–成熟期水稻茎叶中氮积累量）/抽穗期水稻茎叶中氮积累量×100。氮收获指数是指籽粒氮积累量与植株氮积累量的比值，反映了植株吸收的氮向籽粒分配的状况，其计算公式为氮收获指数=成熟期籽粒中氮积累量/成熟期植株中总的氮积累量。

总体而言，我国水稻各氮肥（素）利用率指标明显低于日本等发达国家，也低于世界平均水平[51,52]。因此，协同提高产量和氮肥利用率已成为我国稻作科学的一个热点和重点。

1.2 水稻主要氮肥施用技术

多年以来，我国农业科学工作者对水稻氮肥吸收规律、氮肥的损失途径和施用技术等进行了大量研究，创建、集成或引进了一系列水稻氮肥施用技术。早期的水稻氮肥施用技术主要包括单季晚稻的“三黄三黑”叶色诊断施肥技术，双季早稻的“前促一炮轰”施肥技术，双季晚稻的“基肥足、追肥早、穗肥巧”施肥技术，一季水稻的“两促”施肥法和“V”字形施肥法等[53-56]。自 1980 年以来，在我国水稻生产上推广应用的氮肥施用技术主要有：区域平均适宜施氮量法、测土配方施肥技术、实地氮肥管理、精确定量施肥技术、“三定”栽培技术、“三控”施肥技术、“三因”氮肥施用技术、水氮耦合调控技术等[14,51,57-65]。这些技术为提高水稻产量和氮肥利用率，减少氮素损失对环境的不利影响发挥了重要作用。

1.2.1 区域平均适宜施氮量法

区域平均适宜施氮量法（methodology of the regional mean optimal application rate of chemical fertilizer nitrogen）由中国科学院南京土壤研究所朱兆良提出。该方法的要点是，通过多年多点的田间肥料试验得到产量与施氮（主要为化学氮肥）量关系的一元二次方程，并采用某一边际产量值得出各田块的适宜施氮量，平均后得出某一地区的平均适宜施氮量，将这一平均适宜施氮量推荐给该区域的农户使用[57-59]。在太湖地区进行比较试验的结果表明，采用区域平均适宜施氮量法得到的产量与各田块的推荐施氮量得到的产量差异很小，但该方法与获得最高产量的施肥量或农民习惯施肥量相比，具有减氮、高效和降低氮素损失的效果[57-59,66]。由于在同一区域内不同田块间的土壤供肥特性和基础地力产量水平相差较大，且年度间的温度、降水量等气候因子也有变化，所以采用区域平均适宜施氮量法，还需结合田块的供肥能力及水稻各生育期氮素需求特性进行实时实地的氮肥管理。

1.2.2　测土配方施肥技术

测土配方施肥技术（soil testing formula fertilization technology）是以土壤养分含量测试和肥料田间试验为基础，根据作物对氮、磷、钾及中、微量元素等肥料的需求规律，研制成配方肥料，并提出施用数量、施肥时期和施用方法，采用“总量控制、分期调控”及“大配方、小调整”的策略，实现各种养分平衡供应，达到提高作物产量和肥料利用率、改善农产品品质、节省劳力、节支增收的目的[60]。由于稻田氮素受淹水等各种因素的影响，土壤氮素转化过程复杂，任何单纯的化学浸提方法测定的土壤氮含量均不能准确反映土壤的供氮能力[67]。根据作者对 62 个田块的观察，在土壤含氮量相同或非常接近的条件下，不同田块的不施氮区产量（基础地力产量）或施氮区产量相差很大，基础地力产量及施氮区产量与土壤含氮量的相关系数很小（图 1-1）。说明土壤含氮量测定值并不能作为确定合理施氮量的可靠依据。再者，土壤有效氮供应受当时当地气候条件、环境输入、水稻品种、生育时期、年际变化的影响很大，所以当年测定的土壤含氮量指标值也很难用于其他条件和年份；不仅如此，水稻在淹水条件下有效氮测定方法有限，在生育期内难以通过水稻根层有效氮的测定进行实时快速的氮肥施用推荐[67]。这些因素给实施测土配方施用氮肥进行总量控制、分期调控增加了难度。

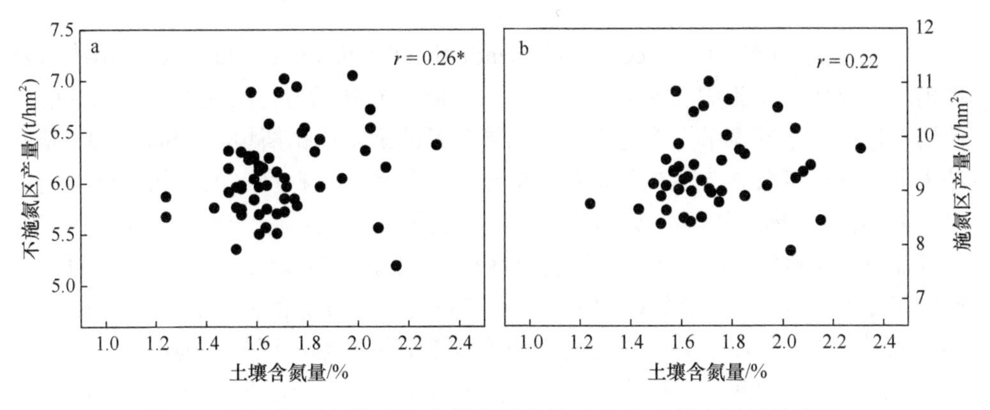

图 1-1　不施氮区产量（a）和施氮区产量（b）与土壤含氮量的关系

*表示在 0.05 水平上相关性显著

1.2.3　实地氮肥管理

水稻实地氮肥管理（site-specific nitrogen management，SSNM）是由国际水稻研究所提出的以氮肥管理为中心、多元素配合的水稻施肥模式或技术[12,14,68]。水稻实地氮肥管理的要点：依据土壤养分的有效供给量、水稻目标产量对氮素的吸收量，决定总的施肥量范围；在水稻主要生育期用快速叶绿素测定仪（SPAD）或叶色卡（LCC）观测叶片氮素情况调节氮肥施用量，以获得氮肥供应与水稻对氮素需求相匹配，提高产量和氮肥利用率[12,14,68-70]。水稻实地氮肥管理在菲律宾、印度、中国等亚洲国家应用，取得了显著的减氮与提高氮肥利用率的效果[12,68-73]。在江苏省无锡市两村 20 户稻田中进行实地氮肥管理与农户习惯施肥法对比试验，结果表明，与农户习惯施肥法相比，实地氮肥管理的施氮量降低了 38.7%～41.3%，产量提高了 2.5%～3.5%，氮肥的农学利用率提高了 88.3%～117.7%；在江苏省无锡、扬州和连云港市大面积示范应用，实地氮肥管理的施氮量平均降低了 42.0%，产量提高了 3.2%，氮肥的农学利用率提高了 88.5%（详见第 6 章）。从以上结果可以看出，实地氮肥管理虽能较大幅度地降低氮肥使用量和提高氮肥利用率，但增产幅度较低。此外，SPAD 测定值与植株含氮量的关系因品种、种植地点、季节、栽插方式等的不同而有较大差异[74-79]。当 SPAD 测定值相同时，植株含氮量在一些品种间会相差很大[76-79]。即使同一水稻品种在相同施氮量、相同生育时期测定，在雨季和旱季的 SPAD 测定值可相差 3～6 个读数单位[80]。因此，在应用水稻实地氮肥管理时，需根据具体品种、发育阶段、种植地点等分别确定需要施氮的 SPAD 或 LCC 指标值。

1.2.4 精确定量施肥技术

精确定量施肥技术（precise and quantitative fertilization technology）由凌启鸿提出，主要包括总施肥（氮）量的确定，基肥、分蘖肥与穗肥的确定，以及根据苗情对穗肥做合理调节 3 个方面[61]。总施氮量的确定依据斯坦福（Stanford）差值法求取，其计算公式为达到目标产量的施氮总量＝（目标产量的需氮量－土壤供氮量）/氮肥当季利用率。其中，目标产量的需氮量＝目标产量 × 施氮区 100kg 稻谷需氮量/100；土壤供氮量＝不施氮区产量×不施氮区 100kg 稻谷吸氮量/100；氮肥当季利用率（氮肥吸收利用率）通过栽培管理良好的高产田水稻（产量≥10.5t/hm^2）测定获取。分蘖肥与穗肥的阶段施氮量根据计算公式确定：达到目标产量的阶段施氮总量＝（目标产量的阶段需氮量－土壤阶段供氮量）/氮肥阶段利用率，并在穗肥施用时，依据群体茎蘖数及倒 3 叶与倒 4 叶的叶色差，对穗肥施用量做微小调节[61]。精确定量施肥技术能够实现施肥时间和数量的精确定量，能显著提高产量和氮肥利用率[81-83]。但精确定量施肥技术的主要参数值均需要测定植株含氮量，一般需要依据前几年获得的参数值确定今年或明年的氮肥运筹，而一些参数值特别是目标产量的阶段需氮量、土壤阶段供氮量、氮肥阶段利用率等容易受当时当地气候条件、环境输入、水稻品种需肥特性、生育时期变化等影响。

因此，在应用时应根据实际情况对施肥参数值做出必要调整。

1.2.5 “三定”栽培技术

“三定”栽培技术（“three-determination” cultivation technology）是指“因地定产、依产定苗、测苗定氮”的水稻栽培技术，由湖南农业大学邹应斌等提出。其技术要点：根据种植区域确定水稻生产的目标产量（因地定产）；根据区域目标产量确定栽插密度和基本苗（依产定苗）；在区域平均法计算氮肥用量的基础上，根据水稻苗情，通过测定叶色，在田间尺度上确定氮肥的追肥量（测苗定氮）[84,85]。水稻“三定”栽培技术结合培育壮秧、干湿交替灌溉等栽培措施在湖南、广西等南方稻区示范应用，取得了良好的增产增效的效果[84-87]。从“三定”栽培技术的内容看，该技术兼有区域平均适宜施氮量法和实地氮肥管理的技术特点。

1.2.6 “三控”施肥技术

广东省农业科学院钟旭华等针对广东省水稻生产中化肥农药过量施用、肥料利用率低、环境污染严重等突出问题，提出了控肥、控苗、控病虫的“三控”施肥技术（“three controls” fertilization technology）。其主要内容：通过控制总施氮量和基蘖肥施氮量，提高氮肥利用率，减少环境污染（控肥）；通过控制无效分蘖和最多苗数，提高成穗率和水稻群体质量，实现高产稳产（控苗）；通过控制病虫害发生，减少农药用量，提升稻米食用安全性（控病虫）[88]。该技术在广东省等水稻生产上示范应用，能够省肥省药，高产稳产，显著提高经济效益[88-90]。“三控”施肥技术的一个关键技术要素是控制总施氮量和基、蘖肥施氮量，实行氮肥后移，结合了“测土”施肥技术、群体调控技术、“测苗”（实地氮肥管理）施肥技术等技术特点[91]。

1.2.7 “三因”氮肥施用技术

“三因”氮肥施用技术（“three-based” application technology of fertilizer nitrogen）是指因地力、因叶色、因品种的氮肥施用技术，由扬州大学提出[51]。因地力：根据基础地力产量和目标产量确定总施氮量，其计算公式为总施氮量=（目标产量－基础地力产量）/氮肥农学利用率，并依据水稻各生育期对氮素的需求规律，确定基肥、分蘖肥、穗肥（促花肥和保花肥）的分配比例。因叶色：依据稻茎上部第 3 完全展开叶与第 1 完全展开叶的叶色比值（相对值）作为追施氮肥诊断指标，对分蘖肥和穗肥的施用量进行调节；因是植株上两叶之间的比较，可消除品种间叶色的差异，可解决用叶色直接测定值作诊断指标因品种间差异大而难以应用的问题。因品种：根据水稻品种对穗肥的响应特点，确定不同穗型水稻品种的穗肥施用策略，即在长江中下游稻区，小穗数型品种（每穗颖花数≤130）重施促花肥；大穗型品种（每穗颖花数≥160）保（花肥）、粒（肥）结合；中穗型品种（130<每穗粒数<160）促（花肥）、保（花肥）结合。在东北寒地水稻区，因单位面积水稻苗数多、生育后期温度下降快而容易导致水稻倒伏和早衰，故在穗肥施用上采用促花肥与保花肥相结合、以保花肥为主的策略，可有效解决倒伏、后期早衰和籽粒充实不良的问题。在依据"因地力"确定总施氮量以后，按水稻对氮磷钾需求的规律，确定磷钾肥施用量。在秸秆不还田条件下，可按照 N∶P_2O_5∶K_2O =1∶0.3∶0.6 施用。在秸秆还田条件下，水稻所需钾的 50%左右可由秸秆提供。因此，氮、磷、钾肥的施用可按照 N∶P_2O_5∶K_2O = 1∶0.3∶0.3 确定用量。"三因"氮肥施用技术使氮肥供应与土壤供氮能力、品种需氮特性及不同生育期对氮素的需求相匹配，可协同提高水稻产量和氮肥利用率。与对照（当地高产氮肥施用技术）相比，"三因"氮肥施用技术的氮肥施用量可平均减少 17%～22%，产量增加 6.6%～9.8%，氮肥农学利用率提高 47%～53%，氮肥偏生产力提高 32%～37%（详见第 7 章）。

1.2.8 水氮耦合调控技术

水氮耦合调控技术（water-nitrogen coupling regulation technology）是指通过调控水、氮供应，产生水分与氮素对产量形成的互作效应，实现产量与水氮利用效率的协同提高。作者曾以产量（Y）为因变量；土壤水势（W）和植株含氮量（N）为自变量，采用数学方程 $Y=y_0+aW+bN+cW^2+dN^2+eWN$ 建立了水氮耦合量化模型（y_0为产量矫正值，a、b、c、d、e 为模型参数）[92]。在建立模型的基础上，依据叶片含氮量与叶色相对值的关系及土壤水势与土壤埋水深度的关系，提出了在不同土壤埋水深度条件下氮肥施用的叶色相对值调控指标，并以轻干湿交替灌溉技术和"三因"氮肥施用技术为调控手段，建立了生产上实用的水氮耦合与产量协同高效的调控技术。与轻干湿交替灌溉技术、"三因"氮肥施用技术等单项技术相比，水氮耦合调控技术提高产量和水氮利用率的效果更显著（详见第 9 章）。除速效氮肥（尿素、硫酸铵等）的水氮耦合调控技术外，作者等还建立了缓（控）释氮肥（控释尿素、草酰胺等）的水氮耦合调控技术[93]。其技术原理和要点：在温度相差不大的一个水稻种植区域，缓（控）释氮肥养分释放速度主要受土壤水分调节；根据土壤水分与缓（控）释氮肥养分释放速度的关系及水稻生长发育对养分和水分的需求规律，确定不同土壤类型、不同生育期的土壤相对含水量指标，依此指导灌溉，实现缓（控）释氮肥一次性施肥后养分释放速度与水稻生长的营养需求同步，协同提高产量和水氮利用效率。与常规灌溉技术相比，缓（控）释氮肥水氮耦合调控技术可使产量提高 12.8%～18.5%，氮素产谷利用率（产量/植株吸氮量）提高 10.5%～20.6%，灌溉水利用效率（产量/灌溉水量）提高 36.7%～47.8%（详见第 9 章）。

1.3 协同提高水稻产量和氮肥利用率的途径及其生理基础

1.3.1 选用高产氮高效品种

不同水稻品种的氮肥利用率表现出明显的基因型或品种间差异[94-97]。总体而言，无论是籼稻还是粳稻，产量和氮肥利用率均随年代的演进或品种的改良而不断提高（详见第 2 和第 3 章）。但是，即使是相同年代的水稻品种，甚至在产量基本接近条件下，氮肥施用量和氮肥利用率在品种间相差很大。例如，在同为 2000～2010 年育成的 4 个水稻品种中，天优华占和陵香优 18 的氮肥施用量分别在 242kg/hm^2 和 273kg/hm^2 时，可获得最高产量，分别为 10.03t/hm^2 和 10.13t/hm^2；两优培九和宁粳 1 号的氮肥施用量分别在 378kg/hm^2 和 420kg/hm^2 时，才获得最高产量，分别为 10.28t/hm^2 和 10.65t/hm^2（表 1-1）。天优华占和陵香优 18 的氮肥偏生产力分别为 41.4kg/kg N 和 37.1kg/kg N，而两优培九和宁粳 1 号分别为 27.2kg/kg N 和 25.4kg/kg N（表 1-1）。说明在现用水稻品种中，存在着高产氮高效品种或高产氮敏感性品种（在相对较低施氮量下具有较高的产量和氮肥利用率）。因此，可将培育和选用高产氮高效品种作为协同提高水稻产量和氮肥利用率的一条重要途径。研究表明，叶片较高的氮代谢酶活性和光合氮利用效率，灌浆期茎、鞘中较多的非结构性碳水化合物向籽粒转运，较高的根干重和根系活性是品种改良协同提高产量和氮肥利用率的重要生理基础（详见第 2～第 4 章）。

表 1-1　不同水稻品种获得最高产量所需施氮量与氮肥偏生产力

品种	施氮量（X，kg/hm^2）与产量（Y，t/hm^2）关系方程	R^2	X_{opt} /（kg/hm^2）	Y_{max} /（t/hm^2）	PFP_{max} /（kg/kg N）
天优华占	Y=6.16+0.032X–6.61×10$^{-5}X^2$	0.99	242	10.03	41.4
两优培九	Y=6.31+0.021X–2.78×10$^{-5}X^2$	0.99	378	10.28	27.2
陵香优 18	Y=6.31+0.028X–5.13×10$^{-5}X^2$	0.99	273	10.13	37.1
宁粳 1 号	Y=6.03+0.022X–2.62×10$^{-5}X^2$	0.99	420	10.65	25.4

注：X_{opt}：获得最高产量的施氮量；Y_{max}：最高产量；PFP_{max}：获得最高产量时的氮肥偏生产力；表中数据引自参考文献[51]并进行修正

1.3.2 构建健康冠层

作物健康冠层通常是指优化的地上部群体结构与功能，包括高效能的光合生产系统、高质量的库容系统及高强度的茎秆支撑和物质转运系统[5,97-99]。高产与氮肥高效利用的水稻群体冠层特征主要有：①较高的叶片光合生产和氮代谢能力；②分蘖成穗率（有效穗数与拔节期最高分蘖数的比值）高；③抽穗期粒叶比（颖花数与叶面积之比）大，茎与叶鞘（简称茎鞘）中非结构性碳水化合物（non-structural carbohydrate，NSC）积累多，糖花比（NSC 量与颖花数之比）高；④叶片挺立，有效叶面积率（抽穗期有效茎蘖叶面积与总叶面积之比）和高效叶面积率（有效茎蘖顶部 3 叶叶面积与有效茎蘖总叶面积之比）高，花后干物质积累量高；⑤冠层从上到下的氮分布梯度大；⑥收获指数高[11,100-106]。

核酮糖-1,5-二磷酸羧化酶/加氧酶（Rubisco）是水稻等作物光合作用的关键酶[103]。有研究表明，该酶活性与叶片光合速率及光合功能期呈极显著正相关，Rubisco 含量与叶片全氮之比及氮素籽粒生产效率等呈极显著正相关[106,107]。与氮素利用率较低的水稻品种（简称氮低效品种）相比，氮素利用率高的品种（简称氮高效品种）具有较高的 Rubisco 活性、较高的 Rubisco 含量与叶片全氮含量之比、较高的 Rubisco 含量与蛋白质氮含量之比、较高的叶片光合氮利用率（光合速率/单位叶面积的含氮量）[100,106,107]。通常，叶片光合氮利用率与氮素籽粒生产效率高度相关[100,101,108]。叶片光合氮利用率高是氮高效品种的一个重要生理机制，提高叶片光合氮利用率也是培育氮高效品种的一个重要途径。

水稻对氮素的吸收与利用必须经过一系列氮代谢酶参与反应和转化来完成。硝酸还原酶是植物器官中硝态氮还原同化过程中的限速酶，谷氨酸合酶-谷氨酰胺合酶循环是植物体内氨同化的主要途径，是整个氮代谢的中心[109-111]。氮高效品种叶片中通常具有较高的硝酸还原酶和谷氨酸合酶活性，这是氮高效利用的一个重要酶学机制[111-113]。

茎蘖成穗率高，表明无效分蘖少，用于无效茎、蘖、叶生长的养分消耗就少[97-99]。无效分蘖的减少不仅有利于改善群体通风透光条件，而且有利于改善冠层结构，进而有利于抽穗后物质生产与积累[98-100]。粒叶比高，表明库容相对较大，叶源相对较小。山田登[114]曾指出，相对小的营养系和相对大的受容系是提高光合生产的内在机制。有研究证明，在群体颖花数或叶面积指数接近条件下，凡粒叶比越高的群体，叶片的光合速率就越高[98,115]。不仅如此，水稻颖花等经济器官并不是被动接纳干物质的器官，它具有主动向光合生产系统“提取”光合产物的能力[98,115,116]，因此，粒叶比越高，抽穗至成熟期茎中同化物向籽粒的转运速度就越快，转运量就越大[97-99,117,118]。抽穗期糖花比高，表明抽穗前茎鞘中 NSC 积累量大，每朵颖花获得的 NSC 多，不仅有利于水稻抽穗前花粉粒的充实完成，而且可以增加抽穗至成熟期茎中同化物向籽粒的转运量，促进花后胚乳细胞的发育和籽粒的充实[117-119]。生长中后期叶片挺立，有利于冠层的光能利用；有效叶面积率和高效叶面积率高，有利于提高冠层光合生产能力和花后干物质积累量，使得养分更多地直接用于籽粒灌浆充实，进而提高养分利用效率[97-99,119]。

冠层氮分布主要是指冠层叶片含氮量从上至下的分布梯度[104]。研究表明，冠层氮素分布符合指数分布：$SLN_i = (N_o-N_b)\exp(-K_NF) + N_b$，式中，$SLN_i$为冠层不同高度叶片氮含量（g N/m^2）；$N_o$为冠层顶部叶片氮含量；$F$ 为叶面积指数；K_N为冠层氮素衰减系数；N_b为叶片进行光合作用所需要的最低叶片氮素含量[104]。冠层氮素衰减系数（K_N）与氮素籽粒生产效率呈极显著正相关，水稻高产与氮素高效利用的品种或群体，具有较大的 K_N 值和较大的叶片含氮量分布梯度[104]。

收获指数（HI）反映了光合同化物转化为经济产量的效率，不仅是决定产量（Y）的一个重要因素[Y=生物产量（B）× HI]，而且也是决定养分利用效率的一个重要因素[100-102,120]。养分利用效率可定义为吸收单位养分生产的籽粒产量（N_P，kg/kg），即 $N_P = Y/N = HI \times B/N$ [N 为作物养分吸收量；B/N 为养分物质生产效率（吸收单位养分生产的干物质量，kg/kg）]。养分物质生产效率（B/N）主要受养分施用量的影响，在养分施用量相近情况下，B/N 是一个相对保守的值，对于某一作物、某一区域，B/N 值变化较小[105]。例如，在江苏省，在施氮量 200～360kg/hm^2，粳稻的 B/N 值约为 100kg/kg N，籼稻的 B/N 值约为 110kg/kg N。因此，要提高氮肥（包括磷钾肥）利用效率，必须提高收获指数 [105]；且在高产栽培条件下，收获指数与水稻产量、氮肥利用率和水分利用效率均呈极显著的正相关[101-105]。说明高的收获指数不仅是培育高产与氮肥高效利用水稻品种的重要途径和高产高效栽培的重要目标，而且是作物高产与氮肥高效利用的重要生理机制。

1.3.3　调节体内激素水平

作为信号分子，植物激素不仅调控植物生长发育，而且介导应答多种生物和非生物胁迫的生理过程[121-124]。其中，细胞分裂素对植物氮的吸收、转运、分配和利用具有重要调控作用[124]。氮高效品种内源细胞分裂素含量往往高于氮低效品种[26,101,104]。细胞分裂素促进水稻氮高效利用的机制主要表现在以下 3 个方面。①促进产量器官形成。在穗分化期，细胞分裂素可以促进颖花分化，增加颖花数目和体积；在胚乳发育期，细胞分裂素促进胚乳细胞的分裂，增加胚乳细胞的数目，增大库容和库强，从而可使植株中氮素等养分更多地用于产量器官的形成和籽粒的充实[125-127]。②调控冠层光氮匹配。根系合成的细胞分裂素随着蒸腾流，通过木质部较多地转运至顶部叶片，促进氮素从基部衰老叶片向顶部新叶的转运，增加冠层中氮的分布梯度，提高冠层光合效率；诱导氮素代谢相关酶活性，促进核酸、叶绿素和蛋白质的合成，提高叶片氮素光合效率和氮素籽粒生产效率[128-130]。③延长叶片光合作用功能期。细胞分裂素是目前已知的唯一能够延缓叶片衰老的植物激素，通过负调控叶绿素分解酶相关基因的表达，增加叶绿素含量，保持光合系统的结构与功能，延缓叶片衰老，延长叶片光合功能期，充分利用吸收的氮素制造更多的光合同化物，提高氮素利用效率[131-133]。

植物激素对作物产量和氮肥吸收利用的调控作用，不仅取决于内源激素水平，而且取决于各激素之间的平衡。作者研究发现，水稻体内细胞分裂素（玉米素+玉米素核苷，Z+ZR）与 1-氨基环丙烷-1-羧酸（ACC，乙烯合成前体）的比值与叶片光合氮利用效率呈上升的指数函数关系（图 1-2）。表明水稻体内细胞分裂素与乙烯的相互作用是协同调控产量与氮素利用效率的一个重要生物学机制。

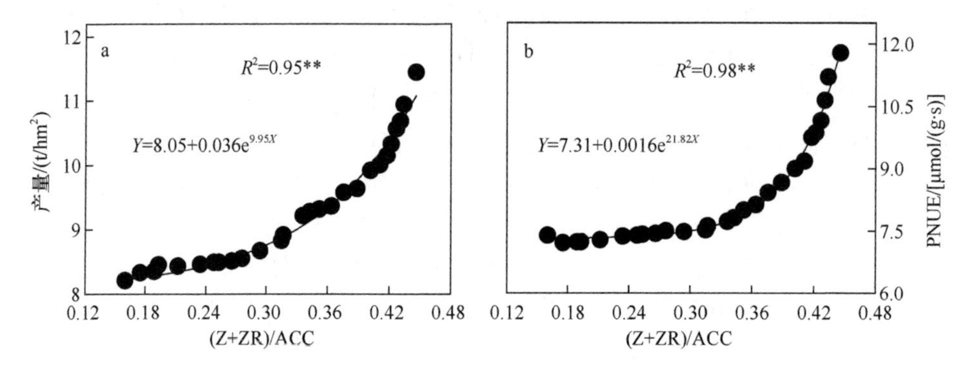

图 1-2 水稻体内 Z+ZR 与 ACC 的比值和产量（a）及叶片光合氮利用效率（b）的关系

Z+ZR：玉米素+玉米素核苷；ACC：1-氨基环丙烷-1-羧酸；PNUE：叶片光合氮利用效率

1.3.4 改善根系形态生理

植物根系既是水分和养分吸收的主要器官，又是多种激素、有机酸和氨基酸合成的重要场所，其形态和生理与地上部的生长发育、产量和品质形成均有着密切的关系[134-136]。有研究表明，高产与氮高效利用的水稻品种具有根量大、根系分布广且扎得深、根尖细胞中高尔基体等数目多、根系活性强等特征[101,136-138]。根量大、根系分布广有利于吸收土壤耕作层更多的养分；根系扎得深，有利于对土壤深层养分的吸收利用；根尖细胞中的线粒体、高尔基体、核糖体等数目多，有利于增强应答和传递环境信号及吸收水分和养分的能力[139-142]；根系活性强，特别是灌浆中后期根系活性强有利于提高地上部叶片净光合速率和延长叶片光合作用时间，提高花后干物质生产。一些研究者指出，氮高效品种还具有根对 NH_4^+ 的亲和力强、根中铵转运基因 *OsAMT1;1* 和硝酸盐转运基因 *OsNRT2;1* 表达量高的特点，从而促进根对氮素的吸收[143,144]。此外，在轻度土壤落干或干湿交替灌溉条件下，根中较多的脱落酸（ABA）可以促进生长素向根尖的运输，生长素向根尖运输的增加可以激活质膜 ATP 酶，促使根尖分泌更多的质子（H^+），从而使根系吸收更多的养分和促进籽粒灌浆[145-147]。

根系作为植物与土壤的接触面，在从土壤中吸收水分、养分的同时，通过根分泌的方式向根周围释放出各种化合物，产生根际效应，进而调控或影响植株的生长发育。这些由植物根系在生命活动过程中向外界环境分泌的各种化合物称为根系分泌物[92]。根系分泌物中的有机酸等可以改变根际的土壤化学和生物学过程，提高根系主动和摄取土壤养分的能力[5,148,149]。作者最近研究发现，土壤过氧化氢酶和脲酶活性、根系伤流液中氮含量及地上部植株氮吸收利用率与根系分泌物中多胺（精胺）含量有密切关系（图 1-3）。表明根系分泌的多胺可改善根际环境，促进根系对养分的吸收利用。

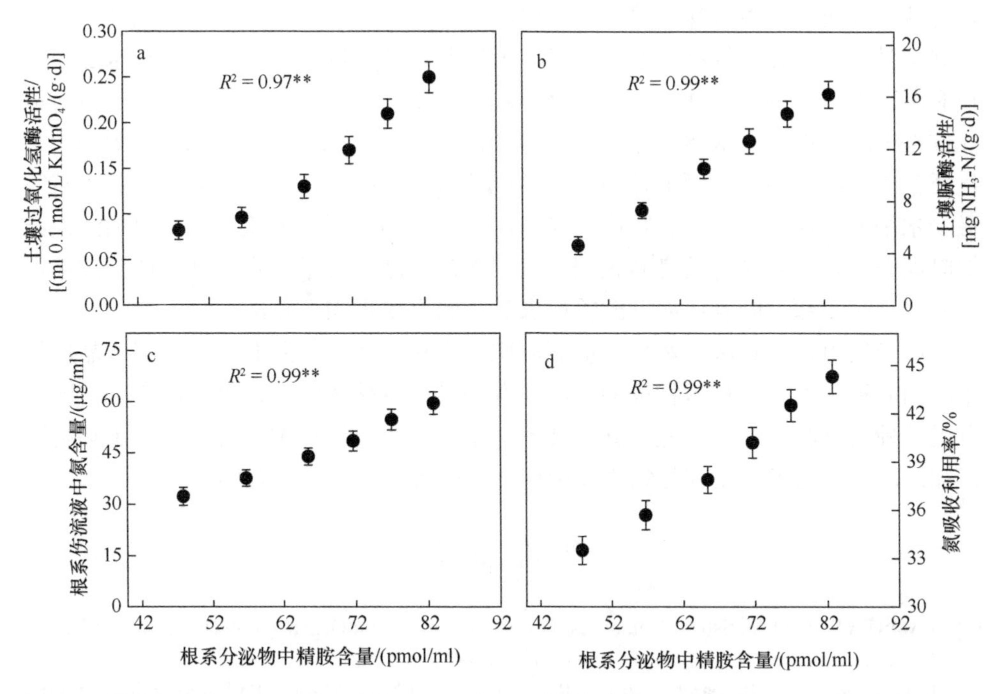

图 1-3 土壤过氧化氢酶（a）和脲酶（b）活性、根系伤流液中氮含量（c）及地上部植株氮吸收利用率（d）与水稻根系分泌物中精胺含量的关系

**表示在 0.01 水平上相关性显著

通过采用实地氮肥管理技术、“三因”氮肥施用技术、综合栽培技术（增密减氮+精确灌溉+土壤深翻+施用有机肥等）、水氮耦合调控技术等措施可以构建健康冠层、调节体内激素水平和改善根系形态生理（详见第 5～第 9 章）。

1.4 水稻高产、氮肥高效利用与优质的协同关系

优质食用稻米的标准是一个综合性状，主要包括优良的加工品质、外观品质、蒸煮食味品质及营养品质等几个方面[150-152]。随着我国居民生活水平的提高和饮

食质量的改善，发展优质稻米生产已成为水稻产业的重大需求，也是绿色高效农业的重要组成部分[151-155]。然而，粮食作物产量与品质的协同提高是一个科学难题[156]。有人认为，产量性状与品质性状是矛盾的，生产实践中常常出现产量高而品质相对较差的情况，即高产水稻品种很多，优质品种也不少，但既高产又优质的品种并不多；一些栽培技术如“前氮后移”技术可以提高产量和氮肥利用率，但往往会降低稻米的食味品质[156-162]。但是，作者近年的研究结果表明，水稻品种改良不仅提高了产量和氮肥利用率，而且还改善了稻米的加工、外观和食味品质性状（详见第 2 章和第 3 章）；采用实地氮肥管理、“三因”氮肥施用技术、综合栽培技术等，在协同提高水稻产量和氮肥利用率的同时，还改善了稻米加工品质和外观品质，提高了稻米氨基酸含量，优化了反映稻米食味性的淀粉黏滞谱（rapid viscoanalyzer，RVA）值（详见第 10 章）。说明水稻高产、氮肥高效利用与优质是可以统一的。水稻群体结构和功能的改善，植株体内细胞分裂素和多胺等激素水平的增加，叶片和籽粒碳、氮代谢酶活性的增强，灌浆结实期根系活性维持时间长，是水稻品种改良和采用“三因”氮肥施用技术、水氮耦合调控技术等协同提高产量和氮肥利用率及改善稻米品质的重要生物学基础[154,155,163]。

应当指出，品种改良和各种氮肥施肥技术对产量、氮肥利用率和稻米品质的影响因品种类型和各技术特征的不同而有差异，各技术的调控机制也会有不同。有关品种改良和“三因”氮肥施用技术、水氮耦合调控技术等对产量、氮肥利用率和品质产生的效应及其生物学基础将在后面各章中分别进行阐述。

参 考 文 献

[1] FAOSTAT. FAO Statistical Databases, Food and Agriculture Organization (FAO) of the United Nations, Rome, 2019. http: //www.fao.org[2021-2-7].

[2] International Rice Research Institute. Rice Almanac. 4th ed. Manila, Philippines: International Rice Research Institute, 2013: 1-64.

[3] Peng S B, Tang Q Y, Zou Y B. Current status and challenges of rice production in China. Plant Production Science, 2009, 12: 3-8.

[4] 国家统计局. 国家统计局关于 2020 年粮食产量数据的公告. http: // www.stats.gov.cn/ [2021-5-10].

[5] 张福锁, 范明生, 等. 主要粮食作物高产栽培与资源高效利用的基础研究. 北京: 中国农业出版社, 2013: 1-13.

[6] 张启发. 资源节约型、环境友好型农业生产体系的理论与实践. 北京: 科学出版社, 2015: 1-33.

[7] 张启发. 绿色超级稻序言. 生命科学, 2018, 30(10): 1031-1037.

[8] Fan M S, Shen J B, Yuan L X, et al. Improving crop productivity and resource use efficiency to ensure food security and environmental quality in China. Journal of Experimental Botany, 2012, 63: 13-24.

[9] 张福锁, 王激清, 张卫峰, 等. 中国主要粮食作物肥料利用率现状与提高途径. 土壤学报, 2008, 45(5): 915-924.
[10] Zhang F S, Chen X P, Vitousek P. An experiment for the world. Nature, 2013, 497: 33-35.
[11] Liu L J, Chen T T, Wang Z Q, et al. Combination of site-specific nitrogen management and alternate wetting and drying irrigation increases grain yield and nitrogen and water use efficiency in super rice. Field Crops Research, 2013, 154: 226-235.
[12] Peng S B, Buresh R J, Huang J L, et al. Improving nitrogen fertilization in rice by site-specific N management. Agronomy for Sustainable Development, 2010, 30: 649-656.
[13] Ju X T, Xing G X, Chen X P, et al. Reducing environmental risk by improving N management in intensive Chinese agricultural systems. Proceedings of the National Academy of Sciences of the United States of America, 2009, 106: 3041-3046.
[14] Peng S B, Buresh R J, Huang J L, et al. Strategies for overcoming low agronomic nitrogen use efficiency in irrigated rice systems in China. Field Crops Research, 2006, 96: 37-47.
[15] Xue Y G, Duan H, Liu L J, et al. An improved crop management increases grain yield and nitrogen and water use efficiency in rice. Crop Science, 2013.53: 271-284.
[16] Cui Z L, Zhang H Y, Chen X P, et al. Pursuing sustainable productivity with millions of smallholder farmers. Nature, 2018, 555: 363-367.
[17] Guo J H, Liu X J, Zhang Y, et al. Significant acidification in major Chinese croplands. Science, 2010, 327: 1008-1010.
[18] 王飞, 彭少兵. 水稻绿色高产栽培技术研究进展. 生命科学, 2018, 30(10): 1129-1136.
[19] 中国共产党中央委员会. 中共中央国务院关于全面推进乡村振兴加快农业农村现代化的意见. 2021 年中央一号文件, 2021 年 2 月 21 日.
[20] Ma G H, Yuan L P. Hybrid rice achievements, development and prospect in China. Journal of Integrative Agriculture, 2015, 14: 197-205.
[21] Normile D. Reinventing rice to feed the world. Science, 2008, 321: 330-333.
[22] 赵明, 周宝元, 马玮, 等. 粮食作物生产系统定量调控理论与技术模式. 作物学报, 2019, 45(4): 485-498.
[23] Zhang H, Kong X S, Hou D P, et al. Progressive integrative crop managements increase grain yield, nitrogen use efficiency and irrigation water productivity in rice. Field Crops Research, 2018, 215: 1-11.
[24] 彭少兵, 黄见良, 钟旭华, 等. 提高中国稻田氮肥利用率的研究策略. 中国农业科学, 2002, 35(9): 1095-1103.
[25] 刘立军. 水稻氮肥利用效率及其调控途径. 扬州大学博士学位论文, 2005.
[26] 剧成欣. 不同水稻品种对氮素响应的差异及其农艺生理性状. 扬州大学博士学位论文, 2017.
[27] Witt C, Dobermann A, Abdulrachman S. et al. Internal nutrient efficiencies of irrigated lowland rice in tropical and subtropical Asia. Field Crops Research, 1999, 63: 113-138.
[28] Liu L J, Xiong Y W, Bian J L, et al. Effect of genetic improvement of grain yield and nitrogen efficiency of mid-season indica rice cultivars. Journal of Plant Nutrition and Soil Science, 2015, 178: 297-305.
[29] De Datta S K. Improving nitrogen fertilizer efficiency in lowland rice in tropical Asia. Fertilizer Research, 1986, (9): 171-186.
[30] De Datta S K, Buresh R J. Integrated nitrogen management in irrigated rice. Advances in Agronomy, 1989, 10: 143-169.
[31] Mosier A R, Syers J K, Freney J R. Agriculture and the Nitrogen Cycle. Washington: Island

Press, 2004: 1-143.
[32] Craswell E T, Vlek P LG. Fate of fertilizer nitrogen applied to wetland rice. *In*: Craswell E T, Vlek P L G. Nitrogen and Rice. Los Banos, Philippines: International Rice Research Institute: 1979: 175-192.
[33] Cassman K G, Kropff M J, Gaunt J, et al. Nitrogen use efficiency of rice reconsidered: What are the key constraints? Plant and Soil, 1993, 155/156: 359-362.
[34] 剧成欣, 陈尧杰, 赵步洪, 等. 实地氮肥管理对不同氮响应粳稻品种产量和品质的影响. 中国水稻科学, 2018, 32(3): 237-246.
[35] 朱兆良. 农田中氮肥的损失与对策. 土壤与环境, 2000, 9(1): 1-6.
[36] 朱兆良. 关于提高氮肥利用率的问题. 见: 中国植物营养与肥料学会, 加拿大钾磷研究所. 肥料与农业发展国际学术讨论会论文集. 北京: 中国农业科技出版社, 1995: 221-229.
[37] 朱兆良. 我国土壤供氮和化肥氮去向研究的进展. 土壤, 1985, 17(1): 2-9.
[38] 刘立军, 杨立年, 孙小淋, 等. 水稻实地氮肥管理的氮肥利用效率及其生理原因. 作物学报, 2009, 35(9): 1672-1680.
[39] Peng X L, Yang Y M, Yu C L, et al. Crop management for increasing rice yield and N use efficiency in Northeast China. Agronomy Journal, 2015, 107: 1682-1690.
[40] Chu G, Wang Z Q, Zhang H, et al. Agronomic and physiological performance of rice under integrative crop management. Agronomy Journal, 2016, 108: 117-128.
[41] 张敬昇, 李冰, 王昌全, 等. 控释掺混尿素对稻麦产量及氮素利用率的影响. 中国水稻科学, 2017, 31(3): 288-298.
[42] 冯兆滨, 冀建华, 侯红乾, 等. 硅基包膜控释肥对水稻产量形成、氮素吸收及氮肥利用率的影响. 江西农业学报, 2016, 28(5): 31-35.
[43] Azeem B, Kushaari K, Man Z B, et al. Review on materials & methods to produce controlled release coated ureafertilizer. Journal of Controlled Release, 2014, 181: 11-21.
[44] 林葆. 提高作物产量, 增加施肥效应. 见: 中国土壤学会. 中国土壤科学的现状与前景. 南京: 江苏科学技术出版社, 1991: 29-36.
[45] 薛亚光, 陈婷婷, 杨成, 等. 中粳稻不同栽培模式对产量及其生理特性的影响. 作物学报, 2010, 36(3): 466-476.
[46] 李鸿伟, 杨凯鹏, 曹转勤, 等. 稻麦连作中超高产栽培小麦和水稻的养分吸收与积累特征. 作物学报, 2013, 39(3): 464-477.
[47] 杜永, 刘辉, 杨成, 等. 高产栽培迟熟中粳稻养分吸收特点的研究. 作物学报, 2007, 33(2): 208-215.
[48] Dobermann A, Simbahan G C, Moya P F, et al. Methodology for socioeconomic and agronomic on-farm research in the RTDP project. *In*: Dobermann A, Witt C, Dawe D. Increasing Productivity of Intensive Rice Systems Through Site-Specific Nutrient Management. Los Banos, Philippines: International Rice Research Institute, 2004: 6-105.
[49] Li H W, Liu L J, Wang Z Q, et al. Agronomic and physiological performance of high-yielding wheat and rice in the lower reaches of Yangtze River of China. Field Crops Research, 2012, 133: 119-129.
[50] 陈露, 张伟杨, 王志琴, 等. 施氮量对江苏不同年代中粳稻品种产量与群体质量的影响. 作物学报, 2014, 40(8): 1412-1423.
[51] Zhang H, Jing W J, Zhao B H, et al. Alternative fertilizer and irrigation practices improve rice yield and resource use efficiency by regulating source-sink relationships. Field Crops Research,

2021(265): 108124.
[52] Horie T, Shiraiwa T, Homma K, et al. Can yields of lowland rice resume the increases that showed in the 1980s? Plant Production Science, 2005, 8: 259-274.
[53] 中国农业科学院江苏分院. 陈永康水稻高产经验研究. 上海: 上海科学技术出版社, 1962: 1-30.
[54] 南京农学院, 江苏农学院. 作物栽培学. 上海: 上海科学技术出版社, 1979: 18-172.
[55] 浙江农业大学, 华中农业大学, 江苏农学院, 等. 实用水稻栽培学. 上海: 上海科学技术出版社, 1981: 202-230.
[56] Matsushima S. Rice Cultivation for the Million. Tokyo: Japan Scientific Societies Press, 1980: 93-172.
[57] 朱兆良. 推荐氮肥适宜施用量的方法论刍议. 植物营养与肥料学报, 2006, 12(1): 1-4.
[58] 朱兆良. 平均适宜施氮量的含义. 土壤, 1986, 18(6): 316-317.
[59] 朱兆良. 关于稻田土壤供氮量的预测和平均适宜施氮量的应用. 土壤, 1988, 20(1): 57-61.
[60] 张福锁, 马文奇, 陈新平. 养分资源综合管理理论与技术概论. 北京: 中国农业大学出版社, 2006: 48-58.
[61] 凌启鸿. 水稻精确定量栽培理论与技术. 北京: 中国农业出版社, 2007: 92-125.
[62] 蒋鹏, 黄敏, Ibrahim Md, 等. "三定"栽培对双季超级稻养分吸收积累及氮肥利用率的影响. 作物学报, 2011, 37(12): 2194-2207.
[63] 钟旭华. 水稻三控施肥技术. 北京: 中国农业出版社, 2011: 1-30.
[64] 唐拴虎, 杨少海, 陈建生, 等. 水稻一次性施用控释肥料增产机理探讨. 中国农业科学, 2006, 39(12): 2511-2520.
[65] 李玥, 李应洪, 赵建红, 等. 缓控释氮肥对机插稻氮素利用特征及产量的影响. 浙江大学学报(农业与生命科学版), 2015, 41(6): 673-684.
[66] 张绍林, 朱兆良, 徐银华, 等. 关于太湖地区稻麦上氮肥的适宜用量. 土壤, 1988, 20(1): 5-9.
[67] 申建波, 张福锁. 养分资源综合管理理论与实践. 北京: 中国农业大学出版社, 2006: 1-71.
[68] Dobermann A C, Witt C, Dawe D. et al. Site-specific nutrient management for intensive rice cropping systems in Asia. Field Crops Research, 2002, 74: 37-66.
[69] Yang W H, Peng S B, Huang J L, et al. Using leaf color charts to estimate leaf nitrogen status of rice. Agronomy Journal, 2003, 95: 212-217.
[70] Hussain F, Bronson K F, Yadvinder S, et al. Use of chlorophyll meter sufficiency indices for nitrogen management of irrigated rice in Asia. Agronomy Journal, 2000, 92: 875-879.
[71] Wang G H, Dobermann A, Witt C, et al. Performance of site-specific nutrient management for irrigated rice in Southeast China. Agronomy Journal, 2001, 93: 869-878.
[72] 刘立军, 桑大志, 刘翠莲, 等. 实时实地氮肥管理对水稻产量和氮素利用率的影响. 中国农业科学, 2003, 36(12): 1456-1461.
[73] 刘立军, 徐伟, 桑大志, 等. 实地氮肥管理提高水稻氮肥利用效率. 作物学报, 2006, 32(7): 987-994.
[74] 王绍华, 刘胜环, 王强盛, 等. 水稻产量形成与叶片含氮量及叶色的关系. 南京农业大学学报, 2002, 25(4): 1-5.
[75] 李刚华, 薛利红, 尤娟. 等. 水稻氮素和叶绿素 SPAD 叶位分布特点及氮素诊断的叶位选择. 中国农业科学, 2007, 40(6): 1127-1134.

[76] 张静, 史慧琴, 杜彦修, 等. 水稻叶色氮素反应的基因型间差异. 植物遗传资源学报, 2012, 13(1): 105-110.

[77] 王绍华, 曹卫星, 王强盛, 等. 水稻叶色分布特点与氮素营养诊断. 中国农业科学, 2002, 35(12): 1461-1466.

[78] 沈阿林, 姚健, 刘春增, 等. 沿黄稻区主要水稻品种的需肥规律、叶色动态与施氮技术研究. 华北农学报, 2000, 15(4): 131-136.

[79] 李刚华, 丁艳锋, 薛利红, 等. 利用叶绿素计(SPAD-502)诊断水稻氮素营养和推荐追肥的研究进展. 植物营养与肥料学报, 2005, 11: 412-416.

[80] Balasubramanian A C. Adaptation of the chlorophyll meter (SPAD) technology for real-time N management in rice: a review. International Rice Research Notes, 2000, 25(1): 4-8.

[81] 凌启鸿, 张洪程, 丁艳锋, 等. 水稻高产技术的新发展: 精确定量栽培. 中国稻米, 2005, 1: 3-7.

[82] 罗德强, 王绍华, 江学海, 等. 精确定量施肥对贵州高原山区杂交籼稻产量与群体质量的影响. 中国农业科学, 2014, 47(11): 2099-2108.

[83] 陈秋雪, 周耀亮. 寒地水稻氮肥精确定量施肥研究. 北方水稻, 2013, 43(4): 32-34.

[84] 邹应斌. 超级稻“三定”栽培技术的原理和要点. 中国稻米, 2012, 18(5): 12-14.

[85] 邹应斌, 敖和军, 王淑红, 等. 超级稻“三定”栽培法研究: 概念与理论依据. 中国农学通报, 2006, 22(5): 158-162.

[86] 张金艳. 水稻“三定”栽培技术对比试验. 广西农学报, 2013, 28(1): 4-8.

[87] 刘永宏, 王世杰, 蒋献华, 等. 杂交水稻新组合德优 108 的“三定”栽培技术. 杂交水稻, 2018, 33(3): 38-39.

[88] 钟旭华, 黄农荣, 郑海波, 等. 水稻“三控”施肥技术规程. 广东农业科学, 2007, 5: 13-15, 43.

[89] 刘斌, 陈东梅. 水稻“三控”栽培技术. 现代农业科技, 2016, 13: 36-37.

[90] 谢伟东. 水稻“三控”施肥技术与应用. 农业科技通讯, 2011, 1: 125-126.

[91] 钟旭华, 黄农荣, 郑海波. 水稻“三控”施肥技术的生物学基础. 广东农业科学, 2007, 5: 19-22.

[92] 杨建昌, 张建华. 水稻高产节水灌溉. 北京: 科学出版社, 2019: 183-199.

[93] 杨建昌, 张伟杨, 王志琴, 等. 一种提高水稻缓释氮肥利用效率的灌溉方法: CN, 3869919, 2020.

[94] 张亚丽. 水稻氮效率基因型差异评价与氮高效机理研究. 南京农业大学博士学位论文, 2006.

[95] 王志琴, 李国生, 杨建昌, 等. 江苏现用粳稻品种对氮素的反应. 江苏农业研究, 2000, 21(4): 22-26.

[96] 剧成欣, 陶进, 钱希旸, 等. 不同年代中籼水稻品种的产量与氮肥利用效率. 作物学报, 2015, 41(3): 422-431.

[97] 蒋志敏, 王威, 储成才. 植物氮高效利用研究进展与展望. 生命科学, 2018, 30(10): 1060-1071.

[98] 凌启鸿. 作物群体质量. 上海: 上海科学技术出版社, 2000: 1-216.

[99] 薛亚光, 葛立立, 王康君, 等. 不同栽培模式对杂交粳稻群体质量的影响. 作物学报, 2013, 39(2): 280-291.

[100] 剧成欣, 周著彪, 赵步洪, 等. 不同氮敏感性粳稻品种的氮代谢与光合特性比较. 作物学

报, 2018, 44(3): 405-413.
[101] Ju C X, Buresh R J, Wang Z Q, et al. Root and shoot traits for rice varieties with higher grain yield and higher nitrogen use efficiency at lower nitrogen rates application. Field Crops Research, 2015, 175: 47-59.
[102] Yang J C. Approaches to achieve high yield and high resource use efficiency in rice. Frontiers of Agricultural Science and Engineering, 2015, 2: 115-123.
[103] Schmitt M R, Edwards G E. Photosynthetic capacity and nitrogen use efficiency of maize, wheat, and rice: a comparison between C_3 and C_4 photosynthesis. Journal of Experimental Botany, 1981, 32: 459-466.
[104] Gu J F, Chen Y, Zhang H, et al. Canopy light and nitrogen distributions are related to grain yield and nitrogen use efficiency in rice. Field Crops Research, 2017, 206: 74-85.
[105] 杨建昌, 展明飞, 朱宽宇. 水稻绿色性状形成的生理基础. 生命科学, 2018, 30(10): 1137-1145.
[106] 程建峰, 戴廷波, 曹卫星, 等. 不同氮收获指数水稻基因型的氮代谢特征. 作物学报, 2007, 33(3): 497-502.
[107] 曾建敏, 崔克辉, 黄见良, 等. 水稻生理生化特性对氮肥的反应及与氮利用效率的关系. 作物学报, 2007, 33(7): 1168-1176.
[108] Peng J Y, Palta J A, Rebetzke G J. Wheat genotypes with high early vigor accumulate more nitrogen and have higher photosynthetic nitrogen use efficiency during early growth. Functional Plant Biology, 2014, 41: 215-222.
[109] 莫良玉, 吴良欢, 陶勤南. 高等植物 GS/GOGAT 循环研究进展. 植物营养与肥料学报, 2001, 7(2): 223-231.
[110] 王小纯, 熊淑萍, 马新明, 等. 不同形态氮素对专用型小麦花后氮代谢关键酶活性及籽粒蛋白质含量的影响. 生态学报, 2005, 25(4): 802-807.
[111] 叶利庭, 吕华军, 宋文静, 等. 不同氮效率水稻生育后期氮代谢酶活性的变化特征. 土壤学报, 2011, 48(1): 132-140.
[112] 安久海, 刘晓龙, 徐晨, 等. 氮高效水稻品种的光合生理特性. 西北农林科技大学学报(自然科学版), 2014, 42(12): 29-38, 45.
[113] 董芙荣. 不同氮效率基因型水稻氮代谢关键酶活性及其基因表达特征分析. 扬州大学博士学位论文, 2010.
[114] 山田登. 多收获水稻の荣养特征. 农业および園藝, 1971, 46: 145-150.
[115] 凌启鸿, 杨建昌. 水稻群体“粒叶比”与高产栽培途径研究. 中国农业科学, 1986, 19(3): 1-8.
[116] 杨建昌. 水稻粒叶比与产量的关系. 江苏农学院学报, 1993, 14(1) : 11-14.
[117] Fu J, Huang Z H, Wang Z Q, et al. Pre-anthesis non-structural carbohydrate reserve in the stem enhances the sink strength of inferior spikelets during grain filling of rice. Field Crops Research, 2011, 123: 170-182.
[118] Yang J C, Peng S B, Zhang Z J, et al. Grain and dry matter yields and partitioning of assimilates in japonica/indica hybrid rice. Crop Science, 2002, 42: 766-772.
[119] Wang Z Q, Zhang W Y, Beebout S S, et al. Grain yield, water and nitrogen use efficiencies of rice as influenced by irrigation regimes and their interaction with nitrogen rates. Field Crops Research, 2016, 193: 54-69.
[120] Yang J C, Zhang J H. Crop management techniques to enhance harvest index in rice. Journal of Experimental Botany, 2010, 61: 3177-3189.

[121] Yang J C, Zhang J H, Wang Z Q, et al. Hormonal changes in the grains of rice subjected to water stress during grain filling. Plant Physiology, 2001, 127: 315-323.

[122] Zhang H, Tan G L, Yang L N, et al. Hormones in the grains and roots in relation to post-anthesis development of inferior and superior spikelets in japonica/indica hybrid rice. Plant Physiology and Biochemistry, 2009, 47: 195-204.

[123] Wani S H, Kumar V, Shriram V, et al. Phytohormones and their metabolic engineering for abiotic stress tolerance in crop plants. Crop Journal, 2016, 4: 162-176.

[124] Gu J F, Li Z K, Mao Y Q, et al. Roles of nitrogen and cytokinin signals in root and shoot communications in maximizing of plant productivity and their agronomic applications. Plant Science, 2018, 274: 320-331.

[125] Yang J C, Zhang J H, Huang Z L, et al. Correlation of cytokinin levels in the endosperms and roots with cell number and cell division activity during endosperm development in rice. Annals of Botany, 2002, 90: 369-377.

[126] Jameson P E, Song J. Cytokinin: a key driver of seed yield. Journal of Experimental Botany, 2015, 67: 593-606.

[127] Ashikari M, Sakakibara H, Lin S, et al. Cytokinin oxidase regulates rice grain production. Science, 2005, 309: 741-745.

[128] Sakakibara H, Takei K, Hirose N. Interactions between nitrogen and cytokinin in the regulation of metabolism and development. Trends in Plant Science, 2006, 11: 440-448.

[129] Boonman A, Prinsen E, Gilmer F, et al. Cytokinin import rate as a signal for photosynthetic acclimation to canopy light gradients. Plant Physiology, 2007, 143: 1841-1852.

[130] Zubo Y O, Yamburenko M V, Selivankina S Y, et al. Cytokinin stimulates chloroplast transcription in detached barley leaves. Plant Physiology, 2008, 148: 1082-1093.

[131] Chernyad'ev I I. The protective action of cytokinins on the photosynthetic machinery and productivity of plants under stress. Applied Biochemistry and Microbiology, 2009, 45: 351-362.

[132] Cortleven A, Nitschke S, Klaumünzer M, et al. A novel protective function for cytokinin in the light stress response is mediated by the *ARABIDOPSIS HISTIDINE KINASE2* and *ARABIDOPSIS HISTIDINE KINASE3* receptors. Plant Physiology, 2014, 164: 1470-1483.

[133] Talla S K, Panigrahy M, Kappara S, et al. Cytokinin delays dark-induced senescence in rice by maintaining the chlorophyll cycle and photosynthetic complexes. Journal of Experimental Botany, 2016, 67: 1839-1851.

[134] Fitter A H. Roots as dynamic systems: the developmental ecology of roots and root systems. *In*: Press M C, Scholes J D, Barker M G. Plant Physiological Ecology. London: Blackwell Scientific, 1999: 115-131.

[135] Fitter A H. Characteristics and functions of root systems. *In*: Waisel Y, Eshel A, Kafkafi U. Plant Roots: The Hidden Half. New York: Marcel Dekker, Inc, 2002: 15-32.

[136] Zhang H, Xue Y G, Wang Z Q, et al. Morphological and physiological traits of roots and their relationships with shoot growth in “super” rice. Field Crops Research, 2009, 113: 31-40.

[137] Wei H Y, Hu L, Zhu Y, et al. Different characteristics of nutrient absorption and utilization between inbred japonica super rice and inter-sub-specific hybrid super rice. Field Crops Research, 2018, 218: 88-96.

[138] 樊剑波, 沈其荣, 谭炯技, 等. 不同氮效率水稻品种根系生理生态指标的差异. 生态学报, 2009, 29(6): 3052-3058.

[139] Olsen G M, Mirza J I, Maher E P. Ultrastructure and movements cell organelles in the root

cap of agravitropic mutants and normal seedlings of *Arabidopsis thaliana*. Physiologia Plantarum, 1984, 60: 523-531.

[140] HaWes M C, Gunawardena U, Miyasaka S. The role of root border cells in plant defense. Trends in Plant Science, 2000, 5: 128-133.

[141] 杨建昌. 水稻根系形态生理与产量、品质形成及养分吸收利用的关系. 中国农业科学, 2011, 44(1): 36-46.

[142] Yang J C, Zhang H, Zhang J H. Root morphology and physiology in relation to the yield formation of rice. Journal of Integrative Agriculture, 2012, 11: 920-926.

[143] 杨肖娥, 孙义. 不同水稻品种对低氮反应的差异及其机制的研究. 土壤学报, 1992, 29(1): 73-79.

[144] Shi W M, Xu W F, Li S M, et al. Responses of two rice cultivars differing in seedling-stage nitrogen use efficiency to growth under low-nitrogen conditions. Plant and Soil, 2010, 326: 291-302.

[145] Xu W F, Jia L G, Shi W M, et al. Abscisic acid accumulation modulates auxin transport in the root tip to enhance proton secretion for maintaining root growth under moderate water stress. New Phytologist, 2013, 197: 139-150.

[146] Yang J C, Zhang J H, Wang Z Q, et al. Abscisic acid and cytokinins in the root exudates and leaves and their relationship to senescence and remobilization of carbon reserves in rice subjected to water stress during grain filling. Planta, 2002, 215: 645-652.

[147] Yang J C, Zhang J H. Grain filling of cereals under soil drying. New Phytologist, 2006, 169: 223-236.

[148] Lynch J M, Whipps J M. Substrate flow in the rhizosphere. Plant and Soil, 1990, 129: 1-10.

[149] Kroon H. How do roots interact? Science, 2007, 318: 1562-1563.

[150] 国家质量技术监督局. 中华人民共和国国家标准. 优质稻谷: GB/T 17891—1999. 1999: 1-6

[151] Xu Y J, Gu D J, Li K, et al. Response of grain quality to alternate wetting and moderate soil drying irrigation in rice. Crop Science, 2019, 59: 1261-1272.

[152] Albarracin M, Dyner L, Giacomino M S, et al. Modification of nutritional properties of whole rice flours (*Oryza sativa* L.) by soaking, germination, and extrusion. Journal of Food Biochemistry, 2019, 43(7): e12854.

[153] Yang Q Q, Zhao D S, Zhang C Q, et al. A connection between lysine and serotonin metabolism in rice endosperm. Plant Physiology, 2018, 176: 1965-1980.

[154] Zhang H, Yu C, Hou D P, et al. Changes in mineral elements and starch quality of grains during the improvement of japonica rice cultivars. Journal of the Science of Food and Agriculture, 2018, 98: 122-133.

[155] Zhang H, Hou D P, Peng X L, et al. Optimizing integrative cultivation management improves grain quality while increasing yield and nitrogen use efficiency in rice. Journal of Integrative Agriculture, 2019, 18: 2716-2731.

[156] 王振林. 粮食作物产量与品质协同提高. 见: 10000 个科学难题农业科学编委会. 10000 个科学难题　农业科学卷. 北京: 科学出版社, 2011: 108-110.

[157] 杜永, 王艳, 王学红. 黄淮地区不同粳稻品种株型、产量与品质的比较分析. 作物学报, 2007, 33(7): 1079-1085.

[158] Santos K F D N, Silveira R D D, Martin-Didonet C C G, et al. Storage protein profile and amino acid content in wild rice *Oryza glumaepatula*. Pesquisa Agropecuaria Brasileira, 2013, 48(1): 66-72.

[159] 慕永红. 不同施氮比例对水稻产量与品质的影响. 黑龙江农业科学, 2000, (3): 18-19.
[160] 刘立超, 张广彬, 谢树鹏, 等. 不同施氮处理对绥粳 4 号产量及品质的影响. 中国稻米, 2016, 22(1): 90-91.
[161] 孙国才, 崔月峰, 卢铁钢, 等. 氮肥用量及前氮后移模式对水稻产量及品质的影响. 中国稻米, 2012, 18(5): 49-52.
[162] 崔月峰, 孙国才, 卢铁钢, 等. 氮肥运筹对超级稻铁粳 7 号产量形成及品质的影响. 湖北农业科学, 2013, 52(8): 1760-1764.
[163] Zhou T Y, Zhou Q, Li E P, et al. Effects of nitrogen fertilizer on structure and physicochemical properties of 'super' rice starch. Carbohydrate Polymers, 2020, 239: 116237.

第 2 章　中籼稻品种改良过程中产量和氮素利用率的变化

我国籼稻的种植面积约占全国水稻种植面积的 65%[1,2]。长江中下游地区是我国水稻主产区，该区域稻田种植制度多样，双季稻和单季中、晚稻都有，不少地区籼粳并存。在各品种类型中，以中熟籼稻（简称中籼稻）所占比例最大[2-4]。新中国成立以来，我国水稻品种的改良经历了高秆、矮秆、半矮秆（含半矮秆杂交稻）、超级稻品种等发展过程[3-5]。品种的改良极大地促进了我国乃至世界水稻产量的提高，使我国的水稻产量水平位居世界前列[5-8]。研究并阐明中籼稻品种改良过程中产量、氮肥利用率和稻米品质的变化，对于培育和选用高产、优质、高效水稻品种及指导高产、优质、高效栽培均具有十分重要的意义[9-12]。为此，作者选用近 80 年来在长江中下游地区大面积推广种植的 12 个代表性中籼稻品种为试验材料，并依据水稻株型结合种植年代，将其划分为早期高秆品种（ET）、矮秆品种（DC）、半矮秆品种（SDC）和超级稻品种（SR）4 个类型（表 2-1）。其中，早期高秆品种主要是当时推广的优良地方品种；半矮秆品种包括半矮秆常规稻品种和半矮秆杂交稻品种，因在应用年代上有重合，故将其看成一个类型，统称为半矮秆品种；所选用的 3 个超级稻品种均已通过农业部认定。各品种大田种植，设置全生育期不施氮肥（0N）、施氮 210kg/hm^2（210N）和施氮 300kg/hm^2（300N）3 种施氮量处理，观察了中籼稻品种改良过程中产量、氮肥利用率和稻米品质变化特点，并从物质生产和氮代谢酶活性变化等方面分析了产量和氮肥利用率变化的原因。

表 2-1　供试的中籼稻品种

品种类型	品种	应用年代
早期高秆品种（ET）	黄瓜籼	20 世纪 40～50 年代
	银条籼	20 世纪 50 年代
	南京 1 号	20 世纪 50 年代
矮秆品种（DC）	台中籼	20 世纪 60 年代
	南京 11	20 世纪 60～70 年代
	珍珠矮	20 世纪 60～70 年代
半矮秆品种（SDC）	扬稻 2 号	20 世纪 80 年代
	扬稻 6 号	20 世纪 90 年代
	汕优 63（杂交稻）	20 世纪 80 年代至 21 世纪初

续表

品种类型	品种	应用年代
超级稻品种（SR）	扬两优 6 号（杂交稻）	21 世纪前 10 年
	两优培九（杂交稻）	20 世纪 90 年代至 21 世纪前 10 年
	II优 084（杂交稻）	21 世纪前 10 年

2.1 中籼稻品种产量的演进

2.1.1 产量及其构成因素

图 2-1 为各类型品种、表 2-2 为各供试品种在不同施氮量下的产量及其构成因素。各类型或各供试品种产量均随品种演进逐步提高。在 3 种施氮量（0N、210N 和 300N）下，由早期高秆品种到矮秆品种，产量增幅分别为 1.63t/hm^2、2.13t/hm^2 和 2.35t/hm^2，差异显著；半矮秆品种产量比矮秆品种产量分别增加了 23.66%、19.84%和 16.50%（图 2-1，表 2-2）。3 个超级稻品种在 3 种施氮量下的平均产量分别为 7.10t/hm^2、9.18t/hm^2 和 10.11t/hm^2，与半矮秆品种相比，又有大幅度的提高。从 0N 到 210N，早期高秆品种（ET）、矮秆品种（DC）、半矮秆品种（SDC）和超级稻品种（SR）产量均显著提高。在 210N 处理下，不同时期品种的产量与 0N 相比分别增加了 33.68%、32.88%、28.78%和 29.33%。从 210N 到 300N，超级稻品种产量仍有较大幅度的增长，增幅为 10.09%，其余各类型品种产量增加幅度较小或表现出下降的趋势，体现了超级稻品种高施氮量下的耐肥优势（图 2-1a，表 2-2）。

从产量构成因素分析，各类型品种的千粒重变化不大（图 2-1f），产量的提高主要在于每穗粒数的增加（图 2-1d），进而提高了总颖花数，总颖花数与产量表现出同步增长的趋势（图 2-1b），其中以超级稻品种更为明显。在 210N 和 300N 处理下，穗数随品种改良无显著差异；在 0N 处理下，穗数随品种改良逐步降低，表明低氮肥水平限制了杂交稻分蘖能力的充分发挥。从 0N 到 210N 处理，各类型品种穗数均有所提高，其中以超级稻品种的增幅最为明显，达到 36.44%。从 210N 到 300N 处理，半矮秆品种和超级稻品种的穗数仍有较大幅度的增长，增幅分别为 2.95%和 10.89%，其余各类型品种穗数增加幅度较小（图 2-1c）。由早期高秆品种到半矮秆品种，结实率逐步提高；但由半矮秆品种到超级稻，结实率有下降的趋势。早期高秆品种的结实率在各施氮量下变化不明显，其余各类型品种的结实率均随施氮量的增加呈现降低的趋势（图 2-1e）。3 个供试超级稻品种的结实率均未达到 80%，显著低于半矮秆品种。较低的结实率影响了超级稻品种产量潜力的充分发挥。

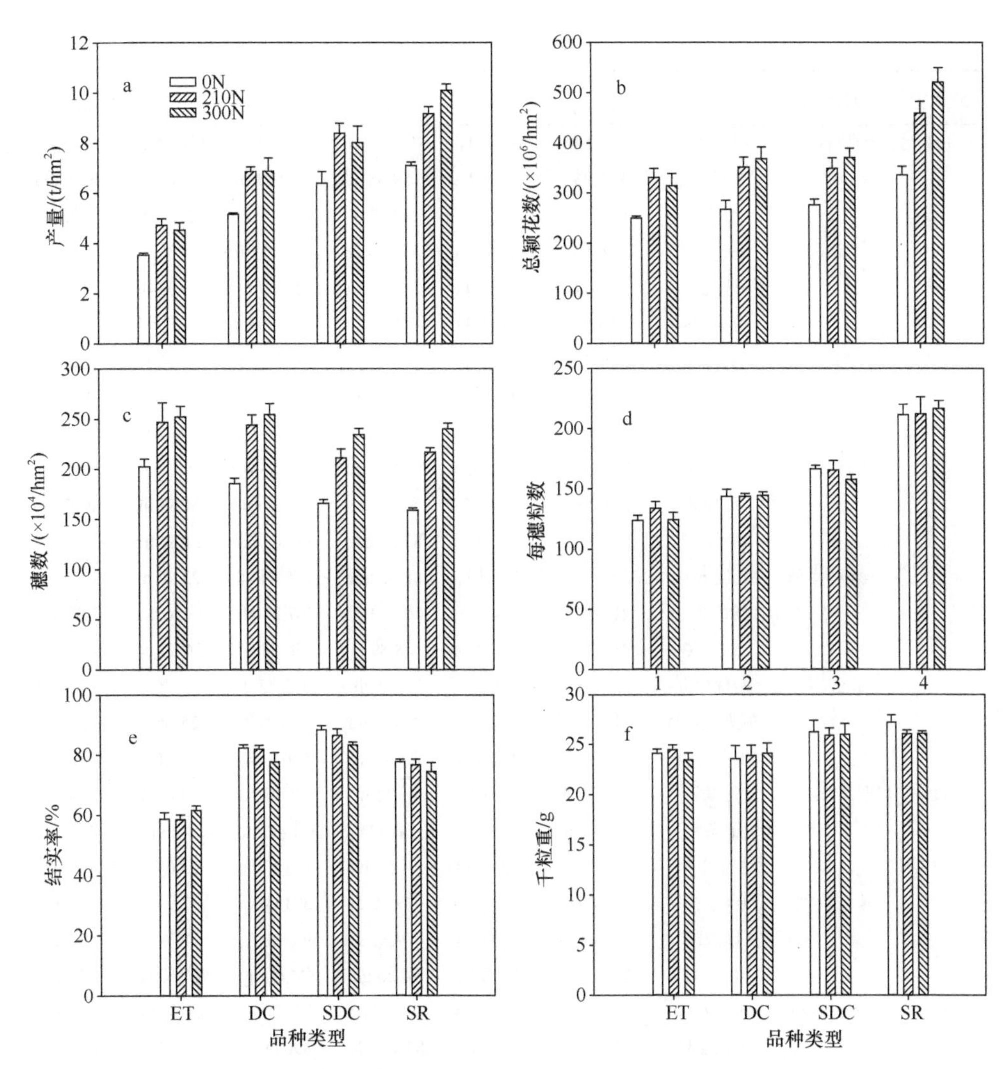

图 2-1　各时期品种产量及其构成因素的变化

0N：全生育期不施氮肥；210N：全生育期施氮 210kg/hm^2；300N：全生育期施氮 300kg/hm^2；ET：早期高秆品种；DC：矮秆品种；SDC：半矮秆品种；SR：超级稻品种

表 2-2　各品种产量及其构成要素

施氮量	品种类型	品种	穗数/（×10^4/hm^2）	每穗粒数	结实率/%	总颖花数/（×10^6/hm^2）	千粒重/g	产量/（t/hm^2）
0N	早期高秆品种	黄瓜籼	197.50 i	127.93 k	58.42 i	252.66 p	23.67 m	3.49 l
		银条籼	211.36 gh	119.17 k	56.82 i	251.88 p	24.43 kl	3.50 l
		南京 1 号	198.19 i	123.82 k	61.00 i	245.40 p	24.29 lm	3.64 kl
	矮秆品种	台中籼	190.57 i	150.26 h	82.24 cde	286.36 o	22.14 n	5.21 hij
		珍珠矮	180.31 j	139.14 i	83.36 bcd	250.88 p	24.61 ij	5.15 hij
		南京 11	186.17 j	141.50 i	81.29 de	263.44 p	24.02 m	5.15 hij

续表

施氮量	品种类型	品种	穗数/（$\times10^4$/hm^2）	每穗粒数	结实率/%	总颖花数/（$\times10^6$/hm^2）	千粒重/g	产量/（t/hm^2）
0N	半矮秆品种	扬稻 6 号	167.12 l	167.20 de	86.71 ab	279.41 o	25.18 h	6.10 ghi
		扬稻 2 号	161.25 l	163.04 ef	89.38 a	262.91 p	26.16 f	6.15 ghi
		汕优 63	168.58 k	168.92 de	88.67 a	284.76 o	27.46 b	6.93 fg
	超级稻	两优培九	158.86 l	202.67 c	77.67 efg	321.95 lm	28.02 a	7.01 efg
		扬两优 6 号	161.34 l	219.84 a	76.99 efg	354.69 hi	26.58 de	7.26 efg
		II 优 084	156.50 l	211.99 b	78.66 ef	331.76 kl	26.99 cde	7.04 efg
210N	早期高秆品种	黄瓜籼	226.78 f	136.63 i	57.84 i	309.84 mn	24.90 hi	4.46 jkl
		银条籼	265.21 a	127.56 j	57.61 i	338.30 jk	24.55 hij	4.79 jk
		南京 1 号	249.48 c	137.66 i	60.32 i	343.44 ijk	23.92 m	4.96 ij
	矮秆品种	台中籼	255.49 bc	145.93 i	83.02 bcd	372.83 fg	22.74 n	7.04 efg
		珍珠矮	241.36 d	144.17 i	80.58 de	347.96 ij	24.66 ijk	6.92 fg
		南京 11	235.98 de	141.13 i	82.20 cde	333.03 jkl	24.30 lm	6.65 fg
	半矮秆品种	扬稻 6 号	258.66 a	158.12 g	85.65 abc	385.74 ef	23.90 m	7.88 def
		扬稻 2 号	211.97 h	164.33 fg	84.93 bcd	367.25 gh	26.86 bcd	7.93 def
		汕优 63	213.28 h	173.94 d	88.89 a	370.98 fg	26.97 bc	8.89 bcd
	超级稻	两优培九	221.16 g	195.53 c	78.29 efg	432.43 d	26.46 e	8.96 bcd
		扬两优 6 号	216.96 g	219.49 a	74.62 fgh	476.21 c	25.66 g	9.12 bcd
		II 优 084	212.30 h	221.53 a	77.34 efg	470.30 c	26.06 f	9.48 abc
300N	早期高秆品种	黄瓜籼	240.59 d	121.01 k	63.11 hi	291.14 no	23.06 n	4.24 jkl
		银条籼	258.00 a	120.70 k	60.02 i	311.41 mn	24.26 lm	4.54 jk
		南京 1 号	259.16 a	131.24 j	61.56 hi	340.12 jk	23.07 n	4.83 jk
	矮秆品种	台中籼	264.69 a	147.74 h	79.28 e	391.04 e	22.94 n	7.11 efg
		珍珠矮	256.36 ab	143.95 i	79.51 e	369.02 fg	24.79 hi	7.27 efg
		南京 11	243.08 d	141.51 i	74.20 gh	344.00 ijk	24.60 jk	6.28 gh
	半矮秆品种	扬稻 6 号	228.69 f	154.93 h	83.11 bcd	354.30 hi	24.76 ijk	7.29 efg
		扬稻 2 号	240.83 d	162.21 g	82.48 cde	390.66 e	26.51 e	8.54 cd
		汕优 63	234.55 ef	156.04 g	84.27 bc	366.00 gh	26.72 cd	8.24 cde
	超级稻	两优培九	240.81 d	216.60 a	73.26 h	521.59 a	25.86 fg	9.88 ab
		扬两优 6 号	246.01 c	223.45 a	72.13 h	549.70 a	26.16 f	10.37 a
		II 优 084	234.40 de	210.14 b	77.82 fg	492.57 b	26.33 f	10.09 ab

注：0N：全生育期不施氮肥；210N：全生育期施氮 210kg/hm^2；300N：全生育期施氮 300 kg/hm^2；同栏内不同字母表示在 0.05 水平上差异显著

2.1.2 干物质积累动态

由图 2-2 和图 2-3 可知，不同时期中籼稻品种的生物产量随品种的应用年代

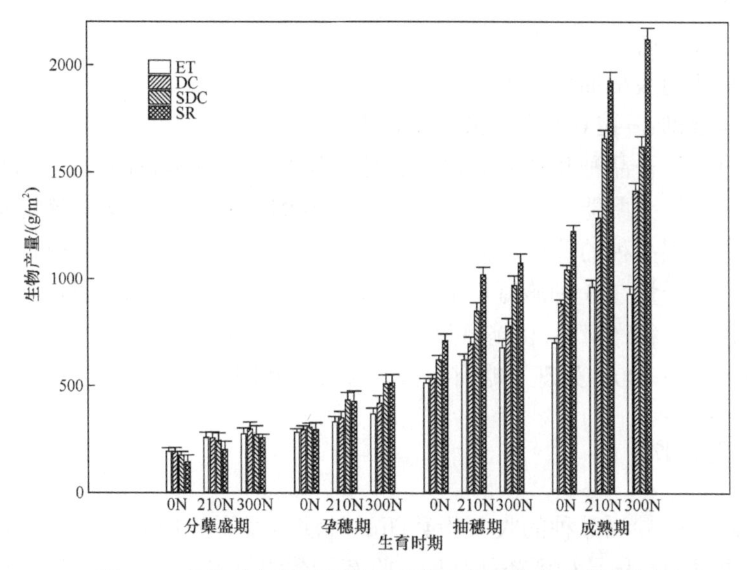

图 2-2　各类型中籼稻品种不同生育期生物产量的变化

0N：全生育期不施氮肥；210N：全生育期施氮 210kg/hm^2；300N：全生育期施氮 300kg/hm^2；ET：早期高秆品种；DC：矮秆品种；SDC：半矮秆品种；SR：超级稻品种

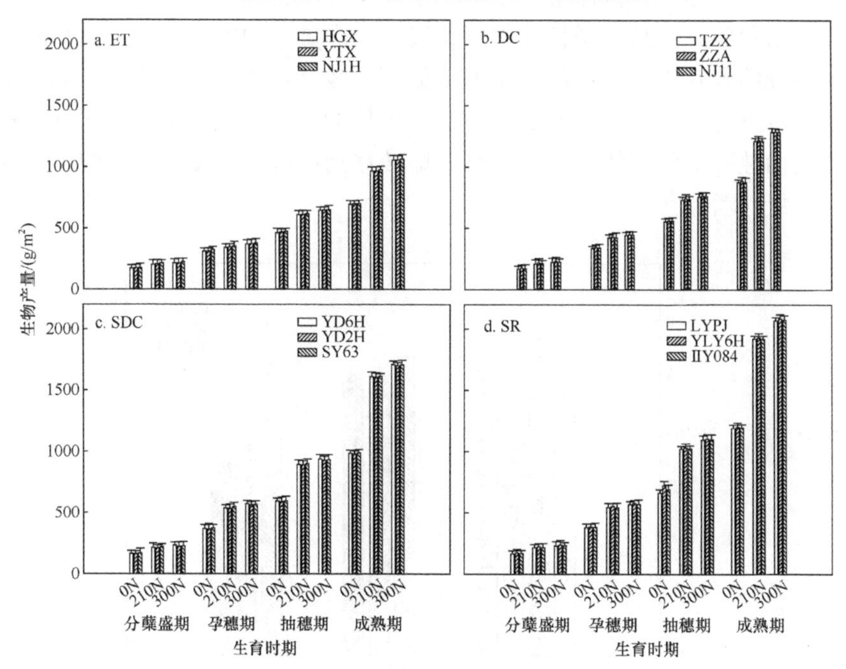

图 2-3　不同中籼稻品种主要生育期生物产量的变化

0N：全生育期不施氮肥；210N：全生育期施氮 210kg/hm^2；300N：全生育期施氮 300kg/hm^2；ET：早期高秆品种；DC：矮秆品种；SDC：半矮秆品种；SR：超级稻品种；HGX：黄瓜籼；YTX：银条籼；NJ1H：南京 1 号；TZX：台中籼；NJ11：南京 11；ZZA：珍珠矮；YD2H：扬稻 2 号；YD6H：扬稻 6 号；SY63：汕优 63；YLY6H：扬两优 6 号；LYPJ：两优培九；IIY084：II 优 084

的演进和施氮量的增加逐步提高。在 210N 处理下，早期高秆品种、矮秆品种、半矮秆品种和超级稻抽穗后生物产量占总生物量的比值分别为 37.05%、39.50%、44.35%和 46.68%。在 0N 处理的生育前期，半矮秆品种和超级稻品种的生物产量显著低于早期高秆品种和矮秆品种，这是因为杂交稻单本栽插，较低的氮肥水平限制了杂交稻的分蘖能力。在 210N 处理和 300N 处理下，杂交稻分蘖能力较强，不同时期中籼稻品种的茎蘖数无显著差异。在穗分化期之后，半矮秆品种和超级稻品种的生物产量在 3 种施氮量下均显著高于早期高秆品种和矮秆品种。在成熟期，超级稻的生物产量 3 种施氮量下均为最高。半矮秆品种的生物产量在 210N 处理下最大，在 300N 处理下略有下降（图 2-2 和图 2-3）。

2.1.3 收获指数

不同时期中籼稻品种的收获指数随品种演进呈现先增后降的趋势（图 2-4 和图 2-5）。由早期高秆品种到矮秆品种，收获指数明显提高；由矮秆品种到超级稻，收获指数又逐步下降，在不同施氮量下的变化趋势一致。现代品种的收获指数为 0.48～0.53。说明由早期高秆品种到矮秆品种，生物产量和收获指数同步提高，以增加收获指数为主；从半矮秆品种到超级稻，产量的增加主要在于生物产量的提高。各品种的收获指数一般都是在 0N 处理下较高，随着氮肥施用量的增加，收获指数略有下降（图 2-4 和图 2-5）。其主要原因是增加施氮量后，茎秆中积累较多的非结构性碳水化合物，且不能有效地转移到籽粒中，生物产量增加的幅度大于籽粒产量的增加[13-16]。

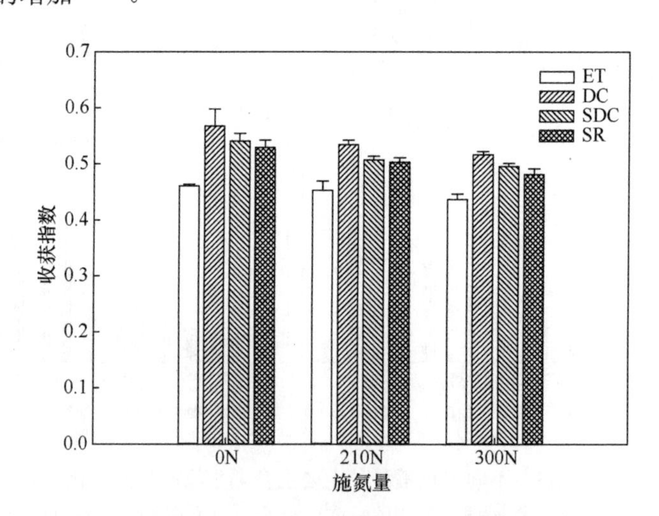

图 2-4 各类型中籼稻品种的收获指数

0N：全生育期不施氮肥；210N：全生育期施氮 210kg/hm^2；300N：全生育期施氮 300kg/hm^2；ET：早期高秆品种；DC：矮秆品种；SDC：半矮秆品种；SR：超级稻品种

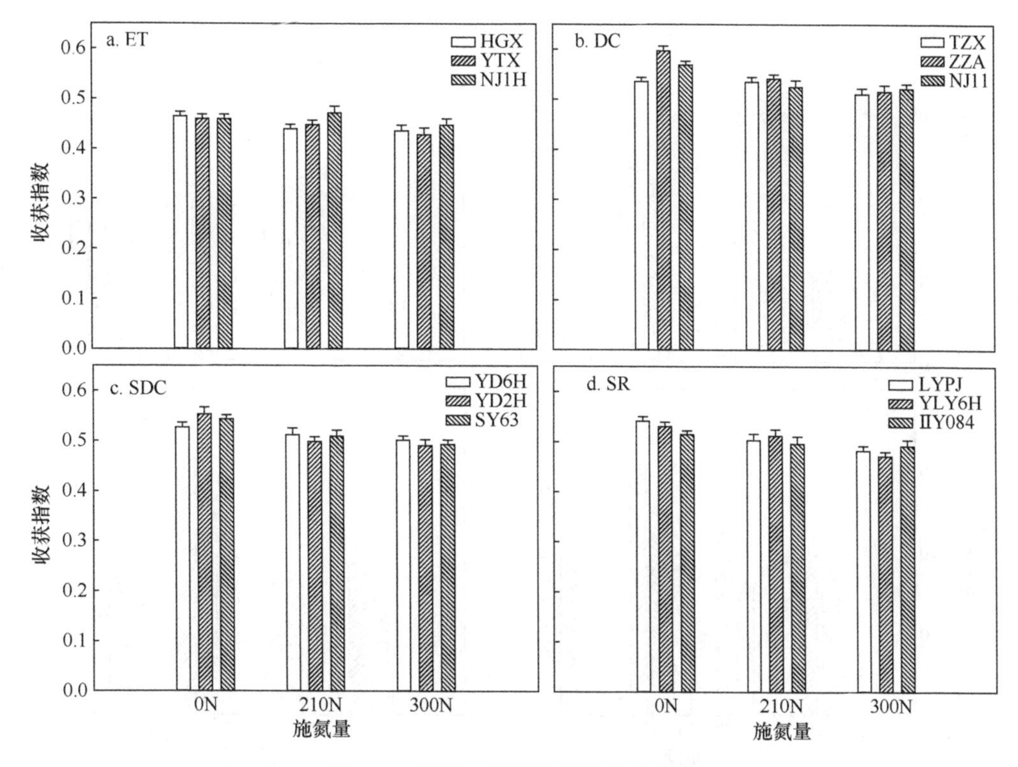

图 2-5　不同中籼稻品种的收获指数

0N：全生育期不施氮肥；210N：全生育期施氮 210kg/hm^2；300N：全生育期施氮 300kg/hm^2；ET：早期高秆品种；DC：矮秆品种；SDC：半矮秆品种；SR：超级稻品种；HGX：黄瓜籼；YTX：银条籼；NJ1H：南京 1 号；TZX：台中籼；NJ11：南京 11；ZZA：珍珠矮；YD2H：扬稻 2 号；YD6H：扬稻 6 号；SY63：汕优 63；YLY6H：扬两优 6 号；LYPJ：两优培九；IIY084：II 优 084

2.2　中籼稻品种改良过程中氮素利用率的变化及其生理基础

2.2.1　氮素积累动态

从不同生育阶段水稻氮素积累状况可以看出，早期高秆品种、矮秆品种和半矮秆品种的吸氮高峰均集中在穗分化始期至抽穗期，其穗分化始期至成熟期的氮素积累量占生育期氮素总积累量的 30%～45%（图 2-6）。超级稻品种的吸氮高峰自幼穗分化期一直持续至成熟期，且在 300N 处理下显著高于 210N 处理。在 300N 处理下，早期高秆品种植株较高引起部分水稻发生倒伏。除早期高秆品种以外，其余时期品种在各生育阶段的氮素积累量均随着氮肥水平的提高而增加。不同时期品种植株的吸氮量也随品种应用年代的演进而显著增加（图 2-6）。

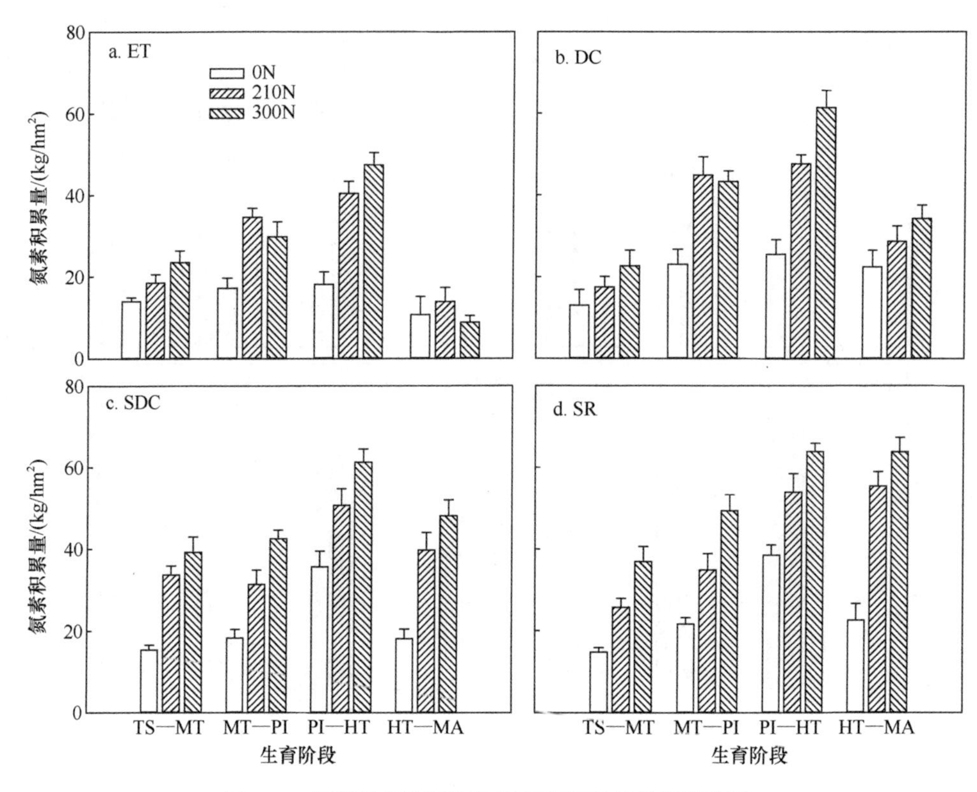

图 2-6 各类型中籼稻品种不同生育阶段的氮素积累

0N：全生育期不施氮肥；210N：全生育期施氮 210kg/hm^2；300N：全生育期施氮 300kg/hm^2；ET：早期高秆品种；DC：矮秆品种；SDC：半矮秆品种；SR：超级稻品种；TS—MT：移栽至分蘖中期；MT—PI：分蘖中期至穗分化始期；PI—HT：穗分化始期至抽穗期；HT—MA：抽穗期至成熟期

2.2.2 氮肥利用率

由表 2-3 和表 2-4 可知，氮肥农学利用率在不同时期品种间存在显著差异，体现了不同类型中籼稻品种氮肥利用的遗传差异。超级稻品种的氮肥农学利用率在 210N 和 300N 处理下与早期高秆品种相比分别提高了 74.78%和 204.24%。在 300N 处理下，除超级稻外，不同时期品种的氮肥农学利用率均显著低于 210N 处理（表 2-3 和表 2-4）。氮肥的吸收利用率反映了氮素积累量和氮素投入量的关系[17,18]，随着氮肥施用量的增加，不同时期品种表现出增加的趋势。从 210N 到 300N 处理，早期高秆品种和矮秆品种的氮肥吸收利用率降低，半矮秆品种和超级稻的氮肥吸收利用率提高。氮肥的生理利用率是稻谷生产量与投入氮素吸收量的比值，通常比较稳定，受产量和应用时期影响不大[17,18]。但 300N 处理会造成植株对氮素的奢侈吸收，不能充分发挥氮肥的作用，氮肥的生理利用率显著降低（表 2-3 和表 2-4）。氮肥偏生产力与施氮量呈负相关，反映作物吸收的氮素对稻谷生产的贡献[17,18]。氮肥偏生产力和吸收利用率均随着品种演进呈现出逐步增加的趋势。氮素产谷利用率与施氮量负相关，施氮量越高，氮素产谷利用率越低（表 2-3 和表 2-4）。

表 2-3　不同类型中籼稻品种的氮肥利用率的变化

品种类型	AE_N/（kg/kg N）		RE_N/%		PE_N/（kg/kg N）		PFP_N/（kg/kg N）		IE_N/（kg/kg N）		
	210N	300N	210N	300N	210N	300N	210N	300N	0N	210N	300N
早期高秆品种	5.67c	3.30c	22.93b	16.35d	24.74b	20.20b	22.54c	15.11c	59.22b	43.84c	41.64b
矮秆品种	8.10b	5.73b	26.01b	25.76c	31.13a	22.26b	32.71b	22.96b	61.08b	49.33b	42.55b
半矮秆品种	8.76b	5.44b	32.83a	34.75b	26.76a	15.65c	39.23a	26.75b	72.28a	52.34a	41.64b
超级稻品种	9.91a	10.04a	35.06a	38.88a	28.76a	25.82a	43.74a	33.71a	72.09a	53.74a	47.01a

注：0N：全生育期不施氮肥；210N：全生育期施氮 210kg/hm²；300N：全生育期施氮 300kg/hm²；AE_N：氮肥农学利用率；RE_N：氮肥吸收利用率；PE_N：氮肥生理利用率；PFP_N：氮肥偏生产力；IE_N：氮素产谷利用率

表 2-4　中籼稻品种的氮肥利用率的变化

品种	AE_N/（kg/kg N）		RE_N/%		PE_N/（kg/kg N）		PFP_N/（kg/kg N）		IE_N/（kg/kg N）		
	210N	300N	210N	300N	210N	300N	210N	300N	0N	210N	300N
黄瓜籼	4.61g	2.47h	23.14g	16.89f	20.10f	15.13f	21.25g	14.12g	58.40f	41.32g	38.90f
银条籼	6.14f	3.46g	22.13h	16.47f	26.75cd	21.17e	22.78fg	15.12fg	58.45f	44.31f	41.65e
南京 1 号	6.28f	3.98fg	23.52g	15.69f	27.36bc	24.31c	23.59f	16.10f	60.80e	45.89e	44.35bc
台中籼	8.69cd	6.33e	24.88f	25.95e	33.42a	24.56c	33.52d	23.70d	61.61e	50.55c	43.93de
珍珠矮	8.42d	7.09d	26.11e	25.59e	32.37a	27.53a	32.93de	24.25d	60.82e	49.66c	44.93bc
南京 11	7.18e	3.78g	27.04d	25.74e	27.59bc	14.69f	31.68e	20.93e	60.80e	47.77d	38.79f
扬稻 6 号	8.51d	3.97fg	36.70a	34.96c	25.93de	11.43g	37.56c	24.31d	68.97d	50.12c	37.84f
扬稻 2 号	8.50d	7.98c	27.53d	33.43d	25.90de	22.96d	37.78c	28.47c	69.49cd	50.40c	44.32de
汕优 63	9.34b	4.36f	34.26bc	35.86bc	28.46b	12.55g	42.35b	27.47c	78.38a	56.51a	42.77de
两优培九	9.29bc	9.58b	33.61c	39.69a	26.95cd	24.63c	42.66b	32.93b	71.12cd	52.41b	45.92ab
扬两优 6 号	8.85cd	10.37a	34.83b	40.22a	25.66e	26.68ab	43.41b	34.57a	73.67b	53.34b	48.20a
II 优 084	11.60a	10.16a	36.73a	36.73b	33.65a	26.14b	45.14a	33.64ab	71.48c	55.46a	46.91ab

注：0N：全生育期不施氮肥；210N：全生育期施氮 210kg/hm²；300N：全生育期施氮 300kg/hm²；AE_N：氮肥农学利用率；RE_N：氮肥吸收利用率；PE_N：氮肥生理利用率；PFP_N：氮肥偏生产力；IE_N：氮素产谷利用率

2.2.3　叶片氮代谢主要酶类活性

从叶片氮代谢主要酶活性的变化来看，不同时期中籼稻品种穗分化期的叶片谷氨酰胺合酶（GS）、硝酸还原酶（NR）、谷氨酸合酶（GOGAT）均随品种应用年代的演进和氮肥施用量的增加逐步提高（表 2-5 和表 2-6）。

表 2-5 不同类型中籼稻品种穗分化期叶片氮代谢酶活性的变化

品种类型	谷氨酰胺合酶/[nmol/（h·mg 蛋白质）]			硝酸还原酶/[μg NO_2/（h·g）]			谷氨酸合酶/[nmol/（h·mg 蛋白质）]		
	0N	210N	300N	0N	210N	300N	0N	210N	300N
早期高秆品种	253.2d	306.6d	316.7d	72.3d	95.4d	92.3d	136.7d	172.9d	193.4d
矮秆品种	279.3c	357.4c	362.4c	81.3c	130.8c	124.8c	166.8c	213.3c	227.3c
半矮秆品种	330.1b	403.8b	415.8b	98.9b	142.6b	138.9b	196.4b	241.8b	263.6b
超级稻品种	392.3a	494.7a	521.6a	108.7a	167.3a	172.3a	253.5a	298.7a	324.7a

注：0N：全生育期不施氮肥；210N：全生育期施氮 210kg/hm^2；300N：全生育期施氮 300kg/hm^2

表 2-6 中籼稻品种穗分化期叶片氮代谢酶活性的变化

品种	谷氨酰胺合酶/[nmol/（h·mg 蛋白质）]			硝酸还原酶/[μg NO_2/（h·g）]			谷氨酸合酶/[nmol/（h·mg 蛋白质）]		
	0N	210N	300N	0N	210N	300N	0N	210N	300N
黄瓜籼	249.63e	301.38g	312.47f	70.47g	92.33g	91.8f	132.14h	166.47f	189.26h
银条籼	252.72e	306.24fg	316.45ef	72.62g	95.16fg	92.4f	136.88gh	172.45ef	193.58gh
南京 1 号	257.25e	312.18g	321.18e	73.75fg	98.71f	92.7f	141.17g	179.87e	197.48g
台中籼	274.38d	354.23e	360.43d	78.63ef	128.67e	121.46e	161.57f	209.48d	223.69f
珍珠矮	283.85c	360.79e	364.32d	83.86e	133.09e	127.45d	171.84e	216.59d	230.51e
南京 11	279.67cd	357.18e	362.45d	81.35e	130.64e	125.37de	166.84ef	213.68d	227.58ef
扬稻 6 号	331.42b	403.15d	412.34c	99.78c	142.89cd	136.8c	196.57cd	242.08c	262.87d
扬稻 2 号	325.47b	396.42d	415.68c	93.57d	138.67d	139.7c	192.43d	237.63c	258.64d
汕优 63	333.41b	411.83c	419.38c	103.41bc	146.24c	140.2c	200.32c	245.54c	269.26c
两优培九	388.64a	490.24b	517.63b	105.34bc	163.3b	170.16b	248.67b	293.61b	319.46b
扬两优 6 号	395.65a	498.58a	524.79a	112.09a	170.9a	174.43a	257.86a	303.88a	329.68a
II 优 084	392.61a	495.28ab	522.38ab	108.79ab	167.7ab	172.31ab	253.88ab	298.64ab	324.84ab

注：0N：全生育期不施氮肥；210N：全生育期施氮 210kg/hm^2；300N：全生育期施氮 300kg/hm^2

由表 2-7 可以看出，水稻生物产量、叶片氮代谢酶活性与氮肥的农学利用率、吸收利用率和氮肥偏生产力的相关性达到显著或极显著水平。说明提高叶片氮代谢酶活性能够协同提高产量和氮肥利用率。

表 2-7 中籼稻品种叶片氮代谢酶活性与产量及氮肥利用率的相关性

性状指标	产量	氮肥农学利用率	氮吸收利用率	氮肥生理利用率	氮肥偏生产力	氮产谷利用率
生物产量	0.978**	0.794**	0.950**	0.356	0.736**	0.030
氮素积累量	0.865**	0.572*	0.914**	0.139	0.511	0.300
谷氨酰胺合酶活性	0.960**	0.773**	0.902**	0.340	0.726**	0.068
硝酸还原酶活性	0.957**	0.858**	0.929**	0.511	0.830**	–0.062
谷氨酸合酶活性	0.956**	0.702*	0.894**	0.249	0.655*	0.086

注：*和**分别表示在 0.05 和 0.01 水平相关性显著（n=12）

谷氨酸合酶（GOGAT）有两种形式，一种是以 NADH 为电子供体的 NADH-谷氨酸合酶，另一种是以铁氧化还原蛋白为供体的 Fd-谷氨酸合酶。通常，作物 NADH-GOGAT 活性在氮代谢过程中起重要作用[19-22]。作者观察到，随品种的改良和施氮量的增加，水稻籽粒中谷氨酰胺合酶和 NADH-谷氨酸合酶活性增强（图 2-7a，图 2-7b），但籽粒中 Fd-谷氨酸合酶活性没有明显的变化规律（图 2-7c）。

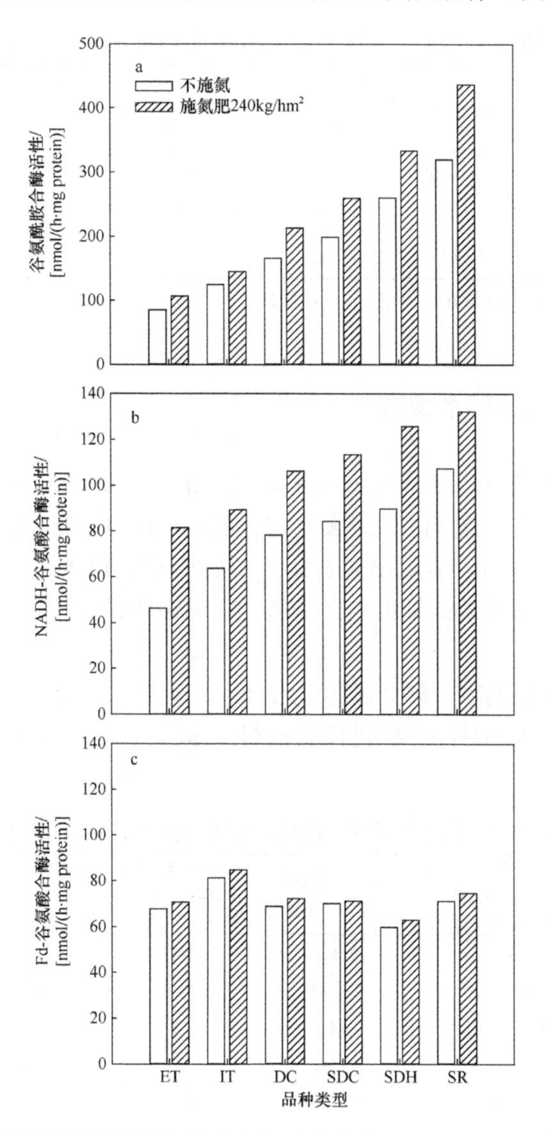

图 2-7　各类型中籼稻品种灌浆期籽粒中谷氨酰胺合酶（a）、NADH-谷氨酸合酶（b）和 Fd-谷氨酸合酶（c）活性

ET：早期高秆品种；IT：改良高秆品种；DC：矮秆品种；SDC：半矮秆品种；SDH：半矮秆杂交稻品种；SR：超级稻品种

相关分析表明，除 Fd-谷氨酸合酶活性外，灌浆期籽粒中谷氨酰胺合酶和NADH-谷氨酸合酶活性与灌浆期水稻吸氮量、生物产量及成熟期籽粒产量均呈显著或极显著的正相关（表 2-8）。由此推测，选择灌浆期籽粒中谷氨酰胺合酶和 NADH-谷氨酸合酶活性高的品种将有利于提高水稻氮素吸收量，增加灌浆期干物质积累，最终有利于水稻产量的提高。

表 2-8　灌浆期籽粒中氮代谢酶活性与灌浆期干物重、吸氮量和产量的相关性

性状指标	全生育期不施氮			全生育期施氮 240kg/hm^2		
	吸氮量	生物产量	籽粒产量	吸氮量	生物产量	籽粒产量
谷氨酰胺合酶活性	0.950**	0.832*	0.972**	0.879**	0.918**	0.903**
NADH-谷氨酸合酶活性	0.925**	0.815*	0.911**	0.858*	0.903**	0.914**
Fd-谷氨酸合酶活性	0.498	0.321	0.539	0.082	0.232	0.100

注：*和**分别表示在 0.05 和 0.01 水平上相关性显著（n=12）

2.2.4　氮代谢酶类活性的调节

通过在水稻穗分化前 1 周叶面喷施 α-萘乙酸（α-NAA）和精胺，观察其对水稻叶片氮代谢酶活性的影响。结果表明，喷施 α-NAA 和精胺均可以不同程度地提高穗分化始期水稻叶片中谷氨酰胺合酶、硝酸还原酶和 Fd-谷氨酸合酶等酶的活性，抽穗期水稻植株的吸氮量也随之提高，喷施 α-NAA 的效果优于喷施精胺的效果（表 2-9）。

抽穗期对水稻穗部喷施上述植物生长调节物质，提高了灌浆初期籽粒中谷氨酰胺合酶和 NADH-谷氨酸合酶活性、氮素转运率、籽粒吸氮量和产量（表 2-10）。

表 2-9　喷施植物生长调节物质对穗分化始期水稻叶片氮代谢酶活性及抽穗期吸氮量的影响

品种	处理	谷氨酰胺合酶活性/[nmol/（h·mg 蛋白质）]	硝酸还原酶活性/[μg NO_2/（h·g）]	NADH-谷氨酸合酶活性/[nmol/（h·mg 蛋白质）]	Fd-谷氨酸合酶活性/[nmol/（h·mg 蛋白质）]	抽穗期吸氮量/（g/盆）
南京 11	对照	432.3	256.4	3.54	387.2	0.55
	α-萘乙酸	478.9**	289.3*	3.66	433.2**	0.67*
	精胺	443.2	274.3	3.45	410.2*	0.60
汕优 63	对照	463.5	312.3	4.21	469.2	0.61
	α-萘乙酸	503.9*	399.2**	4.22	543.2**	0.72 **
	精胺	482.2	385.3*	4.35	500.2*	0.66

注：水稻生长于装有土的盆钵；*和**分别表示在 0.05 和 0.01 水平上与对照差异显著，同一品种内与对照相比。南京 11 和汕优 63 分别为矮秆（DC）和半矮秆（SDC）品种；在穗分化前 1 周分别对叶片喷施 10mg/L 的 α-萘乙酸和 0.1mmol/L 的精胺，以喷施清水为对照（CK），每盆喷施 10ml

表 2-10　喷施植物生长调节物质对水稻灌浆初期籽粒中氮代谢酶活性及产量的影响

品种	处理	谷氨酰胺合酶活性/[nmol/（h·mg 蛋白质）]	NADH-谷氨酸合酶活性/[nmol/（h·mg 蛋白质）]	Fd-谷氨酸合酶活性/[nmol/(h·mg 蛋白质)]	氮素转运率/%	产量/（g/盆）
南京 11	对照	198.3	99.2	64.3	32.6	46.9
	α-萘乙酸	257.3**	123.2**	63.2	37.8*	55.4*
	精胺	233.4*	111.2*	65.1	35.4	50.2
汕优 63	对照	310.2	138.2	48.6	45.8	66.8
	α-萘乙酸	358.3*	167.3*	44.2	53.3*	78.2**
	精胺	332.1	144.2	46.9	50.9	71.3

注：水稻生长于装有土的盆钵；*和**分别表示在 0.05 和 0.01 水平上与对照差异显著，同一品种内与对照相比。南京 11 和汕优 63 分别为矮秆（DC）和半矮秆（SDC）品种；在灌浆初期分别对穗子喷施 10mg/L 的 α-萘乙酸和 0.1mmol/L 的精胺，以喷施清水为对照（CK），每盆喷施 10ml

2.3　中籼稻品种改良的品质效应

2.3.1　稻米加工（碾磨）品质

由表 2-11 可知，水稻糙米率在不同品种间及不同施氮量间差异较小。精米率和整精米率随着品种改良呈现增加的趋势，以整精米率更为明显。在 0N、210N 和 300N 3 种施氮量条件下，与早期高秆品种相比，现代超级稻品种整精米率分别增加了 94.79%、62.60%和 77.23%。施氮量对不同时期中籼稻品种整精米率的影响因品种不同而异，早期高秆品种和矮秆品种在 210N 处理下整精米率最高，半矮秆品种和超级稻在 300N 处理下整精米率最高（表 2-11）。

表 2-11　不同时期中籼稻品种加工品质的变化

类型	品种	糙米率/%			精米率/%			整精米率/%		
		0N	210N	300N	0N	210N	300N	0N	210N	300N
ET	黄瓜籼	80.05abc	81.25bc	79.92cd	61.39d	62.94b	62.60b	41.06c	46.57c	46.84c
	银条籼	79.33abc	80.40cde	79.98cd	54.38f	58.05bc	56.97c	20.96d	27.55d	23.28e
	南京 1 号	78.32bc	80.47cde	80.62bcd	56.40ef	55.55c	57.37c	26.06d	29.58d	29.89d
	平均	**79.23**	**80.71**	**80.17**	**57.39**	**58.85**	**58.98**	**29.36**	**34.57**	**33.33**
DC	台中籼	78.17c	80.09e	81.15bc	66.44c	69.77a	68.34a	48.74bc	54.83abc	47.07c
	南京 11	79.23abc	80.77cde	79.59d	58.23de	60.86bc	57.22c	22.01d	23.05d	23.21e
	珍珠矮	81.07a	82.35a	83.26a	65.88c	68.39a	72.65a	41.23c	47.37bc	48.65c
	平均	**79.49**	**81.07**	**81.33**	**63.51**	**66.34**	**66.07**	**37.32**	**41.75**	**39.64**

续表

类型	品种	糙米率/%			精米率/%			整精米率/%		
		0N	210N	300N	0N	210N	300N	0N	210N	300N
SDC	扬稻 2 号	80.32ab	80.20de	80.83bcd	71.07ab	72.36a	72.99a	58.46a	64.22a	64.16a
	扬稻 6 号	79.59abc	80.17de	79.66d	65.90c	68.39a	70.90a	51.48ab	55.41abc	57.70b
	汕优 63	80.84a	81.11bcd	81.30bc	71.45ab	69.72a	69.34a	58.04a	56.67ab	58.14b
	平均	**80.25**	**80.50**	**80.60**	**69.47**	**70.16**	**71.08**	**55.99**	**58.77**	**60.00**
SR	扬两优 6 号	80.61a	80.42cde	80.43bcd	72.14a	68.49a	69.06a	57.64a	55.17abc	57.50b
	两优培九	80.93a	81.92ab	81.86b	68.55bc	71.68a	72.07a	56.78ab	57.78a	60.84ab
	II 优 084	81.06a	82.00ab	81.57b	71.69ab	69.09a	69.62a	57.13ab	55.68abc	58.87b
	平均	**80.87**	**81.44**	**81.29**	**70.79**	**69.75**	**70.25**	**57.19**	**56.21**	**59.07**

注：0N：全生育期不施氮肥；210N：全生育期施氮 210kg/hm^2；300N：全生育期施氮 300kg/hm^2；ET：早期高秆品种；DC：矮秆品种；SDC：半矮秆品种；SR：超级稻品种；同栏内不同字母表示在 0.05 水平上差异显著

2.3.2 稻米外观品质

无论何种施氮量，在中籼稻品种改良过程中，稻米的垩白粒率和垩白度均显著下降（表 2-12）。与早期高秆品种相比，现代超级稻品种稻米的垩白粒率和垩白度显著降低。随品种演进，长宽比不断增加。在全生育期总施氮量 0～300kg/hm^2 条件下，随施氮量的增加，垩白粒率均呈现逐渐增加的趋势，从而导致垩白度随着施氮量的增加而增加。说明施氮对中籼稻品种的外观品质有不利影响。施氮量对不同时期中籼稻品种的长宽比的影响也因品种不同而异，超级稻品种稻米具有较大的长宽比（表 2-12）。

表 2-12 不同时期中籼稻品种外观品质的变化

类型	品种	垩白粒率/%			垩白度/%			长宽比		
		0N	210N	300N	0N	210N	300N	0N	210N	300N
ET	黄瓜籼	72.9ab	73.2ab	75.8ab	16.3ab	17.1bc	22.1a	2.35e	2.47e	2.54c
	银条籼	68.9ab	69.4ab	69.6b	18.3a	19.5ab	19.8a	2.34e	2.36ef	2.40cd
	南京 1 号	78.3a	78.5a	83.6a	17.7ab	19.8ab	20.7a	2.31e	2.35ef	2.43cd
	平均	**73.4**	**73.7**	**76.3**	**17.4**	**18.8**	**20.9**	**2.33**	**2.39**	**2.46**
DC	台中籼	65.7b	66.2b	68.1b	12.5c	13.3d	13.7b	2.71d	2.83cd	2.76b
	南京 11	78.3a	80.1a	84.4a	19.4a	21.7a	22.4a	2.29e	2.26f	2.31d
	珍珠矮	73.2ab	75.9ab	82.3a	14.6bc	15.2cd	19.4a	2.04f	1.98g	2.02e
	平均	**72.4**	**74.1**	**78.3**	**15.5**	**16.7**	**18.5**	**2.35**	**2.36**	**2.36**

续表

类型	品种	垩白粒率/%			垩白度/%			长宽比		
		0N	210N	300N	0N	210N	300N	0N	210N	300N
SDC	扬稻 2 号	34.9cd	46.1c	54.3c	5.3d	8.2e	10.3c	2.99c	3.03ab	2.98ab
	扬稻 6 号	35.8cd	46.6c	51.7c	4.9d	7.0e	8.7cd	3.02bc	2.96bc	2.95ab
	汕优 63	40.2c	44.5c	46.1c	6.6d	7.4e	8.3cd	2.70d	2.73d	2.77b
	平均	**37.0**	**45.7**	**50.7**	**5.6**	**7.5**	**9.1**	**2.90**	**2.91**	**2.90**
SR	扬两优 6 号	17.0e	24.1d	29.4d	3.4d	5.3e	7.3cd	3.11a	3.14a	3.07a
	两优培九	25.1de	28.3d	32.4d	3.5d	5.2e	6.1d	3.15ab	3.12a	3.03a
	II 优 084	24.3de	26.5d	31.2d	3.7d	4.6e	5.6d	2.95c	2.91bc	2.92ab
	平均	**22.1**	**26.3**	**31.0**	**3.5**	**5.0**	**6.3**	**3.07**	**3.06**	**3.01**

注：0N：全生育期不施氮肥；210N：全生育期施氮 210kg/hm^2；300N：全生育期施氮 300kg/hm^2；ET：早期高秆品种；DC：矮秆品种；SDC：半矮秆品种；SR：超级稻品种；同栏内不同字母表示在 0.05 水平上差异显著

2.3.3　稻米蒸煮食味品质和营养品质

在 0N 处理下，超级稻品种的蛋白质含量显著低于其他各时期品种。在 210N 和 300N 处理下，半矮秆品种和超级稻品种的蛋白质含量显著低于早期高秆品种和矮秆品种（表 2-13）。由早期高秆品种到半矮秆品种，稻米中直链淀粉含量逐步降低，半矮秆品种和超级稻品种的直链淀粉含量差异不显著。在全生育期总施氮量 0～300kg/hm^2 条件下，随施氮量的增加，直链淀粉含量逐渐降低，表现为 0N＞210N＞300N。蛋白质含量则呈现相反的变化趋势，即随施氮量的增加而增加，表现为 300N＞210N＞0N（表 2-13）。稻米的胶稠度也随着品种改良逐步增加，胶稠度是一定量的米粉在一定条件下糊化形成的米胶在水平状态及一定温度下流动的长度，是评价大米淀粉胶胶体特性的一项指标[23-25]。早期高秆品种中有部分品种的胶稠度低于 40mm，属于硬胶稠度类型，矮秆品种中则有部分品种属于中胶稠度，半矮秆品种和超级稻全部达到软胶稠度水平（表 2-13）。表明随着品种改良，稻米的蒸煮食味品质得到了改善。

2.3.4　稻米淀粉黏滞谱特性

在中籼稻品种改良过程中，稻米淀粉谱的崩解值逐步提高；稻米的峰值黏度、热浆黏度、最终黏度、糊化温度和消减值呈波动下降的趋势，与早期高秆品

表 2-13　不同时期中籼稻品种蒸煮食味品质和营养品质的变化

类型	品种	蛋白质含量/%			直链淀粉含量/%			胶稠度/mm		
		0N	210N	300N	0N	210N	300N	0N	210N	300N
ET	黄瓜籼	7.3de	9.4bc	10.2d	40.9c	37.3c	33.7b	41.3d	45.6de	53.2d
	银条籼	7.5cd	8.8de	10.5cd	50.7a	46.9a	33.9b	38.5d	39.8e	55.5d
	南京 1 号	7.1e	9.7b	10.7c	46.7b	40.9b	36.8a	39.6d	47.3d	57.6d
	平均	**7.3**	**9.3**	**10.4**	**46.1**	**41.7**	**34.8**	**39.8**	**44.2**	**55.4**
DC	台中籼	7.3de	8.4ef	8.8f	16.8f	15.5h	16.2f	77.6a	78.1a	75.5b
	南京 11	7.9b	12.2a	12.2a	44.9b	32.7d	36.5a	42.5d	60.4c	58.4d
	珍珠矮	7.1e	9.1cd	11.2b	36.7d	32.7d	28.0c	54.8c	62.2c	66.5c
	平均	**7.4**	**9.9**	**10.7**	**32.8**	**26.9**	**26.9**	**58.3**	**66.9**	**66.8**
SDC	扬稻 2 号	7.7bc	9.2bcd	10.3cd	24.1e	21.7ef	18.0ef	66.4b	71.5ab	80.8ab
	扬稻 6 号	8.4a	9.4bc	9.3e	19.1f	18.0gh	16.9f	77.6a	75.5ab	82.2a
	汕优 63	6.8f	8.1fg	9.2ef	23.2e	22.9e	20.1de	67.7b	71.4ab	78.6ab
	平均	**7.6**	**8.9**	**9.6**	**22.1**	**20.8**	**18.3**	**70.6**	**72.8**	**80.5**
SR	扬两优 6 号	7.4cde	7.8g	9.6e	18.7f	19.4fg	17.0f	70.6ab	74.4ab	81.5a
	两优培九	6.8f	7.9fg	8.3g	24.5e	22.6e	21.6d	64.5b	70.8b	77.5ab
	II 优 084	6.6f	8.7de	10.2cd	22.3e	22.1ef	18.3ef	67.2b	73.3ab	78.2ab
	平均	**6.9**	**8.1**	**9.4**	**21.8**	**21.0**	**19.0**	**67.4**	**72.8**	**79.1**

注：0N：全生育期不施氮肥；210N：全生育期施氮 210kg/hm^2；300N：全生育期施氮 300kg/hm^2；ET：早期高秆品种；DC：矮秆品种；SDC：半矮秆品种；SR：超级稻品种；同栏内不同字母表示在 0.05 水平上差异显著

种相比，超级稻品种的上述各指标值均显著降低（表 2-14 和表 2-15）。在不同施氮量间比较，在全生育期总施氮量 0～300 kg/hm^2 条件下，总体而言，不同时期中籼稻品种淀粉的峰值黏度和崩解值均随着施氮量的增加而降低，表现为 0N＞210N＞300N；稻米淀粉消减值均随着施氮量的增加而增加，表现为 300N＞210N＞0N；但也有一些品种表现出不同的趋势。淀粉黏滞谱（RVA）特征值是反映稻米食味性的重要指标，与稻米中直链淀粉含量和支链淀粉含量的比例有关；有研究表明，淀粉粒崩解值越大，消减值越小，稻米的食味性越佳[23-25]。在品种改良过程中稻米的峰值黏度和消减值等指标值减小，表明随品种演进，稻米的食味性得到改善。

表 2-14　不同时期中籼稻淀粉 RVA 特征值的变化（一）

类型	品种	峰值黏度/cP			热浆黏度/cP			最终黏度/cP		
		0N	210N	300N	0N	210N	300N	0N	210N	300N
ET	黄瓜籼	3313de	3365c	3213b	1982e	1896bc	2223ab	3607c	3743bc	3754d
	银条籼	3221e	3197d	3097cd	1956e	1814bc	1844de	4079b	3966ab	3934bc
	南京 1 号	3781a	3502b	3525a	2268c	2537a	2140b	4121b	3834bc	3843cd
	平均	**3483**	**3355**	**3278**	**2069**	**2082**	**2069**	**3936**	**3848**	**3844**
DC	台中籼	3779a	3610a	3445a	2087d	1382ef	1621fg	3155e	2349g	2548g
	南京 11	3714a	3113de	3432a	2951a	1756c	2342a	4320a	3900ab	4098a
	珍珠矮	3458c	3072ef	2798f	2818b	1814bc	1945cd	4084b	4051a	3780d
	平均	**3650**	**3265**	**3225**	**2619**	**1651**	**1969**	**3853**	**3433**	**3475**
SDC	扬稻 2 号	3277de	3031f	3086cd	1729f	1568d	1992c	3599c	3686cd	3991b
	扬稻 6 号	3572b	3179de	2971e	2108d	1519de	1488gh	3384d	2749f	2700f
	汕优 63	3360cd	3344c	3184bc	1741f	1758c	1755ef	3433d	3426e	3561e
	平均	**3403**	**3185**	**3080**	**1859**	**1615**	**1745**	**3472**	**3287**	**3417**
SR	扬两优 6 号	3331de	3367c	2923e	1213h	1253f	1391gh	2392g	2355g	2594fg
	两优培九	2989f	2717g	2620g	1249h	1445de	1186h	2869f	2947f	2659fg
	II 优 084	3320de	3329c	3017de	1482g	1963b	1780e	3181e	3581de	3485e
	平均	**3213**	**3138**	**2853**	**1315**	**1554**	**1452**	**2814**	**2961**	**2913**

注：0N：全生育期不施氮肥；210N：全生育期施氮 210kg/hm^2；300N：全生育期施氮 300kg/hm^2；ET：早期高秆品种；DC：矮秆品种；SDC：半矮秆品种；SR：超级稻品种；同栏内不同字母表示在 0.05 水平上差异显著

表 2-15　不同时期中籼稻淀粉 RVA 特征值的变化（二）

类型	品种	崩解值/cP			消减值/cP			糊化温度/℃		
		0N	210N	300N	0N	210N	300N	0N	210N	300N
ET	黄瓜籼	1331g	1469d	990f	294c	378d	541d	78.35cd	78.35cd	79.20b
	银条籼	1265g	1383de	1253d	858a	769bc	837b	80.05b	79.90b	79.10b
	南京 1 号	1513f	965g	1385c	340c	332de	318e	79.20bc	81.45a	79.90b
	平均	**1370**	**1272**	**1209**	**497**	**493**	**565**	**79.20**	**79.90**	**79.40**
DC	台中籼	1692cd	2228a	1824a	–624f	–1261h	–897h	77.60de	74.35f	75.95d
	南京 11	763h	1357ef	1090e	606b	787b	666c	82.35a	79.10bc	79.85b
	珍珠矮	640h	1258f	853g	626b	979a	982a	75.95fg	81.45a	83.05a
	平均	**1032**	**1614**	**1256**	**203**	**168**	**250**	**78.63**	**78.30**	**79.62**
SDC	扬稻 2 号	1548ef	1463de	1094e	322c	655c	905ab	78.35cd	76.65e	78.20c
	扬稻 6 号	1464f	1660c	1483bc	–188e	–410g	–271g	75.20g	73.60f	73.60e
	汕优 63	1619de	1586c	1429c	73d	82f	377e	76.80ef	77.55de	76.70d
	平均	**1544**	**1570**	**1335**	**69**	**109**	**337**	**76.78**	**75.93**	**76.17**

续表

类型	品种	崩解值/cP			消减值/cP			糊化温度/℃		
		0N	210N	300N	0N	210N	300N	0N	210N	300N
SR	扬两优6号	2118a	2114b	1532b	−939g	−1012h	−329g	71.25h	70.45g	73.70e
	两优培九	1740bc	1272f	1434bc	−120e	230e	39f	76.70ef	77.60de	75.95d
	II 优 084	1838b	1366ef	1237d	−139e	252e	468d	77.55de	79.95b	79.90b
	平均	**1899**	**1584**	**1401**	**−399**	**−177**	**59**	**75.17**	**76.00**	**76.52**

注：0N：全生育期不施氮肥；210N：全生育期施氮 210kg/hm^2；300N：全生育期施氮 300kg/hm^2；ET：早期高秆品种；DC：矮秆品种；SDC：半矮秆品种；SR：超级稻品种；同栏内不同字母表示在 0.05 水平上差异显著

2.4 小　结

（1）中籼稻品种的产量随品种改良而显著提高，超级稻产量增加的幅度更为明显。产量的增加主要在于总颖花数和抽穗至成熟期干物质生产量的提高。早期高秆品种对施氮量的响应较现代超级稻品种敏感，产量表现为 210N＞300N＞0N，现代超级稻品种的耐肥性较强，产量则表现为 300N＞210N＞0N。提高结实率是进一步提高超级稻品种产量的重要途径。

（2）随品种改良，中籼稻品种的吸氮量、氮肥农学利用率、氮肥吸收利用率和氮肥偏生产力均提高。穗分化期叶片谷氨酰胺合酶、硝酸还原酶、谷氨酸合酶及灌浆期籽粒中谷氨酰胺合酶和 NADH-谷氨酸合酶活性的增强是品种演进过程中氮肥利用率提高的一个重要生理原因。适当增加施氮量或在穗分化期或灌浆期喷施萘乙酸可增强叶片或籽粒中上述氮代谢酶活性。

（3）中籼稻品种稻米加工品质、外观品质、蒸煮食味品质等随品种改良而改善，超级稻品种尤为明显。适当增加施氮量可以改善稻米的加工品质和蒸煮食味品质，但对外观品质有不利影响。

参 考 文 献

[1] 顾铭洪, 程祝宽. 水稻起源、分化与细胞遗传. 北京: 科学出版社, 2020: 138-163.
[2] 杨建昌, 王朋, 刘立军, 等. 中籼水稻品种产量与株型演进特征研究. 作物学报, 2006, 32(7): 949-955.
[3] Zhang Q. Strategies for developing green super rice. Proceedings of the National Academy of Sciences of the United States of America, 2007, 104: 16402-16409.
[4] Cheng S, Zhuang J, Fan Y, et al. Progress in research and development on hybrid rice: a super-domesticate in China. Annals of Botany, 2007, 100: 959-966.
[5] 郑景生, 黄育民. 中国稻作超高产的追求与实践. 分子植物育种, 2003, 1(5-6): 585-596.
[6] 程式华, 廖西元, 闵绍楷. 中国超级稻研究: 背景、目标和有关问题的思考. 中国稻米,

1998, 1: 3-5.
[7] Huang L, Sun F, Yuan S, et al. Different mechanisms underlying the yield advantage of ordinary hybrid and super hybrid rice over inbred rice under low and moderate N input conditions. Field Crops Research, 2018, 216: 150-157.
[8] Wang L, Lu Q, Wen X, et al. Enhanced sucrose loading improves rice yield by increasing grain size. Plant Physiology, 2015, 169: 2848-2862.
[9] 付景, 杨建昌. 超级稻高产栽培生理研究进展. 中国水稻科学, 2011, 25(4): 343-348.
[10] 鄂志国, 程本义, 孙红伟, 等. 近40年我国水稻育成品种分析. 中国水稻科学, 2019, 33(6): 523-531.
[11] Liu L, Zhang H, Ju C, et al. Changes in grain yield and root morphology and physiology of mid-season rice in the Yangtze River basin of China during the last 60 years. Journal of Agricultural Science, 2014, 6(7): 1-15.
[12] 付景, 陈露, 黄钻华, 等. 超级稻叶片光合特性和根系生理性状与产量的关系. 作物学报, 2012, 38(7): 1264-1276.
[13] Huang L, Yang D, Li X, et al. Coordination of high grain yield and high nitrogen use efficiency through large sink size and high post-heading source capacity in rice. Field Crops Research, 2019, 233: 49-58.
[14] Wei H, Zhang H, Blumwald E, et al. Different characteristics of high yield formation between inbred japonica super rice and inter-sub-specific hybrid super rice. Field Crops Research, 2016, 198: 179-187.
[15] 剧成欣, 陶进, 钱希旸, 等. 不同年代中籼水稻品种的叶片光合性状. 作物学报, 2016, 42(3): 415-426.
[16] 剧成欣, 陶进, 钱希旸, 等. 不同年代中籼水稻品种的产量与氮肥利用效率. 作物学报, 2015, 41(3): 422-431.
[17] 彭少兵, 黄见良, 钟旭华, 等. 提高中国稻田氮肥利用率的研究策略. 中国农业科学, 2002, 35(9): 1095-1103.
[18] 刘立军. 水稻氮肥利用效率及其调控途径. 扬州大学博士学位论文, 2005.
[19] 莫良玉, 吴良欢, 陶勤南. 高等植物 GS/GOGAT 循环研究进展. 植物营养与肥料学报, 2001, 7(2): 223-231.
[20] 王小纯, 熊淑萍, 马新明, 等. 不同形态氮素对专用型小麦花后氮代谢关键酶活性及籽粒蛋白质含量的影响. 生态学报, 2005, 25(4): 802-807.
[21] 叶利庭, 吕华军, 宋文静, 等. 不同氮效率水稻生育后期氮代谢酶活性的变化特征. 土壤学报, 2011, 48(1): 132-140.
[22] 安久海, 刘晓龙, 徐晨, 等. 氮高效水稻品种的光合生理特性. 西北农林科技大学学报(自然科学版), 2014, 42(12): 29-38, 45.
[23] 杨建昌, 袁莉民, 唐成, 等. 结实期干湿交替灌溉对稻米品质及籽粒中一些酶活性的影响. 作物学报, 2005, 31(8): 1052-1057.
[24] 刘凯, 张耗, 张慎凤, 等. 结实期土壤水分和灌溉方式对水稻产量与品质的影响及其生理原因. 作物学报, 2008, 34(2): 268-276.
[25] 刘立军, 李鸿伟, 赵步洪, 等. 结实期干湿交替处理对稻米品质的影响及其生理机制. 中国水稻科学, 2012, 26(1): 77-84.

第 3 章　中粳稻品种产量和氮肥利用率的演进

亚洲栽培稻分为粳稻和籼稻两个主要亚种，我国则是世界上粳稻种植面积最大、总产量最高的国家[1,2]。因籼、粳稻在感温性等遗传机制方面的差异，长期以来我国南方种植籼稻，北方种植粳稻[1-3]。但随着我国国民经济的快速发展和人民生活水平的不断提高，人们对粳米的需求日益增长，呈现出北方“面食改米食”、南方“籼米改粳米”的发展趋势，粳稻的种植面积日益扩大[3-5]。我国粳稻种植面积占水稻种植面积的比例从 1980 年的 11%上升至 2018 年的 35%[3,6]。地处长江下游籼、粳兼作区的江苏省，在 20 世纪 70～80 年代粳稻种植面积占该省水稻总种植面积的比例不到 15%，但这个比例在 2011 年已上升到 90%左右[3,4]。推广普及粳稻，不仅使江苏成为国内水稻高产省，而且还改善了江苏的稻米品质，形成了江苏粳稻生产优势[3]。由于我国粳米几乎 100%直接作为“口粮”消费，粳稻生产承载着稻米口粮的安全和社会稳定的重任[2-4]。因此，国内外稻米市场对粳米的需求还将继续增长，我国粳稻的种植面积还将进一步扩大。但在另一方面，籼稻与粳稻对氮素的吸收利用有明显的不同。在相同的产量水平下，粳稻的需氮量往往大于籼稻[7,8]，如在长江中下游高产（产量≥9t/hm^2）条件下，每生产 100kg 水稻籽粒的需氮量，籼稻为 1.7～1.9kg，粳稻为 1.9～2.1kg[8]。有人认为，江苏省水稻的氮肥使用量高，氮肥利用率低，大面积种植粳稻是一个重要原因[8-10]。如何协同提高粳稻的产量和氮肥利用率？这是亟待解决的问题。

与籼稻品种的改良历程相类似，粳稻品种也经历了多次改良，每次改良均使产量得到大幅度提高，为保障我国的粮食供应安全和社会稳定起了重要的作用。以往虽对水稻品种改良过程中产量、株型、稻米品质变化特征和源库关系等进行了研究[11-16]，但关于不同时期粳稻品种对施氮量响应的特点、氮肥利用率的变化规律等，鲜有研究报告。

在早、中、晚熟粳稻品种中，中熟粳稻品种（简称中粳稻品种）是南方稻区种植面积最大的粳稻类型[17-20]。本研究以长江下游近 60 年来各阶段具有代表性的 12 个中粳稻品种为材料（表 3-1），设置全生育期不施氮肥（0N）、施氮 240kg/hm^2（中氮，MN）和施氮 360kg/hm^2（高氮，HN）3 种施氮量处理，系统观察了中粳稻品种改良过程中产量和氮吸收利用的变化特点，并从植株形态生理方面分析了其原因[19,20]。

表 3-1　供试中粳稻品种类型和名称

品种类型	品种名称	应用年代
1950s	黄壳早、桂花球	20 世纪 50 年代
1960s	金南风、桂花黄	20 世纪 60 年代
1970s	徐稻 2 号、黎明	20 世纪 70 年代
1980s	泗稻 8 号、盐粳 2 号	20 世纪 80 年代
1990s	镇稻 88、淮稻 5 号	20 世纪 90 年代
2000'-	淮稻 9 号（超级稻）、连粳 7 号（超级稻）	2000 年以后

3.1　中粳稻品种的产量演进

3.1.1　产量

在全生育期总施氮量 0～360kg/hm^2 条件下，产量均随品种改良大幅度提高（图 3-1a）。当总施氮量为 0kg/hm^2、240kg/hm^2 和 360kg/hm^2 时，由 20 世纪 50 年代早期品种到 20 世纪 90 年代品种，产量增幅分别为 3.71～3.72t/hm^2、4.71～4.96t/hm^2 和 4.91～4.94t/hm^2。在这 3 种施氮量条件下，2000 年以后的超级稻品种又较 20 世纪 90 年代品种分别增产 14.33%～15.75%、10.83%～13.49%和 42.96%～45.30%（图 3-1a）。表明超级稻的产量又有了大幅度的提高。

在全生育期总施氮量 240kg/hm^2 条件下，2000 年以前的中粳稻品种产量较不施氮处理显著增加，当施氮量增加至 360kg/hm^2 时，产量则呈现下降的趋势，表现为 240kg/hm^2＞360kg/hm^2＞0kg/hm^2；对于 2000 年以后的超级稻品种，在施氮量 0～360kg/hm^2 条件下，产量随着施氮量的增加而增加，表现为 360kg/hm^2＞240kg/hm^2＞0kg/hm^2。与不施氮肥相比，施用 240kg/hm^2 氮肥后，20 世纪 90 年代以前的中粳稻品种产量增加了 56.11%～90.57%，2000 年以后的超级稻品种的产量增加了 46.89%～48.21%（图 3-1a）；施用 360kg/hm^2 氮肥后，20 世纪 90 年代以前的中粳稻品种产量增加了 39.42%～46.54%，2000 年以后的超级稻品种的产量增加了 70.23%～74.35%（图 3-1a）。说明 20 世纪 90 年代以前的品种较 2000 年以后的超级稻品种对施氮量响应更敏感。2000 年以后的超级稻品种在较高施氮量下可以获得更高的产量。

3.1.2　产量构成因素

从产量构成因素分析，在品种改良过程中穗数呈现先增加后降低的趋势，20 世纪 90 年代以前的品种穗数随着施氮量的增加表现为先增加后降低，20 世纪 90 年代以后的品种，穗数随着施氮量的增加而提高（图 3-1b）。品种改良或施用氮肥

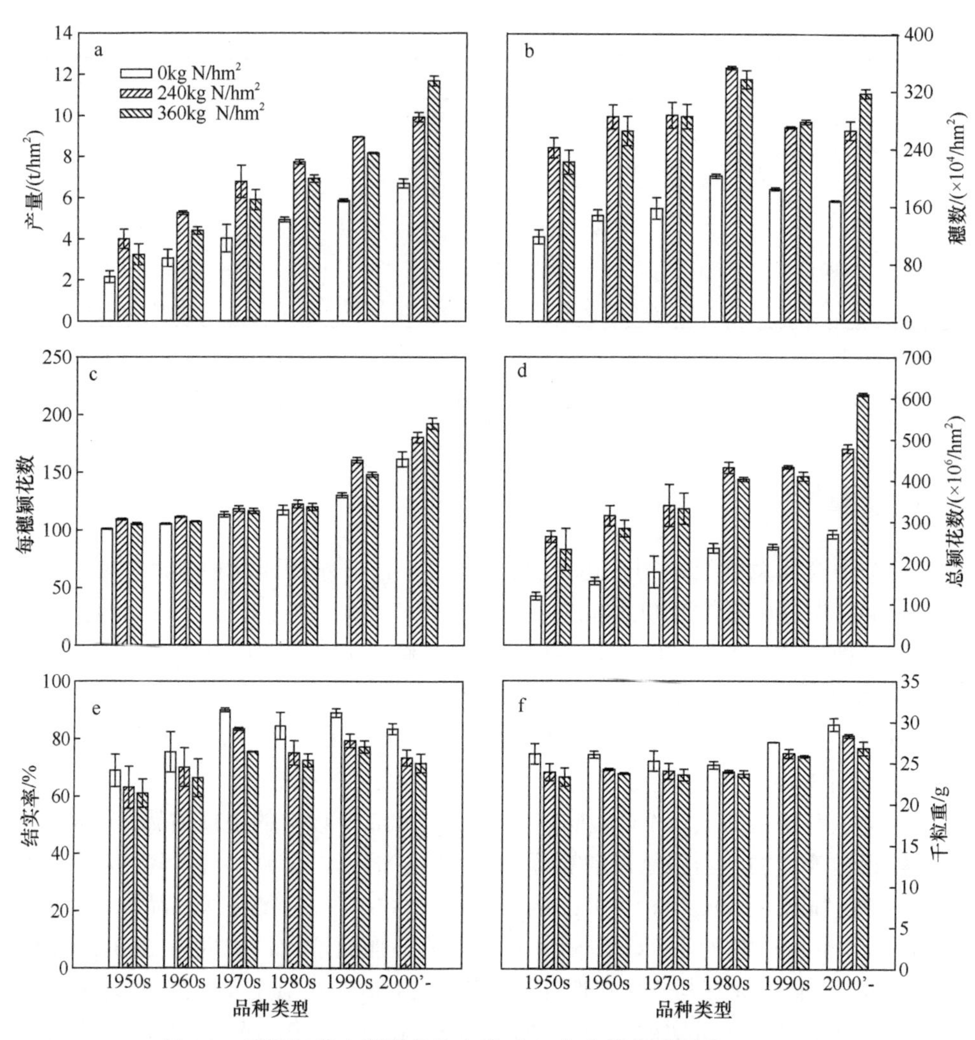

图 3-1　不同年代中粳稻品种产量（a）与产量构成因素（b～f）

本章部分图和表的数据引自参考文献[19]和[20]

后产量的提高主要在于总颖花数的增加（图 3-1d）。在总施氮量 0～360kg/hm^2，2000 年以前中粳稻品种的总颖花数均随着施氮量的增加呈现先增加后降低的趋势；2000 年以后超级稻品种的总颖花数则随着施氮量的增加而增加（图 3-1d）。总颖花数的增加主要在于每穗颖花数的增加，以超级稻品种最为明显（图 3-1c）。自 20 世纪 50 年代品种开始，结实率逐步提高，但由 20 世纪 90 年代品种到 2000 年以后的超级稻品种，结实率又有下降的趋势（图 3-1e）。各个年代品种的结实率均随着施氮量的增加呈现降低的趋势（图 3-1e）。千粒重随着品种改良呈现先降低后增加的趋势，并随施氮量的增加而降低（图 3-1f）。

3.2 中粳稻品种氮肥利用率的演进

3.2.1 氮素吸收与转运

在相同施氮量下，各个年代中粳稻品种的吸氮量均随着品种改良而显著增加（图 3-2a～图 3-2c）。在全生育期总施氮量 0～360kg/hm^2 条件下，随着施氮量的增加，各个年代中粳稻品种在各生育时期的吸氮量均呈现逐步增加的趋势，均表现为 HN（360kg N/hm^2）＞MN（240kg N/hm^2）＞0N（0kg N/km^2）。

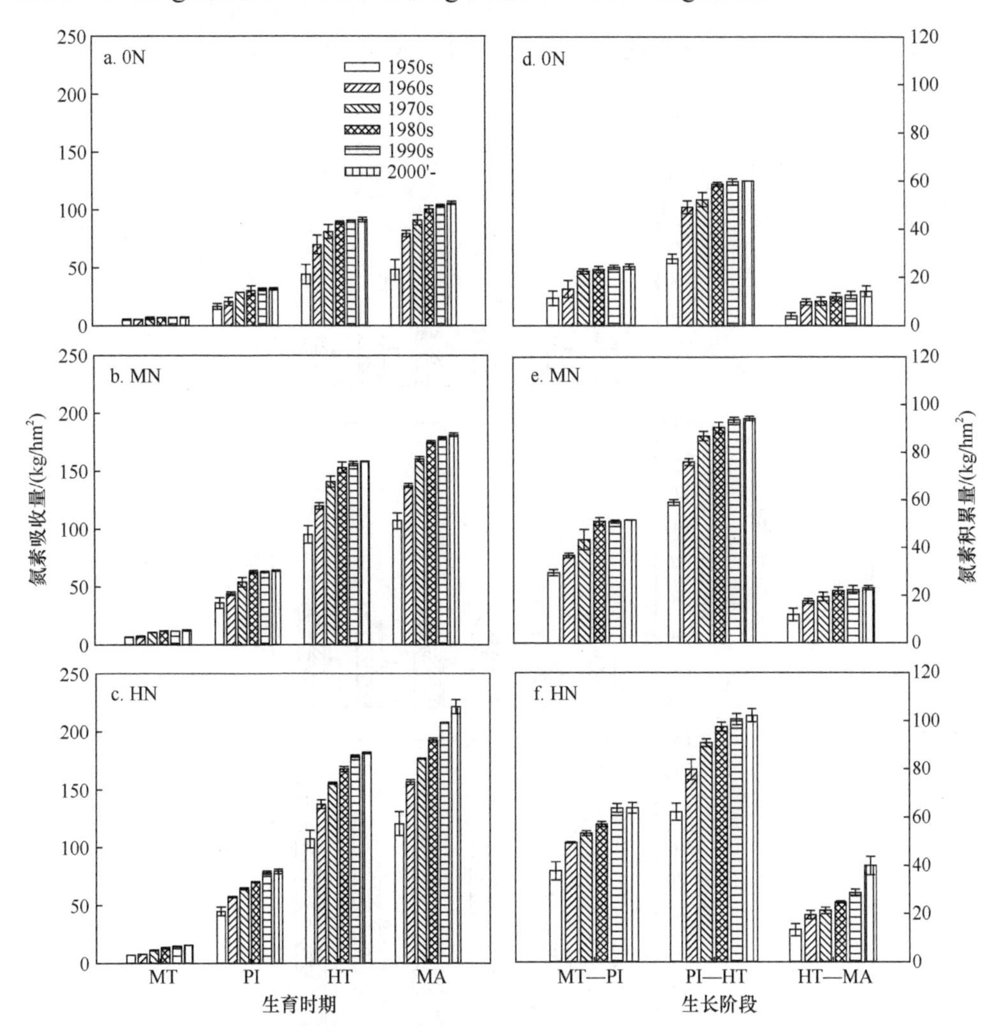

图 3-2 不同年代中粳稻品种不同生育期氮素吸收量（a，b，c）与不同生育阶段氮素积累量（d，e，f）

0N：全生育期不施氮肥；MN：全生育期施氮 240kg/hm^2；HN：全生育期施氮 360kg/hm^2；MT：分蘖中期；PI：穗分化始期；HT：抽穗期；MA：成熟期

从水稻不同生育阶段的吸氮量来看，各个年代中粳稻品种的氮素积累高峰均集中在穗分化始期—抽穗期，占总吸氮量的46.14%～61.76%，其次是分蘖中期—穗分化始期（图3-2d～图3-2f）。抽穗—成熟阶段积累的氮素最少，占总吸氮量的8.12%～18.01%。在0N、MN和HN条件下，2000年以后的现代超级稻品种在各个生育阶段的氮素积累量均显著高于2000年以前各品种的氮素积累量（图3-2d～图3-2f）。

在成熟期，植株吸收的氮素主要分布在籽粒中，占成熟期总吸氮量的44.87%～61.46%，成熟期氮素各器官的分配具体表现为籽粒＞叶片＞茎（图3-3）。在施氮或不施氮条件下，各个年代中粳稻品种成熟期各器官吸氮量均随着品种改良逐渐增加，并随施氮量的增加而提高，表现为HN＞MN＞0N（图3-3）。

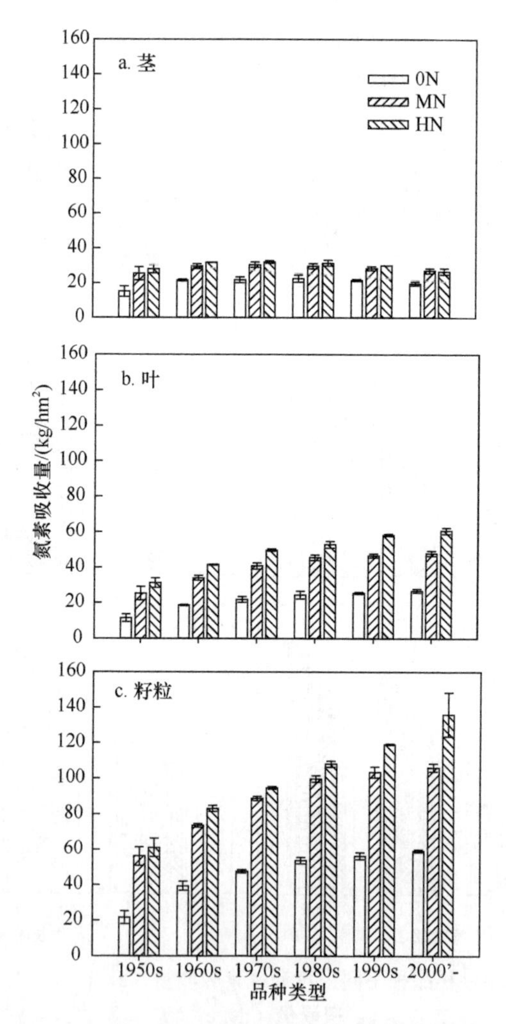

图3-3　不同年代中粳稻品种成熟期各器官氮素分配

0N：全生育期不施氮肥；MN：全生育期施氮240kg/hm^2；HN：全生育期施氮360kg/hm^2

氮素转运量、氮素转运率、氮收获指数和氮素产谷利用率均随着品种改良逐渐增加（图 3-4）。在全生育期总施氮量 0～360kg/hm^2 条件下，随着施氮量的增加，各个年代中粳稻品种的氮素转运量均显著增加（图 3-4a）。在全生育期施用 240kg/hm^2 氮素条件下，2000 年以前的中粳稻品种氮素转运率较不施氮处理显著增加，当施氮量增加至 360kg/hm^2 时，氮素转运率则呈现下降的趋势，表现为 MN＞HN＞0N；对于 2000 年以后的超级稻品种，在全生育期施氮量为 0～360kg/hm^2，氮素转运率则随着施氮量的增加而显著增加，表现为 HN＞MN＞0N（图 3-4b）。各个年代中粳稻品种的氮收获指数对施氮量的响应与氮素转运率对施氮量的响应的趋势一致（图 3-4c）。在全生育期施氮量为 0～360kg/hm^2，各个年代中粳稻品种的氮素产谷利用率（产量/成熟期植株氮吸收量）均随着施氮量的增加而显著降低，表现为 0N＞MN＞HN（图 3-4d）。

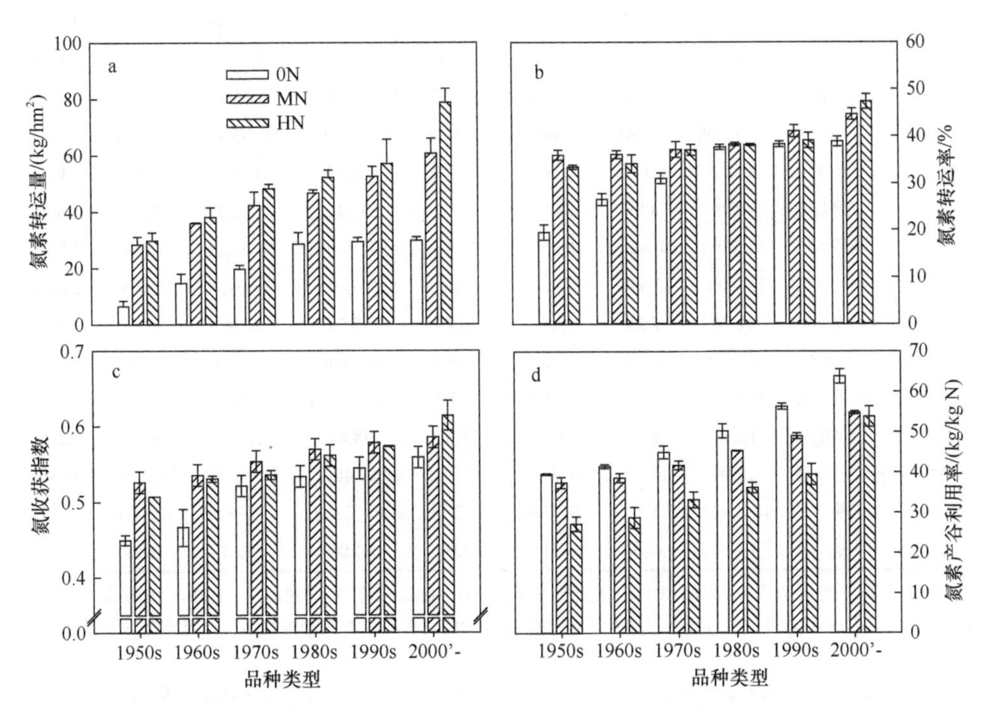

图 3-4　不同年代中粳稻品种氮素转运量（a）、氮素转运率（b）、氮收获指数（c）和氮素产谷利用率（d）

0N：全生育期不施氮肥；MN：全生育期施氮 240kg/hm^2；HN：全生育期施氮 360kg/hm^2

3.2.2　氮肥利用率

氮肥利用率在不同年代中粳稻品种间存在显著差异（表 3-2）。在施氮量为 0～360kg/hm^2 条件下，氮肥的农学利用率、吸收利用率、生理利用率和氮肥偏生产力均随着品种改良呈现增加的趋势。当施氮量为 240kg/hm² 和 360kg/hm² 时，与 20 世纪 50 年代早期中粳稻相比，2000 年以后的超级稻品种氮肥的农学利用率分别提高了 65.08%和 344.86%，氮肥吸收利用率分别提高了 28.04%和 59.97%，氮肥生理利用率分别提高了 28.15%和 178.29%，氮肥偏生产力分别提高了 145.81%和 263.30%（表 3-2）。

表 3-2 不同年代中粳稻品种的氮肥利用率

品种类型	品种名称	AE_N/（kg/kg N）		RE_N/%		PE_N/（kg/kg N）		PFP_N/（kg/kg N）	
		MN	HN	MN	HN	MN	HN	MN	HN
1950s	黄壳早	6.77e	3.50ef	23.26e	19.75f	29.12e	17.71cde	13.71i	8.13i
	桂花球	9.21d	2.92f	25.73d	20.36f	36.52bcd	14.34e	19.94h	10.07h
	平均	**7.99**	**3.21**	**24.50**	**20.06**	**32.82**	**16.03**	**16.83**	**9.10**
1960s	金南风	11.18c	4.71de	32.76a	27.08bc	34.20cde	17.60cde	21.46g	11.56g
	桂花黄	7.07e	2.91f	19.65f	18.44f	35.95cd	15.76de	22.77f	13.38f
	平均	**9.12**	**3.81**	**26.21**	**22.76**	**35.07**	**16.68**	**22.11**	**12.47**
1970s	徐稻 2 号	12.59abc	5.39d	29.38bc	24.46de	42.87ab	22.03bcd	31.36d	17.90e
	黎明	8.98d	4.39de	28.06cd	23.00e	32.01de	19.15cde	24.26e	14.57f
	平均	**10.79**	**4.89**	**28.72**	**23.73**	**37.44**	**20.59**	**27.81**	**16.24**
1980s	泗稻 8 号	12.20bc	4.90de	32.29a	26.31cd	37.84abcd	18.66cde	32.92c	18.71e
	盐粳 2 号	11.68bc	5.68d	29.43bc	24.66cde	39.69abc	23.06bc	33.16c	20.00d
	平均	**11.94**	**5.29**	**30.86**	**25.49**	**38.76**	**20.86**	**33.04**	**19.35**
1990s	镇稻 88	12.76ab	5.56d	31.33ab	28.81b	40.73abc	19.32cde	36.98b	21.71c
	淮稻 5 号	11.54bc	7.52c	31.26ab	28.95b	36.94abcd	25.97b	35.97b	23.80b
	平均	**12.15**	**6.54**	**31.30**	**28.88**	**38.84**	**22.64**	**36.47**	**22.75**
2000'-	淮稻 9 号	13.74a	15.12a	31.66ab	34.95a	43.40a	43.25a	41.08a	33.35a
	连粳 7 号	12.64abc	13.43b	31.07ab	29.23b	40.73abc	45.98a	41.66a	32.78a
	平均	**13.19**	**14.28**	**31.37**	**32.09**	**42.06**	**44.61**	**41.37**	**33.06**

注：AE_N：氮肥农学利用率；RE_N：氮肥吸收利用率；PE_N：氮肥生理利用率；PFP_N：氮肥偏生产力；MN：全生育期施氮 240kg/hm²；HN：全生育期施氮 360kg/hm²；同栏内不同字母表示在 0.05 水平上差异显著

2000 年以后的现代超级稻品种氮肥的农学利用率、吸收利用率和生理利用率均随着施氮量的增加而显著增加，而氮肥偏生产力则随着施氮量的增加而降低。其他各个年代品种的氮肥农学利用率、吸收利用率、生理利用率和氮肥偏生产力均随着施氮量的增加而降低（表 3-2）。说明 2000 年以来育成的超级稻品种更适宜在高氮条件下生长。但从氮肥利用率的各评价指标分析，中粳稻品种的氮肥吸收利用率的变化范围为 20.06%～32.09%，农学利用率为 3.21～14.28kg/kg N，高氮条件下的生理利用率为 16.03～44.61kg/kg N（表 3-2）。说明在高施氮量条件下，水稻吸收的氮素大部分未进入籽粒中，而是积累在稻草中，造成氮的奢侈吸收。

3.3　中粳稻品种产量和氮肥利用率演进的农艺与生理基础

3.3.1　叶面积指数和群体粒叶比

在同一施氮量，各年代中粳稻品种的抽穗期总叶面积指数、有效叶面积指数（有效分蘖叶面积指数）和高效叶面积指数（有效分蘖顶部 3 张叶片叶面积指数）均随品种改良呈现不断增加的趋势（表 3-3）。当施氮量分别为 0kg/hm^2（0N）、240kg/hm^2（MN）和 360kg/hm^2（HN）时，与 20 世纪 50 年代早期中粳稻品种相比，2000 年以后的现代超级稻品种抽穗期有效叶面积指数增幅分别为 157.50%、125.07%和 185.77%，高效叶面积指数增幅分别为 238.46%、129.44%和 207.46%。2000 年以前的中粳稻品种抽穗期的总叶面积指数、有效叶面积指数和高效叶面积指数均表现为 MN＞HN＞0N，2000 年以后的超级稻品种则表现为 HN＞MN＞0N（表 3-3）。

表 3-3　不同年代中粳稻品种的叶面积指数（LAI）

品种类型	品种名称	总 LAI			有效 LAI			高效 LAI		
		0N	MN	HN	0N	MN	HN	0N	MN	HN
1950s	黄壳早	2.51de	4.72fg	5.27de	1.68d	3.56g	2.97f	1.22e	2.57g	2.12e
	桂花球	2.25e	4.38g	3.80f	1.53d	3.30g	2.66f	1.12e	2.39g	1.90e
	平均	**2.38**	**4.55**	**4.54**	**1.60**	**3.43**	**2.81**	**1.17**	**2.48**	**2.01**
1960s	金南风	2.46de	5.45e	4.96e	2.53c	4.37f	3.84de	1.79d	3.22f	2.84d
	桂花黄	3.37bc	5.19ef	5.22de	2.47c	4.16f	3.68e	1.74d	3.11f	2.73d
	平均	**2.92**	**5.32**	**5.09**	**2.50**	**4.26**	**3.76**	**1.76**	**3.19**	**2.79**
1970s	徐稻 2 号	3.34b	5.96d	5.68d	3.25b	5.03e	4.27d	2.37c	3.83e	3.13d
	黎明	2.90cd	5.33e	5.55d	2.40c	4.10f	3.92de	1.75d	3.12f	2.88d
	平均	**3.12**	**5.65**	**5.62**	**2.83**	**4.56**	**4.09**	**2.06**	**3.48**	**3.01**
1980s	泗稻 8 号	4.30a	6.90bc	6.56bc	3.40b	5.62d	5.11c	2.52c	4.27de	3.86c
	盐粳 2 号	4.01a	6.70c	6.67bc	4.06a	6.06cd	5.31c	3.02b	4.60cd	4.01c
	平均	**4.16**	**6.80**	**5.62**	**3.73**	**5.84**	**5.21**	**2.77**	**4.43**	**3.93**
1990s	镇稻 88	4.05a	6.57c	6.28c	3.96a	6.32bc	6.00b	3.23b	5.04bc	4.60b
	淮稻 5 号	4.29a	6.97bc	6.98b	4.16a	6.61b	6.37b	3.38b	5.26ab	4.88b
	平均	**4.17**	**6.77**	**6.63**	**4.06**	**6.47**	**6.19**	**3.30**	**5.15**	**4.74**
2000’-	淮稻 9 号	4.06a	7.72a	8.81a	3.97a	7.82a	8.25a	3.92a	5.77a	6.34a
	连粳 7 号	4.41a	7.36ab	8.88a	4.27a	7.61a	7.82a	4.00a	5.61a	6.02a
	平均	**4.24**	**8.54**	**8.85**	**4.12**	**7.72**	**8.03**	**3.96**	**5.69**	**6.18**

注：0N：全生育期不施氮肥；MN：全生育期施氮 240kg/hm^2；HN：全生育期施氮 360kg/hm^2；同栏内不同字母表示在 0.05 水平上差异显著

在中粳稻品种改良过程中，颖花/叶（cm^2）、实粒/叶（cm^2）和粒重（mg）/叶（cm^2）均呈现不断增加的趋势（表 3-4）。说明随品种改良，群体总颖花数的增加超过了叶面积的增加，即库的增加超过了叶量的增加，增加了叶源对产量的贡献，进而提高产量。由表 3-4 还可以看出，在全生育期总施氮量 240kg/hm^2 条件下，2000 年以前的中粳稻品种颖花/叶（cm^2）较不施氮处理显著增加，当施氮量增加至 360kg/hm^2 时，又呈现下降的趋势，表现为 MN＞HN＞0N。对于 2000 年以后的超级稻品种，在全生育期总施氮量 0～360kg/hm^2 条件下，颖花/叶（cm^2）随着施氮量的增加而增加，表现为 HN＞MN＞0N。2000 年以前的中粳稻品种实粒/叶（cm^2）均表现为 MN≥0N＞HN，2000 年以后的超级稻品种表现为 0N＞HN＞MN，高氮（360kg/hm^2）条件下各个年代中粳稻品种的实粒/叶（cm^2）均不高，这可能与该条件下各品种较低的结实率有关。各个年代中粳稻品种的粒重（mg）/叶（cm^2）均随着施氮量的增加而降低，表现为 0N＞MN＞HN（表 3-4）。

表 3-4　不同年代中粳稻品种的粒叶比

品种类型	品种名称	颖花/叶（cm^2）			实粒/叶（cm^2）			粒重（mg）/叶（cm^2）		
		0N	MN	HN	0N	MN	HN	0N	MN	HN
1950s	黄壳早	0.50d	0.58b	0.51d	0.30g	0.31g	0.27f	6.61i	6.62h	5.45h
	桂花球	0.50d	0.58b	0.52cd	0.39ef	0.42e	0.36e	11.75f	11.13e	9.48e
	平均	**0.50**	**0.58**	**0.52**	**0.34**	**0.37**	**0.31**	**9.18**	**8.87**	**7.46**
1960s	金南风	0.60bc	0.64a	0.63b	0.38f	0.39f	0.35e	10.10h	9.45g	8.36g
	桂花黄	0.50d	0.54c	0.49d	0.43e	0.43de	0.37e	10.85g	10.36f	8.92f
	平均	**0.55**	**0.59**	**0.56**	**0.40**	**0.41**	**0.36**	**10.47**	**9.91**	**8.64**
1970s	徐稻 2 号	0.60bc	0.63a	0.61b	0.53a	0.53a	0.46bc	13.08d	12.31c	10.62c
	黎明	0.52d	0.57c	0.55c	0.47cd	0.47bc	0.42d	12.27e	11.68d	10.00d
	平均	**0.56**	**0.60**	**0.58**	**0.50**	**0.50**	**0.44**	**12.68**	**11.99**	**10.31**
1980s	泗稻 8 号	0.57c	0.64a	0.61b	0.46d	0.46bcd	0.43cd	11.29fg	11.11e	10.37cd
	盐粳 2 号	0.57c	0.63bc	0.61b	0.49bcd	0.50b	0.45bcd	12.53e	11.66d	10.56c
	平均	**0.57**	**0.64**	**0.61**	**0.48**	**0.48**	**0.44**	**11.91**	**11.39**	**10.47**
1990s	镇稻 88	0.57c	0.65a	0.63b	0.52ab	0.54a	0.50a	14.26c	13.62a	12.94a
	淮稻 5 号	0.58c	0.63a	0.61b	0.50abc	0.50b	0.45bcd	13.87c	12.86b	11.77b
	平均	**0.58**	**0.64**	**0.62**	**0.51**	**0.52**	**0.48**	**14.07**	**13.24**	**12.35**
2000'-	淮稻 9 号	0.63a	0.63a	0.69a	0.52ab	0.45cde	0.48ab	16.15a	13.66a	13.07a
	连粳 7 号	0.63a	0.64a	0.69a	0.52ab	0.48bc	0.51a	15.55b	13.70a	13.35a
	平均	**0.63**	**0.64**	**0.69**	**0.52**	**0.47**	**0.49**	**15.85**	**13.68**	**13.21**

注：0N：全生育期不施氮肥；MN：全生育期施氮 240kg/hm^2；HN：全生育期施氮 360kg/hm^2；同栏内不同字母表示在 0.05 水平上差异显著

3.3.2　干物质积累与收获指数

各年代品种在各生育时期的干物质积累均随着品种改良有显著提高（图 3-5）。在同一施氮量，分蘖中期的干物质积累在各年代品种间差异不显著。在穗分化始期、抽穗期和成熟期的干物质积累均随着品种改良显著增加。与 20 世纪 50 年代的早期中粳稻品种相比，当施氮量分别为 0kg/hm^2、240kg/hm^2 和 360kg/hm^2 时，2000 年以后的超级稻品种全生育期总干物质量增幅分别为 7.60t/hm^2、10.15t/hm^2 和 14.55t/hm^2。抽穗前和抽穗后干物质生产量的同时增加使得生物产量大幅度提高。抽穗后干物质积累量占全生育期干物质量的比例，20 世纪 50 年代的早期品种为 41.66%～43.66%；2000 年以后的超级稻品种为 49.46%～49.96%。表明品种更替较大幅度增加了抽穗后干物质的积累量，超级稻品种尤为明显。2000 年以前的中粳稻品种，总生物产量均随着施氮量的增加呈现先增加后降低的趋势，表现为 MN＞HN＞0N；2000 年以后的超级稻品种，总生物产量随着施氮量的增加而增加，表现为 HN＞MN＞0N。收获指数也随着品种改良逐渐增加。施氮量对各个年代中粳稻品种收获指数的影响与施氮量对生物产量的影响相同（图 3-6）。说明生物产量和收获指数的同步增加提高了现代中粳稻品种的产量。

3.3.3　茎鞘中非结构性碳水化合物的积累与转运

在同一施氮量，各年代中粳稻品种在抽穗期和成熟期茎鞘中蔗糖含量（图 3-7a，图 3-7b）和非结构性碳水化合物（NSC）积累量（图 3-7c，图 3-7d）均随品种改良而显著增加。在全生育期施氮量为 240kg/hm^2 条件下，2000 年以前的中粳稻品种抽穗期和成熟期茎鞘中蔗糖含量和 NSC 积累量较不施氮处理显著增加，当施氮量增加至 360kg/hm^2 时，蔗糖含量和 NSC 积累量则呈现下降的趋势，表现为 MN＞HN＞0N；对于 2000 年以后的超级稻品种，在全生育期施氮量为 0～360kg/hm^2，抽穗期和成熟期茎鞘中蔗糖含量和 NSC 积累量则随着施氮量的增加而显著增加，表现为 HN＞MN＞0N（图 3-7a～图 3-7d）。

随品种改良，中粳稻品种茎鞘中 NSC 转运率[（抽穗期茎鞘中 NSC 积累量－成熟期茎鞘中 NSC 积累量）/ 抽穗期茎鞘中 NSC 积累量]显著增加（图 3-8a）。在全生育期总施氮量为 0kg/hm^2、240kg/hm^2 和 360kg/hm^2 条件下，2000 年以后的超级稻品种的茎鞘中 NSC 转运率比 20 世纪 50 年代的早期中粳稻品种分别增加了 85.19%、69.85%和 217.71%。在全生育期施用 240kg/hm^2 氮素条件下，2000 年以前的中粳稻品种，施氮后茎鞘中 NSC 转运率较不施氮处理显著增加；当施氮量增加至 360kg/hm^2 时，茎鞘中 NSC 转运率则呈现下降的趋势，表现为 MN＞HN＞0N；

对于 2000 年以后的超级稻品种，在全生育期施氮量为 0～360kg/hm^2，茎鞘中 NSC 转运率则随着施氮量的增加而显著增加，表现为 HN＞MN＞0N（图 3-8a）。

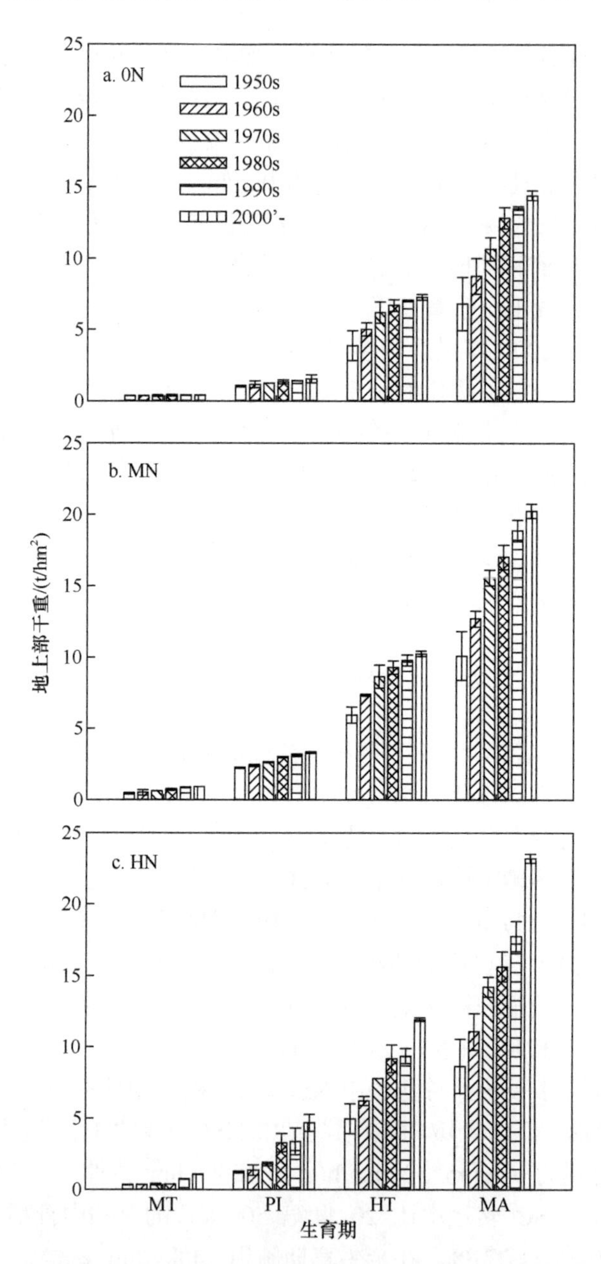

图 3-5 不同年代中粳稻品种主要生育期干物质重

0N：全生育期不施氮肥；MN：全生育期施氮 240kg/hm^2；HN：全生育期施氮 360kg/hm^2；MT：分蘖中期；PI：穗分化始期；HT：抽穗期；MA：成熟期

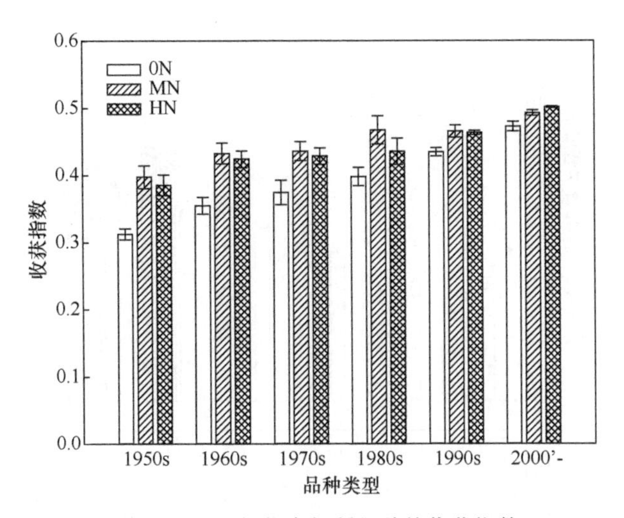

图 3-6　不同年代中粳稻品种的收获指数

0N：全生育期不施氮肥；MN：全生育期施氮 240kg/hm²；HN：全生育期施氮 360kg/hm²

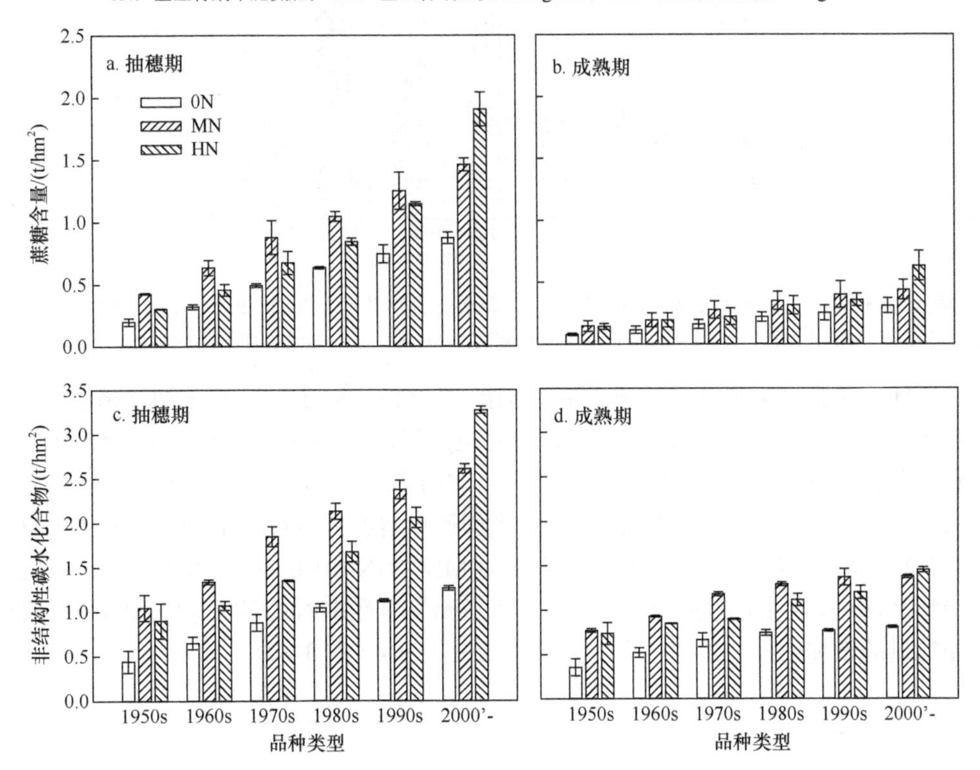

图 3-7　不同年代中粳稻品种茎鞘中蔗糖（a，b）和非结构性碳水化合物（c，d）积累量

0N：全生育期不施氮肥；MN：全生育期施氮 240kg/hm²；HN：全生育期施氮 360kg/hm²

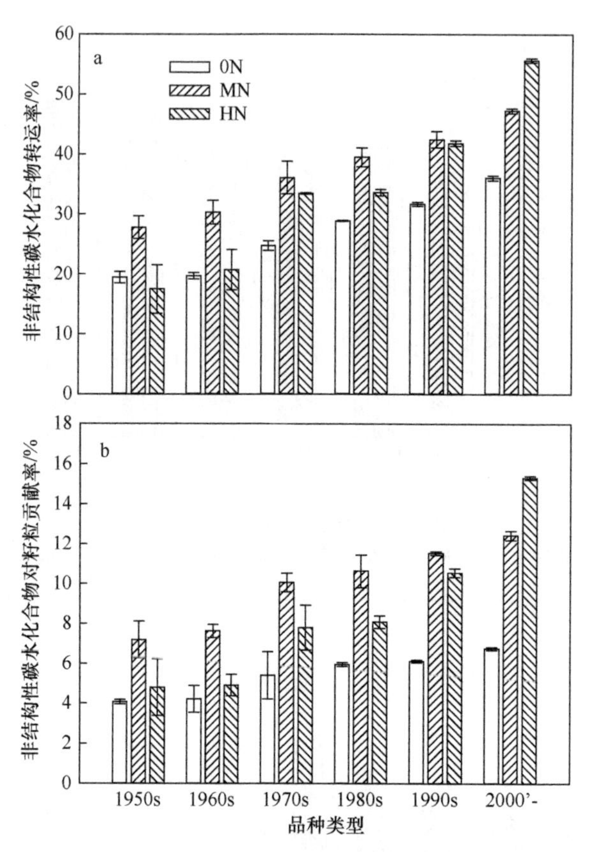

图 3-8 不同年代中粳稻品种茎鞘中非结构性碳水化合物转运率（a）和对产量的贡献率（b）
0N：全生育期不施氮肥；MN：全生育期施氮 240kg/hm^2；HN：全生育期施氮 360kg/hm^2

随品种改良，中粳稻品种茎鞘中 NSC 对籽粒的贡献率[（抽穗期茎鞘中 NSC 积累量－成熟期茎鞘中 NSC 积累量）/籽粒产量]显著增加，但因施氮量不同而有较大差异（图 3-8b）。20 世纪 90 年代及以前的中粳稻品种，施氮以后茎鞘中 NSC 对籽粒贡献率较不施氮处理显著增加，当施氮量增加至 360kg/hm^2 时，茎鞘中 NSC 对籽粒贡献率则呈现下降的趋势，表现为 MN＞HN＞0N；对于 2000 年以后的超级稻品种，在全生育期施氮量为 0～360kg/hm^2，茎鞘中 NSC 对籽粒贡献率则随着施氮量的增加而显著增加，表现为 HN＞MN＞0N（图 3-8b）。

3.3.4 茎蘖动态

无论是何种施氮量，各年代中粳稻品种的茎蘖数均随着生育进程逐渐增加，并在拔节期达到最大值，随后平稳下降（图 3-9）。各年代品种的最高分蘖数和最终有效分蘖数随品种改良均呈现先增加后降低的趋势，均随施氮量的增加而

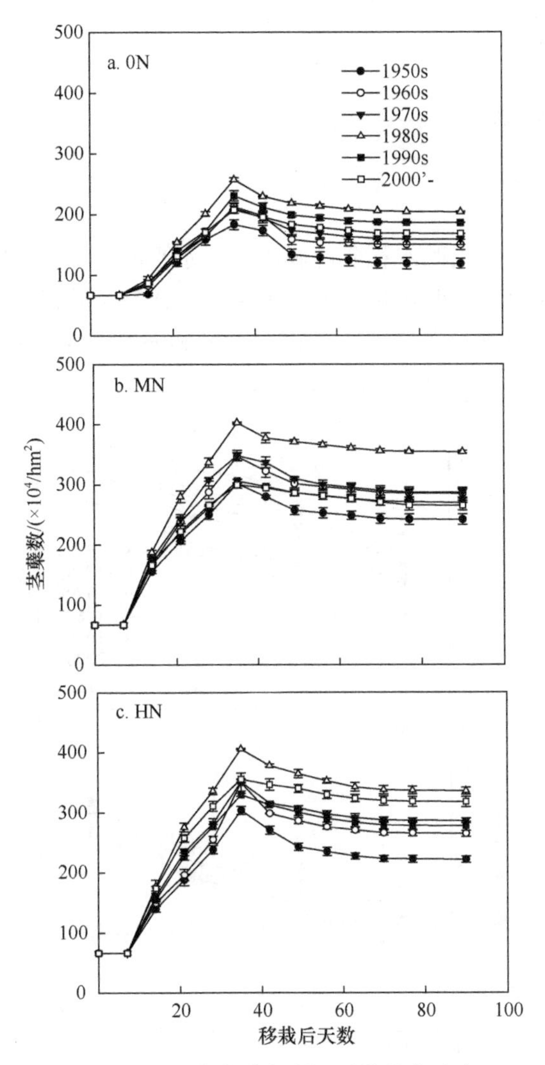

图 3-9　不同年代中粳稻品种的茎蘖动态

0N：全生育期不施氮肥；MN：全生育期施氮 240kg/hm^2；HN：全生育期施氮 360kg/hm^2

增加，表现为 HN＞MN＞0N。在全生育期施用 240kg/hm^2 氮素条件下，20 世纪 90 年代以前的品种最终有效分蘖数较不施氮处理显著增加，当施氮量增加至 360kg/hm^2 时，最终有效分蘖数又呈现下降的趋势，表现为 MN＞HN＞0N；在全生育期施氮量 0～360 kg/hm^2，20 世纪 90 年代以后的品种和 2000 年以后的超级稻品种最终有效穗数（图 3-9 中移栽后 90 天左右茎蘖数）随施氮量的增加而增加，表现为 HN＞MN＞0N。在不同施氮量条件下，2000 年以前的中粳稻品种茎蘖成穗率（有效穗数/最高茎蘖数）表现为 MN＞HN＞0N，2000 年以后的超级稻品种则表现为 HN＞MN＞0N（图 3-9）。再次表明现代品种特别是超级稻品种更适应于较高施氮量。

3.3.5 叶片生理性状

1. 剑叶抗氧化特性

无论何种施氮量，反映水稻剑叶膜脂氧化水平的丙二醛（MDA）含量均随着抽穗后天数的增加而呈现上升的趋势（图 3-10）。在整个灌浆期，水稻剑叶中 MDA 含量均随着品种改良而显著降低。在 0N、MN 和 HN 这 3 种施氮量条件下，2000

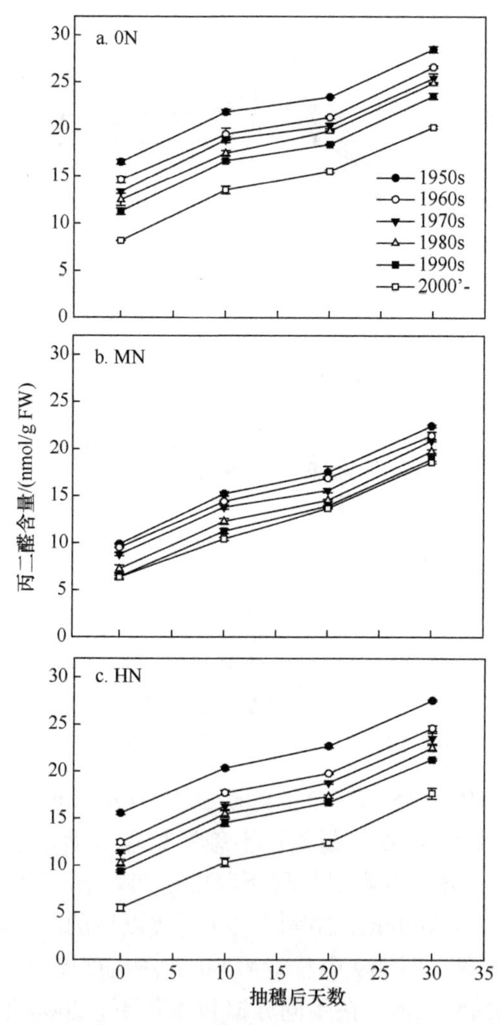

图 3-10 不同年代中粳稻品种剑叶丙二醛含量

0N：全生育期不施氮肥；MN：全生育期施氮 240kg/hm^2；HN：全生育期施氮 360kg/hm^2

年以前的中粳稻品种在整个灌浆期的剑叶中 MDA 含量均表现为 0N＞HN＞MN；2000 年以后的现代超级稻品种在整个灌浆期的剑叶中 MDA 含量均表现为 0N＞MN＞HN（图 3-10）。

随灌浆进程，反映水稻剑叶抗氧化能力的过氧化氢酶（CAT）和过氧化物酶（POD）活性在整体上表现为降低趋势（图 3-11）。在整个灌浆期，水稻剑叶中 CAT 活性均随着品种改良而显著增加（图 3-11a～图 3-11c）。在各施氮量条件下，2000 年以前的中粳稻品种在整个灌浆期的剑叶 CAT 活性均表现为 MN＞HN＞0N；2000 年以后的现代超级稻品种在整个灌浆期的剑叶 CAT 活性均表现为 HN＞MN＞0N（图 3-11a～图 3-11c）。在整个灌浆期，水稻剑叶 POD 活性均随着品种改良而显著增加。在不同施氮量条件下，2000 年以前的中粳稻品种在整个灌浆期的剑叶 POD 活

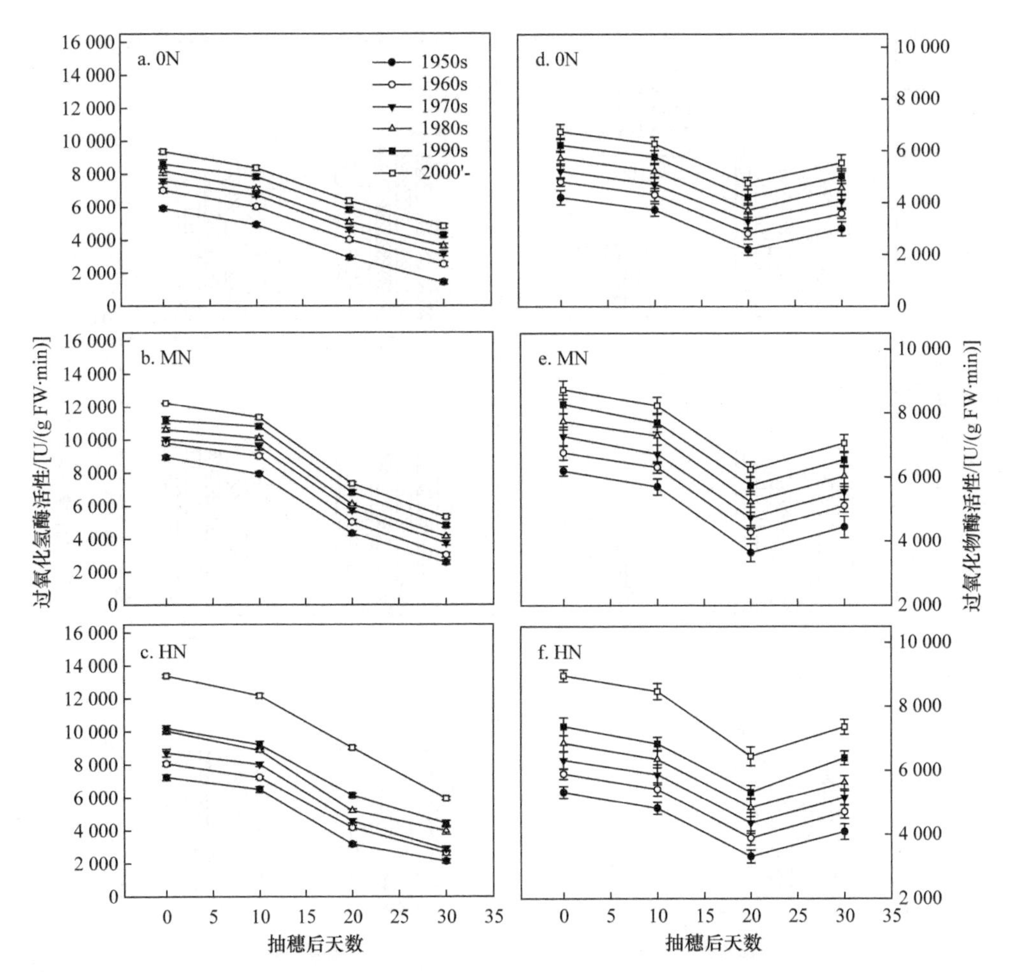

图 3-11　不同年代中粳稻品种剑叶过氧化氢酶（a，b，c）和过氧化物酶（d，e，f）活性

0N：全生育期不施氮肥；MN：全生育期施氮 240kg/hm^2；HN：全生育期施氮 360kg/hm^2

性均表现为 MN＞HN＞0N；2000 年以后的现代超级稻品种在整个灌浆期的剑叶 POD 活性均表现为 HN＞MN＞0N（图 3-11d～图 3-11f）。说明现代超级稻品种在高氮条件下具有较高的活性氧清除能力，这利于提高并延长叶片功能期以保证籽粒充分的灌浆物质来源[21-23]，这是现代超级稻品种获得高产与氮高效利用的一个重要生理原因。

2. 剑叶光合速率和最大光化学效率

在中粳稻品种改良过程中，剑叶光合速率显著增加，各年代品种的剑叶光合速率在灌浆中期显著下降（图 3-12a～图 3-12c）。2000 年以前的中粳稻品种在灌浆期的剑叶光合速率均表现为 MN＞HN＞0N，2000 年以后的超级稻品种则表现为 HN＞MN＞0N。与其他品种相比，2000 年以后的超级稻品种灌浆结实期光合

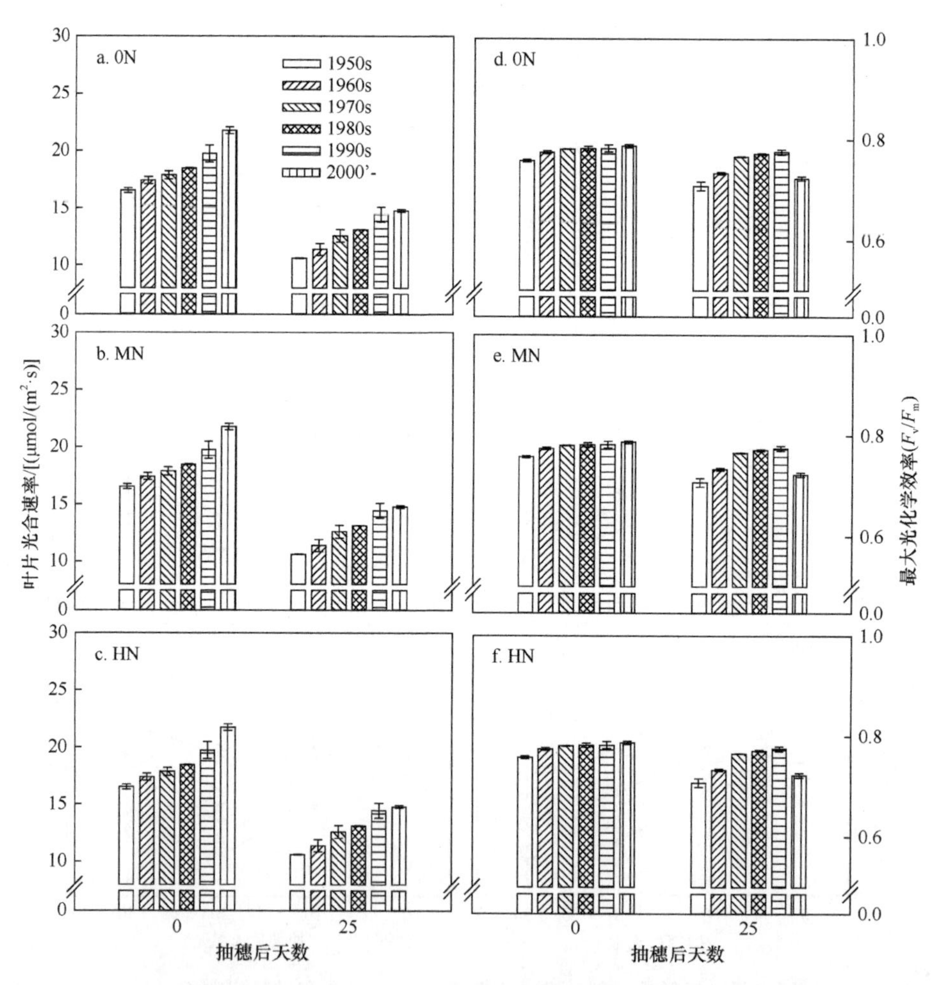

图 3-12　不同年代中粳稻品种剑叶光合速率（a，b，c）和光系统 II 最大光化学效率（d，e，f）

0N：全生育期不施氮肥；MN：全生育期施氮 240kg/hm²；HN：全生育期施氮 360kg/hm²

速率下降较快（图 3-12a～图 3-12c）。

与叶片光合速率的变化趋势相类似，抽穗期（抽穗后 0 天）剑叶光系统Ⅱ（PSⅡ）最大光化学效率（F_v/F_m）随品种改良而显著增加（图 3-12d～图 3-12f）。在灌浆中期（抽穗后 25 天），现代超级稻品种的剑叶 PSⅡ最大光化学效率（F_v/F_m）显著低于 2000 年以前的中粳稻品种。说明现代超级稻品种在灌浆中期叶片衰老较快。超级稻品种结实率较低可能与灌浆期叶片衰老较快、光合速率下降较快有密切关系。

3. 剑叶氮代谢酶活性

在各施氮量下，各个年代中粳稻品种剑叶的硝酸还原酶（NR）、谷氨酰胺合酶（GS）和谷氨酸合酶（GOGAT）等氮代谢酶活性均随着灌浆进程而降低，均随着品种改良而显著增加（图 3-13）。在 0N、MN 和 HN 这 3 种施氮量条件下，

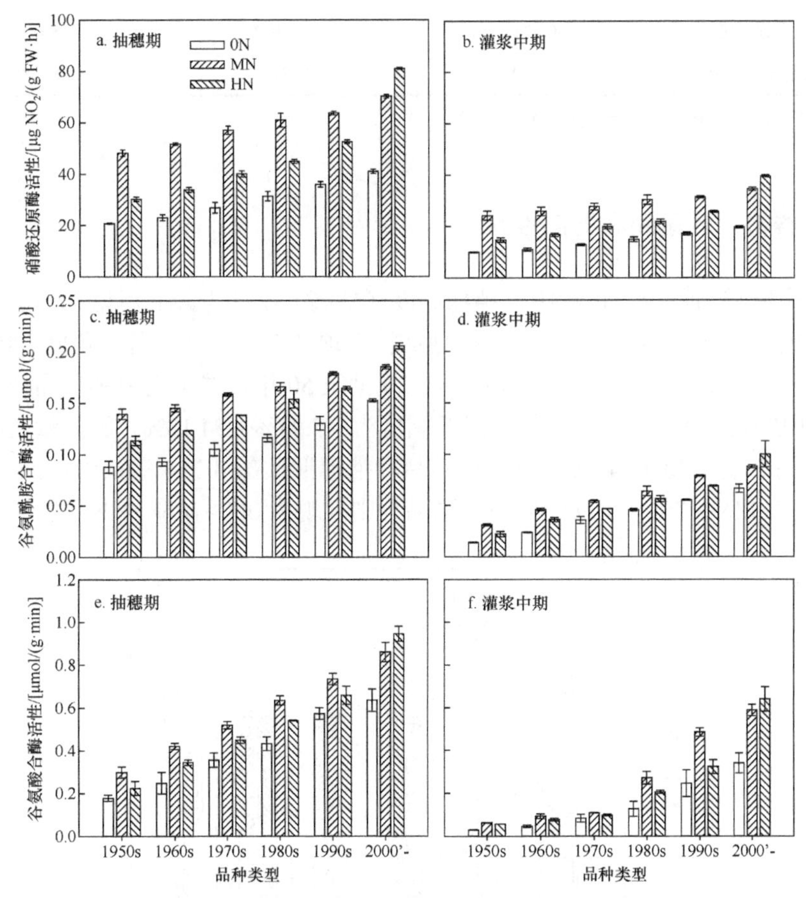

图 3-13　不同年代中粳稻品种剑叶硝酸还原酶（a，b）、谷氨酰胺合酶（c，d）和谷氨酸合酶（e，f）活性

0N：全生育期不施氮肥；MN：全生育期施氮 240kg/hm^2；HN：全生育期施氮 360kg/hm^2

2000 年以前的中粳稻品种在整个灌浆期的剑叶氮代谢酶活性均表现为 MN＞HN＞0N；2000 年以后的现代超级稻品种在整个灌浆期的剑叶氮代谢酶活性均表现为 HN＞MN＞0N（图 3-13）。

相关分析表明，中粳稻品种的氮肥农学利用率、吸收利用率、生理利用率和氮肥偏生产力与剑叶氮代谢酶（NR、GS、GOGAT）活性均呈极显著正相关关系（r = 0.556**～0.926**，P=0.01）（表 3-5）。说明在中粳稻品种改良过程中，叶片氮代谢酶活性的增强对氮肥利用率的提高起重要作用。

表 3-5　水稻剑叶氮代谢酶活性与氮肥利用率的关系

指标	硝酸还原酶活性	谷氨酰胺合酶活性	谷氨酸合酶活性
氮肥农学利用率	0.926**	0.805**	0.748**
氮肥吸收利用率	0.884**	0.897**	0.865**
氮肥生理利用率	0.821**	0.639**	0.556**
氮肥偏生产力	0.900**	0.877**	0.856**

注：**表示在 0.01 水平上相关性显著（n=36）

3.3.6　株高、叶基角和穗部性状

在中粳稻品种改良过程中，植株高度（株高）呈现先降低后增加的趋势，随施氮量的增加而提高（图 3-14a）。抽穗期植株顶部 3 叶在茎上着生角度（叶基角）随品种改良而显著降低（图 3-14b）。与 20 世纪 50 年代的早期中粳稻品种相比，2000 年以后的超级稻品种叶基角降低幅度为 45.94%～54.18%。施氮量对叶基角有明显的影响，2000 年以前的中粳稻品种抽穗期顶部 3 叶叶基角的大小表现为 0N＞HN＞MN，2000 年以后的超级稻品种则表现为 0N＞MN＞HN（图 3-14b）。

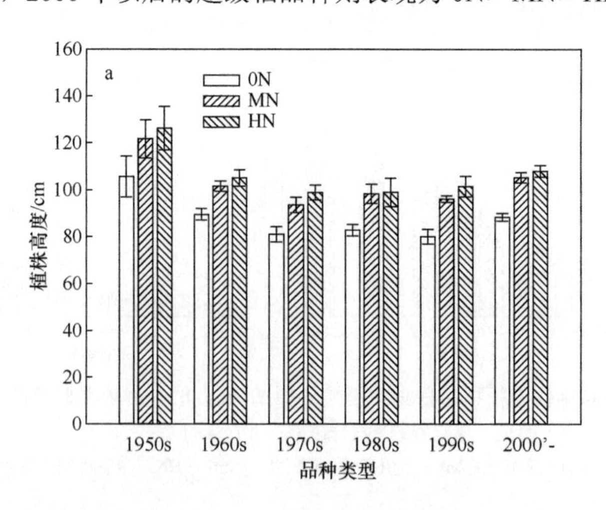

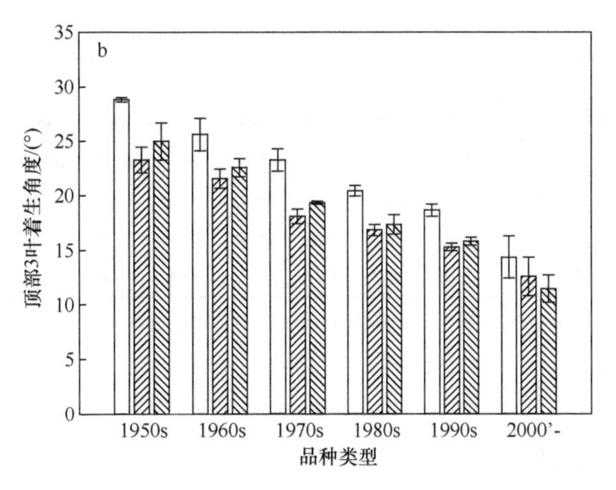

图 3-14　不同年代中粳稻品种植株高度（a）与叶片着生角度（b）

0N：全生育期不施氮肥；MN：全生育期施氮 240kg/hm^2；HN：全生育期施氮 360kg/hm^2

随品种改良，中粳稻品种一次枝梗数和二次枝梗数不断增加，其中以二次枝梗数增加更为显著（表 3-6）。在品种改良过程中，每穗粒数显著增加，且每穗粒数的增加幅度超过了穗长增加的幅度，导致着粒密度（单位穗长的颖花数）随着品种改良呈现显著增加的趋势（表 3-6）。2000 年以前的中粳稻品种一次枝梗数、二次枝梗数和着粒密度均表现为 MN＞HN＞0N，2000 年以后的现代超级稻品种则表现为 HN＞MN＞0N（表 3-6）。

表 3-6　不同年代中粳稻品种穗部性状

品种类型	品种名称	穗长/cm			每穗一次枝梗数			每穗二次枝梗数			着粒密度/（粒/cm）		
		0N	MN	HN	0N	MN	HN	0N	MN	HN	0N	MN	HN
1950s	黄壳早	20.8bc	21.5ab	21.3bc	8.5cd	9.4f	8.5e	18.9g	22.9g	20.4g	4.9g	5.1g	4.9g
	桂花球	18.6d	18.5d	18.1e	8.2d	9.3f	8.3e	19.7g	22.1g	20.8g	5.5f	5.9d	5.9de
	平均	**19.7**	**20.0**	**19.7**	**8.4**	**9.4**	**8.4**	**19.3**	**22.5**	**20.6**	**5.2**	**5.5**	**5.4**
1960s	金南风	20.7bc	21.8a	21.2bc	9.5bc	9.7ef	9.0de	24.0f	25.6f	27.1e	5.0g	5.1g	5.0g
	桂花黄	18.4d	19.1d	19.1d	8.0d	9.5f	9.1de	23.0f	28.8e	24.6f	5.7de	5.9de	5.7ef
	平均	**19.5**	**20.4**	**20.2**	**8.75**	**9.6**	**9.1**	**23.5**	**27.2**	**25.8**	**5.3**	**5.5**	**5.3**
1970s	徐稻 2 号	20.5c	20.12c	20.6c	8.9`cd	10.5de	9.7cd	24.3f	27.8e	25.0f	5.6ef	6.0d	5.7e
	黎明	20.2c	20.8bc	21.1bc	8.9cd	10.7de	9.8cd	24.0f	28.2e	25.6f	5.5ef	5.6f	5.5f
	平均	**20.3**	**20.5**	**20.8**	**8.9**	**10.6**	**9.8**	**24.2**	**28.0**	**25.3**	**5.6**	**5.8**	**5.6**
1980s	泗稻 8 号	21.6ab	22.2a	21.6ab	9.6bc	11.3cd	10.5bc	29.8d	34.5c	33.4c	5.6ef	5.6ef	5.7ef
	盐粳 2 号	19.1d	19.1d	19.4d	9.5bc	10.71d	10.4bc	30.1d	32.0d	29.3d	6.0d	6.3c	6.1d
	平均	**20.31**	**20.6**	**20.5**	**9.5**	**11.0**	**10.5**	**30.0**	**33.3**	**31.3**	**5.8**	**6.0**	**5.9**
1990s	镇稻 88	21.6ab	21.7a	21.1bc	10.1b	12.4b	11.1b	40.9c	36.9b	37.4b	5.9d	7.2b	6.9c
	淮稻 5 号	20.2c	20.3c	19.1d	9.6bc	12.2bc	10.4bc	28.0e	38.1b	33.9c	6.6c	8.1a	7.9b

续表

品种类型	品种名称	穗长/cm			每穗一次枝梗数			每穗二次枝梗数			着粒密度/（粒/cm）		
		0N	MN	HN	0N	MN	HN	0N	MN	HN	0N	MN	HN
	平均	**20.9**	**21.0**	**20.1**	**9.8**	**12.3**	**10.8**	**34.4**	**37.5**	**35.7**	**6.2**	**7.7**	**7.4**
2000'-	淮稻9号	21.9a	22.2a	22.7a	10.4bc	16.1a	15.4a	42.4b	47.0a	48.9a	7.2b	8.0a	8.3a
	连粳7号	21.6ab	22.4a	23.0a	12.1a	15.4a	16.3a	43.9a	48.2a	49.5a	7.7a	8.2a	8.5a
	平均	**21.7**	**22.3**	**22.8**	**11.3**	**15.8**	**15.9**	**43.1**	**47.6**	**49.2**	**7.4**	**8.1**	**8.4**

注：0N：全生育期不施氮肥；MN：全生育期施氮 240kg/hm^2；HN：全生育期施氮 360kg/hm^2；同栏内不同字母表示在 0.05 水平上差异显著

3.3.7 根系形态生理

1. 根系氧化力、根系活跃吸收表面积和根系伤流量

在中粳稻品种改良过程中，根系氧化力显著增加（图 3-15a～图 3-15c）。2000 年以前的中粳稻品种各生育时期的根系氧化力均表现为 MN>HN>0N，2000 年以后的超级稻品种则表现为 HN>MN>0N（图 3-15a～图 3-15c）。与其他品种相比，2000 年以后的超级稻品种灌浆结实期根系氧化力下降较快，这可能是超级稻结实率偏低的一个重要原因。

在中粳稻品种改良过程中，根系活跃吸收表面积显著增加（图 3-15d～图 3-15f）。2000 年以前中粳稻品种各生育时期的根系活跃吸收表面积均表现为 MN>HN>0N，2000 年以后的超级稻品种则表现为 HN>MN>0N（图 3-15d～图 3-15f）。

在各施氮量条件下，各年代中粳稻品种的根系伤流量均随着生育进程的推进而显著降低，随品种演进而显著增加（图 3-16）。在穗分化始期、抽穗期和灌浆期的根系伤流量，2000 年以前的中粳稻品种均表现为 MN>HN>0N，2000 年以后的超级稻品种则表现为 HN>MN>0N（图 3-16）。

2. 根干重与根冠比

无论何种施氮量，各年代中粳稻品种的根干重在各生育时期均随着品种改良而显著提高，在抽穗灌浆期更为明显（图 3-17a～图 3-17c）。在全生育期施氮量为 240kg/hm^2 条件下，2000 年以前的中粳稻品种根干重较不施氮处理显著增加，当施氮量增加至 360kg/hm^2 时，根干重则呈现下降的趋势，表现为 MN>HN>0N；对于 2000 年以后的超级稻品种，在全生育期施氮量为 0～360kg/hm^2，根干重则随着施氮量的增加而显著增加，表现为 HN>MN>0N（图 3-17a～图 3-17c）。根冠比的变化趋势与根干重的变化趋势表现一致（图 3-17d～图 3-17f）。

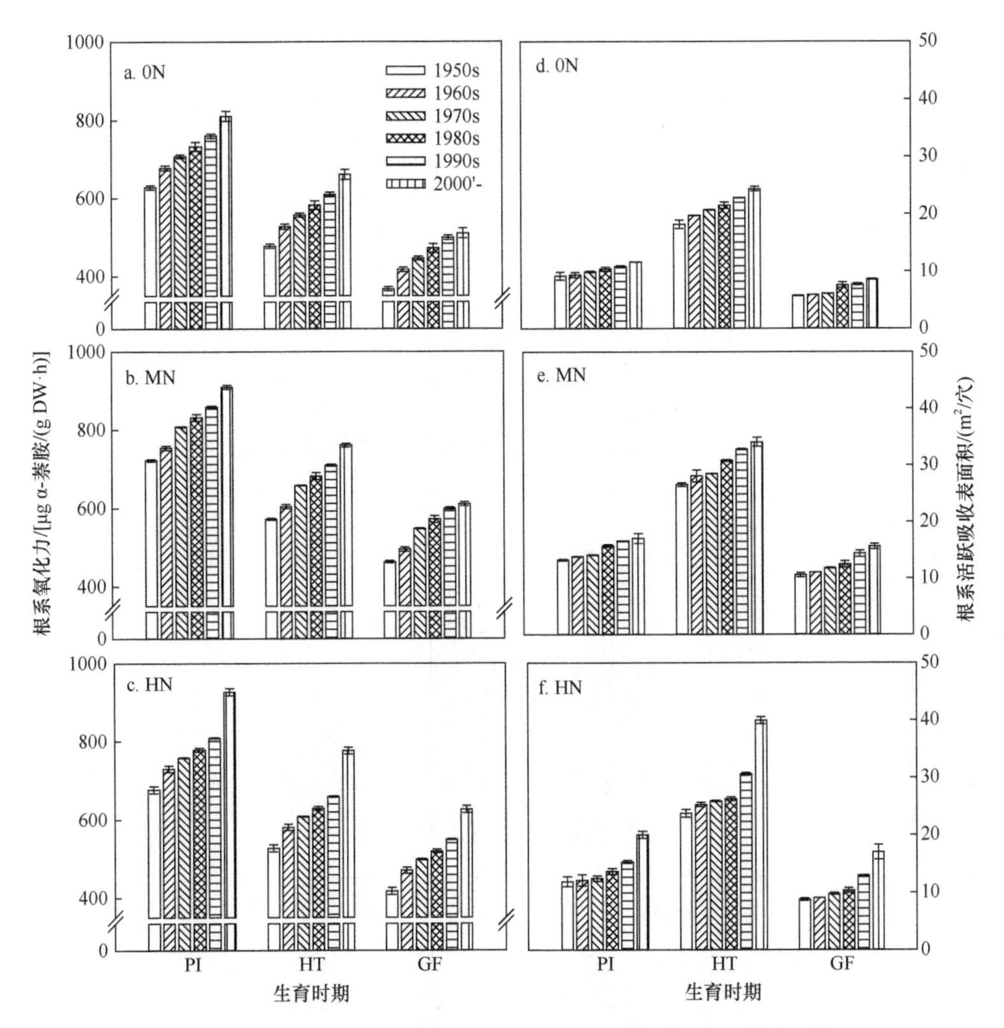

图 3-15　不同年代中粳稻品种根系氧化力（a，b，c）和根系活跃吸收表面积（d，e，f）

0N：全生育期不施氮肥；MN：全生育期施氮 240kg/hm²；HN：全生育期施氮 360kg/hm²；PI：穗分化始期；HT：抽穗期；GF：灌浆期

3. 根系细胞分裂素含量

无论在何种施氮量条件下，各个年代中粳稻品种的根系中细胞分裂素[玉米素（Z）＋玉米素核苷（ZR）]含量均随着灌浆进程的推进而显著降低（图 3-18）。随着品种改良，抽穗期、灌浆早期和灌浆中期中粳稻品种根系中 Z+ZR 含量显著增加。在 0N 和 MN 条件下，灌浆后期超级稻品种根系中 Z+ZR 含量较 20 世纪 90 年代的中粳稻品种有所降低（图 3-18）。2000 年以前中粳稻品种在抽穗期和灌浆

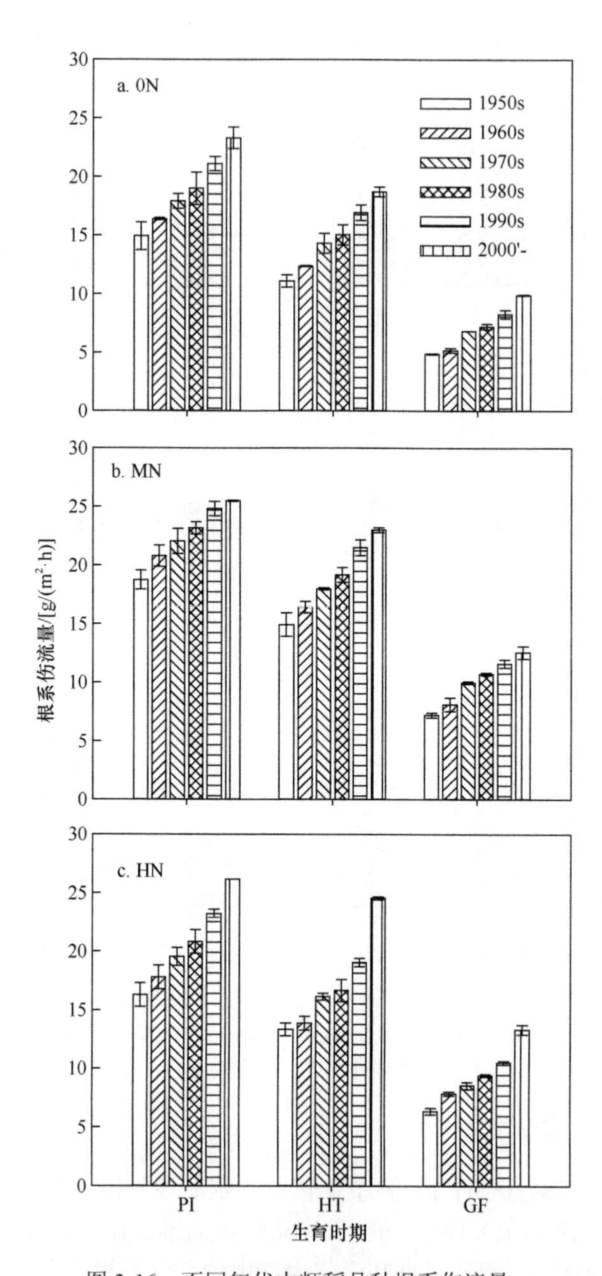

图 3-16 不同年代中粳稻品种根系伤流量

0N：全生育期不施氮肥；MN：全生育期施氮 240kg/hm^2；HN：全生育期施氮 360kg/hm^2；PI：穗分化始期；HT：抽穗期；GF：灌浆期

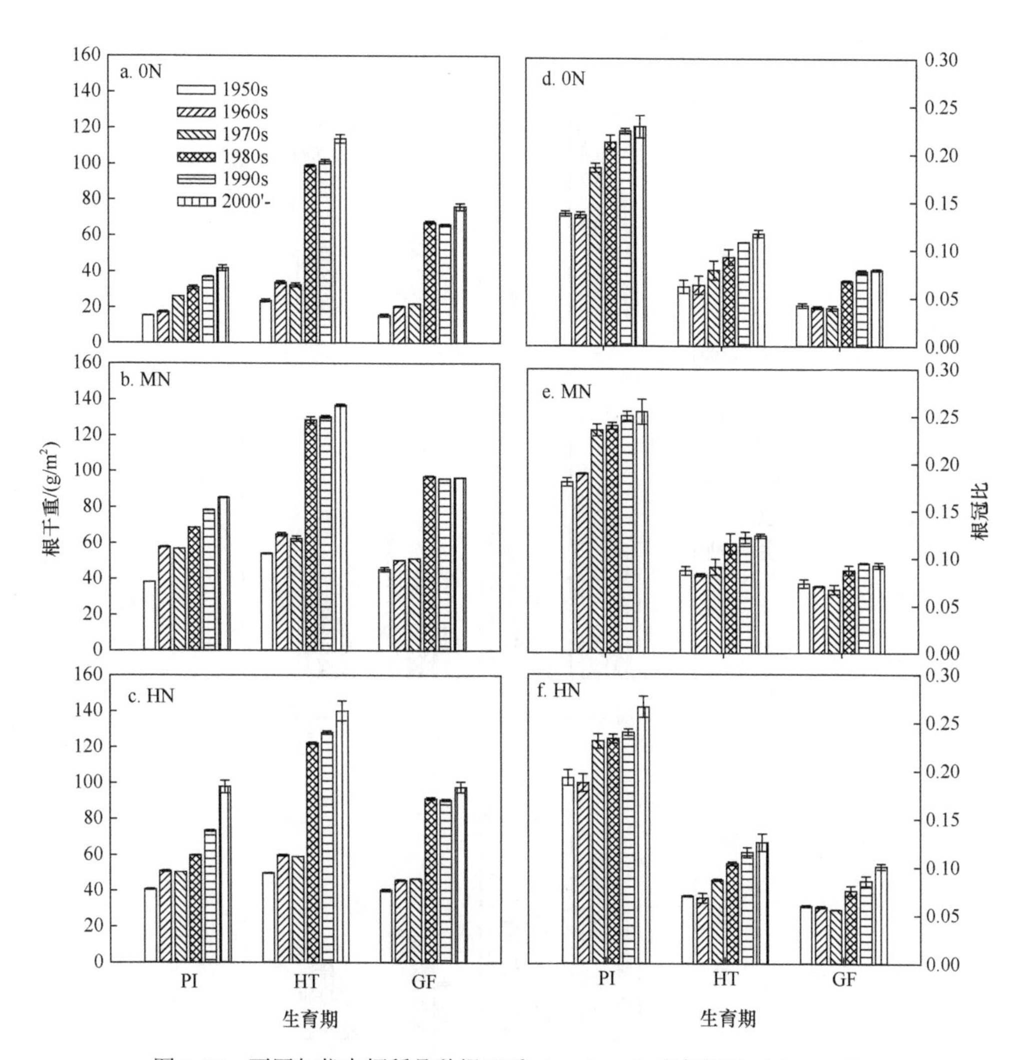

图 3-17　不同年代中粳稻品种根干重（a，b，c）和根冠比（d，e，f）

0N：全生育期不施氮肥；MN：全生育期施氮 240kg/hm^2；HN：全生育期施氮 360kg/hm^2；PI：穗分化始期；HT：抽穗期；GF：灌浆期

期根系 Z+ZR 含量均表现为 MN>HN>0N，2000 年以后的超级稻品种表现为 HN>MN>0N（图 3-18）。根系细胞分裂素（Z+ZR）对地上部生长发育及植株衰老有重要调控作用[24-28]。2000 年以后超级稻品种结实率较低，与其灌浆后期根系细胞分裂素含量下降快有密切关系。

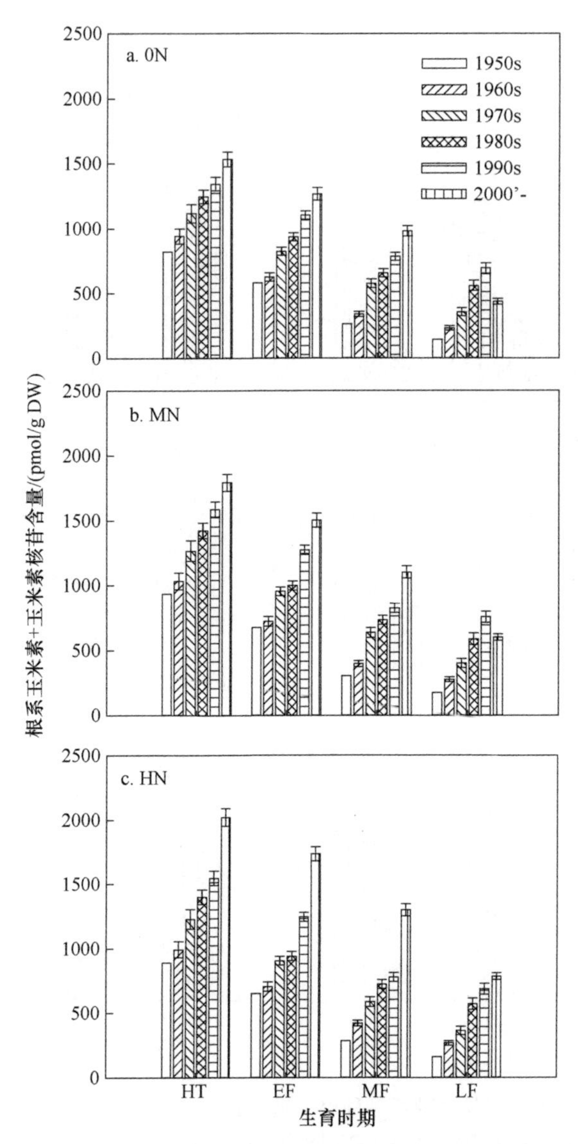

图 3-18 不同年代中粳稻品种根系玉米素＋玉米素核苷含量

0N：全生育期不施氮肥；MN：全生育期施氮 240kg/hm^2；HN：全生育期施氮 360kg/hm^2；HT：抽穗期；EF：灌浆早期；MF：灌浆中期；LF：灌浆后期

4. 根系形态生理性状与产量及氮肥利用率的关系

相关分析表明，在水稻生育期内测定的平均根系氧化力、根系活跃吸收表面积、根系伤流量、根系细胞分裂素（Z+ZR）含量、根干重、根冠比与产量、氮肥农学利用率、氮肥吸收利用率、氮肥生理利用率、氮肥偏生产力均呈极显著正相关（$r = 0.606^{**} \sim 0.971^{**}$，$P$=0.01）（表 3-7）。说明根系性状的改善是中粳稻品种改良过程中产量和氮肥利用率协同提高的重要基础。

表 3-7　水稻根系形态生理性状与产量及氮肥利用率的相关性

与相关	产量	氮肥农学利用率	氮肥吸收利用率	氮肥生理利用率	氮肥偏生产力
根系氧化力	0.971**	0.913**	0.878**	0.687*	0.832**
根系活跃吸收表面积	0.901**	0.902**	0.861**	0.674**	0.816**
根系伤流量	0.956**	0.925**	0.895**	0.662*	0.824**
根系 Z+ZR 含量	0.949**	0.906**	0.907**	0.746**	0.809**
根干重	0.965**	0.879**	0.832**	0.638**	0.815**
根冠比	0.910**	0.832**	0.811**	0.606**	0.757**

注：**表示在 0.01 水平上相关性显著（n=36）

3.4　中粳稻品种稻米品质演进

3.4.1　稻米加工（碾磨）品质

稻米的加工（碾磨）品质在品种改良过程中得到改善（表 3-8）。在全生育期总施氮量 0～360kg/hm^2 条件下，随施氮量的增加，各个年代中粳稻品种的糙米率均随着施氮量的增加而增加。精米率和整精米率随着品种改良呈现增加的趋势，以整精米率更为明显。在 0N、MN 和 HN 3 种施氮量条件下，与 20 世纪 50 年代的早期中粳稻品种相比，2000 年以后的现代超级稻品种整精米率分别增加了 55.07%、75.08%和 78.09%。施氮量对各个年代中粳稻品种整精米率的影响因品种不同而异，20 世纪 50 年代的早期品种和 80 年代以后的品种均表现为 0N＞HN＞MN，60～70 年代的中粳稻品种表现为 MN＞HN＞0N（表 3-8）。

表 3-8　中粳稻品种改良过程中加工品质的变化

品种类型	品种	糙米率/%			精米率/%			整精米率/%		
		0N	MN	HN	0N	MN	HN	0N	MN	HN
1950s	黄壳早	81.40cd	81.70f	82.57d	69.62f	69.78e	57.96g	24.36g	38.75h	17.78h
	桂花球	82.74ab	82.93cde	82.83d	72.14e	68.12f	66.74f	65.24c	33.80i	58.95d
1960s	金南风	82.99ab	84.74a	85.49a	75.26a	77.49a	77.45a	70.77b	74.97a	73.48a
	桂花黄	83.01ab	83.95ab	84.63abc	68.94f	73.11d	73.63c	28.12f	52.35g	43.78g
1970s	徐稻 2 号	82.48ab	82.50ef	84.32bc	73.15de	76.84ab	70.91de	62.71d	70.61bc	55.36e
	黎明	81.31d	82.64de	83.99c	72.38e	75.76bc	75.63b	40.27e	51.60g	57.04d
1980s	泗稻 8 号	81.58cd	83.35bcde	84.71abc	73.89bcd	68.08f	68.83d	70.90b	60.36f	55.67f
	盐粳 2 号	83.03ab	84.00ab	84.88abc	74.63abc	75.22c	76.02b	69.17b	64.24b	74.26a

续表

品种类型	品种	糙米率/%			精米率/%			整精米率/%		
		0N	MN	HN	0N	MN	HN	0N	MN	HN
1990s	镇稻 88	82.23bc	82.99cde	84.00c	69.11f	68.45f	70.01e	63.54d	62.27e	65.78c
	淮稻 5 号	83.19a	83.5bcd	84.76abc	75.08ab	73.17d	73.89c	73.78a	69.95c	70.19b
2000'-	淮稻 9 号	82.68ab	83.59bc	84.55bc	74.77ab	73.47d	75.16b	69.72b	60.00f	67.04c
	连粳 7 号	82.90ab	84.03ab	85.11ab	73.40cde	73.31d	76.25ab	69.22b	67.03d	69.61b

注：0N：全生育期不施氮肥；MN：全生育期施氮 240kg/hm^2；HN：全生育期施氮 360kg/hm^2；同栏内不同字母表示在 0.05 水平上差异显著

3.4.2 稻米外观品质

无论何种施氮量，中粳稻品种改良过程中，稻米的垩白粒率、垩白大小和垩白度均显著下降（表 3-9）。与 20 世纪 50 年代的早期中粳稻品种相比，2000 年以后的现代超级稻品种稻米的垩白粒率、垩白大小和垩白度分别下降了 64.68%～71.84%、42.06%～61.87%和 79.75%～89.03%。在全生育期总施氮量 0～360kg/hm^2 条件下，随施氮量的增加，垩白粒率和垩白大小均呈现逐渐增加的趋势，从而导致垩白度的增加（表 3-9）。说明施氮不利于中粳稻品种的外观品质。2000 年以后的超级稻品种稻米具有较大的长宽比。施氮量对不同年代中粳稻品种稻米的长宽比的影响也因品种不同而异（表 3-9）。

表 3-9　中粳稻品种改良过程中外观品质的变化

品种类型	品种	垩白粒率/%			垩白大小/%			垩白度/%		
		0N	MN	HN	0N	MN	HN	0N	MN	HN
1950s	黄壳早	34.00c	44.25c	46.50d	31.10a	33.23a	38.96ab	10.57b	14.71b	18.12bc
	桂花球	59.25a	58.00b	67.50b	28.65ab	32.84a	40.40a	16.97a	19.04a	27.27a
1960s	金南风	44.25b	42.75c	55.25c	26.32b	30.00b	30.36d	11.64b	12.82b	16.77c
	桂花黄	26.25d	36.50d	54.50c	18.50c	20.26d	35.79c	5.01c	7.40c	19.50b
1970s	徐稻 2 号	59.75a	72.50a	74.75a	18.56c	19.82d	26.51e	11.15b	14.37b	19.81b
	黎明	14.50ef	15.75gh	18.00h	16.27cde	27.32c	37.05bc	2.36de	4.30d	6.67e
1980s	泗稻 8 号	23.25d	24.00ef	37.25e	17.55cd	20.40d	26.48e	4.07cd	4.89d	9.86d
	盐粳 2 号	15.25ef	36.50d	42.00d	15.44def	20.88d	22.78f	2.35de	7.62c	9.57d
1990s	镇稻 88	17.00e	18.50g	31.50f	13.43fg	20.57d	28.33de	2.28de	3.80de	8.92d
	淮稻 5 号	14.00ef	25.00e	35.25ef	14.23efg	19.69d	28.88de	1.98e	5.30d	10.18d
2000'-	淮稻 9 号	16.00e	19.50fg	23.00g	11.88gh	16.15e	22.05f	1.90e	3.15de	5.07ef
	连粳 7 号	10.25f	12.00h	17.25h	10.90h	18.09de	23.94f	1.12e	2.17e	4.12f

注：0N：全生育期不施氮肥；MN：全生育期施氮 240kg/hm^2；HN：全生育期施氮 360kg/hm^2；同栏内不同字母表示在 0.05 水平上差异显著

3.4.3 稻米蒸煮食味品质和营养品质

在中粳稻品种改良过程中，稻米蒸煮食味品质和营养品质的变化规律不明显，但与 20 世纪 50 年代以后的品种相比，50 年代的早期中粳稻品种蛋白质和直链淀粉含量均比较高，米质较硬（表 3-10）。施氮量对不同年代中粳稻品种蒸煮食味品质和营养品质的影响则呈现相同的变化趋势。在全生育期总施氮量 0～360kg/hm^2 条件下，随施氮量的增加，直链淀粉含量和胶稠度逐渐降低，表现为 0N＞MN＞HN；蛋白质含量则呈现相反的变化趋势，即随施氮量的增加而增加，表现为 HN＞MN＞0N（表 3-10）。

表 3-10　中粳稻品种改良过程中蒸煮食味品质和营养品质的变化

品种类型	品种	蛋白质含量/%			直链淀粉含量/%			胶稠度/mm		
		0N	MN	HN	0N	MN	HN	0N	MN	HN
1950s	黄壳早	8.70a	9.70ab	11.20a	23.50a	21.40b	17.70b	41.10e	38.40f	37.20e
	桂花球	8.90a	9.40bc	9.50cd	23.80a	23.50a	22.40a	41.10e	40.20f	39.90e
1960s	金南风	6.80f	8.90cde	9.80c	17.50e	13.20g	13.10e	70.20c	60.30e	56.64c
	桂花黄	7.80bc	8.60ef	9.30cd	20.30b	17.30d	15.70c	88.20a	57.90e	56.40c
1970s	徐稻 2 号	6.90ef	9.20cd	10.40b	19.90b	15.50e	15.00c	69.60c	74.16a	62.70b
	黎明	8.10b	9.30bc	9.50cd	17.40e	12.60g	12.10d	89.10a	66.84bc	63.00b
1980s	泗稻 8 号	7.40cd	8.70de	10.50b	15.20f	13.30g	10.70f	80.40b	70.80ab	70.50a
	盐粳 2 号	7.40cde	8.10f	8.40e	16.80e	18.30cd	16.30bc	69.96c	61.50de	57.00c
1990s	镇稻 88	7.50cd	10.20a	10.60b	19.10bcd	14.00fg	13.80de	82.20b	73.20a	62.70b
	淮稻 5 号	7.80bc	9.30bc	9.30cd	17.70de	15.30ef	14.80c	72.90c	66.30bcd	59.40bc
2000'-	淮稻 9 号	7.70bc	8.50ef	9.00d	18.10cde	18.40c	16.90bc	60.30d	58.20e	49.80d
	连粳 7 号	7.10def	8.20f	9.40cd	19.30bc	17.10cd	15.70c	64.26d	62.70cde	61.20bc

注：0N：全生育期不施氮肥；MN：全生育期施氮 240kg/hm^2；HN：全生育期施氮 360kg/hm^2；同栏内不同字母表示在 0.05 水平上差异显著

20 世纪 50 年代的早期中粳稻品种的口感和综合食味值均较低（表 3-11）。60 年代以后的中粳稻品种味道、口感和综合食味值较 50 年代品种有所增加，但相差不大。在不同施氮量间比较，50 年代的早期品种味道和口感值均表现为 HN＞0N＞MN，70 年代的品种味道和口感值均表现为 0N＞HN＞MN，60 年代及 80 年代以后的品种味道和口感值均表现为 0N＞MN＞HN。在全生育期总施氮量 0～360kg/hm^2 条件下，各个年代的中粳稻品种综合食味值均随着施氮量的增加而下降，表现为 0N＞MN＞HN（表 3-11）。

表 3-11　中粳稻品种改良过程中综合食味值的变化

品种类型	品种	味道			口感			综合值		
		0N	MN	HN	0N	MN	HN	0N	MN	HN
1950s	黄壳早	6.57f	6.09d	6.27c	5.64e	4.43h	4.99g	61.44f	63.37d	51.70g
	桂花球	6.26g	6.40c	6.79ab	4.77f	5.07g	5.81e	63.37f	56.15e	55.35f
1960s	金南风	7.15bc	6.46c	6.28c	7.18b	5.76f	5.35f	77.26abc	64.68d	60.68e
	桂花黄	7.27ab	6.76b	6.71b	7.10b	6.27bcd	6.12cd	74.58cd	68.04c	66.99c
1970s	徐稻 2 号	7.29ab	6.79b	6.95a	7.45a	6.44ab	6.79a	79.13ab	73.02a	70.65a
	黎明	6.74ef	6.43c	6.45c	6.44d	6.01e	6.04de	70.49e	67.39c	67.47bc
1980s	泗稻 8 号	6.76e	6.56c	6.33c	6.45d	6.04de	5.54f	70.64e	67.42c	63.02de
	盐粳 2 号	7.39a	6.84b	6.78ab	7.50a	6.64a	6.43b	79.67a	71.56ab	70.07ab
1990s	镇稻 88	7.27ab	6.52c	6.33c	7.19b	5.73f	5.40f	76.40bcd	63.52d	60.72e
	淮稻 5 号	7.00cd	6.74b	6.78ab	6.79c	6.18cde	6.35b	76.20cd	69.21bc	70.58a
2000'-	淮稻 9 号	7.26ab	6.86ab	6.82ab	7.30ab	6.33bc	6.29bc	76.72bcd	68.56c	67.64bc
	连粳 7 号	6.93d	7.03a	6.66b	6.67cd	6.68a	5.84e	73.81d	71.94ab	63.93d

注：0N：全生育期不施氮肥；MN：全生育期施氮 240kg/hm^2；HN：全生育期施氮 360kg/hm^2；表中数据用日本佐竹公司米饭食味计测定而得；同栏内不同字母表示在 0.05 水平上差异显著

3.4.4　稻米淀粉黏滞谱特性

在中粳稻品种的改良过程中，现代中粳稻品种淀粉的峰值黏度（表 3-12）和淀粉粒崩解值（表 3-13）均高于 20 世纪 50 年代的早期品种，消减值均低于 50 年代的早期中粳稻品种。在不同施氮量间比较，在全生育期总施氮量 0～360kg/hm^2 条件下，各个年代中粳稻品种淀粉的峰值黏度和崩解值均随着施氮量的增加而降低，稻米淀粉消减值均随着施氮量的增加而增加（表 3-12 和表 3-13）。一般而言，淀粉的峰值黏度和淀粉粒崩解值越大，消减值越小，稻米的食味性越佳[29]。施用氮肥后崩解值减小、消减值增大，说明施用氮肥不利于改善稻米食味品质。

表 3-12　中粳稻品种改良过程中 RVA 特征值的变化（一）

品种类型	品种	峰值黏度/cP			热浆黏度/cP			最终黏度/cP		
		0N	MN	HN	0N	MN	HN	0N	MN	HN
1950s	黄壳早	3158.0e	2900.0cd	2848.5d	2531.5a	2449.5a	2443.0a	3732.0a	3529.0a	3544.0a
	桂花球	2564.0h	2478.0f	2504.0g	1849.5de	1867.0cd	1906.0bc	3017.5e	3043.0bc	3101.5b
1960s	金南风	2753.0g	2439.5f	1841.5h	1652.0e	1425.0f	1119.0g	2590.0h	2367.4g	1947.5g
	桂花黄	3579.0a	3202.0ab	2619.0f	2256.5bc	1941.0cd	1397.5f	3409.0b	3120.0b	2712.5de
1970s	徐稻 2 号	3411.0bc	3123.5b	3252.0a	2313.0ab	2006.5bc	2258.5a	3213.5cd	2980.0c	3143.0b
	黎明	3489.0ab	3230.5a	3093.5b	2533.5a	2200.0b	1966.0b	3306.5bc	3093.0bc	2992.0c

续表

品种类型	品种	峰值黏度/cP			热浆黏度/cP			最终黏度/cP		
		0N	MN	HN	0N	MN	HN	0N	MN	HN
1980s	泗稻 8 号	3497.5ab	2892.0cd	2643.5f	2173.0bc	1726.5de	1490.0def	3190.5d	2755.5d	2688.5e
	盐粳 2 号	3121.0e	2822.0d	2630.5f	1868.5de	1832.0cd	1682.0d	2818.0f	2600.8ef	2507.5f
1990s	镇稻 88	3293.0d	2969.0c	2672.5ef	2041.0cd	1737.5de	1568.0def	2906.5ef	2713.5de	2525.5f
	淮稻 5 号	3333.0cd	2626.0e	2742.5e	2386.5ab	1797.5cde	1659.0de	2967.5e	2529.5f	2568.0f
2000'-	淮稻 9 号	2856.5f	2818.5d	2498.0g	1436.0f	1570.0ef	1436.0ef	2507.0h	2621.5ef	2508.0f
	连粳 7 号	3269.5d	2968.0c	2984.0c	1681.5e	1721.0de	1706.5cd	2707.0g	2769.5d	2816.5d

注：0N：全生育期不施氮肥；MN：全生育期施氮 240kg/hm^2；HN：全生育期施氮 360kg/hm^2；同栏内不同字母表示在 0.05 水平上差异显著

表 3-13　中粳稻品种改良过程中 RVA 特征值的变化（二）

品种类型	品种	崩解值/cP			消减值/cP			回复值/cP		
		0N	MN	HN	0N	MN	HN	0N	MN	HN
1950s	黄壳早	626.5e	450.5e	405.5e	574.0a	629.0a	695.5a	1200.5a	1279.5a	1196.0a
	桂花球	714.5e	611.0de	598.0de	453.5b	565.0a	597.5a	1168.0ab	1076.0bc	995.5bcd
1960s	金南风	1101.0cd	1014.5abc	722.5d	−163.0c	−72.2b	106.0b	938.0efg	941.0de	828.5e
	桂花黄	1322.5bc	1261.0a	1221.5ab	−170.0c	−82.0bc	93.5b	1152.5abc	1059.0bcd	988.0bcd
1970s	徐稻 2 号	1098.0cd	1117.0ab	993.5bc	−197.5c	−143.5bcd	−109.0c	900.5g	972.5cde	924.0de
	黎明	955.5d	1030.5abc	1127.5abc	−182.5c	−137.5bcd	−101.5c	1038.0cdef	1037.5bcd	1026.5bcd
1980s	泗稻 8 号	1324.5bc	1165.5ab	1253.5a	−307.0d	−136.5bcd	−155.0c	917.5fg	992.0cde	959.5cd
	盐粳 2 号	1252.5bc	990.0bc	948.5c	−303.0d	−221.3d	−123.0c	1049.5bcde	1026.5cd	981.5bcd
1990s	镇稻 88	1252.0bc	1231.5ab	1104.5abc	−386.5d	−255.5d	−147.0c	1055.5bcde	1011.0cde	957.5cd
	淮稻 5 号	946.5d	828.5cd	1083.5abc	−365.5d	−96.5bc	−174.5c	983.0defg	885.0e	1009.0bcd
2000'-	淮稻 9 号	1420.5ab	1248.5ab	1062.0abc	−349.5d	−197.0cd	10.0b	1071.0bcd	1155.5b	1072.0bc
	连粳 7 号	1588.0a	1247.0ab	1277.5a	−562.5e	−198.5cd	−167.5c	1025.5cdefg	1048.5bcd	1110.0ab

注：0N：全生育期不施氮肥；MN：全生育期施氮 240kg/hm^2；HN：全生育期施氮 360kg/hm^2；同栏内不同字母表示在 0.05 水平上差异显著

3.5　小　　结

（1）无论是在施氮还是不施氮条件下，中粳稻品种的产量均随品种改良而显著提高。早期品种对施氮量的响应较现代超级稻品种敏感，产量表现为 MN＞HN＞0N，现代超级稻品种则表现为 HN＞MN＞0N。品种改良过程中产量的提高主要归功于总颖花数的增加，而总颖花数的增加得益于每穗颖花数的增多。但现代超级稻品种的结实率较低，限制了其产量潜力的发挥。

（2）中粳稻品种的氮肥农学利用率、氮肥吸收利用率、氮肥生理利用率、氮肥偏生产力均随品种改良而提高。在中等施氮量（240kg/hm^2）条件下，2000 年以前的中粳稻品种具有较高的氮收获指数，2000 年以后的现代超级稻品种则在高施氮量（360kg/hm^2）条件下具有较高的氮收获指数。随施氮量的增加，中粳稻品种的氮肥利用率虽有降低的趋势，但在相同施氮量特别是在高施氮量下，现代超级稻品种比 2000 年以前的中粳稻品种具有较高的氮肥利用率。

（3）在品种改良过程中，根系形态生理（根干重、根系氧化力、根系伤流量、根系玉米素＋玉米素核苷含量）和地上部植株群体质量（叶片光合速率、叶片氮代谢酶活性、粒叶比、茎鞘中 NSC 积累转运）的改善是中粳稻品种特别是现代超级稻品种产量与氮肥利用率协同提高的重要生理基础。提高灌浆中后期根系活性尤其是根系细胞分裂素含量是提高超级稻品种结实率，进而进一步提高其产量和氮肥利用率的重要途径。

（4）随品种改良，中粳稻品种稻米的加工品质和外观品种均有所改善，稻米蒸煮食味品质和营养品质的变化规律不明显。但与早期中粳稻品种相比，现代超级稻品种的食味性有所改善。在全生育期总施氮量 0～360kg/hm^2 条件下，增施氮肥不利于改善中粳稻品种的稻米品质。

参考文献

[1] 顾铭洪, 程祝宽. 水稻起源、分化与细胞遗传. 北京: 科学出版社, 2020: 138-163.

[2] 陈温福, 潘文博, 徐正进. 我国粳稻生产现状及发展趋势. 沈阳农业大学学报, 2006, 37(6): 801-805.

[3] 张洪程, 张军, 龚金龙, 等. “籼改粳”的生产优势及其形成机理. 中国农业科学, 2013, 46(4): 686-704.

[4] 陈波, 周年兵, 郭保卫, 等. 南方稻区“籼改粳”研究进展. 扬州大学学报(农业与生命科学版), 2017, 38(1): 67-72, 88.

[5] 佴军, 张洪程, 陆建飞. 江苏省水稻生产 30 年地域格局变化及影响因素分析. 中国农业科学, 2012, 45(16): 3446-3452.

[6] 国家统计局. 国家统计局关于 2020 年粮食产量数据的公告. http: // www.stats.gov.cn/[2021-5-10].

[7] 蒋志敏, 王威, 储成才. 植物氮高效利用研究进展与展望. 生命科学, 2018, 30(10): 1060-1071.

[8] 凌启鸿. 水稻精确定量栽培理论与技术. 北京: 中国农业出版社, 2007: 92-125.

[9] 剧成欣. 不同水稻品种对氮素响应的差异及其农艺生理性状. 扬州大学博士学位论文, 2017.

[10] 申建波, 张福锁. 养分资源综合管理理论与实践. 北京: 中国农业大学出版社, 2006: 1-71.

[11] Zhang H, Chen T T, Liu L J, et al. Performance in grain yield and physiological traits of rice in the Yangtze River Basin of China during the last 60 yr. Journal of Integrative Agriculture, 2013, 12(1): 57-66.

[12] Gu J F, Chen J, Chen L, et al. Grain quality changes and responses to nitrogen fertilizer of japonica rice cultivars released in the Yangtze River Basin from 1950s to 2000s. The Crop Journal, 2015, 3: 285-297.

[13] 熊洁, 陈功磊, 王绍华, 等. 江苏省不同年代典型粳稻品种的产量及株型差异. 南京农业大学学报, 2011, 34(5): 1-6.

[14] 张耗, 谈桂露, 薛亚光, 等. 江苏省粳稻品种近 60 年演进过程中产量与形态生理特征的变化. 作物学报, 2010, 36(1): 133-140.

[15] 张耗, 黄钻华, 王静超, 等. 江苏中籼水稻品种演进过程中根系形态生理性状的变化及其与产量的关系. 作物学报, 2011, 37(6): 1020-1030.

[16] Zhang H, Jing W J, Xu J J, et al. Changes in starch quality of mid-season indica rice varieties in the lower reaches of the Yangtze River in last 80 years. Journal of Integrative Agriculture, 2020, 19(12): 2983-2996.

[17] 杜永, 刘辉, 杨成, 等. 高产栽培迟熟中粳稻养分吸收特点的研究. 作物学报, 2007, 33(2): 208-215.

[18] 官春云. 现代作物栽培学. 北京: 高等教育出版社, 2011: 234-263.

[19] 陈露, 张伟杨, 王志琴, 等. 施氮量对江苏不同年代中粳稻品种产量与群体质量的影响. 作物学报, 2014, 40(8): 1412-1423.

[20] 张耗. 水稻根系形态生理与产量形成的关系及其栽培调控技术. 扬州大学博士学位论文, 2011.

[21] Apel K, Hirt H. Reactive oxygen species: metabolism, oxidative stress, and signal transduction. Annual Review of Plant Biology, 2004, 55: 373-399.

[22] Duan H, Yang J C. Research advances in the effect of high temperature on rice and its mechanism. Chinese Journal of Rice Science, 2012, 26: 393-400.

[23] Hoang T V, Vo K T X, Mizanor M M, et al. Heat stress transcription factor *OsSPL7* plays a critical role in reactive oxygen species balance and stress responses in rice. Plant Science, 2019, 289: 110273.

[24] Gu J F, Chen Y, Zhang H, et al. Canopy light and nitrogen distributions are related to grain yield and nitrogen use efficiency in rice. Field Crops Research, 2017, 206: 74-85.

[25] 杨建昌, 展明飞, 朱宽宇. 水稻绿色性状形成的生理基础. 生命科学, 2018, 30(10): 1137-1145.

[26] Ashikari M, Sakakibara H, Lin S, et al. Cytokinin oxidase regulates rice grain production. Science, 2005, 309: 741-745.

[27] Sakakibara H, Takei K, Hirose N. Interactions between nitrogen and cytokinin in the regulation of metabolism and development. Trends in Plant Science, 2006, 11: 440-448.

[28] Talla S K, Panigrahy M, Kappara S, et al. Cytokinin delays dark-induced senescence in rice by maintaining the chlorophyll cycle and photosynthetic complexes. Journal of Experimental Botany, 2016, 67: 1839-1851.

[29] Han Y P, Xu M, Liu X, et al. Genes coding for starch branching enzymes are major contributors to starch viscosity characteristics in waxy rice (*Oryza sativa* L.). Plant Science, 2004, 166: 357-364.

第 4 章　水稻高产氮敏感性品种的农艺与生理特征

高产氮敏感性品种（high-yielding and nitrogen-sensitive varieties）是指水稻品种对氮肥响应敏感，在中、低施氮量下具有较高产量和氮肥利用率的一类品种，简称氮敏感品种（nitrogen-sensitive varieties）[1-4]。另外一类水稻品种对氮肥响应钝感，在中、低施氮量下产量和氮肥利用率较低，但在高施氮量下具有较高产量，这类品种被称为高产氮钝感品种（high-yielding and nitrogen-insensitive varieties），简称氮钝感品种（nitrogen-insensitive varieties）[1-4]。在一些文献中，将氮敏感品种称为氮高效品种（nitrogen efficient varieties），将氮钝感品种称为氮低效品种（nitrogen inefficient varieties）[5-8]。培育和选用氮敏感或氮高效品种是协同提高作物产量和氮肥利用率的一条重要途径[9-12]。以往虽对水稻不同氮利用率品种的农艺与生理表现做了观察[8,11-18]，但对氮敏感水稻品种，特别是粳稻氮敏感品种的农艺特征及生理生化机制的研究较少，一些问题仍不清楚，如目前长江下游常用的粳稻品种对氮肥响应有何特点？是否存在既高产又氮肥高效利用（氮敏感性）水稻品种？氮敏感性不同粳稻品种有哪些农艺与生理特征？阐明这些问题，对于进一步揭示水稻高产与氮高效利用的协同机制，培育和选用氮敏感水稻品种，发展绿色高效水稻生产具有十分重要的理论和实践意义[5-7,18-20]。因此，近年作者课题组比较分析了长江下游主栽粳稻品种对氮肥响应的差异，筛选出氮敏感品种；从叶片性状、根系形态生理、氮代谢及相关基因表达等方面探讨了氮敏感品种高产与氮高效利用的机理。

4.1　现用粳稻品种产量和氮肥利用率对施氮量响应的差异

4.1.1　产量对施氮量响应的差异

以适合长江下游稻区种植的 12 个粳稻（含偏粳型籼/粳杂交稻）品种为材料，大田种植，设置全生育期不施氮（0N）、全生育期施纯氮 180kg/hm^2（180N）或 200kg/hm^2（200N）和 360kg/hm^2（360N）3 个施氮量水平，研究了各品种产量对氮肥响应的特点。结果表明，在 12 个供试品种中，偏粳型籼/粳杂交稻甬优 2640 的产量在 3 个氮肥水平下均为最高，其余 11 个粳稻品种的产量则对氮肥响应不一致（表 4-1 和表 4-2）。在 0N、180N 或 200N 水平下，武运粳 30 号、武运粳 24 号、连粳 7 号、淮稻 5 号、淮稻 13 号的产量均较高，即这些品种产量对氮肥响应较敏感；宁粳 1 号和扬粳 4038 的产量均较低，即这两个品种产量对氮肥响应较钝感；连粳 9 号、连粳 11 号、南粳 9108 的产量则介于上述两类品种之间。在 360N 水平下，宁粳 1 号和扬粳 4038 的产量大幅提高，与武运粳 30 号、连粳 7 号、淮稻 5 号、淮稻 13 号、武运粳 24 号等品种的产量差异不显著（表 4-1 和表 4-2）。说明宁粳 1 号和扬粳 4038 在高施氮量下才能发挥产量优势。在各施氮水平下，甬优 2640 在各品种中具有最高颖花数是其获得最高产量的主要原因。在 0N、180N 或 200N 条件下，武运粳 30 号、淮稻 13 号、淮稻 5 号和连粳 7 号等品种产量较高的原因主要得益于较高的总颖花数和结实率。宁粳 1 号和扬粳 4038 在 360N 条件下获得较高产量的原因主要是总颖花数的大幅度增加（表 4-1 和表 4-2）。说明长江下游稻区粳稻品种总颖花数对氮肥响应的差异是其产量对氮肥响应的差异的最重要原因。

表 4-1　供试品种的产量及其构成因素（2017 年）

施氮量/（kg/hm^2）	品种	产量/（t/hm^2）	穗数/（穗/m^2）	每穗粒数	总颖花数/（$\times10^3/m^2$）	结实率/%	千粒重/g
0	甬优 2640	7.85a	153g	261a	39.9a	84.4bcd	25.2f
	南粳 9108	6.28cd	272a	106g	28.8b	84.7bcd	27.0e
	淮稻 5 号	6.48bc	236c	119f	28.1b	87.8ab	28.4cde
	淮稻 13 号	6.62b	205f	134c	27.5bc	84.4bcd	30.6a
	宁粳 5 号	6.09d	242b	108g	26.1cd	82.1cde	29.2ab
	宁粳 1 号	5.90e	217e	120ef	26.0cd	79.7e	29.0bc
	武运粳 30 号	6.64b	208f	140b	29.1b	87.7ab	27.1e
	武运粳 24 号	6.11d	185h	141b	26.1cd	85.5abc	27.8de
	扬粳 4038	5.84e	205f	119f	24.4d	81.4de	28.7bcd
	连粳 7 号	6.47bc	215e	126de	27.1bc	88.7a	27.8de
	连粳 9 号	6.30cd	229c	118f	26.6c	84.0bcd	28.6cd
	连粳 11 号	6.32cd	207f	130cd	26.9bc	83.1cde	29.2ab
200	甬优 2640	10.8a	174h	294a	51.2a	79.8d	25.4e
	南粳 9108	9.10cd	303bc	141c	42.7b	78.0ef	27.5d
	淮稻 5 号	9.32bc	312a	142c	40.6b	81.4ab	28.2cd
	淮稻 13 号	9.87b	267g	154b	41.1b	80.5bcd	29.3ab
	宁粳 5 号	8.53de	304b	131d	39.8bc	78.7e	27.4d
	宁粳 1 号	8.42e	298b	132d	39.3bc	78.2ef	28.1cd
	武运粳 30 号	9.93b	290cd	150b	43.5b	83.3a	27.8cd
	武运粳 24 号	9.39bc	290e	149b	43.2b	81.1b	27.5d
	扬粳 4038	8.63d	262e	139d	36.4c	79.1e	29.3ab
	连粳 7 号	9.52bc	295de	146c	40.1b	83.3a	28.4c
	连粳 9 号	8.96d	294de	142c	41.7b	77.7f	28.6bc

续表

施氮量/（kg/hm²）	品种	产量/（t/hm²）	穗数/（穗/m²）	每穗粒数	总颖花数/（×10³/m²）	结实率/%	千粒重/g
	连粳 11 号	8.87d	281f	145c	40.7b	76.7g	29.4a
360	甬优 2640	12.4a	217f	316a	68.6a	71.9f	25.1f
	南粳 9108	9.98c	315b	148de	46.6bc	76.6d	27.2e
	淮稻 5 号	10.3b	316b	142fg	44.9cd	79.9a	28.6b
	淮稻 13 号	10.4b	279e	163b	45.5cd	78.6b	28.6b
	宁粳 5 号	9.37e	316b	142fg	44.9cde	76.8cd	27.3de
	宁粳 1 号	10.2b	338a	139g	47.0b	77.8bc	27.7cd
	武运粳 30 号	10.2b	293d	161b	47.2b	78.2b	27.7cd
	武运粳 24 号	9.92c	282e	162b	45.7cd	79.8a	27.2e
	扬粳 4038	10.2b	292d	153cd	44.7cde	77.7bc	29.5a
	连粳 7 号	10.2b	319b	145ef	46.3bc	80.1a	27.7cd
	连粳 9 号	9.73cd	301c	151cd	45.5cd	76.9cd	28.0c
	连粳 11 号	9.69d	290d	156c	45.2cd	75.2e	28.6b

注：本章图表数据引自参考文献[4]；不同字母表示在 0.05 水平上差异显著，同一栏同一施氮量内比较

表 4-2　供试品种的产量及其构成因素（2018 年）

施氮量/（kg/hm²）	品种	产量/（t/hm²）	穗数/（个/m²）	每穗粒数	总颖花数/（×10³/m²）	结实率/%	千粒重/g
0	甬优 2640	7.11a	120f	255a	30.6a	94.1a	25.8e
	南粳 9108	5.09c	166d	131bc	21.6c	89.5cd	27.0d
	淮稻 5 号	5.82b	178c	129bc	22.9bc	93.0ab	27.8bc
	淮稻 13 号	5.98b	175bc	136b	24.5b	92.6ab	28.3ab
	宁粳 5 号	5.33bc	176c	125c	23.0bc	87.5de	28.4ab
	宁粳 1 号	4.95c	165e	123c	18.9d	89.6bcd	28.7a
	武运粳 30 号	6.01b	182b	136b	25.7b	93.3ab	26.9d
	武运粳 24 号	5.81b	172c	137b	23.6bc	91.6abc	28.3abc
	扬粳 4038	5.08c	168d	127bc	20.6d	88.4bcd	27.5cd
	连粳 7 号	5.74b	205a	127bc	26.0b	88.7bcd	25.9e
	连粳 9 号	5.27c	178c	129bc	22.9bc	86.2e	26.9d
	连粳 11 号	5.11c	174c	121c	21.0c	91.4ab	26.8d
180	甬优 2640	10.5a	167f	282a	46.8a	90.5a	25.0e
	南粳 9108	8.13c	243bcd	155b	37.6b	86.4bc	26.1cde
	淮稻 5 号	9.04b	255abc	146bc	37.1bc	87.3bc	28.0ab
	淮稻 13 号	9.29b	235cd	156bc	35.8bc	88.0bc	29.0a
	宁粳 5 号	7.94d	239cd	136c	32.5cd	85.1c	28.5a
	宁粳 1 号	7.91d	239cd	138c	32.0d	86.0c	28.6a
	武运粳 30 号	9.13b	267a	148bc	39.5b	88.3bc	26.6cd

续表

施氮量/（kg/hm^2）	品种	产量/（t/hm^2）	穗数/（个/m^2）	每穗粒数	总颖花数/（×10^3/m^2）	结实率/%	千粒重/g
	武运粳 24 号	8.78bc	245bcd	143bc	35.1bc	87.3bc	28.9a
	扬粳 4038	8.02d	230de	139c	32.6d	86.2c	28.0ab
	连粳 7 号	8.80b	271a	146bc	39.7b	88.1ab	25.6e
	连粳 9 号	8.36c	265ab	145bc	38.3b	84.7c	27.1bc
	连粳 11 号	8.18c	243bcd	154b	37.3b	84.6c	26.6cd
360	甬优 2640	12.7a	196e	296a	58.0a	86.7a	25.3f
	南粳 9108	10.6bc	282c	165bc	46.4bc	85.5b	27.1cde
	淮稻 5 号	10.9b	294bc	157de	45.9cd	85.2b	28.0abcd
	淮稻 13 号	11.1b	283c	162cd	45.6cd	85.3b	28.5ab
	宁粳 5 号	9.80d	288c	146f	41.1e	83.6c	28.4abc
	宁粳 1 号	10.9b	291bc	152e	44.1d	85.7b	28.9a
	武运粳 30 号	11.0b	306ab	159cde	48.5b	83.5b	27.3bcde
	武运粳 24 号	10.8b	292bc	156de	45.4cd	83.1d	28.6ab
	扬粳 4038	11.0b	293bc	156de	45.3cd	85.2b	28.4abc
	连粳 7 号	11.0b	314a	154e	48.3b	84.2c	27.2cde
	连粳 9 号	10.1c	308a	152e	46.8bc	83.8c	27.0de
	连粳 11 号	9.95c	280c	165b	45.7cd	82.8d	26.5e

注：不同字母表示在 0.05 水平上差异显著，同一栏同一施氮量内比较

4.1.2　氮肥利用率对施氮量响应的差异

与产量结果类似，甬优 2640 的吸氮量、氮肥偏生产力、氮素产谷利用率及氮收获指数在所有供试品种中均最高，其他 11 个粳稻品种在 0N 水平下总吸氮量在品种间无显著差异，但产量较高的品种均具有较高的氮素产谷利用率和氮收获指数（表 4-3 和表 4-4）。在 180N 或 200N 水平下，产量较高的武运粳 30 号、连粳 7 号、淮稻 13 号、淮稻 5 号均具有较高的氮肥偏生产力、氮肥农学利用率、氮素产谷利用率和氮收获指数，宁粳 1 号和扬粳 4038 的氮肥利用率均表现最低。在高氮（360N）条件下，宁粳 1 号和扬粳 4038 的氮肥农学利用率大幅提高，显著高于武运粳 30 号、连粳 7 号、淮稻 13 号和淮稻 5 号等品种，但宁粳 1 号和扬粳 4038 的总吸氮量和氮素产谷利用率、氮肥偏生产力、氮收获指数与武运粳 30 号、连粳 7 号等品种的差异不显著，连粳 9 号和连粳 11 号的总吸氮量和氮肥利用率均表现最低（表 4-3 和表 4-4）。

表 4-3　供试品种的吸氮量和氮肥利用率（2017 年）

施氮量/（kg/ hm²）	品种	总吸氮量/（kg/hm²）	氮肥农学利用率/（kg/kg N）	氮肥偏生产力/（kg/kg N）	氮素产谷利用率/（kg/kg N）	氮收获指数/%
0	甬优 2640	112a	—	—	71.0a	73.1a
	南粳 9108	95.7b	—	—	65.6cd	66.9d
	淮稻 5 号	96.6b	—	—	67.1bc	68.4bc
	淮稻 13 号	96.7b	—	—	68.5b	68.8b
	宁粳 5 号	95.6b	—	—	63.7de	64.8e
	宁粳 1 号	93.8b	—	—	62.9ef	61.8f
	武运粳 30 号	98.1b	—	—	67.7bc	68.7b
	武运粳 24 号	95.2b	—	—	64.2de	67.4cd
	扬粳 4038	95.3b	—	—	61.3f	65.0e
	连粳 7 号	97.1b	—	—	66.6bc	68.3bc
	连粳 9 号	96.1b	—	—	65.6cd	65.3e
	连粳 11 号	96.4b	—	—	62.4ef	65.2e
200	甬优 2640	187a	14.8c	54.2a	58.1a	67.3a
	南粳 9108	164b	14.1c	45.5d	55.5c	60.6ef
	淮稻 5 号	169b	14.2c	46.6c	56.5b	61.2de
	淮稻 13 号	173b	16.3a	49.4b	57.1b	63.5b
	宁粳 5 号	158c	12.2f	42.7f	54.0d	56.2h
	宁粳 1 号	168b	12.6ef	43.1f	50.4f	58.9g
	武运粳 30 号	174b	16.5a	49.7b	57.1b	62.3c
	武运粳 24 号	157c	16.4a	47.0c	56.9b	61.6cd
	扬粳 4038	166b	14.0c	43.2f	52.3e	59.2g
	连粳 7 号	163b	15.3b	46.0d	56.2bc	61.7cd
	连粳 9 号	161bc	13.3d	44.6de	55.7c	61.8cd
	连粳 11 号	166b	12.8e	44.4e	53.4d	60.1f
360	甬优 2640	233a	12.4a	34.4a	53.0a	60.4a
	南粳 9108	185d	10.3bc	26.9d	52.3ab	55.1de
	淮稻 5 号	201b	10.6b	28.5b	51.0bc	56.1cd
	淮稻 13 号	205b	10.5b	28.5b	50.7bc	57.1bc
	宁粳 5 号	188d	9.11e	26.0e	49.8c	54.1e
	宁粳 1 号	200b	12.0a	28.2b	50.8bc	57.6b
	武运粳 30 号	202b	9.89cd	28.4b	50.6bc	56.9bc
	武运粳 24 号	194c	10.6b	27.6c	50.9bc	56.7bc
	扬粳 4038	200b	12.1a	28.3b	51.0bc	56.1cd
	连粳 7 号	199b	10.4b	28.4b	51.3bc	56.3bcd
	连粳 9 号	194c	9.53de	27.0d	50.2c	55.7cd
	连粳 11 号	195c	9.36e	26.9d	49.7c	55.2de

注：不同字母表示在 0.05 水平上差异显著，同一栏同一施氮量内比较

表 4-4　供试品种的吸氮量和氮肥利用率（2018 年）

施氮量/（kg/hm^2）	品种	总吸氮量/（kg/hm^2）	氮肥农学利用率/（kg/kg N）	氮肥偏生产力/（kg/kg N）	氮素产谷利用率/（kg/kg N）	氮收获指数/%
0	甬优 2640	110a			64.6a	73.1a
	南粳 9108	93.0b	—	—	54.7cde	65.9b
	淮稻 5 号	95.4b	—	—	61.0b	65.9b
	淮稻 13 号	98.9b	—	—	60.5b	67.6b
	宁粳 5 号	94.0b	—	—	56.7c	63.7bc
	宁粳 1 号	92.8b	—	—	53.3e	60.7c
	武运粳 30 号	96.4b	—	—	62.3b	67.2b
	武运粳 24 号	96.2b	—	—	60.4b	66.1b
	扬粳 4038	93.4b	—	—	54.4de	62.1bc
	连粳 7 号	95.1b	—	—	60.4b	65.8b
	连粳 9 号	93.7b	—	—	56.2cd	67.3b
	连粳 11 号	93.2b	—	—	54.8cde	62.3bc
180	甬优 2640	183a	18.8a	58.3a	58.7a	66.1a
	南粳 9108	153c	16.9b	45.2bc	53.3b	59.8b
	淮稻 5 号	162b	17.2b	50.2b	57.8a	60.0b
	淮稻 13 号	166b	18.0ab	51.6b	58.0a	62.6b
	宁粳 5 号	153c	14.5d	44.1c	51.9bc	55.4c
	宁粳 1 号	156bc	16.4c	43.9c	50.7c	57.8c
	武运粳 30 号	169b	17.3b	50.7b	56.5ab	61.2b
	武运粳 24 号	159bc	16.5c	48.8b	55.1b	60.3b
	扬粳 4038	158bc	16.3c	44.6c	50.9c	58.3c
	连粳 7 号	152c	17.0b	48.9b	57.9ab	59.7bc
	连粳 9 号	157bc	17.2b	46.4bc	53.4b	60.9b
	连粳 11 号	151c	17.1b	45.4bc	54.2b	58.8bc
360	甬优 2640	256a	15.6a	35.3a	49.7a	59.6a
	南粳 9108	218b	15.4a	29.5b	48.8a	54.1bc
	淮稻 5 号	220b	14.1b	30.2b	49.4a	55.2b
	淮稻 13 号	220b	14.2b	30.8b	50.6a	56.0b
	宁粳 5 号	210c	12.5d	27.3c	46.4b	52.9c
	宁粳 1 号	217b	15.9a	30.3b	50.2a	56.6b
	武运粳 30 号	222b	14.0b	30.7b	49.9a	55.7b
	武运粳 24 号	218b	13.9b	30.0b	49.5a	55.6b
	扬粳 4038	221b	15.6a	30.6b	49.7a	55.3b
	连粳 7 号	221b	14.7b	30.6b	49.8a	55.3b
	连粳 9 号	216c	14.1b	28.7c	48.4ab	54.9bc
	连粳 11 号	214c	13.4c	27.6c	46.5b	54.4bc

注：不同字母表示在 0.05 水平上差异显著，同一栏同一施氮量内比较

4.1.3 氮敏感性不同类型品种的划分

目前长江下游稻区一季稻平均产量约为8.05t/hm^2 [21]、氮肥农学利用率为11～13kg/kg N[11,22]。通常，在区域平均产量和氮肥利用率基础上增加10%以上的产量和氮肥利用率可作为高产与氮高效利用的指标[11,22,23]。依据这一指标，作者根据各品种在180N或200N条件下，将产量≥9t/hm^{2}且氮肥农学利用率≥15kg/kg N的水稻品种定义为氮敏感品种，如甬优2640、淮稻13号、武运粳30号、武运粳24号、淮稻5号和连粳7号；将只有在高氮（360N）水平下表现出较高产量的品种定义为氮钝感品种，如宁粳1号和扬粳4038（表4-1～表4-4）。在一些文献中曾将氮钝感品种定义为氮低效品种[5-8]。事实上，宁粳1号和扬粳4038只是在低氮条件下表现出较低的产量和氮肥利用率，在高氮水平下则能获得较高产量和氮肥利用率（表4-1～表4-4）。所以，将这些品种定义为氮钝感品种可能更为合适。

4.2 氮敏感性品种的叶片性状

4.2.1 叶片形态生理性状

以2个氮敏感品种（武运粳30号、连粳7号）和2个氮钝感品种（扬粳4038和宁粳1号）为材料，设置0N（全生育期不施氮）和全生育期施氮180kg/hm^2（180N）2个水平，比较分析了氮敏感性不同粳稻品种叶片形态生理的差异。结果显示，在同一施氮量下，产量和氮肥利用率在2个氮敏感品种间或2个氮钝感品种之间的差异不显著（表4-5）。其他叶片性状如叶片长度（叶长）、叶片光合速率等在同一类型品种间的差异也不显著（$P>0.05$）。因此，下文将同一类型的2个品种合并，按照品种类型进行阐述。

表4-5 氮敏感性不同粳稻品种的产量及氮肥利用率

年份	施氮量/（kg/hm^2）	品种	产量/（t/hm^2）	氮肥农学利用率/（kg/kg N）	氮肥偏生产力/（kg/kg N）	氮素产谷利用率/（kg/kg N）
2019	0	武运粳30号（氮敏感）	6.67c	—	—	68.3a
		连粳7号（氮敏感）	6.57c	—	—	68.8a
		宁粳1号（氮钝感）	6.13d	—	—	65.0b
		扬粳4038（氮钝感）	5.91d	—	—	65.2b
	180	武运粳30号（氮敏感）	9.59a	16.2a	53.2a	55.0c
		连粳7号（氮敏感）	9.37a	15.7a	51.8a	54.2c
		宁粳1号（氮钝感）	8.69b	13.6b	48.1b	51.8d

续表

年份	施氮量/（kg/hm²）	品种	产量/（t/hm²）	氮肥农学利用率/（kg/kg N）	氮肥偏生产力/（kg/kg N）	氮素产谷利用率/（kg/kg N）
		扬粳 4038（氮钝感）	8.43b	13.9b	46.9b	52.4d
2020	0	武运粳 30 号（氮敏感）	6.36c	—	—	66.2a
		连粳 7 号（氮敏感）	6.60c	—	—	67.2a
		宁粳 1 号（氮钝感）	5.85d	—	—	63.0b
		扬粳 4038（氮钝感）	6.07d	—	—	63.2b
	180	武运粳 30 号（氮敏感）	9.18a	15.6a	51.0a	55.0c
		连粳 7 号（氮敏感）	9.36a	15.3a	52.0a	55.1c
		宁粳 1 号（氮钝感）	8.19b	13.0b	45.5b	50.8d
		扬粳 4038（氮钝感）	8.21b	12.4b	45.6b	51.0d

注：同一栏同一年内不同字母表示在 0.05 水平上差异显著

在抽穗期，氮敏感品种在 2 个施氮水平下均具有较高的剑叶叶片厚度、比叶重（单位叶面积重量）和叶片长度，两年平均分别比氮钝感品种高出 9.66%、15.4%和 34.8%，但叶片宽度在两类品种之间无显著差异（表 4-6）。在 2 个施氮水平下，氮敏感品种的叶面积较氮钝感品种大，从抽穗至成熟期剑叶叶面积消减率显著低于氮钝感品种（表 4-6）。

表 4-6　氮敏感性不同粳稻品种的剑叶形态特征

年份	施氮量/（kg/hm²）	品种类型	叶片厚度/mm	比叶重/（mg/cm²）	叶片宽度/mm	叶片长度/cm	叶角/（°）	抽穗期叶面积/（cm²/穴）	成熟期叶面积/（cm²/穴）	叶面积消减率/%
2019	0	氮敏感	0.296a	5.92a	12.3cd	27.9b	17.2c	302e	156c	48.3c
		氮钝感	0.271b	4.92c	11.8d	18.4e	19.2a	245g	112d	54.3a
	180	氮敏感	0.287a	4.78c	13.6b	30.5a	18.0b	466a	284a	39.0e
		氮钝感	0.262b	4.29d	14.5a	24.8c	19.6a	399c	197b	50.0b
2020	0	氮敏感	0.297a	5.60b	12.8c	27.5b	16.2d	285f	158c	44.5d
		氮钝感	0.270b	4.80c	12.2cd	19.3e	17.7c	213h	109d	48.8c
	180	氮敏感	0.289a	4.87c	13.5b	30.0a	16.4d	449b	275a	38.7e
		氮钝感	0.263b	4.34d	14.2a	23.5d	18.2b	348d	195b	43.9d

注：同一栏内不同字母表示在 0.05 水平上差异显著

与剑叶的形态性状相类似，在抽穗期和灌浆中期，氮敏感品种具有较高的剑叶叶片氮含量、叶绿素含量、可溶性糖含量和核酮糖-1,5-二磷酸羧化酶/加氧酶（Rubisco）含量，分别比氮钝感品种高出 12.0%、15.7%、17.9%和 32.6%（表 4-7）。

表 4-7　氮敏感性不同粳稻品种的剑叶生理特征

年份	施氮量/（kg/hm²）	品种类型	可溶性糖含量/（mg/g 干重）		叶绿素含量/（mg/g 鲜重）		Rubisco 含量/（mg/g 鲜重）		氮含量/（mg/g 干重）	
			抽穗期	灌浆中期	抽穗期	灌浆中期	抽穗期	灌浆中期	抽穗期	灌浆中期
2019	0	氮敏感	85.3b	66.0a	2.38a	1.72b	1.37c	1.05de	19.4b	11.5d
		氮钝感	72.8d	55.2d	1.88e	1.39e	1.08d	0.821f	17.6d	10.3ef
	180	氮敏感	80.5c	62.2b	2.44a	1.82a	2.03a	1.57a	22.7a	13.8a
		氮钝感	67.6f	51.7e	2.04d	1.47d	1.56b	1.18c	19.5b	12.2c
2020	0	氮敏感	88.7a	67.2a	2.14c	1.59c	1.35c	1.02e	18.2c	10.7e
		氮钝感	74.3d	58.4c	1.98d	1.44d	1.02d	0.772g	17.5d	9.85f
	180	氮敏感	82.4c	62.3b	2.44a	1.75b	1.95a	1.52b	22.6a	13.3b
		氮钝感	70.9e	53.4e	2.27b	1.60c	1.42c	1.09d	19.2b	11.9cd

注：同一栏内不同字母表示在 0.05 水平上差异显著

与氮钝感品种相比，氮敏感品种在抽穗期和灌浆中期具有较高的比叶氮含量（单位叶面积含氮量）（图 4-1a，图 4-1b），在穗分化始期至灌浆中期具有较高的叶片光合速率（图 4-1c，图 4-1d）和光合氮利用效率（叶片光合速率/比叶氮含量，图 4-1e，图 4-1f），但在分蘖中期两类品种差异不显著。

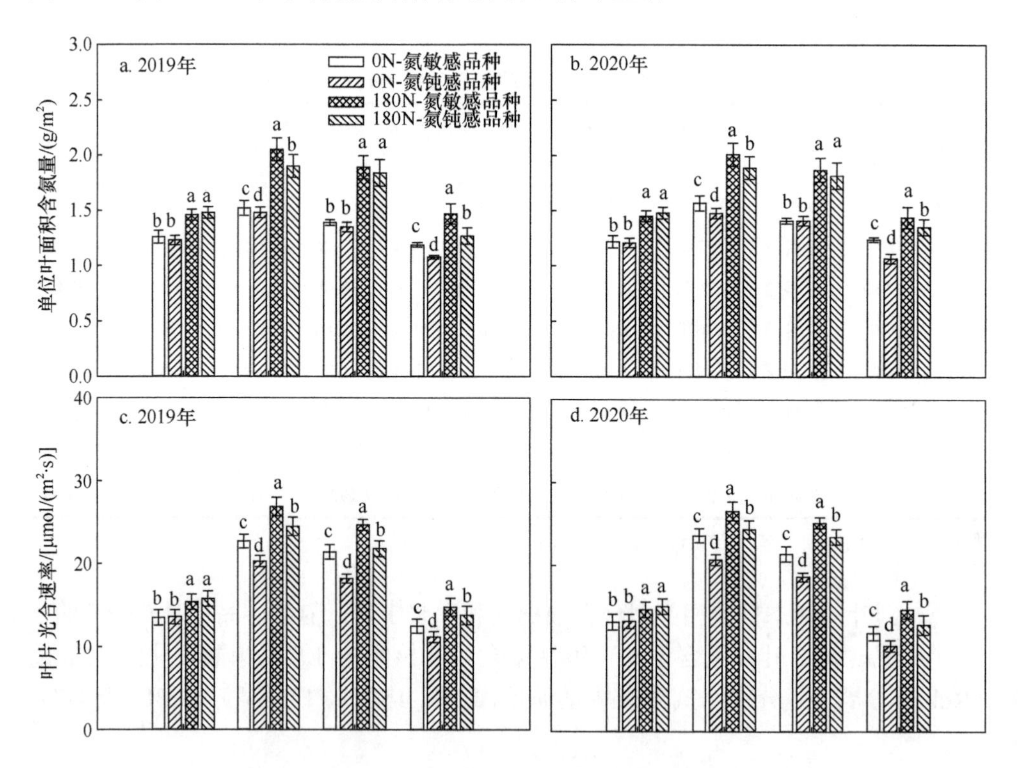

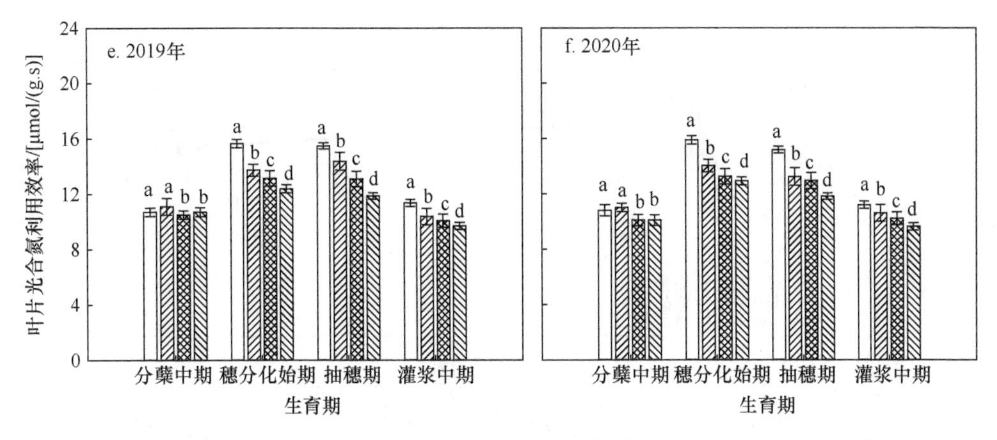

图 4-1　氮敏感性不同粳稻品种的比叶氮含量（a，b）、光合速率（c，d）和光合氮利用效率（e，f）
0N：全生育期不施氮；180N：全生育期施氮量 180kg/hm^2；柱形上方不同字母表示在 0.05 水平上差异显著，同一测定时期内比较

4.2.2　冠层内叶片光氮分布特征

在相同冠层高度或相同累积叶面积对应的高度，氮敏感品种的比叶氮含量和光透射率均显著高于氮钝感品种（图 4-2a～图 4-2f）。在相同施氮水平下，氮敏感品种比氮钝感品种具有较低的消光系数 K_L（冠层从上到下随叶面积积累量的增加，光量子减少的幅度），较高的冠层比叶氮含量 N_0、氮消减系数 K_N（冠层从上到下随高度的增加，叶片比叶氮含量减少的幅度）及 K_N 与 K_L 的比值（表 4-8）。与氮钝感品种相比，氮敏感品种具有较高的群体冠层光合速率（图 4-3）。

从以上结果可以看出，与氮钝感品种相比，氮敏感品种有以下叶片形态生理特征：①剑叶叶片较厚、比叶重较高，有利于单位叶面积内有更多的光合组分含量，如 Rubisco 和叶绿素含量等[24]；②叶片着生角较小、叶片较长，有利于冠层透光，改善冠层下部的透光条件[25,26]；③剑叶可溶性糖和氮含量高，说明叶片碳氮代谢水平高，有利于延缓叶片衰老[27]；④氮消减系数与消光系数比值（K_N/K_L）高，说明冠层光氮匹配度高，有利于冠层氮的高效利用和光合速率的提高[28]。

相关分析表明，水稻剑叶叶片厚度、比叶重、可溶性糖含量、叶绿素含量、Rubisco 含量、光合氮利用效率与产量及氮素产谷利用率呈显著或极显著正相关（表 4-9）。表明较好的叶片形态生理性状是氮敏感品种产量与氮利用效率协同提高的重要叶源基础。

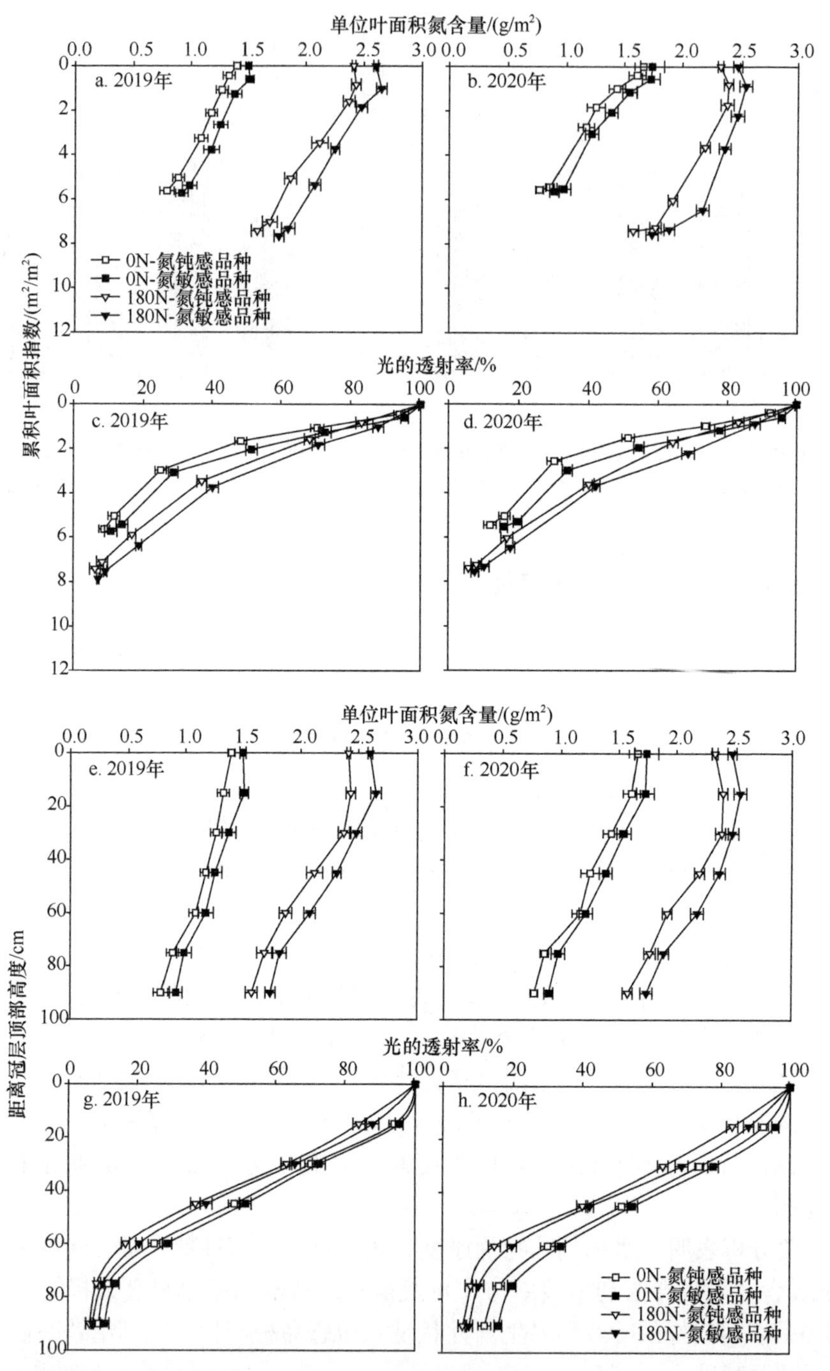

图 4-2 氮敏感性不同粳稻品种冠层内累积叶面积指数与比叶氮含量（a，b）及透射率（c，d）的关系，距离冠层顶部高度与比叶氮含量（e，f）及透射率（g，h）的关系

0N：全生育期不施氮；180N：全生育期施氮量 180kg/hm²

表 4-8　氮敏感性不同粳稻品种的消光系数和氮消减系数

年份	施氮量/（kg/hm^2）	品种类型	消光系数 K_L	氮消减系数 K_N	光氮匹配度（K_N/K_L）	冠层比叶氮含量 N_0/（g/m^2）
2019	0	氮敏感	0.359b	0.167a	0.464a	1.68e
		氮钝感	0.394a	0.151b	0.383c	1.57f
	180	氮敏感	0.330d	0.068e	0.206e	2.99a
		氮钝感	0.340c	0.066e	0.194f	2.84b
2020	0	氮敏感	0.357b	0.127c	0.355b	2.00d
		氮钝感	0.386a	0.101d	0.262d	1.59f
	180	氮敏感	0.316e	0.065e	0.207e	2.81b
		氮钝感	0.339c	0.063e	0.181g	2.57c

注：同一栏内不同字母表示在 0.05 水平上差异显著

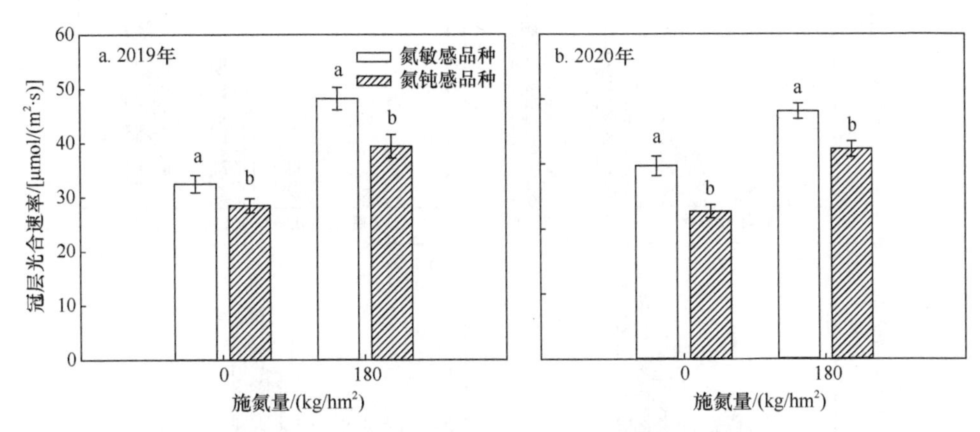

图 4-3　氮敏感性不同粳稻品种的群体冠层光合速率

柱形上方不同字母表示在 0.05 水平上差异显著，同一施氮量内比较

表 4-9　叶片形态生理性状与产量及氮肥利用率的相关性

形态生理性状	0kg N/hm^2		180kg N/hm^2	
	产量	氮素产谷利用率	产量	氮素产谷利用率
叶片厚度	0.948*	0.838*	0.927*	0.805*
比叶重	0.980*	0.933*	0.950*	0.990**
叶片长度	0.942*	0.858	0.985*	0.912*
Rubisco 含量	0.981*	0.941*	0.994**	0.926*
叶绿素含量	0.955*	0.969*	0.686	0.862
可溶性糖含量	0.980*	0.917*	0.928*	0.997**
光合氮利用效率	0.998**	0.951*	0.988*	0.925*
光氮匹配度（K_N/K_L）	0.825*	0.941**	0.965**	0.922**

注：*和**表示在 0.05 和 0.01 水平上相关性显著（n=8，2 年×4 个品种）

4.3 氮敏感性品种的物质和氮素积累与转运特征

4.3.1 物质生产与氮转运

在相同氮水平下，与氮钝感品种相比，氮敏感品种从分蘖至成熟期具有较高的干物质重，在分蘖至穗分化始期和抽穗至成熟期具有较高的作物生长速率和净同化率（图 4-4）。

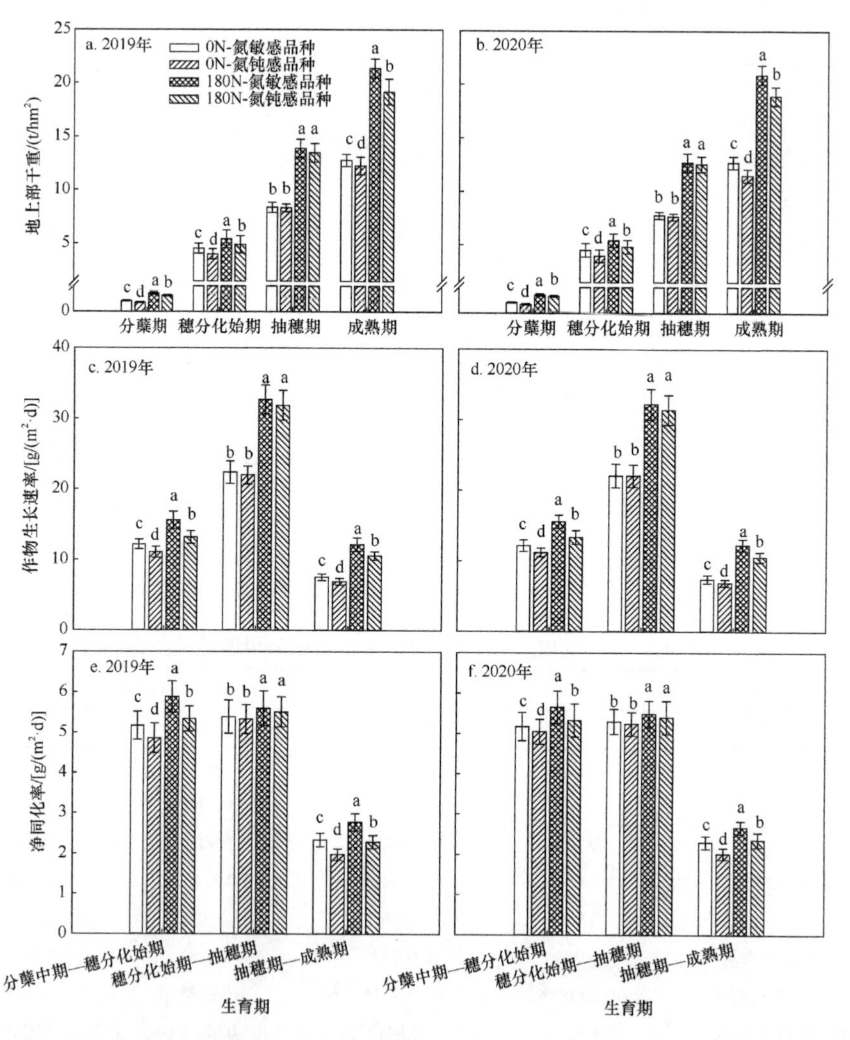

图 4-4 氮敏感性不同粳稻品种的各生育期干物质重（a，b）、作物生长速率（c，d）和净同化率（e，f）

0N：全生育期不施氮；180N：全生育期施氮量 180kg/hm²；柱形上方不同字母表示在 0.05 水平上差异显著，同一测定时期内比较

与氮钝感品种相比，氮敏感品种在抽穗至成熟期具有较高的氮积累量和花前氮转运量及较低的花前氮转运率，在成熟期具有较高的氮积累量（表 4-10）。

表 4-10　氮敏感性不同粳稻品种的氮素积累和转运

年份	施氮量/（kg/hm^2）	品种类型	氮积累量/（kg/hm^2）			花前氮转运量/（kg/hm^2）	花前氮转运率/ %
			抽穗期	成熟期	抽穗—成熟		
2019	0	氮敏感	61.9c	97.6c	35.7e	21.6c	36.7b
		氮钝感	59.3c	91.5d	32.2f	19.3e	41.3a
	180	氮敏感	115a	174a	59.3a	34.4a	31.4c
		氮钝感	110ab	163b	53.0c	31.2b	35.9b
2020	0	氮敏感	63.7c	98.1c	34.4e	20.3d	35.3b
		氮钝感	61.3c	90.9d	29.6g	18.4e	40.4a
	180	氮敏感	111ab	170a	55.7b	34.7a	32.7c
		氮钝感	107b	159b	49.2d	31.6b	36.5b

注：同一栏内不同字母表示在 0.05 水平上差异显著

4.3.2　茎鞘中碳转运和糖花比

与氮钝感品种相比，氮敏感品种在抽穗期和成熟期茎鞘中均具有较高的非结构性碳水化合物（NSC）积累量及抽穗至成熟期 NSC 转运率（表 4-11）。在同一氮肥水平下，氮敏感品种的糖花比（抽穗期茎鞘中 NSC 与颖花数的比值）显著高于

表 4-11　氮敏感性不同粳稻品种茎鞘中 NSC 积累与转运率及糖花比

年份	施氮量/（kg/hm^2）	品种类型	茎鞘中 NSC/（g/m^2）		NSC 转运率/%	糖花比/（mg/粒）
			抽穗期	成熟期		
2019	0	氮敏感	185c	78.4c	57.6a	6.49c
		氮钝感	156d	75.1c	51.9b	6.12d
	180	氮敏感	242a	122a	49.4b	5.75f
		氮钝感	199b	115b	42.2c	5.39g
2020	0	氮敏感	188c	80.0c	57.4a	7.55a
		氮钝感	155d	77.7c	49.9b	7.18b
	180	氮敏感	248a	123a	50.3b	6.33c
		氮钝感	205b	117b	42.8c	5.92e

注：同一栏内不同字母表示在 0.05 水平上差异显著

氮钝感品种（表 4-11）。氮敏感品种抽穗期糖花比高，表明这类品种抽穗前茎鞘中结构性碳水化合物（NSC）积累量大，每朵颖花获得的 NSC 多，不仅有利于抽穗前花粉粒的充实完成，而且可以增加抽穗至成熟期茎中同化物向籽粒的转运量，促进花后胚乳细胞的发育和籽粒的充实[29,30]。

4.4 碳氮代谢酶活性、相关基因表达和细胞分裂素含量

4.4.1 籽粒淀粉合成相关酶活性和茎鞘中蔗糖合酶活性及相关基因表达

与氮钝感品种相比，氮敏感品种在灌浆期籽粒具有较高的蔗糖合酶活性、腺苷二磷酸葡萄糖焦磷酸化酶活性和淀粉合酶活性（图 4-5）。两类品种茎鞘蔗糖磷酸合酶和 α-淀粉酶活性变化趋势与上述籽粒淀粉合成相关酶活性变化趋势基本一致（图 4-6）。在整个灌浆期，氮敏感品种茎鞘中蔗糖转运蛋白基因（*OsSUT1*）和海藻糖-6-磷酸酶基因（*OsTPP7*）表达量显著高于氮钝感品种（图 4-7）。氮敏感品种灌浆期籽粒中淀粉合成相关酶活性高，表明其库的活力强，有利于籽粒淀粉合成[31,32]；茎鞘中蔗糖磷酸合酶及相关基因表达量高，以及 α-淀粉酶的活性较高，有利于茎鞘中的 NSC 降解成蔗糖，促进光合同化物向籽粒转运[33-36]。

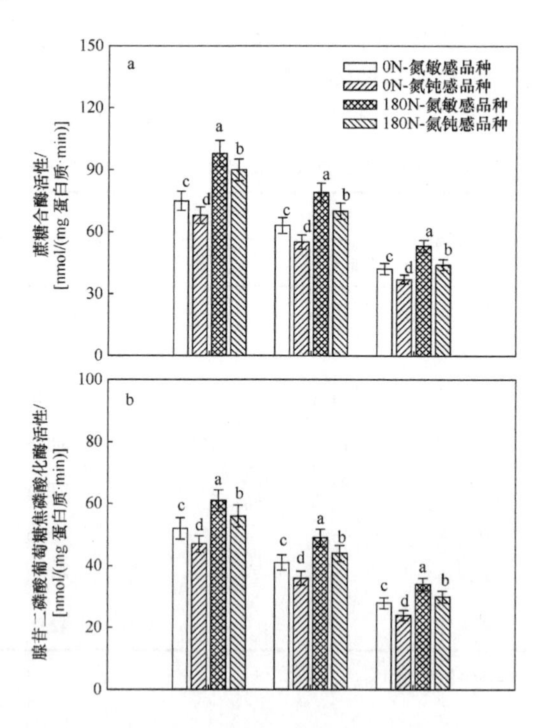

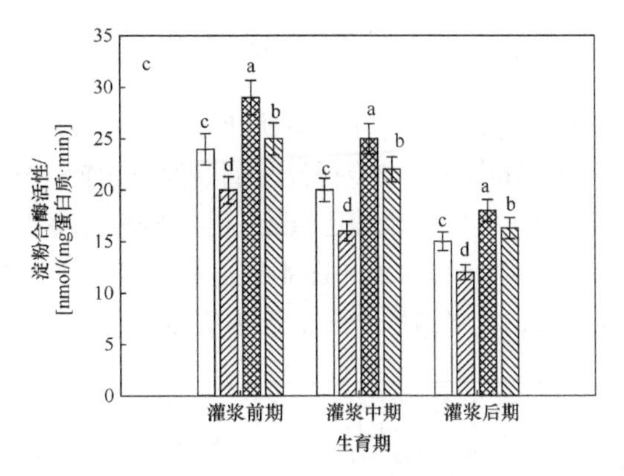

图 4-5　氮敏感性不同粳稻品种的籽粒蔗糖合酶（a）、腺苷二磷酸葡萄糖焦磷酸化酶（b）和淀粉合酶（c）活性

0N：全生育期不施氮；180N：全生育期施氮量 180kg/hm^2；柱形上方不同字母表示在 0.05 水平上差异显著，同一测定时期内比较

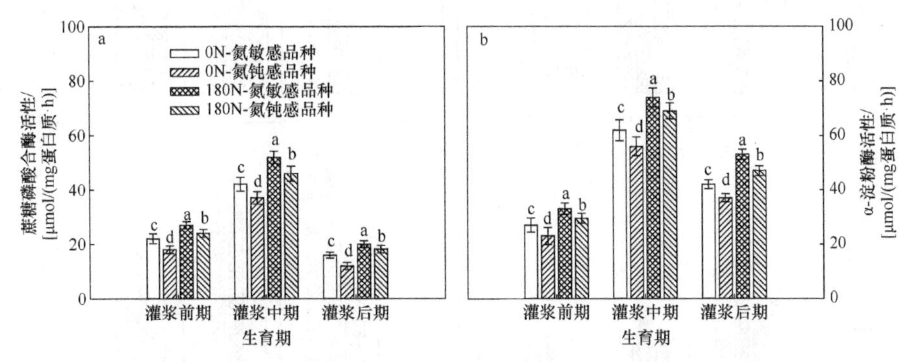

图 4-6　氮敏感性不同粳稻品种的茎鞘中蔗糖磷酸合酶（a）和 α-淀粉酶（b）活性

0N：全生育期不施氮；180N：全生育期施氮量 180kg/hm^2；柱形上方不同字母表示在 0.05 水平上差异显著，同一测定时期内比较

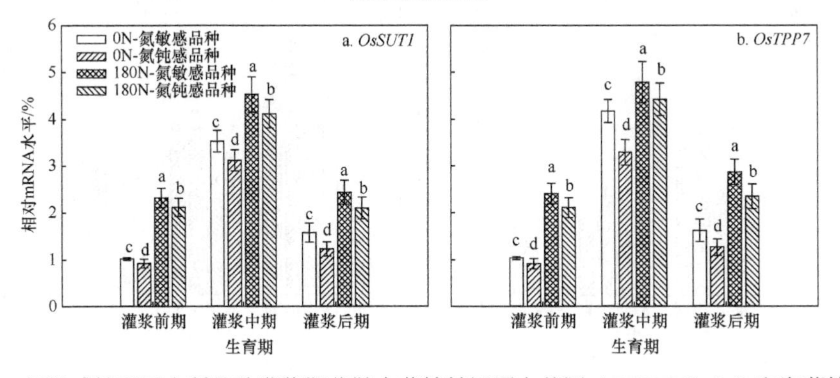

图 4-7　氮敏感性不同水稻品种灌浆期茎鞘中蔗糖转运蛋白基因（*OsSUT1*）（a）和海藻糖-6-磷酸酶基因（*OsTPP7*）（b）表达水平

0N：全生育期不施氮；180N：全生育期施氮量 180kg/hm^2；柱形上方不同字母表示在 0.05 水平上差异显著，同一测定时期内比较

4.4.2 叶片细胞分裂素和氮含量、氮代谢酶活性及氮转运相关基因表达

与氮钝感品种相比，氮敏感品种在灌浆期叶片中具有较高的细胞分裂素[玉米素+玉米素核苷（Z+ZR）]、异戊烯腺嘌呤+异戊烯腺嘌呤核苷（iP+iPR）含量及叶片比叶氮含量（图 4-8a～图 4-8c）。叶片硝酸还原酶、谷氨酰胺合酶和谷氨酸合酶活性，氮敏感品种显著高于氮钝感品种（图 4-8d～图 4-8f）。氮敏感品种灌浆期叶片天冬氨酸转移酶、丙酮酸磷酸双激酶、天冬酰胺合酶活性也均显著高于氮钝感品种（图 4-9）。

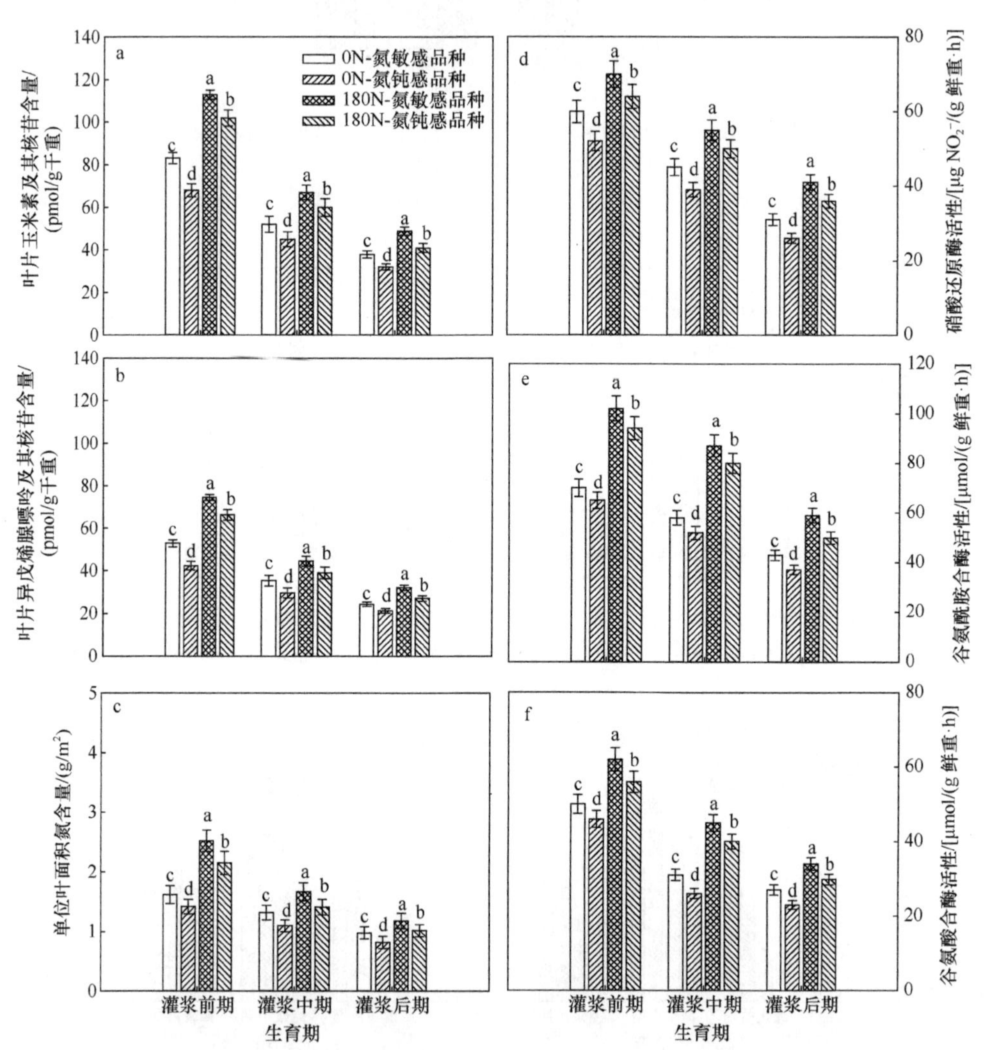

图 4-8 氮敏感性不同水稻品种灌浆期叶片中细胞分裂素含量（a，b）、比叶氮含量（c）和氮代谢酶活性（d，e，f）

0N：全生育期不施氮；180N：全生育期施氮量 180kg/hm^2；柱形上方不同字母表示在 0.05 水平上差异显著，同一测定时期内比较

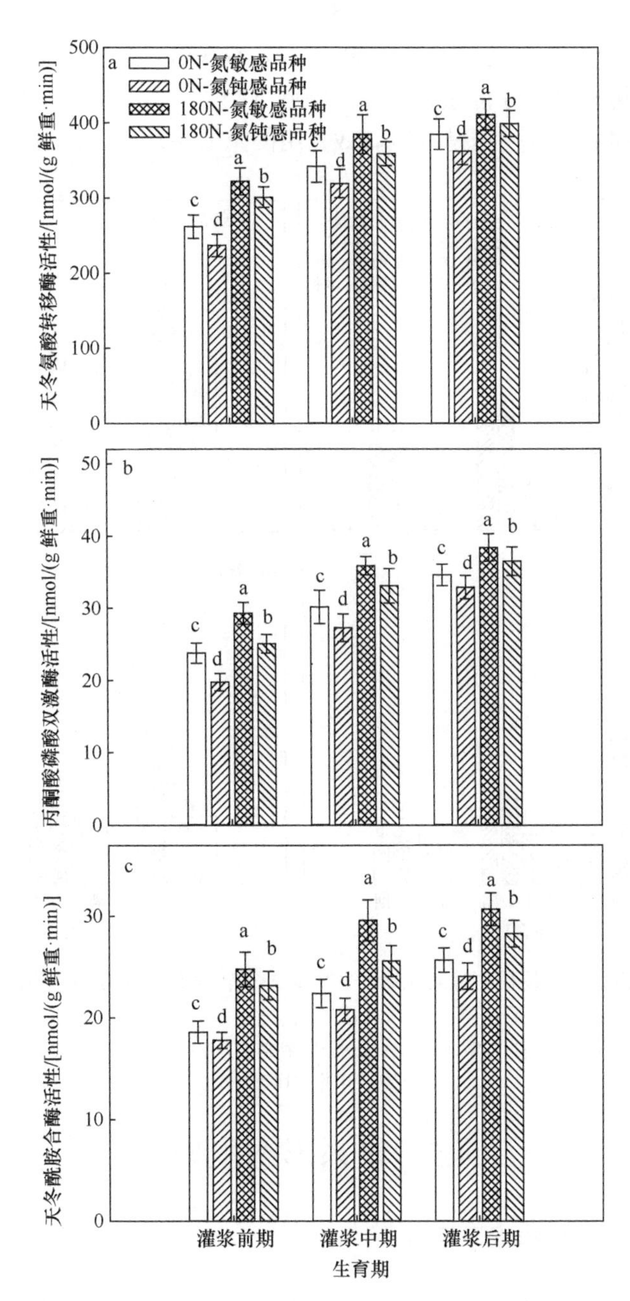

图 4-9　氮敏感性不同粳稻品种灌浆期叶片中天冬氨酸转移酶（a）、丙酮酸磷酸双激酶（b）和天冬酰胺合酶（c）活性

0N：全生育期不施氮；180N：全生育期施氮量 $180kg/hm^2$；柱形上方不同字母表示在 0.05 水平上差异显著，同一测定时期内比较

与氮钝感品种相比，氮敏感品种在灌浆期呈现出较高的铵态氮转运基因（*OsAMT1.1*、

OsAMT1.2）和硝态氮转运基因（*OsNRT1.1b*、*OsNRT2.3a*、*OsNRT2.4*）的表达量（图 4-10）。氮敏感品种在灌浆期较高的细胞分裂素含量、较高的氮代谢酶活性及氮转运相关基因的表达，这是其氮高效利用的重要生理生化及分子机制。

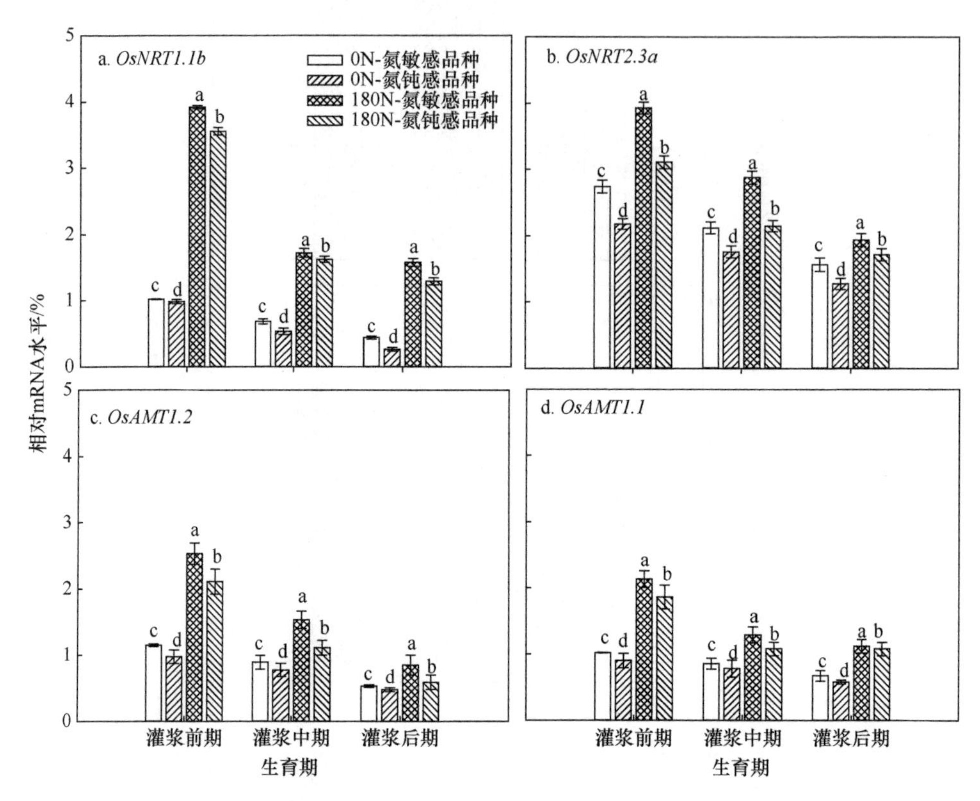

图 4-10 氮敏感性不同粳稻品种灌浆期叶片中硝态氮转运基因（a，b）和铵态氮转运基因（c，d）表达水平

0N：全生育期不施氮；180N：全生育期施氮量 180kg/hm²；柱形上方不同字母表示在 0.05 水平上差异显著，同一测定时期内比较

4.5 根系形态生理

4.5.1 根系形态性状和根系活性

在 0N 和 180N 条件下，与氮钝感品种相比，氮敏感品种在分蘖期至成熟期均具有较长的根长和较大的根长密度，两年平均比氮钝感品种分别高出 17.6%和 9.8%；氮敏感品种的根干重和根直径平均比氮钝感品种分别高出 7.11%和 10.7%（图 4-11）。与氮钝感品种相比，氮敏感品种具有较高的根系氧化力和根系伤流速率（图 4-12）。

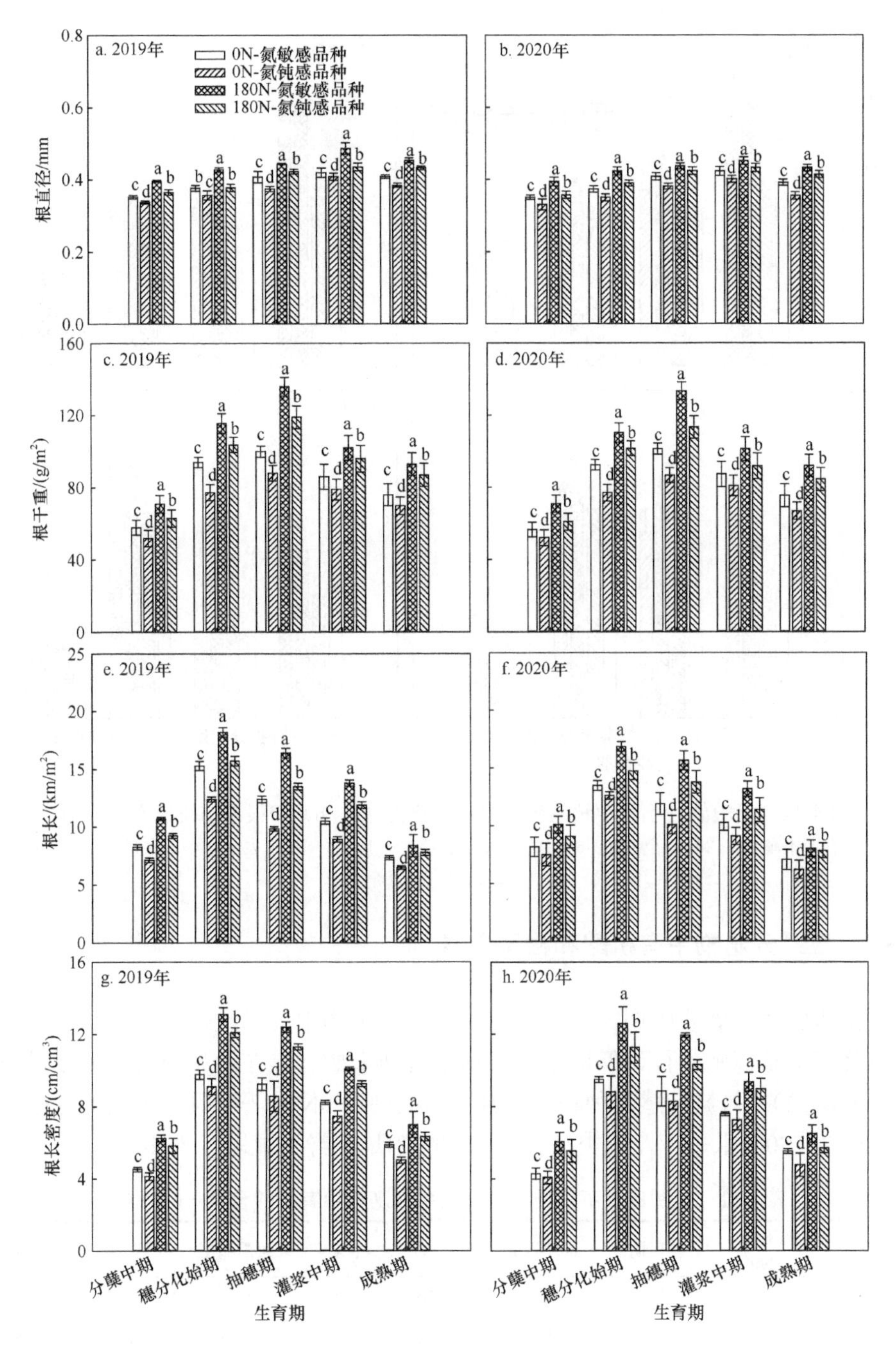

图 4-11　氮敏感性不同粳稻品种的根直径（a，b）、根干重（c，d）、根长（e，f）和根长密度（g，h）

0N：全生育期不施氮；180N：全生育期施氮量 180kg/hm^2；柱形上方不同字母表示在 0.05 水平上差异显著，同一测定时期内比较

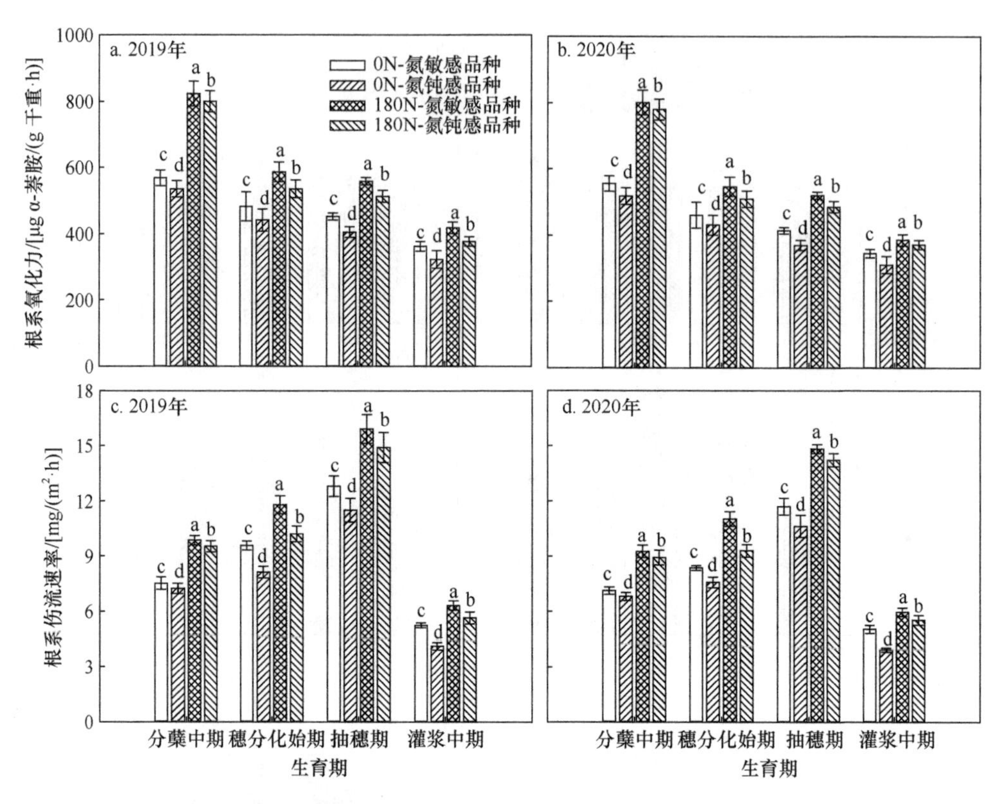

图 4-12　氮敏感性不同粳稻品种的根系氧化力（a，b）和根系伤流速率（c，d）

0N：全生育期不施氮；180N：全生育期施氮量 180kg/hm²；柱形上方不同字母表示在 0.05 水平上差异显著，同一测定时期内比较

4.5.2　根系分泌物中有机酸和根系激素

在抽穗期和灌浆中期，氮敏感品种根系分泌物中的乙酸、苹果酸和酒石酸含量显著高于氮钝感品种，但根系分泌物中的马来酸含量在两品种类型间无显著差异（表 4-12）。与氮钝感品种相比，氮敏感品种在 0N 水平下具有较高的柠檬酸含量，但在 180N 水平下，两类品种的柠檬酸含量差异不显著（表 4-12）。

表 4-12　氮敏感性不同粳稻品种根系分泌物中有机酸含量　（单位：μg/ml）

年份	施氮量/(kg/hm²)	生育期	品种类型	乙酸	苹果酸	酒石酸	马来酸	柠檬酸
2019	0	抽穗期	氮敏感	1.72b	0.258a	5.19b	0.177b	0.098a
			氮钝感	1.27c	0.249b	3.37e	0.178b	0.088b
	180		氮敏感	2.02a	0.263a	5.95a	0.207a	0.090b
			氮钝感	1.66b	0.222c	4.89c	0.204a	0.087b

续表

年份	施氮量/（kg/hm^2）	生育期	品种类型	乙酸	苹果酸	酒石酸	马来酸	柠檬酸
2019	0	灌浆中期	氮敏感	1.12d	0.216c	3.45e	0.122d	0.036c
			氮钝感	0.982e	0.209d	2.08g	0.121d	0.033cd
	180		氮敏感	1.33c	0.223c	3.68d	0.156c	0.031d
			氮钝感	1.08d	0.201d	2.23f	0.155c	0.030d
2020	0	抽穗期	氮敏感	1.85c	0.281a	5.93b	0.176b	0.107a
			氮钝感	1.41d	0.270b	3.36f	0.180b	0.098b
	180		氮敏感	2.31a	0.274b	6.78a	0.223a	0.094c
			氮钝感	1.91b	0.238c	5.49c	0.224a	0.092c
	0	灌浆中期	氮敏感	1.20e	0.228d	3.49e	0.133c	0.040d
			氮钝感	1.12f	0.235c	2.29g	0.134c	0.033e
	180		氮敏感	1.36d	0.238c	3.94d	0.174b	0.034f
			氮钝感	1.13f	0.199e	2.27g	0.176b	0.034f

注：同一栏内不同字母表示在 0.05 水平上差异显著

在抽穗期和灌浆中期，氮敏感品种根系中具有较高的 Z+ZR、iP+iPR 和生长素（IAA）含量，而氮钝感品种根系中脱落酸（ABA）含量显著高于氮敏感品种（表 4-13）。

表 4-13　氮敏感性不同粳稻品种根系中激素含量　（单位：ng/g 干重）

年份	施氮量/（kg/hm^2）	生育期	品种类型	Z+ZR	IAA	iP+iPR	ABA
2019	0	抽穗期	氮敏感	32.7b	81.8a	14.8b	51.1c
			氮钝感	27.2c	75.8b	10.6d	58.9b
	180		氮敏感	37.7a	79.7ab	17.5a	37.8e
			氮钝感	32.1b	73.5b	15.4b	48.1d
	0	灌浆中期	氮敏感	26.0c	34.1c	11.2d	58.1b
			氮钝感	19.3e	26.6e	8.52e	66.7a
	180		氮敏感	30.1b	37.7c	13.4c	46.6d
			氮钝感	23.6d	30.5d	10.9d	50.4c
2020	0	抽穗期	氮敏感	35.3b	93.8a	15.5b	56.3c
			氮钝感	28.7d	80.0b	10.6d	60.8b
	180		氮敏感	40.4a	90.3a	19.3a	40.4f
			氮钝感	31.9c	80.3b	16.2b	48.0e
	0	灌浆中期	氮敏感	28.3d	37.2c	11.8d	59.0b
			氮钝感	19.7f	30.3e	8.68e	73.1a
	180		氮敏感	31.3c	37.8c	14.8c	51.4d
			氮钝感	26.5e	34.9d	10.8d	55.9c

注：同一栏内不同字母表示在 0.05 水平上差异显著

4.5.3 根系氮代谢酶活性和氮吸收转运相关基因表达

与氮钝感品种相比，从分蘖中期到灌浆中期，氮敏感品种在2个施氮量下均具有较高的硝酸还原酶（NR）、谷氨酰胺合酶（GS）和谷氨酸合酶（GOGAT）活性（图4-13）。与氮代谢酶活性类似，从分蘖中期至灌浆中期，氮敏感品种在2个

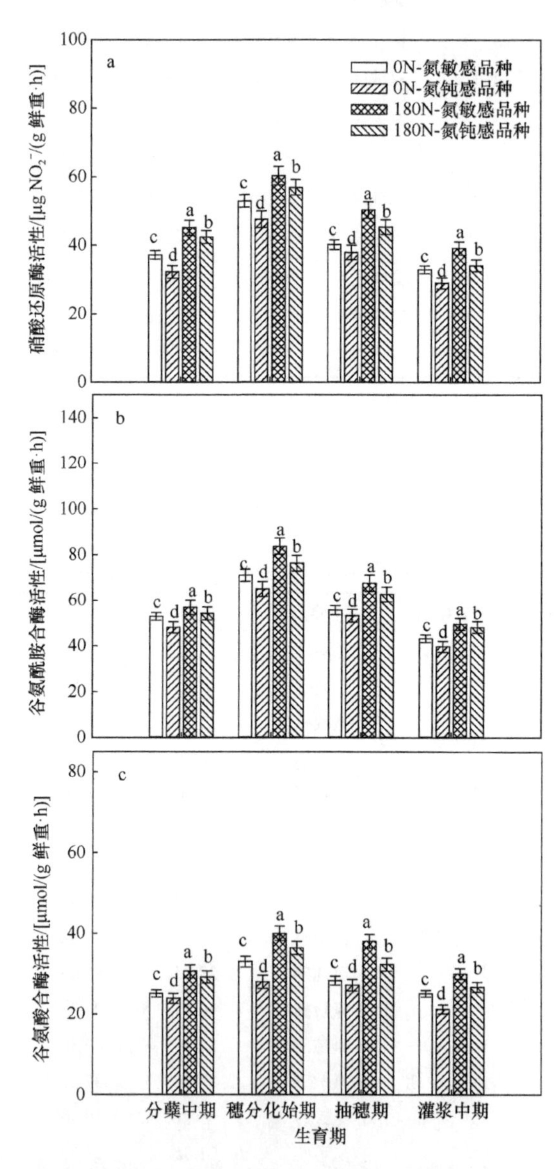

图4-13 氮敏感性不同粳稻品种的根系硝酸还原酶（a）、谷氨酰胺合酶（b）和谷氨酸合酶（c）活性

0N：全生育期不施氮；180N：全生育期施氮量180kg/hm^2；柱形上方不同字母表示在0.05水平上差异显著，同一测定时期内比较

施氮量下的铵态氮转运基因（*OsAMT1.1*、*OsAMT1.2*）（图 4-14），硝态氮转运基因（*OsNRT1.1b*、*OsNRT2.3a*、*OsNPF2.4*）（图 4-15），氮代谢酶合成相关基因：谷氨酰胺合酶基因（*OsGS1.2*、*OsGS2*）、谷氨酸合酶基因（*OsNADH-GOGAT2*）、硝酸盐转运基因（*OsNIA1*、*OsNIA3*）、亚硝酸盐转运基因（*OsNiR1*）的表达均显著高于氮钝感品种（图 4-16）。

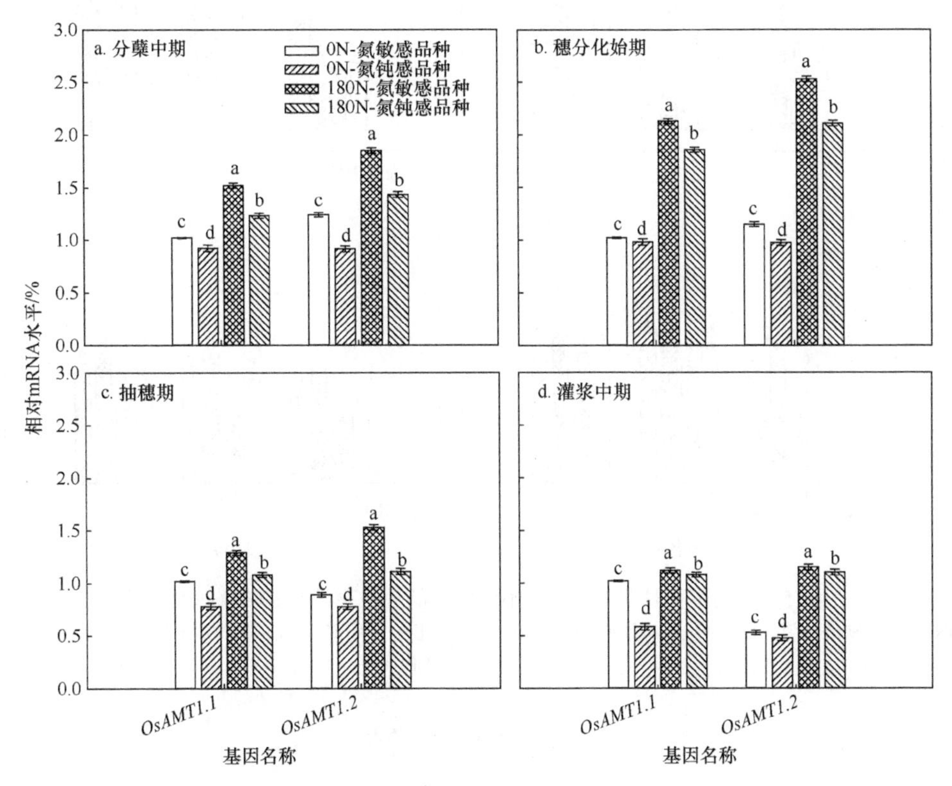

图 4-14　不同生育时期氮敏感性不同粳稻品种根系铵态氮转运基因的表达

0N：全生育期不施氮；180N：全生育期施氮量 180kg/hm²；柱形上方不同字母表示在 0.05 水平上差异显著，同一测定时期、同一基因内比较

相关分析表明，水稻根长、根直径、根干重、根长密度，根中细胞分裂素及根系分泌物中生长素、乙酸、苹果酸、酒石酸含量，根系氮代谢酶活性及氮转运和合成相关基因表达水平与产量和氮素产谷利用率呈显著或极显著正相关（表 4-14）。说明氮敏感品种具有良好的根系形态生理，这是其协同提高产量和氮肥利用率的根系基础。

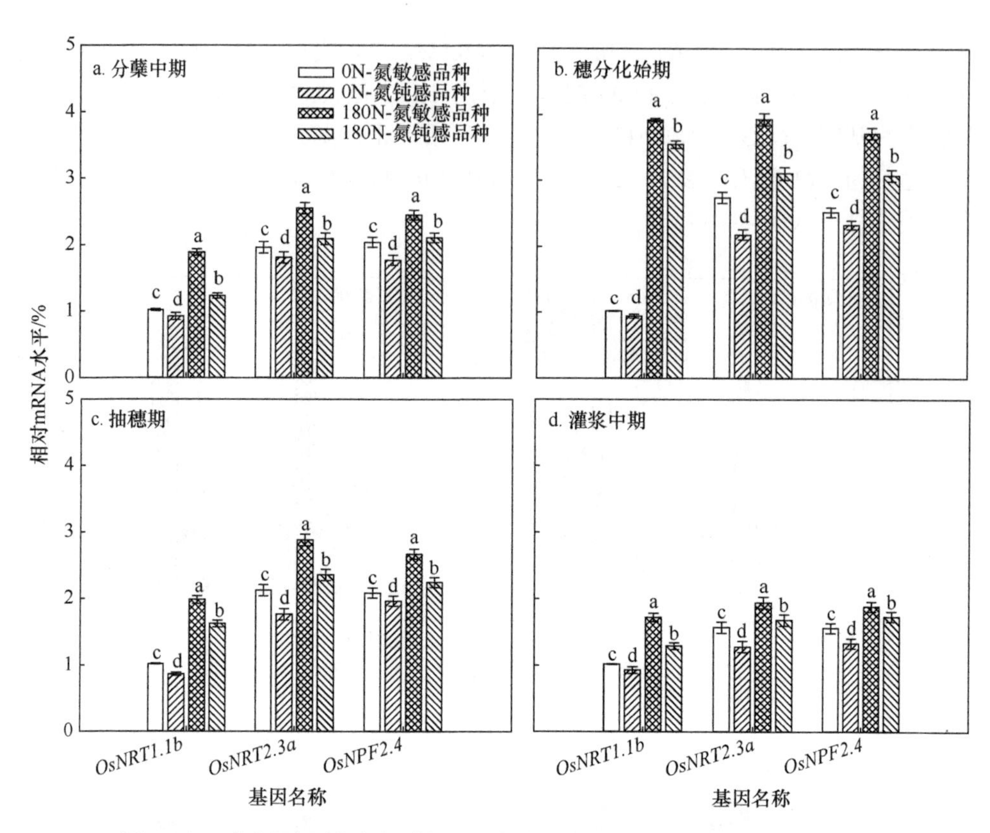

图 4-15 不同生育时期氮敏感性不同粳稻品种根系硝态氮转运基因的表达

0N：全生育期不施氮；180N：全生育期施氮量 180kg/hm^2；柱形上方不同字母表示在 0.05 水平上差异显著，同一测定时期、同一基因内比较

4.6 小 结

（1）长江下游现用粳稻的产量和氮肥利用率对施氮量的响应在品种间存在较大差异。依据 2018 年、2019 年和 2020 年 3 年试验的平均数据，在 180N 水平下，武运粳 30 号和连粳 7 号的产量≥9t/hm^2 且氮肥农学利用率≥15kg/kg N，这类品种定义为氮敏感品种；宁粳 1 号和扬粳 4038 在 180N 下，产量≤9t/hm^2 且氮肥农学利用率≤15kg/kg N，此类品种定义为氮钝感品种。

（2）与氮钝感品种相比，氮敏感品种具有较高的叶片光合速率和光合氮利用效率，主要在于较高的剑叶比叶重和叶片厚度，较高的 Rubisco、叶绿素、可溶性糖和氮含量，氮敏感品种具有较高的冠层光氮匹配度是其具有较高群体冠层光合速率的重要原因。

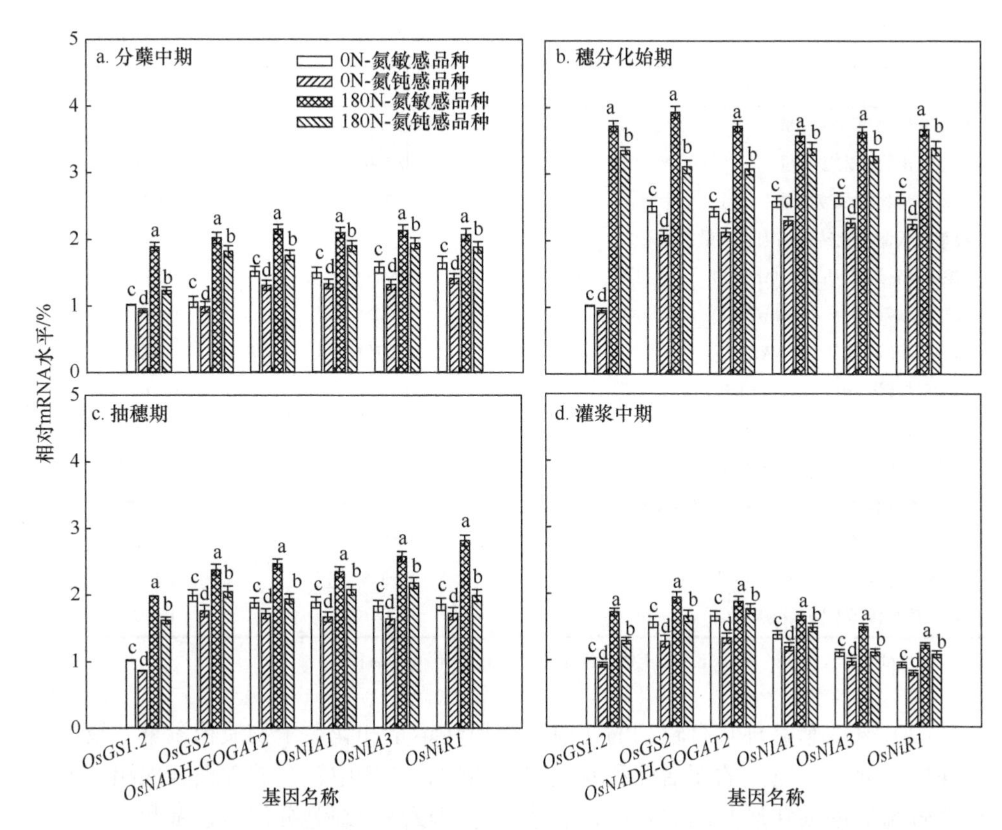

图 4-16　氮敏感性不同粳稻品种根系谷氨酰胺合酶基因（*OsGS1.2*、*OsGS2*）、谷氨酸合酶基因（*OsNADH-GOGAT2*）、硝酸盐转运基因（*OsNIA1*、*OsNIA3*）和亚硝酸盐转运基因（*OsNiR1*）的表达

0N：全生育期不施氮；180N：全生育期施氮量 180kg/hm^2；柱形上方不同字母表示在 0.05 水平上差异显著，同一测定时期、同一基因内比较

表 4-14　根系生理形态性状与产量及氮肥利用率的相关性

与相关	产量	氮素产谷利用率
根长	0.931*	0.940*
根直径	0.995**	0.988**
根干重	0.992**	0.996**
根长密度	0.981**	0.982**
根系氧化力	0.939*	0.940**
根系细胞分裂素含量	0.930*	0.888*
根系脱落酸含量	−0.971**	−0.991**
根系吲哚-3-乙酸含量	0.538	0.479
根系分泌物乙酸含量	0.906*	0.914*
根系分泌物苹果酸含量	0.931*	0.939*

续表

与相关	产量	氮素产谷利用率
根系分泌物酒石酸含量	0.956**	0.960**
根系分泌物马来酸含量	0.560	0.568
根系分泌物柠檬酸含量	0.723	0.730
根系氮代谢与氮转运基因表达量：		
铵态氮转运基因（*OsAMT1.1*）	0.994**	0.988**
铵态氮转运基因（*OsAMT1.2*）	0.982**	0.996**
硝态氮转运基因（*OsNRT1.1b*）	0.987**	0.982**
硝态氮转运基因（*OsNRT2.3a*）	0.939*	0.940**
谷氨酰胺合酶基因（*OsGS1.2*）	0.992**	0.996**
谷氨酰胺合酶基因（*OsGS2*）	0.981**	0.982**
谷氨酸合酶基因（*OsNADH-GOGAT2*）	0.939*	0.940**
硝酸盐转运基因（*OsNIA1*）	0.981**	0.982**
硝酸盐转运基因（*OsNIA3*）	0.939*	0.940**
亚硝酸盐转运基因（*OsNiR1*）	0.944*	0.922*

注：*和**表示在 0.05 和 0.01 水平上相关性显著（n=8，2 年×4 个品种）

（3）氮敏感品种具有较高的花前干物质转运量和花后干物质积累量，较高的糖花比，灌浆期较高的库活性和氮代谢酶活性、茎鞘中较高的蔗糖合成相关酶活性及较高的蔗糖转运基因的表达，灌浆期叶片较高的细胞分裂素含量和铵态氮、硝态氮转运基因的表达，这是氮敏感品种较高的物质生产、氮素吸收与转运及氮高效利用的重要机制。

（4）相比于氮钝感品种，氮敏感品种具有较好的根系形态生理特征，包括较多的根量，较长的根长，较大的根直径和根长密度，较强的根系活性和氮代谢酶活性，较高的根系细胞分裂素和生长素含量与根系分泌物乙酸、酒石酸和苹果酸含量及氮吸收转运相关基因的表达。这是氮敏感品种产量与氮肥利用率协同提高的根系形态与生理基础。

参 考 文 献

[1] 剧成欣. 不同水稻品种对氮素响应的差异及其农艺生理性状. 扬州大学博士学位论文, 2017.

[2] 剧成欣, 周著彪, 赵步洪, 等. 不同氮敏感性粳稻品种的氮代谢与光合特性比较. 作物学报, 2018, 44(3): 405-413.

[3] Ju C X, Buresh R J, Wang Z Q, et al. Root and shoot traits for rice varieties with higher grain yield and higher nitrogen use efficiency at lower nitrogen rates application. Field Crops Research, 2015, 175: 47-59.

[4] 朱宽宇. 氮敏感性不同粳稻品种的特征与机制. 扬州大学博士学位论文, 2021.
[5] Zhu K Y, Yan J Q, Shen Y, et al. Deciphering the physio-morphological traits for high yield potential in nitrogen efficient varieties (NEVs): a japonica rice case study. Journal of Integrative Agriculture, 2021, 20(12): 2-9.
[6] 杨建昌, 展明飞, 朱宽宇. 水稻绿色性状形成的生理基础. 生命科学, 2018, 30(10): 1137-1145.
[7] 魏海燕, 张洪程, 杭杰, 等. 不同氮素利用效率基因型水稻氮素积累与转移的特性. 作物学报, 2008, 34(1): 119-125.
[8] 叶利庭, 吕华军, 宋文静, 等. 不同氮效率水稻生育后期氮代谢酶活性的变化特征. 土壤学报, 2011, 48(1): 132-140.
[9] Yang J C. Approaches to achieve high yield and high resource use efficiency in rice. Frontiers of Agricultural Science and Engineering, 2015, 2: 115-123.
[10] 蒋志敏, 王威, 储成才. 植物氮高效利用研究进展与展望. 生命科学, 2018, 30(10): 1060-1071.
[11] 许阳东, 朱宽宇, 章星传, 等. 绿色超级稻品种的农艺与生理性状分析. 作物学报, 2019, 45(1): 69-79.
[12] Gu J F, Li Z K, Mao Y Q, et al. Roles of nitrogen and cytokinin signals in root and shoot communications in maximizing of plant productivity and their agronomic applications. Plant Science, 2018, 274: 320-331.
[13] 张亚丽. 水稻氮效率基因型差异评价与氮高效机理研究. 南京农业大学博士学位论文, 2006.
[14] 程建峰, 戴廷波, 曹卫星, 等. 不同氮收获指数水稻基因型的氮代谢特征. 作物学报, 2007, 33(3): 497-502.
[15] 曾建敏, 崔克辉, 黄见良, 等. 水稻生理生化特性对氮肥的反应及与氮利用效率的关系. 作物学报, 2007, 33(7): 1168-1176.
[16] 安久海, 刘晓龙, 徐晨, 等. 氮高效水稻品种的光合生理特性. 西北农林科技大学学报(自然科学版), 2014, 42(12): 29-38, 45.
[17] 董芙荣. 不同氮效率基因型水稻氮代谢关键酶活性及其基因表达特征分析. 扬州大学博士学位论文, 2010.
[18] 魏海燕. 水稻氮素利用的基因型差异与生理机理研究. 扬州大学博士学位论文, 2008.
[19] Haefele S M, Jabbar S M A, Siopongco J D L C, et al. Nitrogen use efficiency in selected rice (*Oryza sativa* L.) genotypes under different water regimes and nitrogen levels. Field Crops Research, 2008, 107: 137-146.
[20] 李俊峰, 杨建昌. 水分与氮素及其互作对水稻产量和水肥利用效率的影响研究进展. 中国水稻科学, 2017, 31(3): 327-334.
[21] 国家统计局. 国家统计局关于 2020 年粮食产量数据的公告. http: // www.stats.gov.cn/. [2021-5-10].
[22] 张福锁, 范明生, 等. 主要粮食作物高产栽培与资源高效利用的基础研究. 北京: 中国农业出版社, 2013: 1-289.
[23] 王飞, 彭少兵. 水稻绿色高产栽培技术研究进展. 生命科学, 2018, 30(10): 1129-1136.
[24] Xiong D, Wang D, Liu X, et al. Leaf density explains variation in leaf mass per area in rice between cultivars and nitrogen treatments. Annals of Botany, 2016, 117: 963-971.
[25] Valluru R, Link J, Claupein W. Natural variation and morpho-physiological traits associated with water-soluble carbohydrate concentration in wheat under different nitrogen levels. Field

Crops Research, 2011, 124: 104-113.

[26] Vile D, Garnier R, Shipley B, et al. Specific leaf area and dry matter content estimate thickness in laminar leaves. Annals of Botany, 2005, 96: 1129-1136.

[27] Wei H H, Yang Y L, Shao X Y, et al. Higher leaf area through leaf width and lower leaf angle were the primary morphological traits for yield advantage of japonica/indica hybrids. Journal of Integrative Agriculture, 2020, 19: 483-494.

[28] Gu J F, Chen Y, Zhang H, et al. Canopy light and nitrogen distributions are related to grain yield and nitrogen use efficiency in rice. Field Crops Research, 2017, 206: 74-85.

[29] Fu J, Huang Z H, Wang Z Q, et al. Pre-anthesis non-structural carbohydrate reserve in the stem enhances the sink strength of inferior spikelets during grain filling of rice. Field Crops Research, 2011, 123: 170-182.

[30] Yang J C, Peng S B, Zhang Z J, et al. Grain and dry matter yields and partitioning of assimilates in *japonica/indica* hybrid rice. Crop Science, 2002, 42: 766-772.

[31] Yang J C, Zhang J H, Wang Z Q, et al. Activities of enzymes involved in source-to-starch metabolism in rice grains subjected to water stress during filling. Field Crops Research, 2003, 81: 69-81.

[32] Yang J C, Zhang J H, Wang Z Q, et al. Activities of key enzymes in sucrose-to-starch conversion in wheat grains subjected to water deficit during grain filling. Plant Physiology, 2004, 135: 1621-1629.

[33] Yang J C, Zhang J H, Wang Z Q, et al. Activities of starch hydrolytic enzymes and sucrose-phosphate synthase in the stems of rice subjected to water stress during grain filling. Journal of Experimental Botany, 2001, 364: 2169-2179.

[34] 李国辉, 崔克辉. 氮对水稻叶蔗糖磷酸合成酶的影响及其与同化物积累和产量的关系. 植物生理学报, 2018, 54(7): 1195-1204.

[35] 张国, 崔克辉. 水稻茎鞘非结构性碳水化合物积累与转运研究进展. 植物生理学报, 2020, 56(6): 1127-1136.

[36] Li G, Pan J, Cui K, et al. Limitation of unloading in the developing grains is a possible cause responsible for low stem non-structural carbohydrate translocation and poor grain yield formation in rice through verification of recombinant inbred lines. Frontiers in Plant Science, 2017, 8: 1369.

第5章　超高产栽培水稻的养分利用效率和群体特征

超高产栽培（super high-yielding cultivation）是指通过栽培技术的优化集成，使产量较当地高产栽培增加15%以上，所形成的栽培技术称为超高产栽培技术（super high-yielding cultivation technology）。

水稻是人类重要的粮食作物，世界上约50%的人口以稻米为主食；在亚洲，以稻米为主食的人口约占亚洲总人口的95%[1-3]。中国是水稻生产大国，有60%以上的人口以稻米为主食，因而，水稻超高产育种和栽培的研究备受重视[4-6]。目前我国水稻单产平均已超过7t/hm^2 [7]，但是随着人口增加，粮食的需求量也在不断增加[8-10]。如何进一步提高水稻单产，实现水稻超高产，一直是水稻育种学家和栽培学家所关心的问题[11-14]。对于何为水稻超高产，迄今并没有一个统一的标准和严格的定义。1980年日本制定的水稻超高产育种计划希望在15年内即在1995年育成比原有品种增产50%的超高产品种，产量在每公顷原产5.00～6.50t糙米的基础上提高到7.50～9.75t，折合稻谷9.38～12.19t[15,16]。1989年国际水稻研究所提出"超级稻"或称为"新株型"育种计划[17,18]，目标是到2005年育成单产潜力比当时纯系品种高20%～25%的超级稻，即生育期为120天的新株型超级稻，其产量潜力可达12t/hm^2。1996年我国农业部提出的"中国超级稻"育种计划[19]，希望在2001～2005年将水稻产量较20世纪90年代初提高30%以上，即产量达到10.5～12.0t/hm^2。众多专家认为，在目前的水稻生产水平下，一季中稻的产量高于11t/hm^2，或比大面积产量高出20%～30%，可称为超高产水平[20-24]。近年来虽有单产超过12t/hm^{2}的超高产典型，但有关超高产栽培的理论研究滞后、超高产主攻方向与技术途径不明确、超高产水稻的生长发育规律及养分吸收规律不清楚[24-28]。针对以上问题，本章比较分析了超高产栽培水稻与高产栽培水稻产量形成与养分吸收利用特点，以期为水稻超高产育种与栽培及养分资源管理提供理论依据。

5.1　水稻超高产栽培技术

作者以增产潜力大的两优培九和丰优香占、杂交粳稻86优8和常规粳稻0026为材料；以稳穗足粒扩大产量库容、提高茎蘖成穗率和粒叶比改善群体质量、培育健壮根系提高结实期物质生产能力为技术途径；以精播控水旱育壮秧技术、实时实地精确施肥技术、精确定量节水灌溉技术等为关键技术，创新集成了水稻超高产栽培技术。

5.1.1 稀播控水旱育壮秧技术

在培育肥床的基础上，精准播种，机插秧每盘干种子 110g，芽谷 130g，确保每盘成苗在 3500～3800 苗，秧苗覆膜旱育。揭膜后，精确控制土壤水分，使育秧盘内育秧基质的相对含水量保持在 90%左右。通过肥床、稀播和控水，使秧苗根强（根数多、根系活性强）、苗壮（苗身硬朗有弹性），移栽后无植伤，新根发生爆发力强。

5.1.2 实时实地精确施肥技术

依据土壤养分的有效供给量、水稻的目标产量和稻株对养分的吸收量、当季的氮磷钾肥利用率确定氮、磷、钾总施肥量，依据叶色或叶片含氮量与叶绿素测定仪（SPAD）测定值或叶色卡（LCC）读数的对应关系，确定主要生育期（分蘖期、穗分化期和抽穗期）水稻需氮供氮的 SPAD 和 LCC 指标值，并结合品种的源库特征，对氮肥追肥的施用期和施用量进行调节。穗数型品种或库限制型品种，注重施用促花肥或促（花肥）、保（花肥）结合；大穗型品种或源限制型品种，注重施用粒肥或保（花肥）、粒（肥）结合。

5.1.3 精确定量节水灌溉技术

（1）从移栽至返青建立浅水层。

（2）返青—有效分蘖临界叶龄期（N–n）前 2 个叶龄期（N–n–2）进行间隙湿润灌溉（N 为主茎蘖数，n 为伸长节间数），低限土壤水势为–5～–10kPa。

（3）自 N–n–1 叶龄期至 N–n 叶龄期进行排水搁田，低限土壤水势为–15～–25kPa 并保持 1 个叶龄期。

（4）N–n+1 叶龄期—二次枝梗分化期初（倒 3 叶开始抽出），进行干湿交替灌溉，低限土壤水势为–10kPa～–15kPa。

（5）从二次枝梗分化期（倒 3 叶抽出期）—出穗后 10 天，进行间隙湿润灌溉，低限土壤水势为–5～–10kPa。

（6）从抽穗后 11 天—抽穗后 45 天，进行干湿交替灌溉，低限土壤水势为–10～–20kPa。

以上各生育期达到上述指标即灌浅层水 2～3cm，自然落干后灌浅层水，再自然落干，再灌水，如此循环，用水分张力计监测土壤水势，具体方法见参考文献[29]。

以当地高产栽培技术为对照。当地高产栽培技术主要依据高产示范方确定总施氮量，总施氮量为 270kg/hm^2，按基肥：分蘖肥：促花肥：保花肥=4：2：2：2 施用；在水层管理上采用常规灌溉方式，即除生育中期排水搁田外，其余时期保持水层，收获前一周断水。

5.2　超高产栽培水稻的产量和养分利用效率

5.2.1　施氮量与水稻产量

1. 施氮量

超高产栽培水稻（简称超高产水稻）的实际氮肥施用情况列于表 5-1，由表可以看出，4 个水稻品种全生育期总施氮量变动在 245～270kg/hm^2。基蘖肥与穗粒肥的比例为（4.9～5.8）：（4.2～5.1）。

表 5-1　超高产栽培的施氮量

时期	两优培九	丰优香占	86 优 8	0026
基肥	90	90	90	90
分蘖肥	50	40	50	60
促花肥	18	42	84	54
保花肥	72	63	21	36
粒肥	30	30	0	30
总施氮量	260	265	245	270

2. 产量及其构成因素

从表 5-2 可以看出，超高产水稻的产量变动在 11.2～12.2t/hm^2，产量较常规高产栽培水稻（简称高产水稻）增加了 21.3%～37.0%，达到超高产栽培的预期目标。从产量构成因素分析，杂交稻两优培九和丰优香占高产主要在于穗大粒多，而常规粳稻 0026 则主要在于单位面积穗数较多，杂交粳稻 86 优 8 则介于两者之间（表 5-2）。超高产水稻的单位面积颖花数基本上都在 5 万颖花/m^2 以上。因此，保持较高的颖花数是高产的基本保证。超高产水稻颖花数高主要是由于单位面积穗数及每穗粒数的同步增加（表 5-2）。

表 5-2　超高产栽培水稻产量及其构成因素

品种	栽培方式	产量/（kg/hm^2）	穗数/（$\times10^4$ /hm^2）	每穗粒数	结实率/%	千粒重/g
两优培九	超高产	11 437.7*	222.5*	238.4*	82.3*	26.2
	高产	9 055.4	201.3	210.1	79.3	27.0

续表

品种	栽培方式	产量/（kg/hm²）	穗数/（×10⁴/hm²）	每穗粒数	结实率/%	千粒重/g
丰优香占	超高产	11 227.5*	215.3*	231.9*	80.6*	27.9
	高产	9 100.1	188.3	202.1	84.2	28.4
86 优 8	超高产	11 554.6*	326.6*	162.3*	80.5	27.1
	高产	9 523.2	273.3	152.3	82.3	27.8
0026	超高产	12 181.1*	408.9*	123.5*	84.2	28.7
	高产	8 885.0	345.2	103.2	86.3	28.9

注：*表示在 0.05 水平上与高产栽培相比差异显著，同栏、同品种内比较

5.2.2 养分吸收利用特点

1. 氮素积累动态和吸收利用率

水稻各生育期的氮素吸收量变化见图 5-1。由图可以看出，不同品种及不同产量水平水稻的吸氮趋势基本相同。自移栽至拔节期，水稻的氮素吸收量较低，自拔节至抽穗期，水稻的吸氮量增加较快，抽穗后的吸氮量增幅有所下降（图 5-1）。

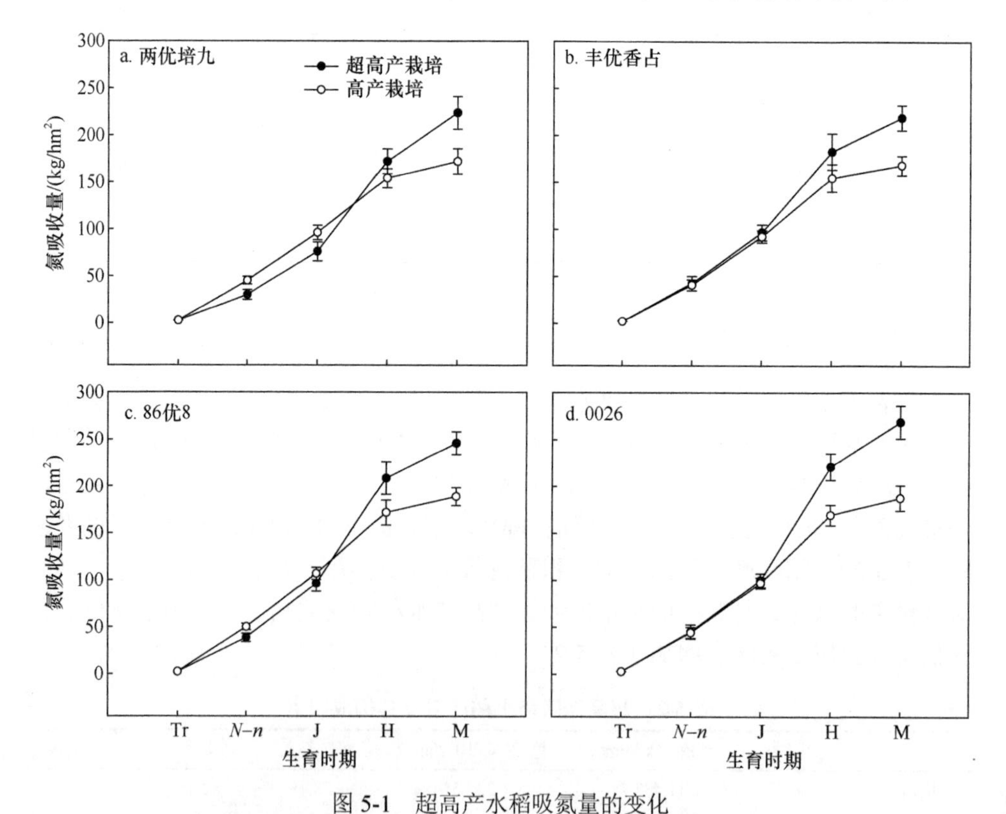

图 5-1 超高产水稻吸氮量的变化

Tr：移栽期；$N-n$：有效分蘖临界叶龄期；J：拔节期；H：抽穗期；M：成熟期

从图 5-2 可以更加清晰地看出，水稻的吸氮高峰集中在拔节至抽穗期，从各生育阶段的吸氮量来看，超高产水稻移栽至有效分蘖临界叶龄期为 28～42kg/hm^2；有效分蘖临界叶龄期至拔节期为 46～58kg/hm^2；拔节至抽穗期为 96～121kg/hm^2，抽穗至成熟期为 36～52kg/hm^2。两优培九、丰优香占、86 优 8 和 0026 全生育期水稻的总吸氮量分别为 223.8kg/hm^2、219.0kg/hm^2、245.8kg/hm^2 和 269.1kg/hm^2，其中拔节至抽穗期的吸氮量约占 42.9%、39.4%、45.6%和 45.0%；生产每吨稻谷需吸收的氮素分别为 19.6kg、19.5kg、21.3kg 和 22.1kg（图 5-2，表 5-3）。

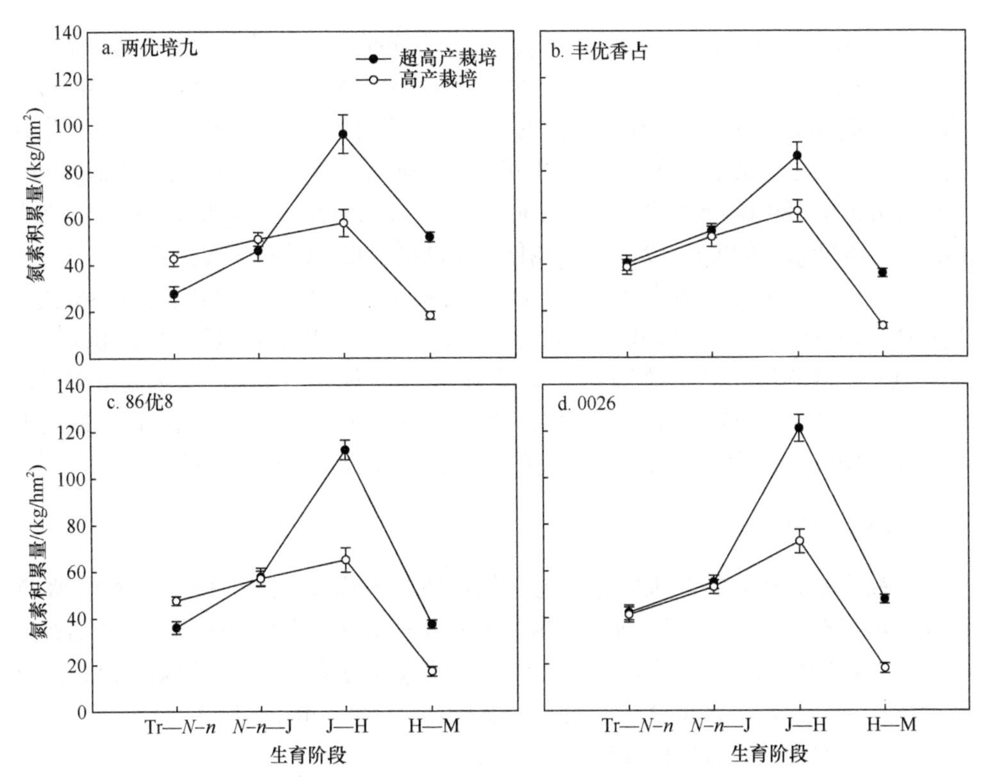

图 5-2　超高产水稻不同生育阶段氮素积累的变化

Tr：移栽期；$N-n$：有效分蘖临界叶龄期；J：拔节期；H：抽穗期；M：成熟期

表 5-3　超高产水稻的氮利用率

品种	栽培方式	施氮量/（kg/hm^2）	氮肥偏生产力/（kg/kg N）	氮素产谷利用率/（kg/kg N）	每吨稻谷需氮量/（kg N/t 稻谷）
两优培九	超高产	260	44.0*	51.1	19.6
	高产	270	33.5	52.6	19.0
丰优香占	超高产	265	42.4*	51.3*	19.5*
	高产	270	33.7	54.0	18.5

续表

品种	栽培方式	施氮量/（kg/hm²）	氮肥偏生产力/（kg/kg N）	氮素产谷利用率/（kg/kg N）	每吨稻谷需氮量/（kg N/t 稻谷）
86 优 8	超高产	245	47.2*	47.0*	21.3*
	高产	270	35.3	50.4	19.9
0026	超高产	270	45.1*	45.3	22.1
	高产	270	32.9	47.2	21.2

注：*表示在 0.05 水平上与高产栽培相比差异显著，同栏、同品种内比较

高产水稻移栽至有效分蘖临界叶龄期、有效分蘖临界叶龄期至拔节期、拔节至抽穗期和抽穗至成熟期吸氮量分别为 39～48kg/hm²、51～57kg/hm²、58～73kg/hm²和 13～18kg/hm²，其中拔节至抽穗期的吸氮量占最终吸氮量的 34%～39%。全生育期高产水稻的总吸氮量，两优培九、丰优香占、86 优 8 和 0026 分别为 172.2kg/hm²、168.4kg/hm²、189.1kg/hm² 和 188.1kg/hm²。生产每吨稻谷水稻需吸收的氮素分别为 19.0kg、18.5kg、19.9kg 和 21.2kg，均低于超高产水稻（图 5-2，表 5-3）。

超高产水稻的氮肥偏生产力（产量/施氮量），两优培九、丰优香占、86 优 8 和 0026 分别比高产水稻高出 31.2%、25.7%、33.7%和 37.1%（表 5-3）。超高产水稻的氮素产谷利用率（产量/吸氮量），上述 4 个品种分别比高产水稻低 2.85%、5.00%、6.75%和 4.03%（表 5-3）。说明超高产水稻可以大幅度增加产量、氮素吸收量和氮肥偏生产力，但会不同程度降低吸收单位氮素的籽粒产量。

2. 磷、钾的吸收与利用

超高产水稻磷、钾的吸收规律与吸氮规律基本相似（图 5-3～图 5-6），吸收高峰均出现在拔节至抽穗期。此阶段磷、钾的吸收量分别占最终吸收量的 39.1%～45.1%和 40.3%～46.8%。高产水稻对磷、钾的吸收与超高产水稻相似，但其拔节至抽穗期吸收的磷、钾量分别占最终吸收量的 32.9%～40.3%和 31.8%～37.6%，低于超高产水稻的吸收比例（图 5-3，图 5-4）。

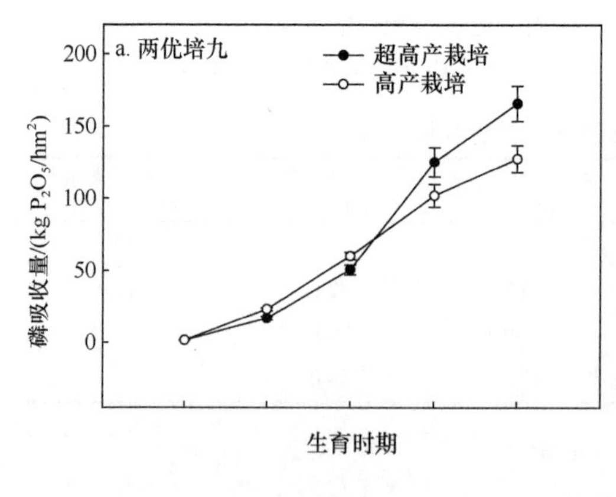

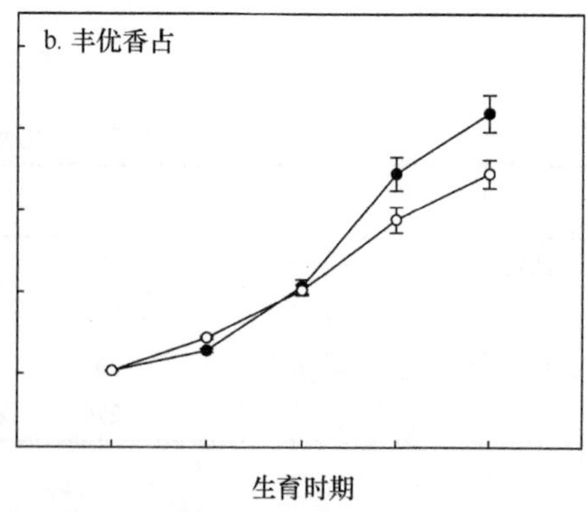

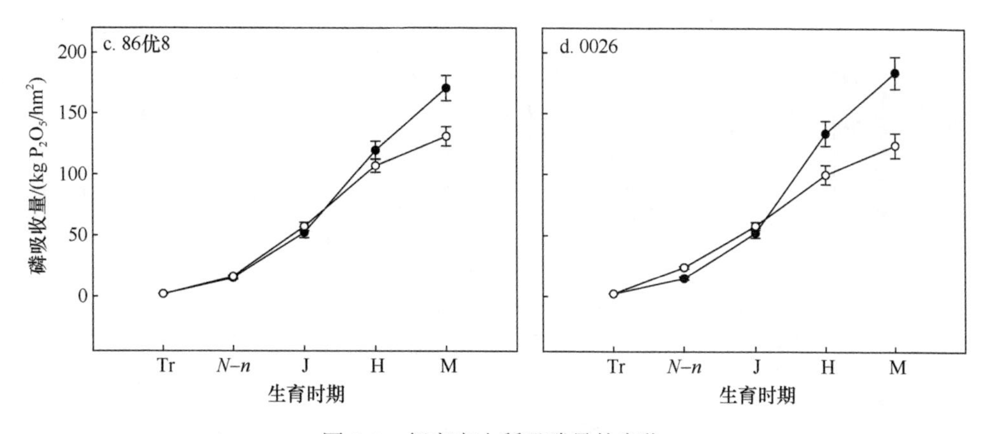

图 5-3　超高产水稻吸磷量的变化

Tr：移栽期；$N-n$：有效分蘖临界叶龄期；J：拔节期；H：抽穗期；M：成熟期

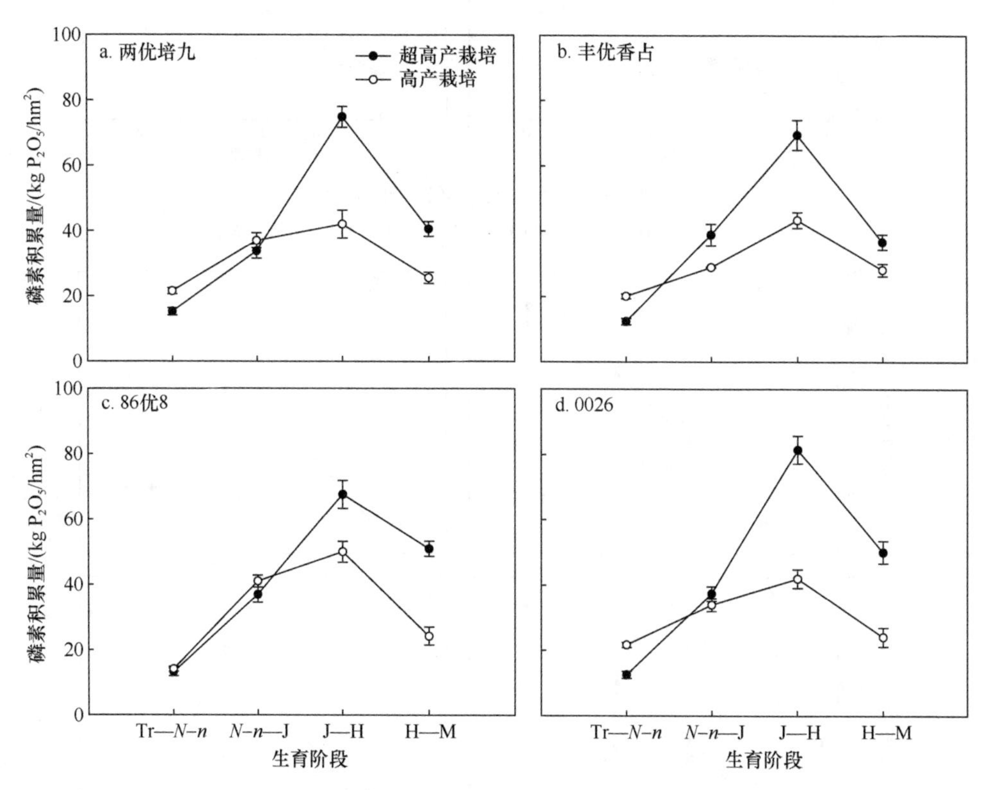

图 5-4　超高产水稻不同生育阶段磷素积累的变化

Tr：移栽期；$N-n$：有效分蘖临界叶龄期；J：拔节期；H：抽穗期；M：成熟期

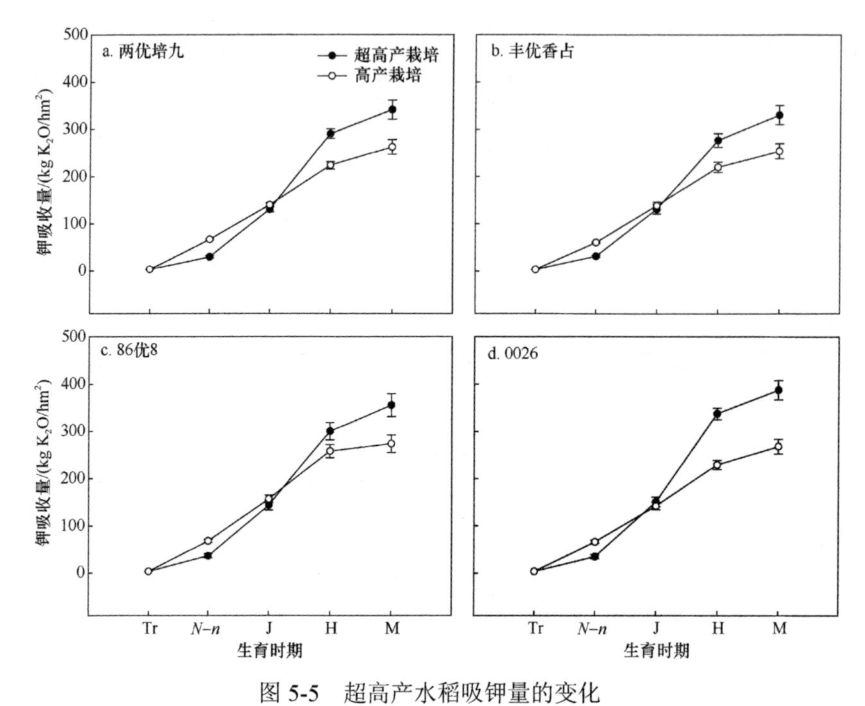

图 5-5 超高产水稻吸钾量的变化

Tr：移栽期；$N-n$：有效分蘖临界叶龄期；J：拔节期；H：抽穗期；M：成熟期

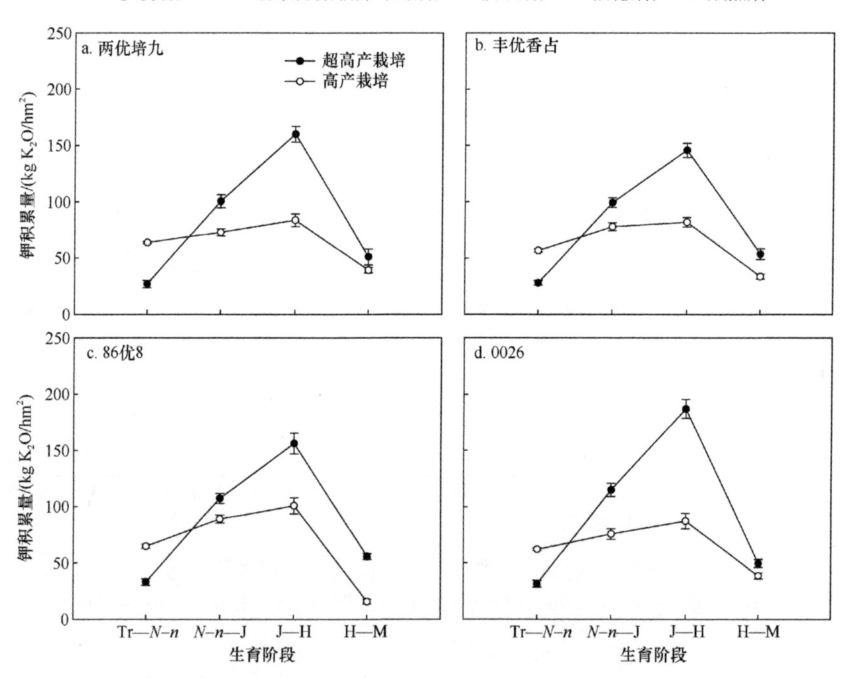

图 5-6 超高产水稻不同生育阶段钾素积累的变化

Tr：移栽期；$N-n$：有效分蘖临界叶龄期；J：拔节期；H：抽穗期；M：成熟期

在超高产栽培条件下，两优培九、丰优香占、86 优 8 和 0026 全生育期磷的吸收量分别为 165.9 kg P_2O_5/hm^2、159.4 kg P_2O_5/hm^2、170.6 kg P_2O_5/hm^2 和 183.9 kg P_2O_5/hm^2（图 5-3；生产每吨稻谷的需磷量分别为 14.5kg、14.2kg、14.8kg 和 15.1kg（表 5-4）；钾吸收量分别为 342.0 kg K_2O/hm^2、330.1 kg K_2O/hm^2、355.9 kg K_2O/hm^2 和 387.4 kg K_2O/hm^2（图 5-6）。生产每吨稻谷的需钾量分别为 29.9kg、29.4kg、30.8kg 和 31.8kg（表 5-5）。在高产栽培条件下，上述 4 个品种磷的总吸收量分别为 127.6 kg P_2O_5/hm^2、122.6 kg P_2O_5/hm^2、131.2 kg P_2O_5/hm^2 和 124.4 kg P_2O_5/hm^2；钾的吸收量分别为 263.1 kg K_2O/hm^2、253.9 kg K_2O/hm^2、273.8 kg K_2O/hm^2 和 268.3 kg K_2O/hm^2；生产每吨稻谷的需磷量为 14.1kg、13.5kg、13.8kg 和 14.0kg；生产每吨稻谷的需钾量分别为 29.1kg、27.9kg、28.8kg 和 30.2kg（图 5-5，图 5-6，表 5-4，表 5-5）。

表 5-4　超高产水稻的磷利用率

品种	栽培方式	施磷量/（kg P_2O_5/hm^2）	磷肥偏生产力/（kg/kg P_2O_5）	磷素产谷利用率/（kg/kg P_2O_5）	每吨稻谷需磷量/（kg P_2O_5/t 稻谷）
两优培九	超高产	70	163.4*	69.0	14.5
	高产	65	139.3	71.0	14.1
丰优香占	超高产	70	160.4*	70.4	14.2
	高产	65	140.0	74.2	13.5
86 优 8	超高产	70	165.1*	67.7	14.8
	高产	65	146.5	72.6*	13.8
0026	超高产	70	174.0*	66.2	15.1*
	高产	65	136.7	71.4*	14.0

注：*表示在 0.05 水平上与高产栽培相比差异显著，同栏、同品种内比较

表 5-5　超高产水稻的钾利用率

品种	栽培方式	施钾量/（kg K_2O/hm^2）	钾肥偏生产力/（kg/kg K_2O）	钾素产谷利用率/（kg/kg K_2O）	每吨稻谷需钾量/（kg K_2O /t 稻谷）
两优培九	超高产	115	99.5*	33.4	29.9
	高产	110	82.3	34.4	29.1
丰优香占	超高产	115	97.6*	34.0	29.4
	高产	110	82.7	35.8	27.9
86 优 8	超高产	115	100.5*	32.5*	30.8*
	高产	110	86.6	34.8	28.8
0026	超高产	115	105.9*	31.4	31.8
	高产	110	80.8	33.1	30.2

注：*表示在 0.05 水平上与高产栽培相比差异显著，同栏、同品种内比较

超高产水稻的磷肥偏生产力（产量/施磷量），两优培九、丰优香占、86 优 8 和 0026 分别比高产水稻高出 17.3%、14.6%、12.7%和 27.3%（表 5-4）；高产水稻的磷素产谷利用率(产量/吸磷量)，上述 4 个品种分别比高产水稻低 2.82%、5.11%、6.75%和 7.28%（表 5-4）。

超高产水稻的钾肥偏生产力（产量/施钾量），两优培九、丰优香占、86 优 8 和 0026 分别比高产水稻高出 20.8%、18.0%、16.1%和 31.1%（表 5-5）。高产水稻的钾素产谷利用率（产量/吸钾量），上述 4 个品种分别比高产栽培水稻低 2.91%、5.02%、6.61%和 5.14%（表 5-5）。说明超高产水稻可以大幅度地提高磷肥和钾肥利用效率，但会不同程度降低吸收单位磷素或单位钾素的籽粒产量。

5.3 超高产水稻地上部群体特征

5.3.1 茎蘖消长动态

由图 5-7 可以看出，移栽至拔节期水稻的茎蘖数快速增加，至拔节期达峰值，然后开始逐步下降，至抽穗期基本稳定，在品种间及超高产水稻和高产水稻间变化趋势基本一致。超高产水稻在有效分蘖临界叶龄期[主茎总叶数（*N*）－伸长节间数（*n*）叶龄期]，茎蘖数基本达到最终成穗数。拔节期的茎蘖数为最终成穗数的 1.19～1.25 倍，茎蘖成穗率（成熟期有效穗数/拔节期最高茎蘖数）均高于 80%。而高产水稻的分蘖成穗率为 60.1%～64.8%，较超高产水稻低 15～20 个百分点（图 5-7）。

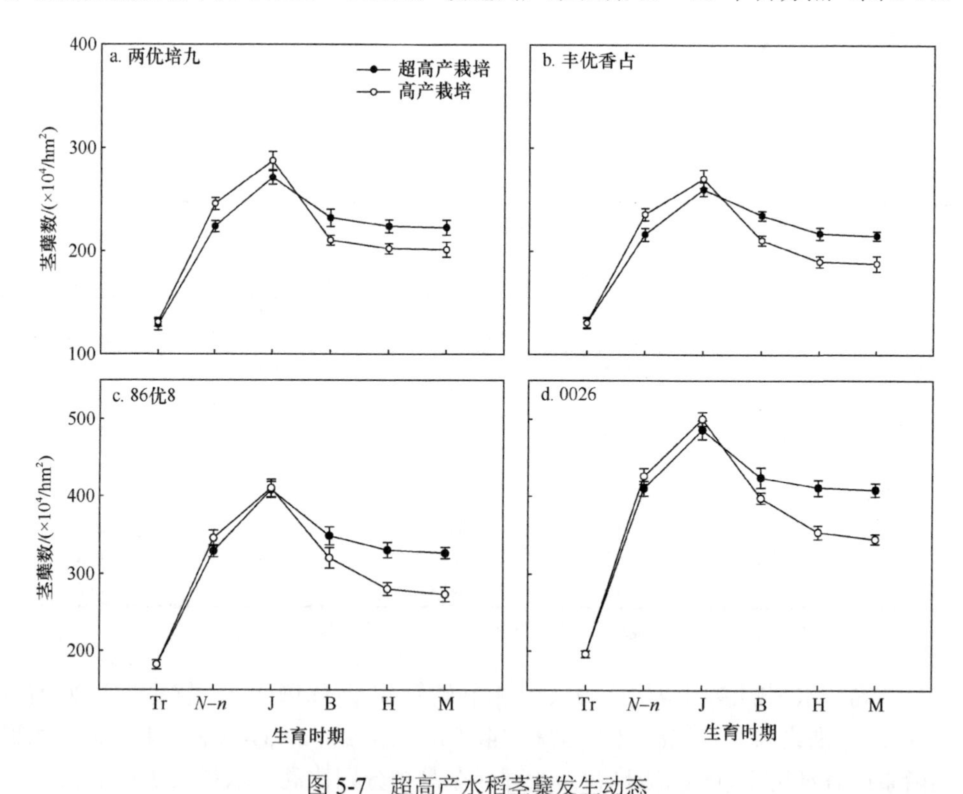

图 5-7 超高产水稻茎蘖发生动态

Tr：移栽期；*N*—*n*：有效分蘖临界叶龄期；J：拔节期；B：孕穗期；H：抽穗期；M：成熟期

5.3.2　叶面积指数和粒叶比

超高产水稻叶面积指数的变化呈单峰曲线，在孕穗至抽穗期达最大值，而后开始下降，不同品种表现基本一致（图 5-8）。超高产水稻各生育期叶面积指数变化大体如下：有效分蘖临界叶龄期为 3.0～3.6；拔节期为 4.6～4.7；抽穗期为 7.0～7.7；乳熟期为 5.9～6.7；成熟期为 1.8～2.3，在相同生育时期（移栽期除外），超高产水稻叶面积指数高于高产水稻，前者较后者高出 2.6%～11.8%（图 5-8）。

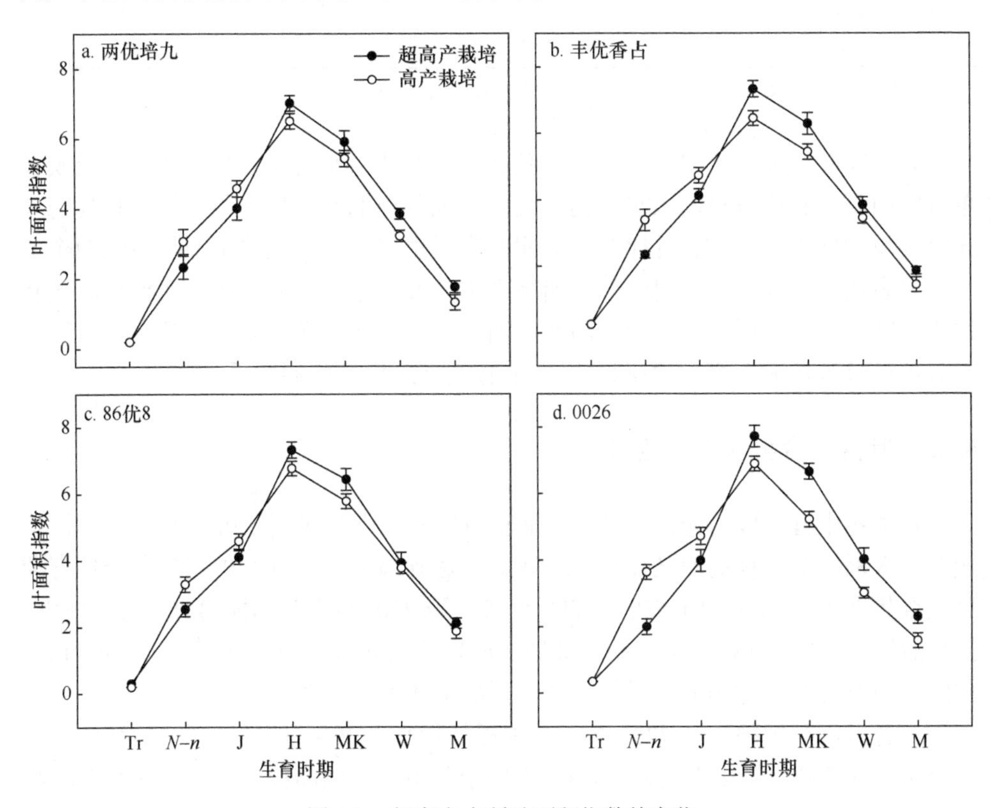

图 5-8　超高产水稻叶面积指数的变化

Tr：移栽期；N－n：有效分蘖临界叶龄期；J：拔节期；H：抽穗期；MK：乳熟期；W：蜡熟期；M：成熟期

超高产水稻的颖花粒叶比[总颖花数与抽穗期水稻叶面积之比，颖花/叶面积（cm^2）]为 0.65～0.76，高产水稻仅为 0.52～0.65（表 5-6）。超高产水稻的实粒粒叶比[总结实粒数与抽穗期水稻叶面积之比，实粒/叶面积（cm^2）]较高产水稻高出 14%～22.22%，粒重粒叶比[产量与抽穗期水稻叶面积之比，粒重（mg）/叶面积（cm^2）]较高产水稻高出 10.89%～20.89%（表 5-6）。

表 5-6　超高产栽培水稻的叶面积指数和粒叶比

品种	栽培方式	抽穗期叶面积指数	颖花/叶面积（cm^2）	实粒/叶面积（cm^2）	粒重（mg）/叶面积（cm^2）
两优培九	超高产	6.98*	0.76*	0.63*	16.39*
	高产	6.51	0.65	0.52	13.92
丰优香占	超高产	7.03*	0.71*	0.57*	15.97*
	高产	6.45	0.59	0.50	14.11
86 优 8	超高产	7.46*	0.71*	0.57*	15.48*
	高产	6.82	0.61	0.50	13.96
0026	超高产	7.77*	0.65*	0.55*	15.68*
	高产	6.85	0.52	0.45	12.97

注：*表示在 0.05 水平上与高产栽培相比差异显著，同栏、同品种内比较

颖花粒叶比反映了单位叶面积所负载的库容的大小；实粒粒叶比不仅反映了单位叶面积负载库容量的大小，而且反映了抽穗前灌浆物质的积累情况和抽穗后光合环境的优劣；粒重粒叶比是源对库的实际贡献，它既反映了源与库的两个方面，又表达了“流”的信息[30,31]。超高产水稻实现了颖花粒叶比、实粒粒叶比和粒重粒叶比的同步提高，表明超高产水稻不仅可以增加光合作用的源（叶面积），而且可以显著扩大库容（颖花数），并能够较好地协调库源关系。

5.3.3　叶片光合势和光合速率

水稻各生育阶段的光合势（绿叶面积持续期）变化见图 5-9。由图可以看出，超高产水稻拔节至抽穗期光合势（$m^2{\cdot}d/m^2$）达到最大值，为 170～190，全生育期总光合势大于 510，抽穗至成熟期的光合势大于 220。高产水稻抽穗前光合势较大，抽穗后较低。高产水稻全生育期和抽穗至成熟期的光合势（$m^2{\cdot}d/m^2$）分别为 446～478 和 177～203，均明显低于超高产水稻的上述各值（图 5-9）。

作者以常规粳稻品种 9823 和杂交粳稻品种 9 优 418 为材料，观察抽穗后剑叶光合速率的变化。结果表明，在开花期和花后 10 天，两品种剑叶光合速率在超高产水稻与高产水稻间无显著差异（图 5-10）。但在开花 10 天以后，超高产水稻剑叶的光合速率显著大于高产水稻，前者较后者高出 9.4%～14.7%（图 5-10），表明超高产水稻不仅有较大的光合势（绿叶面积持续期），而且有较高的叶片光合速率。

5.3.4　干物质积累

自移栽至成熟期水稻的干物质积累呈“S”形曲线变化（图 5-11）。超高产水稻各生育期的干物质积累量分别为有效分蘖临界叶龄期（$N-n$）：1.7～1.9t/hm^2，拔节期（J）：7.0～7.8t/hm^2，抽穗期（H）：14.1～15.7t/hm^2，乳熟期（MK）：18～

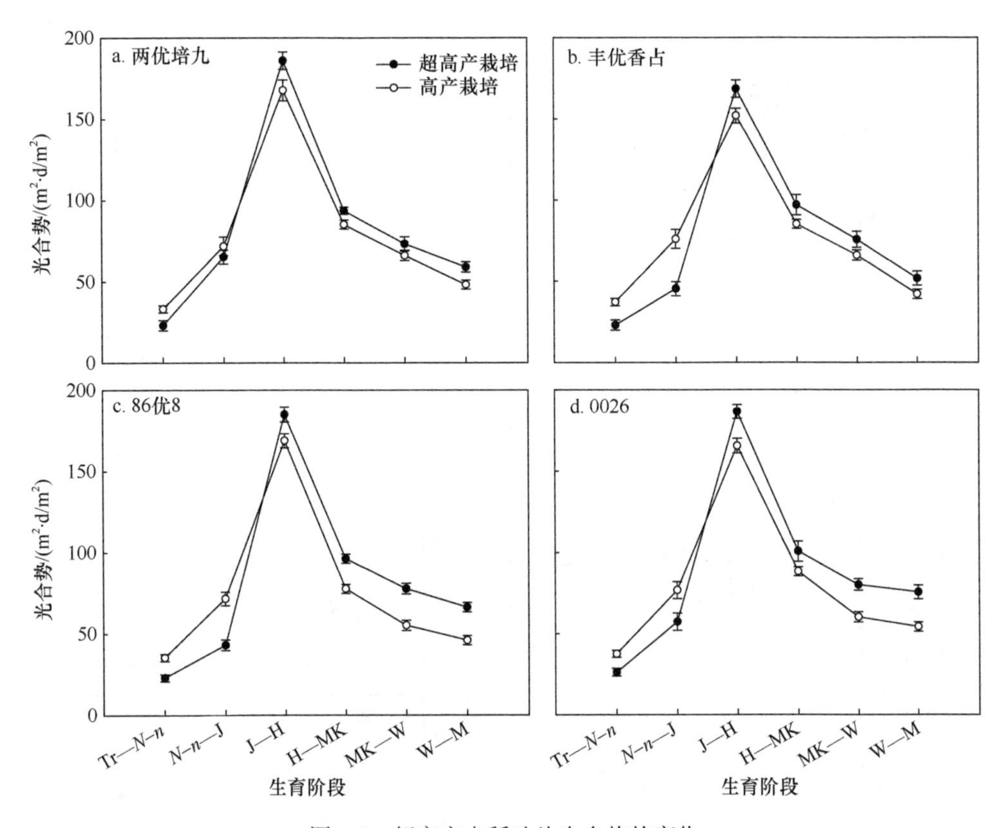

图 5-9　超高产水稻叶片光合势的变化

Tr：移栽期；$N-n$：有效分蘖临界叶龄期；J：拔节期；H：抽穗期；MK：乳熟期；W：蜡熟期；M：成熟期

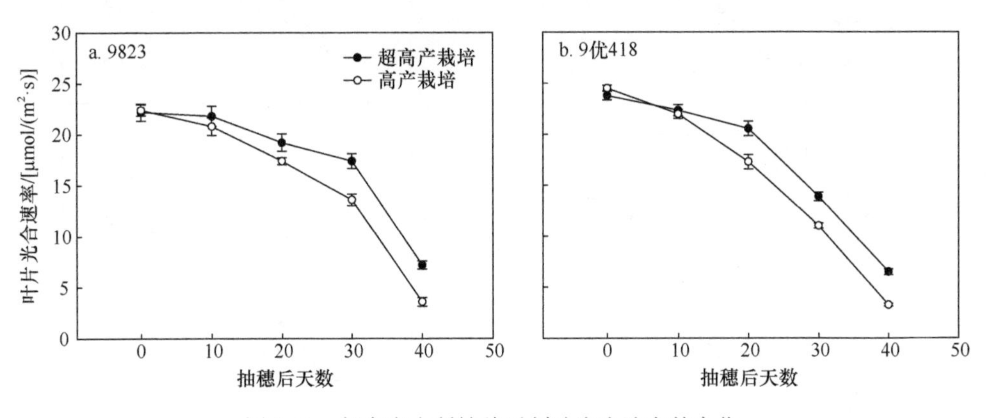

图 5-10　超高产水稻抽穗后剑叶光合速率的变化

20t/hm^2，蜡熟期（W）：21～23t/hm^2，成熟期（M）：22～24t/hm^2。抽穗期干重占成熟期总干重的 60%～65%，抽穗至成熟期积累的干物质占总干重的 35%～40%（图 5-11a～图 5-11d）。水稻茎鞘干重在抽穗期达最大值，自抽穗至成熟期，茎鞘

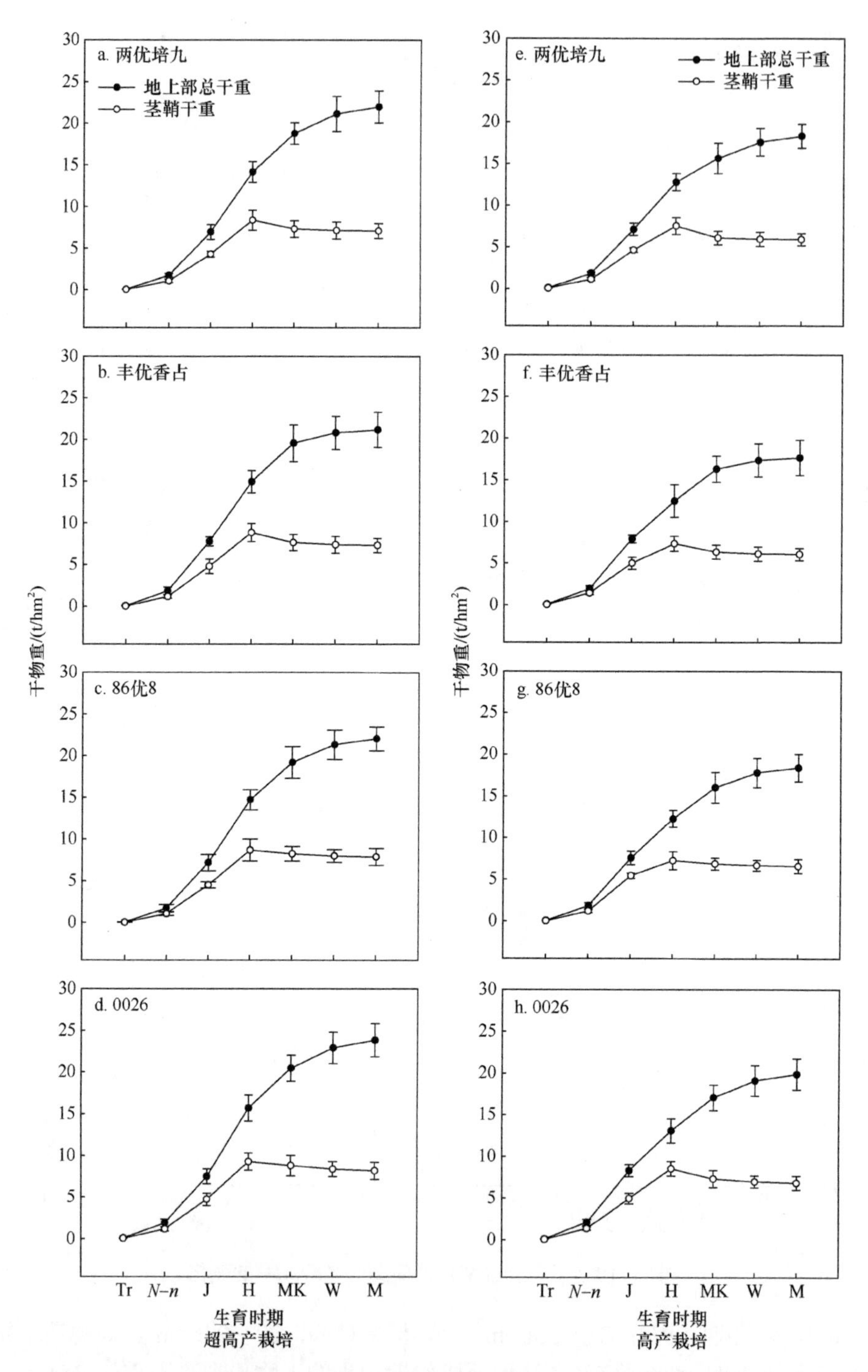

图 5-11 超高产栽培（a～d）和高产栽培（e～h）水稻干物质积累动态

Tr：移栽期；*N*−*n*：有效分蘖临界叶龄期；J：拔节期；H：抽穗期；MK：乳熟期；W：蜡熟期；M：成熟期

的干重有所下降，其下降程度因品种不同而有差异。例如，在超高产栽培条件下，两优培九、丰优香占的茎鞘物质输出率（抽穗期与成熟期茎鞘干重的差值与抽穗期茎鞘干重的比值）分别为 15.3%和 17.2%，而杂交粳稻 86 优 8 为 11.6%，常规粳稻 0026 为 9.2%；上述 4 个水稻品种收获指数分别为 0.52、0.53、0.52 和 0.51（表 5-7）。

表 5-7　超高产水稻花后茎鞘物质输出率和成熟期收获指数

品种	栽培方式	茎鞘物质输出率/%	收获指数
两优培九	超高产	15.3*	0.52*
	高产	12.8	0.47
丰优香占	超高产	17.2*	0.53*
	高产	12.1	0.49
86 优 8	超高产	11.6*	0.52*
	高产	6.8	0.45
0026	超高产	9.2*	0.51*
	高产	3.2	0.45

注：*表示在 0.05 水平上与高产栽培相比差异显著，同栏、同品种内比较

与超高产水稻相比，高产水稻生长前期干物质积累较多，抽穗期干物质重占成熟期干物质重的 70%～75%，抽穗后积累的干物质量较少（图 5-11e～图 5-11h）。两优培九、丰优香占、86 优 8 和 0026 的茎鞘物质输出率分别为 12.8%、12.1%、6.8%和 3.2%，收获指数分别为 0.47、0.49、0.45 和 0.45，均明显低于超高产水稻（表 5-7）。从以上结果可以看出，超高产水稻具有物质生产能力强、抽穗后干物质积累比例高、花后茎鞘物质输出多和收获指数高的特点。

5.4　超高产水稻的根系特征

5.4.1　根系重量

水稻根系干重与茎鞘干重变化趋势相似，即在抽穗前随生育进程直线上升，抽穗后平缓下降（图 5-12）。超高产水稻各主要生育期阶段根系干重分别为有效分蘖临界叶龄期（$N-n$）：1.0～1.2t/hm^2；拔节期：1.8～2.1t/hm^2；抽穗期：3.8～4.3t/hm^2；乳熟期：3.9～4.1t/hm^2；蜡熟期：3.3～4.0t/hm^2；成熟期：3.3～3.8t/hm^2；高产水稻的根重分别为有效分蘖临界叶龄期（$N-n$）：1.2～1.5t/hm^2；拔节期：2.2～2.6t/hm^2；抽穗期：3.2～3.5t/hm^2、乳熟期：3.1～3.3t/hm^2、蜡熟期：2.8～3.3t/hm^2；成熟期：2.5～3.2t/hm^2（图 5-12）。说明超高产水稻自抽穗至成熟期的根量明显大于高产水稻。

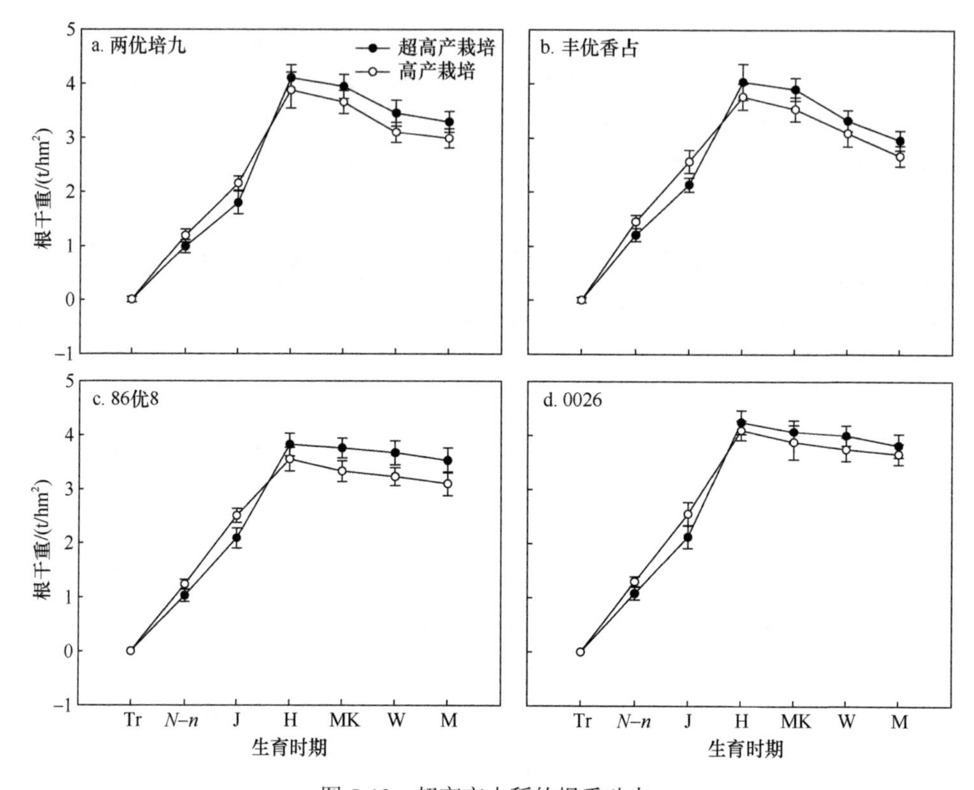

图 5-12　超高产水稻的根重动态

Tr：移栽期；$N-n$：有效分蘖临界叶龄期；J：拔节期；H：抽穗期；MK：乳熟期；W：蜡熟期；M：成熟期

5.4.2　根冠比和根系伤流量

超高产水稻各生育期的根冠比：（$N-n$）有效分蘖临界叶龄期为 0.38～0.41，拔节期为 0.32～0.35，抽穗期为 0.25～0.27，乳熟期为 0.20～0.22，蜡熟期为 0.16～0.18，成熟期为 0.14～0.16（图 5-13）。超高产水稻各生育期的根冠比均大于高产水稻，以拔节期尤为明显。分析其原因，高产水稻在拔节期 3 叶以下的小分蘖较多，这些分蘖并未长出根系，因而根冠比较小；而超高产水稻在拔节期的小分蘖较少，大多数分蘖有自己独立的根系，因而根冠比较大。

作者以 0026、连嘉粳 2 号、9823 和华粳 5 号为材料，比较分析了抽穗后根系伤流量在超高产水稻与高产水稻之间的差异。结果表明，超高产水稻抽穗期、乳熟期和蜡熟期的根系伤流量分别为 5.31～5.65g/（$m^2 \cdot h$）、4.91～5.32g/（$m^2 \cdot h$）和 3.05～3.13g/（$m^2 \cdot h$），各期测定值均显著高于高产水稻，且测定期越往后，超高产水稻与高产水稻之间的差异就越大（图 5-14）。根系伤流量的大小反映了根系活性的强弱；根系伤流量越大，根系活性越强，根系输向地上部器官的激素和矿质营养

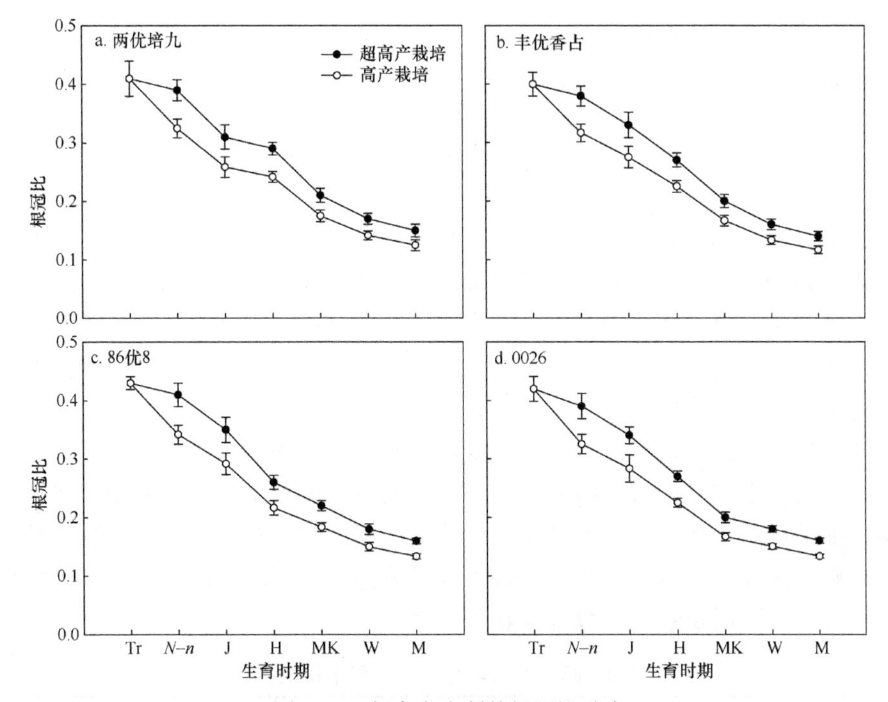

图 5-13　超高产水稻的根冠比动态

Tr：移栽期；$N-n$：有效分蘖临界叶龄期；J：拔节期；H：抽穗期；MK：乳熟期；W：蜡熟期；M：成熟期

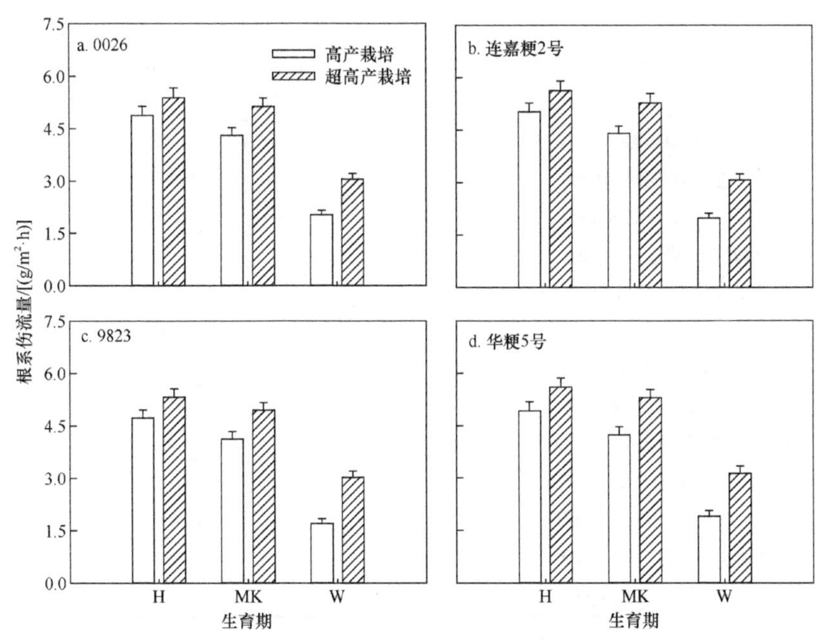

图 5-14　超高产水稻抽穗后根系伤流量变化

H：抽穗期；MK：乳熟期；W：蜡熟期

就越多[32-34]。超高产水稻物质生产能力强、结实粒数多可能与其较大的根系和较高的根系活性（根系伤流量大）有关。

5.5 小　　结

（1）与常规高产栽培技术相比，以精播控水旱育壮秧技术、实时实地精确施肥技术、精确定量节水灌溉技术等为关键技术的超高产栽培技术可以较大幅度地提高水稻产量和氮、磷、钾肥偏生产力。但因超高产栽培技术大幅度地增加了水稻氮、磷、钾元素的吸收量，使得氮、磷、钾元素的产谷利用率较常规高产栽培技术有不同程度的降低。

（2）超高产栽培技术能较大幅度地提高水稻产量和氮、磷、钾肥利用效率的原因，主要在于超高产栽培技术能提高水稻的茎蘖成穗率，扩库强源，协调源库关系，促进花后干物质生产和茎鞘物质输出，提高收获指数，促进根系生长和增强花后根系活性。表 5-8 列出了超高产和养分高效利用水稻的群体指标，可作为水稻养分高效利用及超高产育种与栽培的参考。

表 5-8　超高产与养分高效利用水稻的指标

项目	指标
产量/（t/hm^2）	>11
总颖花数/（$\times10^4/m^2$）	>5.0
结实率/%	>80
千粒重/g	26～28
分蘖成穗率/%	>80
抽穗期叶面积指数	7.5～8
总光合势/（$m^2 \cdot d/hm^2$）	$>5\times10^6$
成熟期干物质重/（t/hm^2）	>22
抽穗至成熟期干物质重/（t/hm^2）	>8
颖花粒叶比/[颖花/叶（cm^2）]	>0.65
茎鞘物质转运率/%	>10
抽穗期根冠比	>0.25
抽穗期根系伤流量/[（g/（$m^2 \cdot h$）]	>5
收获指数	>0.51
氮肥偏生产力/（kg/kg N）	44
磷肥偏生产力/（kg/kg P_2O_5）	160
钾肥偏生产力/（kg/kg K_2O）	100

注：本表部分数据引自参考文献[32]并进行改制

参 考 文 献

[1] Peng S B, Gassman K G, Virmani S S, et al. Yield potential trends of tropical rice since release of IR8 and the challenge of increasing rice yield potential. Crop Science, 1999, 39: 1552-1559.

[2] 凌启鸿, 张洪程. 作物栽培学的创新与发展. 扬州大学学报(农业与生命科学版), 2002, 23(4): 66-69.

[3] FAO. Food and Agriculture Organization (FAO) of the United Nations. Statistical databases, 2018.

[4] Yuan L P. Hybrid rice breeding in China. *In*: Virmani S S, Siddiq A, Muralidharan K. Advances in Hybrid Rice Technology. Philippines: International Rice Research Institute, 1998: 27-33.

[5] 邹应斌, 周上游, 唐启源. 中国超级杂交稻高产栽培研究的现状与展望. 湖南农业大学学报(自然科学版), 2003, 29(1): 78-84.

[6] Peng S B, Tang Q Y, Zou Y B. Current status and challenges of rice production in China. Plant Production Science, 2009, 12: 3-8.

[7] 国家统计局. 国家统计局关于 2020 年粮食产量数据的公告. http://www.stats.gov.cn. [2020-12-10].

[8] Xu G W, Lu D K, Wang H Z, et al. Morphological and physiological traits of rice roots and their relationships to yield and nitrogen utilization as influenced by irrigation regime and nitrogen rate. Agricultural, Water Management, 2018, 203: 385-394.

[9] Xing Z, Wu P, Zhu M, et al. Temperature and solar radiation utilization of rice for yield formation with different mechanized planting methods in the lower reaches of the Yangtze River, China. Journal of Integrative Agriculture, 2017, 16: 1923-1935.

[10] Okamura M, Arai-Sanoh Y, Yoshida H, et al. Characterization of high-yielding rice cultivars with different grain-filling properties to clarify limiting factors for improving grain yield. Field Crops Research, 2018, 219: 139-147.

[11] Liu K, Li T T, Chen Y, et al. Effects of root morphology and physiology on the formation and regulation of large panicles in rice. Field Crops Research, 2020, 258: 107946.

[12] Gu J, Chen Y, Zhang H, et al. Canopy light and nitrogen distributions are related to grain yield and nitrogen use efficiency in rice. Field Crops Research, 2017, 206: 74-85.

[13] Huang L, Yang D, Li X, et al. Coordination of high grain yield and high nitrogen use efficiency through large sink size and high post-heading source capacity in rice. Field Crops Research, 2019, 233: 49-58.

[14] Meng T, Wei H, Li X, et al. A better root morpho-physiology after heading contributing to yield superiority of japonica/indica hybrid rice. Field Crops Research, 2018, 228: 135-146.

[15] 佐藤尚雄. 水稻超高产育种研究. 国外农学——水稻, 1984, (2): 1-16.

[16] 金田忠吉. 应用籼粳杂交培育超高产水稻品种. JARQ, 1986, 19(4): 235-240.

[17] Khush G S. Prospects of and approaches to increasing the genetic yield potential of rice. *In*: Evenson R E, Herdt R W, Hossain M. Rice Research in Asia, Progress and Priorities. CAB International and IRRI, 1996: 59-71.

[18] Tang L, Xu Z, Chen W. Advances and prospects of super rice breeding in China. Journal of Integrative Agriculture, 2017, 16: 984-991.

[19] 中国农业部. 中国超级稻育种背景、现状和展望. 见: 中国农业部. 新世纪农业曙光计划项目, 1999.

[20] 李鸿伟, 杨凯鹏, 曹转勤, 等. 稻麦连作中超高产栽培小麦和水稻的养分吸收与积累特征.

作物学报, 2013, 39(3): 464-477.

[21] 杜永, 刘辉, 杨成, 等. 高产栽培迟熟中粳稻养分吸收特点的研究. 作物学报, 2007, 33(2): 208-215.

[22] 薛亚光, 陈婷婷, 杨成, 等. 中粳稻不同栽培模式对产量及其生理特性的影响. 作物学报, 2010, 36(3): 466-476.

[23] 杜永. 黄淮海地区稻麦周年超高产群体特征与调控技术的研究. 扬州大学博士学位论文, 2007.

[24] 徐家宽, 罗时, 陆惠斌, 等. 南方水稻高产栽培技术的思路. 作物杂志, 1994, 4: 1-3.

[25] 金妍姬, 徐炯达. 水稻高产品种的物质生产特性. 延边大学农学院学报, 2002, 24(1): 34-38.

[26] 倪礼斌, 施德洲, 倪礼斌. 水稻高产群体质量栽培的实践与思考. 上海农业科技, 2002, 5: 37-38.

[27] 张栩, 陈荣江, 薛应征. 水稻高产栽培优化决策的研究. 河南职业技术师范学院学报, 2004, 32(3): 15-17.

[28] 米湘成, 邹应斌. 水稻高产栽培专家决策系统的研制. 湖南农业大学学报(自然科学版), 2002, 28(3): 188-191.

[29] 杨建昌, 张建华. 水稻高产节水灌溉. 北京: 科学出版社, 2019: 35-70.

[30] 凌启鸿. 作物群体质量. 上海: 上海科学技术出版社, 2000: 1-216.

[31] 凌启鸿, 杨建昌. 水稻群体“粒叶比”与高产栽培途径研究. 中国农业科学, 1986, 19(3): 1-8.

[32] 杨建昌, 杜永, 吴长付, 等. 超高产粳型水稻生长发育特性的研究. 中国农业科学, 2006, 39(7): 1336-1345.

[33] 杨建昌. 水稻根系形态生理与产量、品质形成及养分吸收利用的关系. 中国农业科学, 2011, 44(1): 36-46.

[34] Yang J C, Zhang H, Zhang J H. Root morphology and physiology in relation to the yield formation of rice. Journal of Integrative Agriculture, 2012, 11: 920-926.

第 6 章　水稻实地氮肥管理

水稻实地氮肥管理（site-specific nitrogen management，SSNM）是在依据目标产量和基础地力产量确定总施氮量的基础上，根据叶绿素仪（chlorophyll meter，SPAD）或叶色卡（leaf color chart，LCC）叶色测定值对氮肥追施用量进行调节的水稻氮肥施用技术，由国际水稻研究所提出[1-3]。水稻叶片与光合作用、生物产量及水稻产量形成密切相关，水稻叶片叶色可以直接反映水稻体内氮素的丰缺状况[4-6]。过去用肉眼观察叶色，根据叶色进行追施氮肥，如水稻“三黄三黑”施肥技术等[7,8]。近年来随着科技的发展，采用叶绿素仪或叶色卡等仪器设备对作物叶片进行无损测定，监测作物的生长状况，并用以指导作物施肥 [9-12]。在水稻试验和示范中，采用叶绿素仪（SPAD-502）指导氮肥施用，具有明显的节氮增产作用[13-15]。但 SPAD 仪价格较昂贵，在生产上大面积使用受到一定的限制。而 LCC 价格低廉，使用简单，在实地氮肥管理技术中作为叶色诊断的工具，在不少稻作地区进行了应用[13-16]。水稻实地氮肥管理在菲律宾、印度等亚洲国家应用可显著提高氮肥利用率 [1-3,17,18]。但国际水稻研究所研发的实地氮肥管理技术是否适用于中国长江下游稻区的高产水稻？能否协同提高水稻产量和氮肥利用率？缺乏深入研究。针对这些问题，作者选用 4 个有代表性的水稻品种，设置多种氮肥处理，研究了叶色与产量的关系，观察了水稻实地氮肥管理在长江下游单季水稻生产中的可行性及其增产和氮肥高效利用的效果。

6.1　籼、粳稻品种的施氮叶色阈值

6.1.1　施氮量对水稻产量的影响

从水稻产量对施氮量的反应来看，籼稻丰优香占和扬稻 6 号在施氮量为 0～180kg/hm^2，产量逐渐增加，而后产量随施氮量的增加开始逐渐下降（图 6-1）。粳稻品种 9516 和 9520 则在施氮量为 240kg/hm^2 时产量达到最大值，然后随施氮量的增加，产量开始下降。丰优香占、扬稻 6 号、9516 和 9520 的最高产量分别为 10.8t/hm^2、10.3t/hm^2、10.8t/hm^2 和 11.0t/hm^2（图 6-1）。

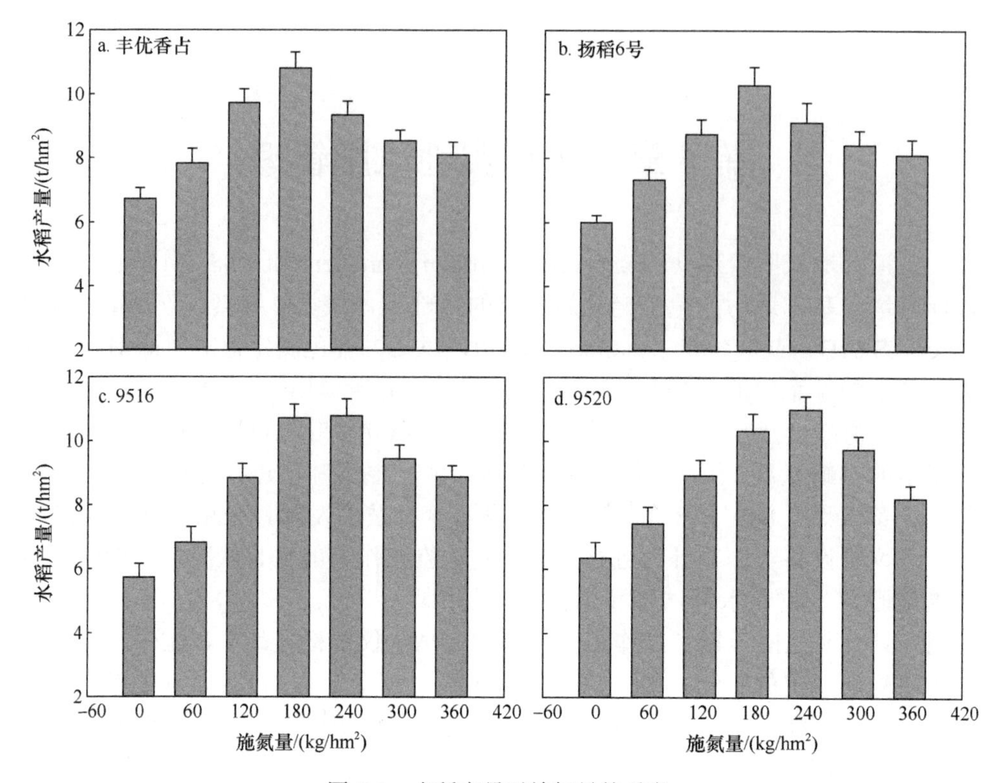

图 6-1 水稻产量对施氮量的反应

6.1.2 不同施氮量下叶片叶色的变化

同一品种叶片的 SPAD 值均随施氮量的增加而逐渐增加（表 6-1）。在相同施氮量条件下，各个生育阶段叶片 SPAD 平均值均表现为灌浆初期>分蘖期>穗分化期，而各阶段的起始值也以穗分化始期最低，分蘖初期和始穗期比较接近。品种间相比较，各个时期的 SPAD 值均表现为粳稻大于籼稻（表 6-1）。

表 6-1 水稻主要生育期叶片 SPAD 值

品种	施氮量/（kg/hm²）	分蘖期		穗分化期		灌浆初期	
		起始值	平均值	起始值	平均值	起始值	平均值
丰优香占	0	31.9	33.3	31.5	32.6	31.6	33.4
	60	32.9	33.8	32.4	33.5	32.2	34.0
	120	33.4	34.5	33.2	34.0	32.7	34.6
	180	34.1	35.2	34.0	35.0	34.8	36.6
	240	36.6	37.4	36.1	37.0	35.6	37.5
	300	37.0	38.1	37.3	38.0	36.3	38.2
	360	38.0	38.9	37.6	38.4	37.4	39.5
	平均	34.8	35.9	34.6	35.5	34.4	36.3

续表

品种	施氮量/（kg/hm²）	分蘖期		穗分化期		灌浆初期	
		起始值	平均值	起始值	平均值	起始值	平均值
扬稻 6 号	0	31.7	32.8	30.9	32.2	31.8	33.6
	60	32.3	33.4	32.1	33.3	32.1	34.0
	120	32.7	34.8	33.5	34.4	32.9	35.0
	180	34.7	35.8	34.7	35.6	34.0	36.1
	240	36.8	37.9	36.2	37.3	36.1	38.0
	300	37.2	38.3	37.2	38.5	37.0	38.8
	360	38.5	39.5	37.9	39.1	37.9	39.8
	平均	34.8	36.1	34.6	35.8	34.5	36.5
9516	0	32.6	33.8	32.5	33.6	33.0	34.8
	60	33.5	34.8	33.6	34.5	33.8	35.5
	120	34.3	35.7	34.3	35.3	34.4	36.3
	180	35.8	36.7	35.5	36.4	35.5	37.7
	240	36.7	37.9	36.3	37.4	36.8	39.0
	300	38.8	39.9	38.4	39.5	39.5	41.3
	360	39.9	41.2	39.9	40.7	40.0	41.8
	平均	35.9	37.1	35.8	36.8	36.1	38.1
9520	0	33.9	35.0	33.5	34.6	33.5	35.8
	60	34.5	35.6	33.8	34.9	34.8	36.5
	120	35.5	36.4	34.9	35.8	34.9	36.7
	180	36.3	37.1	35.7	36.7	35.4	37.7
	240	37.1	38.4	36.5	37.8	37.1	38.9
	300	39.1	40.3	38.6	39.8	37.8	40.9
	360	39.9	41.1	39.6	40.9	39.4	41.6
	平均	36.6	37.7	36.1	37.2	36.1	38.3

注：分蘖期：移栽后 7～10 天（分蘖初期）至有效分蘖临界叶龄期；穗分化期：穗分化始期（叶龄余数 3.5）至孕穗期；灌浆初期：始穗期至抽穗后 15 天。分蘖期起始值为分蘖初期的测定值。穗分化期起始值为穗分化始期的测定值。灌浆初期起始值为始穗期的测定值。平均值为各个时期测定的 SPAD 值的总平均。以下表同

籼稻分蘖期、穗分化期和灌浆初期叶片 SPAD 起始值较其平均值分别低 1.1～1.3、0.9～1.2 和 1.9～2.0，上述各期粳稻的起始值较平均值分别低 1.1～1.2、1.0～1.1 和 2.0～2.2（表 6-1）。相关分析表明，上述 3 个主要生育时期的叶片 SPAD 平均值与产量均呈明显的二次曲线关系（表 6-2），依据该方程可以算得水稻产量达最高时的各个主要生育阶段的 SPAD 平均值（表 6-2）。

表 6-2　水稻 SPAD 值（x）与产量（y，kg/hm^2）的回归方程

品种	生育期	回归方程	决定系数	SPAD 值
丰优香占	分蘖期	$y = -430.25x^2 + 31\,160x - 553\,578$	0.837 4	36.2
	穗分化期	$y = -396.87x^2 + 28\,377x - 496\,715$	0.877 0	35.8
	灌浆初期	$y = -310.25x^2 + 22\,696x - 404\,890$	0.772 1	36.6
扬稻 6 号	分蘖期	$y = -251.11x^2 + 18\,379x - 326\,507$	0.893 4	36.6
	穗分化期	$y = -238.06x^2 + 17\,266x - 303\,301$	0.923 7	36.3
	灌浆初期	$y = -304.66x^2 + 22\,543x - 407\,089$	0.883 4	37.0
9516	分蘖期	$y = -225.28x^2 + 17\,348x - 323\,600$	0.941 1	38.5
	穗分化期	$y = -253.00x^2 + 19\,258x - 356\,008$	0.955 6	38.1
	灌浆初期	$y = -257.03x^2 + 20\,170x - 385\,114$	0.993 5	39.2
9520	分蘖期	$y = -394.83x^2 + 30\,408x - 574\,543$	0.982 9	38.5
	穗分化期	$y = -367.32x^2 + 27\,977x - 521\,730$	0.991 1	38.1
	灌浆初期	$y = -437.4x^2 + 34\,210x - 657\,870$	0.955 5	39.1

根据各阶段叶片 SPAD 平均值与起始值的差值关系，可以分别计算出丰优香占、扬稻 6 号、9516 和 9520 四个品种分蘖初期、穗分化始期和始穗期施氮的 SPAD 临界值（表 6-3）。因此，可以把 SPAD 值 35 和 37 分别作为籼稻和粳稻主要生育期施氮的 SPAD 临界值。这与高产水稻各生育期实际测得的 SPAD 值基本一致。

表 6-3　4 个水稻品种分蘖初期、穗分化始期和始穗期的 SPAD 临界值

品种	分蘖初期	穗分化始期	始穗期
丰优香占	35.1	35.3	34.5
扬稻 6 号	35.3	35.4	35.0
9516	37.3	37.1	37.2
9520	37.4	37.0	36.9

4 个水稻品种分蘖初期、穗分化始期和始穗期叶片叶色卡（LCC）读数的变化与 SPAD 值的变化趋势基本一致（表 6-4）。

表 6-4　主要生育期水稻叶片叶色卡读数的变化

品种	施氮量/（kg/hm^2）	分蘖初期	穗分化始期	始穗期
丰优香占	0	2.40	2.06	2.61
	60	2.49	2.22	2.69
	120	2.55	2.44	2.83
	180	2.81	2.60	2.95
	240	3.03	2.80	3.15
	300	3.20	2.96	3.34
	360	3.36	3.08	3.55

续表

品种	施氮量/（kg/hm^2）	分蘖初期	穗分化始期	始穗期
扬稻 6 号	0	2.24	2.00	2.49
	60	2.39	2.15	2.62
	120	2.60	2.34	2.91
	180	2.87	2.63	3.04
	240	3.09	2.94	3.23
	300	3.27	3.31	3.42
	360	3.48	3.54	3.63
9516	0	2.54	2.18	2.97
	60	2.72	2.47	3.21
	120	2.94	2.62	3.30
	180	3.16	2.91	3.53
	240	3.33	3.13	3.70
	300	3.51	3.21	3.84
	360	3.62	3.45	4.00
9520	0	2.50	2.20	2.73
	60	2.59	2.42	2.94
	120	2.88	2.63	3.13
	180	3.09	2.90	3.36
	240	3.26	3.05	3.53
	300	3.46	3.22	3.66
	360	3.63	3.44	3.82

注：叶色卡由国际水稻研究所提供，叶色卡读数范围为 2～5，数值越大，叶色越深

6.1.3 高产水稻主要生育期的叶色诊断

通过对扬州、无锡、连云港等地不同田块高产和超高产（产量在 10.5t/hm^2 以上）水稻主要生育期的 SPAD 测定结果表明（表 6-5），各类型高产水稻分蘖初期、穗分化始期和始穗期（均在施肥前测定）6 个籼稻平均分别为 35.1、34.7 和 35.3，9 个粳稻平均为 37.1、36.8 和 37.5。整个分蘖期、穗分化期和灌浆初期籼稻为 36.5、36.1 和 37.1，粳稻为 38.1、37.6 和 39.1，这与前面 4 个水稻品种的结果基本一致。

表 6-5 高产水稻主要生育期 SPAD 值

品种类型	品种名称	产量/（kg/hm²）	分蘖期		穗分化期		灌浆初期	
			起始值	平均值	起始值	平均值	起始值	平均值
籼稻	丰优香占	11 227.5	34.9	36.4	34.6	35.8	35.3	37.3
	特优 559	11 403.0	35.1	36.6	34.8	36.3	35.0	36.9
	扬稻 6 号	10 984.5	34.8	36.7	34.6	36.4	35.4	37.3
	扬籼优 22	11 674.5	35.6	36.5	35.3	36.3	35.6	36.8
	汕优 63	10 668.0	34.7	36.4	34.4	36.0	35.1	37.1
	两优培九	11 203.4	35.3	36.4	34.5	35.8	35.5	37.4
平均			35.1	36.5	34.7	36.1	35.3	37.1
粳稻	TK99②	11 359.5	37.1	38.2	37.0	37.4	37.6	39.2
	早丰 9 号②	10 869.0	36.5	38.1	37.4	37.5	37.7	39.1
	武 2329	10 741.5	36.7	38.4	37.3	37.9	37.4	39.3
	9516	10 575.0	37.5	38.3	36.5	38.1	37.1	38.9
	9520	12 031.5	37.4	37.9	36.6	37.5	37.2	39.4
	9325①	10 819.5	37.3	37.9	35.9	37.6	37.5	38.8
	86 优 8①	11 554.6	36.9	38.1	36.5	37.5	37.4	38.9
	0046②	12 181.1	37.4	38.2	37.0	37.8	37.6	39.1
	9823②	11 731.5	37.5	37.5	36.9	37.4	37.8	38.8
平均			37.1	38.1	36.8	37.6	37.5	39.1

注：① 无锡试验点；② 连云港试验点。其余均为扬州试验点

6.2 水稻实地氮肥管理的产量和氮肥利用率

6.2.1 试验和示范方法

以杂交籼稻汕优 63 和常规粳稻武育粳 3 号为材料，在江苏扬州、无锡等地在大田条件下设置不施肥（0N）、实地氮肥管理（SSNM）和当地习惯施肥法（FFP）3 种处理，观察 SSNM 对水稻产量和氮肥利用率的影响。在 SSNM 中，用 SPAD 或叶色卡（LCC）作为施氮的诊断指标，将 SPAD 值 35 作为籼稻分蘖初期和穗分化始期的施氮阈值，将 SPAD 值 37 作为粳稻的施氮阈值。当地习惯施肥法为当地高产施肥方法。在江苏无锡随机选取 10 个农户，每个农户选择 1 个田块。将田块按照长度方向一分为二，一半田块采用 SSNM 技术，另一半田块采用农户习惯施肥法，并在每块示范田设置 1 个不施氮（0N）小区，示范连续 2 年。

6.2.2 试验地实地氮肥管理对产量的影响

与农民当地习惯施肥法（FFP）相比，SSNM 有较好的增产作用，特别是

汕优 63，SSNM 的产量较 FFP 有显著提高（表 6-6）。从产量构成因素分析，SSNM 处理的单位面积穗数有所降低，但是每穗粒数和结实率均较当地习惯施肥法有不同程度的提高，且每穗粒数和结实率增加之得超过了单位面积穗数减少之失（表 6-6）。

表 6-6　不同氮肥管理对产量的影响

品种	处理	施氮量/（kg N/hm^2）	每平方米穗数	每穗粒数	结实率/%	千粒重/g	产量/（kg/hm^2）
汕优 63	0N	0	170.9	147.1	86.4	31.5	6843.6c
	SSNM	110	238.6	173.4	76.4	30.2	9558.3a
	FFP	240	251.1	152.4	73.4	31.1	8742.0b
武育粳 3 号	0N	0	219.9	95.6	90.2	29.1	5522.5b
	SSNM	100	318.3	93.1	88.6	28.1	7384.5a
	FFP	270	388.8	78.5	86.7	27.9	7373.0a

注：0N：全生育期不施氮肥；SSNM：实地氮肥管理；FFP：当地习惯施肥法；同一栏内不同字母表示在 0.05 水平上差异显著，同一品种内比较

6.2.3　试验地实地氮肥管理对氮肥利用率的影响

SSNM 处理的水稻吸氮量明显低于 FFP 处理的吸氮量（表 6-7）。这主要是由于 SSNM 处理施氮量较 FFP 大幅度降低。从氮肥利用率指标（农学利用率、吸收利用率和生理利用率）来看，SSNM 处理均显著高于 FFP 处理，如氮肥农学利用率，汕优 63 SSNM 处理为 FFP 的 3.1 倍，武育粳 3 号 SSNM 处理为 FFP 的 2.7 倍（表 6-7）。说明 SSNM 可以降低氮肥的施用量并大幅度地提高水稻氮肥利用率。

表 6-7　不同施氮方法对水稻氮肥利用率的影响

品种	处理	施氮量/（kg/hm^2）	吸氮量/（kg/hm^2）	农学利用率/（kg /kg N）	吸收利用率/%	生理利用率/（kg /kg N）
汕优 63	0N	0	89.3	—	—	—
	SSNM	110	181.7	24.7a	84.0a	29.4a
	FFP	240	218.8	7.9b	54.0b	14.7b
武育粳 3 号	0N	0	89.9	—	—	—
	SSNM	100	152.7	18.6a	62.8a	29.7a
	FFP	270	204.3	6.9b	42.4b	16.2b

注：0N：全生育期不施氮肥；SSNM：实地氮肥管理；FFP：当地习惯施肥法；同一栏内不同字母表示在 0.05 水平上差异显著，同一品种内比较

6.2.4 实地氮肥管理的示范效果

1. 施氮量

2003 年和 2004 年 10 个农户当地习惯施肥法的施氮量变幅范围分别为 159.8～303.2kg/hm^2 和 183.1～292.9kg/hm^2，平均施氮量分别为 226.7kg/hm^2 和 223.2kg/hm^2（表 6-8 和表 6-9）。2003 年和 2004 年 10 个农户采用 SSNM 的平均施氮量分别为 139.0kg/hm^2 和 131.2 kg/hm^2，比当地习惯施肥法分别平均降低了 38.7%和 41.2%。SSNM 的施氮次数也较当地习惯施肥法略有减少（表 6-8 和表 6-9）。

表 6-8　2003 年实地氮肥管理及当地习惯施肥法的施氮情况（单位：kg/hm^2）

农户编号	处理	施氮量					施氮总量
		第一次施氮	第二次施氮	第三次施氮	第四次施氮	第五次施氮	
F1	当地习惯施肥法	50.0	75.0	62.1			187.1
	实地氮肥管理	70.0	27.6	41.4			139.0
F2	当地习惯施肥法	70.0	150.0	18.6			238.6
	实地氮肥管理	70.0	27.6	41.4			139.0
F3	当地习惯施肥法	129.0	21.6	77.7			228.3
	实地氮肥管理	70.0	27.6	41.4			139.0
F4	当地习惯施肥法	61.9	66.0	33.5	61.7		223.1
	实地氮肥管理	70.0	27.6	41.4			139.0
F5	当地习惯施肥法	85.0	60.0	40.8	69.0		254.8
	实地氮肥管理	70.0	27.6	41.4			139.0
F6	当地习惯施肥法	72.0	108.0	69.2			249.2
	实地氮肥管理	70.0	27.6	41.4			139.0
F7	当地习惯施肥法	108.0	51.8				159.8
	实地氮肥管理	70.0	27.6	41.4			139.0
F8	当地习惯施肥法	104.0	50.0	49.4			203.4
	实地氮肥管理	70.0	27.6	41.4			139.0
F9	当地习惯施肥法	51.0	42.0	116.9	50.9	42.5	303.2
	实地氮肥管理	70.0	27.6	41.4			139.0
F10	当地习惯施肥法	72.0	72.0	75.0			219.0
	实地氮肥管理	70.0	27.6	41.4			139.0
平均	当地习惯施肥法						226.7
	实地氮肥管理						139.0*

注：示范地点：江苏无锡；*，表示与当地习惯施肥法相比在 0.05 水平上差异显著

表 6-9　2004 年实地氮肥管理及当地习惯施肥法的施氮情况（单位：kg/hm²）

农户编号	处理	施氮量					施氮总量
		第一次施氮	第二次施氮	第三次施氮	第四次施氮	第五次施氮	
M1	当地习惯施肥法	82.8	82.8	60.4			226.0
	实地氮肥管理	49.7	31.5	40.0			121.2
M2	当地习惯施肥法	82.8	82.8	60.4			226.0
	实地氮肥管理	49.7	31.1	40.0			120.8
M3	当地习惯施肥法	63.3	63.3	56.6			183.1
	实地氮肥管理	49.7	31.1	40.0			120.8
M4	当地习惯施肥法	63.3	63.3	56.6			183.1
	实地氮肥管理	49.7	31.1	40.0			120.8
M5	当地习惯施肥法	98.9	53.9	56.6			209.4
	实地氮肥管理	49.7	31.1	50.4			131.1
M6	当地习惯施肥法	108.1	69.3	50.9			228.4
	实地氮肥管理	49.7	41.4	40.0			131.1
M7	当地习惯施肥法	134.6	97.4	60.9			292.9
	实地氮肥管理	49.7	41.4	50.4			141.5
M8	当地习惯施肥法	102.5	102.5	73.5			278.5
	实地氮肥管理	49.7	41.4	50.4			141.5
M9	当地习惯施肥法	32.7	48.1	48.1	58.2		187.1
	实地氮肥管理	49.7	41.4	50.4			141.5
M10	当地习惯施肥法	96.6	69.0	51.8			217.4
	实地氮肥管理	49.7	41.4	50.4			141.5
平均	当地习惯施肥法						223.2
	实地氮肥管理						131.2*

注：示范地点：江苏无锡；*，表示与当地习惯施肥法相比在 0.05 水平上差异显著

2. 水稻产量

在 10 个农户稻田氮空白区，2003 年和 2004 年水稻产量分别为 5.5～7.3t/hm² 和 6.1～6.7t/hm²，平均值均为 6.5t/hm²（表 6-10），表明农户稻田的土壤背景氮供应相当高。与当地习惯施肥法相比，SSNM 处理 2003 年和 2004 年在 10 个农户中分别有 3 个农户和 2 个农户水稻产量有所下降，其余农户水稻产量均有不同程度提高（表 6-10）。在两年的试验中，每年 10 个农户中均有 2 个农户 SSNM 处理增产达显著水平。2003 年和 2004 年当地习惯施肥法处理的平均产量分别为 7.1t/hm² 和 7.9t/hm²，SSNM 处理的平均产量分别为 7.4t/hm² 和 8.1t/hm²（表 6-10），较当地习惯施肥法分别增产 3.5%和 2.5%。从水稻产量构成因素来看，SSNM 处理的单位面积穗数有所下降，但其他 3 个产量构成因素，即每穗粒数、千粒重和

结实率有不同程度的提高（表 6-11 和表 6-12）。表明 SSNM 可以在不减产和甚至略有增产的情况下，较大幅度地减少氮肥施用量。

表 6-10　实地氮肥管理对水稻产量的影响　　（单位：kg/hm²）

农户编号	2003 年水稻产量			农户编号	2004 年水稻产量		
	氮肥空白处理	当地习惯施肥法	实地施肥管理		氮肥空白处理	当地习惯施肥法	实地施肥管理
F1	7324.5	8555.7	8471.0	M1	6145.2	7767.5	7875.6
F2	6438.4	7241.3	7525.3	M2	6487.4	7502.8	7843.0
F3	5451.0	6046.1	5806.8	M3	6392.8	6681.7	7070.6
F4	6442.4	7269.7	7245.1	M4	6283.7	7649.6	7271.2
F5	6761.4	7389.6	8170.9*	M5	6379.7	9040.6	8295.6*
F6	6290.6	6635.1	6737.1	M6	6729.3	8486.2	8670.2
F7	7166.7	7756.4	8012.1	M7	6489.2	7468.4	8030.5*
F8	6522.0	6976.0	7394.5	M8	6742.4	8835.4	9341.8*
F9	6578.4	6895.8	7599.8*	M9	6512.7	8426.2	8914.5
F10	6514.6	6733.5	7023.3	M10	6615.8	7617.8	8149.8
平均	6549.0	7149.9	7398.6	平均	6477.8	7947.6	8146.3

注：示范地点：江苏无锡；*，表示与当地习惯施肥法相比在 0.05 水平上差异显著

表 6-11　2003 年实地氮肥管理对水稻产量构成因素的影响

农户编号	处理	每平方米穗数	每穗粒数	结实率/%	千粒重/g
F1	当地习惯施肥法	226.0	211.3	71.4	25.1
	实地氮肥管理	225.4	212.0	70.5	25.2
F2	当地习惯施肥法	286.8	120.7	86.4	24.2
	实地施肥管理	296.8	122.6	87.2	23.7
F3	当地习惯施肥法	175.7	157.6	85.1	25.7
	实地施肥管理	162.9	153.9	91.3	25.4
F4	当地习惯施肥法	231.7	126.2	81.4	30.6
	实地施肥管理	228.4	127.2	81.1	30.7
F5	当地习惯施肥法	312.1	120.6	72.7	27.0
	实地施肥管理	319.5	138.0	70.1	26.5
F6	当地习惯施肥法	201.1	194.3	66.9	25.4
	实地施肥管理	205.1	184.3	73.1	24.4
F7	当地习惯施肥法	268.3	145.6	78.8	25.2
	实地施肥管理	306.2	139.9	77.9	24.0
F8	当地习惯施肥法	298.6	113.0	68.5	30.2
	实地施肥管理	278.3	117.6	72.0	31.4

续表

农户编号	处理	每平方米穗数	每穗粒数	结实率/%	千粒重/g
F9	当地习惯施肥法	321.4	97.0	78.1	28.3
	实地施肥管理	310.5	96.2	88.7	28.7
F10	当地习惯施肥法	254.4	149.6	70.2	25.2
	实地施肥管理	218.5	157.2	79.4	25.8
平均	当地习惯施肥法	257.6	143.6	76.0	26.7
	实地施肥管理	255.2	144.9	79.1*	26.6

注：示范地点：江苏无锡；* 表示与当地习惯施肥法相比在 0.05 水平上差异显著

表 6-12　2004 年实地氮肥管理对水稻产量构成因素的影响

农户编号	处理	每平方米穗数	每穗粒数	结实率/%	千粒重/g
M1	当地习惯施肥法	295.0	123.8	87.1	24.1
	实地施肥管理	280.6	139.0	84.6	23.6
M2	当地习惯施肥法	277.3	133.5	83.8	23.4
	实地施肥管理	269.9	137.6	85.5	24.0
M3	当地习惯施肥法	296.0	136.4	71.3	22.9
	实地施肥管理	249.9	144.4	76.0	24.8
M4	当地习惯施肥法	285.3	149.3	78.6	23.6
	实地施肥管理	252.8	154.0	77.0	24.7
M5	当地习惯施肥法	344.2	137.3	81.8	23.6
	实地施肥管理	276.6	140.3	87.1	24.5
M6	当地习惯施肥法	374.1	107.7	84.1	25.4
	实地施肥管理	350.3	113.1	85.8	26.4
M7	当地习惯施肥法	302.0	105.7	86.2	27.3
	实地施肥管理	301.0	110.5	89.8	27.2
M8	当地习惯施肥法	277.0	150.2	88.8	24.4
	实地施肥管理	305.0	138.4	88.7	24.3
M9	当地习惯施肥法	280.5	157.1	82.9	23.4
	实地施肥管理	258.1	161.2	87.7	24.9
M10	当地习惯施肥法	304.7	132.0	83.0	23.2
	实地施肥管理	270.0	155.2	84.8	23.1
平均	当地习惯施肥法	303.6	133.3	82.8	24.1
	实地施肥管理	281.4*	139.4*	84.7*	24.8

注：示范地点：江苏无锡；* 表示与当地习惯施肥法相比在 0.05 水平上差异显著

3. 水稻吸氮量和氮肥利用率

2003年和2004年，10户农田氮空白区水稻吸氮量分别变动在76.1～137.4kg/hm^{2}和78.5～106.4kg/hm^2，平均分别为113.3kg/hm^{2}和95.8kg/hm^2（表6-13）。SSNM处理2年水稻的平均吸氮量分别为178.6kg/hm^{2}和156.9 kg/hm^2，较当地习惯施肥法处理（吸氮量分别为188.8kg/hm^{2}和171.7kg/hm^2）略有下降，这与SSNM处理施氮量较大幅度下降有关（表6-13）。

表6-13 水稻吸氮量

农户编号	2003年水稻吸氮量/(kg/hm^2)			农户编号	2004年水稻吸氮量/(kg/hm^2)		
	氮肥空白处理	当地习惯施肥法	实地氮肥管理		氮肥空白处理	当地习惯施肥法	实地氮肥管理
F1	119.5	188.5	177.8	M1	86.9	157.8	144.4
F2	137.4	210.5	198.1	M2	78.5	145.7	132.5
F3	76.1	168.2	150.1	M3	105.2	142.5	134.7
F4	102.3	166.7	155.3	M4	100.9	185.3	171.2
F5	118.9	186.2	175.1	M5	103.8	187.7	177.7
F6	99.4	161.9	155.3	M6	106.3	191.1	165.8
F7	133.6	197.3	190.4	M7	106.4	158.8	150.3
F8	106.6	187.2	178.6	M8	85.9	190.9	164.5
F9	124.9	235.6	220.6	M9	95.8	187.3	177.0
F10	114.0	185.6	184.9	M10	88.6	169.7	150.9
平均	113.3	188.8	178.6*	平均	95.8	171.7	156.9*

注：示范地点：江苏无锡；* 表示与当地习惯施肥法相比在0.05水平上差异显著

从水稻氮肥利用率的各个指标（吸收利用率、农学利用率、生理利用率及氮肥偏生产力）分析（表6-14和表6-15），当地习惯施肥法处理2003年和2004年10户稻田的氮肥吸收利用率平均为33.7%和34.7%，两年平均仅为34.2%；农学利用率2003年10户平均仅为2.8kg/kg N，最低的仅为1.0kg/kg N，2004年10户平均也仅有6.7kg/kg N，两年平均为4.8kg/kg N；生理利用率两年平均在8.4～18.6kg/kg N，氮肥偏生产力为32.7～36.4kg/kg N（表6-14和表6-15）。从两年的平均结果来看，SSNM处理的氮肥吸收利用率、农学利用率、生理利用率和氮肥偏生产力分别为46.5%～47.0%、6.1～12.6kg/kg N、13.5～27.3kg/kg N及53.2～62.2kg/kg N，分别较当地习惯施肥法提高了34.0%～39.5%、88.1%～117.9%、46.7%～60.7%和62.7%～71.0%（表6-14和表6-15）。

表 6-14　2003 年实时氮肥管理示范对水稻氮肥利用率的影响

农户编号	吸收利用率/%		农学利用率/（kg /kg N）		生理利用率/（kg /kg N）		氮肥偏生产力/（kg /kg N）	
	当地习惯施肥法	实地氮肥管理	当地习惯施肥法	实地氮肥管理	当地习惯施肥法	实地氮肥管理	当地习惯施肥法	实地氮肥管理
F1	36.9	41.9	6.6	8.2	17.8	19.7	45.7	60.9
F2	30.6	43.7	3.4	7.8	11.0	17.9	30.3	54.1
F3	40.3	53.2	2.6	2.6	6.5	4.8	26.5	41.8
F4	28.9	38.1	3.7	5.8	12.8	15.1	32.6	52.1
F5	26.4	40.4	2.5	10.1	9.3	25.1	29.0	58.8
F6	25.1	40.2	1.4	3.2	5.5	8.0	26.6	48.5
F7	39.9	40.9	3.7	6.1	9.3	14.9	48.5	57.6
F8	39.6	51.8	2.2	6.3	5.6	12.1	34.3	53.2
F9	36.5	68.8	1.0	7.3	2.9	10.7	22.7	54.7
F10	32.7	51.0	1.0	3.7	3.1	7.2	30.7	50.5
平均	33.7	47.0*	2.8	6.1*	8.4	13.5*	32.7	53.2*

注：示范地点：江苏无锡；* 表示与当地习惯施肥法相比在 0.05 水平上差异显著

表 6-15　2004 年实时氮肥管理示范对水稻氮肥利用率的影响

农户编号	吸收利用率/%		农学利用率/（kg /kg N）		生理利用率/（kg /kg N）		氮肥偏生产力/（kg /kg N）	
	当地习惯施肥法	实地氮肥管理	当地习惯施肥法	实地氮肥管理	当地习惯施肥法	实地氮肥管理	当地习惯施肥法	实地氮肥管理
M1	31.4	47.4	7.2	14.3	22.9	30.1	34.4	65.0
M2	29.8	44.8	4.5	11.2	15.1	25.1	33.2	64.9
M3	20.4	24.5	1.6	5.6	7.7	22.9	36.5	58.5
M4	46.1	58.3	7.5	8.2	16.2	14.0	41.8	60.2
M5	40.1	56.4	12.7	14.6	31.7	25.9	43.2	63.3
M6	37.1	45.4	7.7	14.8	20.7	32.6	37.2	66.1
M7	17.9	31.0	3.3	10.9	18.7	35.1	25.5	56.8
M8	37.7	55.6	7.5	18.4	19.9	33.1	31.7	66.0
M9	48.9	57.4	10.2	17.0	20.9	29.6	45.0	63.0
M10	37.3	44.0	4.6	10.8	12.4	24.7	35.0	57.6
平均	34.7	46.5	6.7	12.6	18.6	27.3	36.4	62.2

注：示范地点：江苏无锡

由上述结果可以看出，虽然 SSNM 的农学利用率和生理利用率均较当地习惯施肥法有较大幅度的提高，但其绝对数值仍然很低，这主要是由于氮空白区水稻产量较高所致，也说明 SSNM 技术需要进一步改进。

SSNM 在扬州、连云港等地大面积示范的结果表明，与当地习惯施肥法相比，SSNM 的氮肥施用量平均减少了 40.2%，产量提高了 3.2%，氮肥农学利用率提高了 88.9%（表 6-16）。

表 6-16　实地氮肥管理大面积示范的氮肥施用量、产量及氮肥农学利用率

地点	施氮方法	面积/ $\times10^4hm^2$	施氮量/（kg N/hm^2）	产量/（kg/hm^2）	氮肥农学利用率/（kg/kg N）
无锡	当地习惯施肥法	2.2	275.3	8109.0	6.5
	实地氮肥管理	3.5	160.1	8500.5	13.7
扬州	当地习惯施肥法	2.4	247.4	7399.5	5.9
	实地氮肥管理	5.4	147.6	7606.5	11.3
连云港	当地习惯施肥法	2.5	306.9	9300.0	10.0
	实地氮肥管理	7.0	188.6	9498.0	17.4
平均	当地习惯施肥法		276.5	8269.5	7.5
	实地氮肥管理		165.4	8535.0	14.1*
实地施肥管理较当地习惯施肥法			−111.1（−40.2%）	+265.5（+3.2%）	+6.6（+88.9%）

注：* 表示与当地习惯施肥法相比在 0.05 水平上差异显著

6.3　水稻实地氮肥管理的生理生态效应

6.3.1　叶片叶绿素含量

从移栽后 10 天起至抽穗期，汕优 63 不施氮处理（0N）、实地氮肥管理（SSNM）和当地习惯施肥法（FFP）叶片叶绿素含量（以 SPAD 读数直接表示）均在穗分化期有一个明显的下降过程，之后开始上升（图 6-2）。抽穗后各处理的叶绿素含量均开始逐渐下降。整个生育期中，不施氮处理叶片的叶绿素含量明显低于 SSNM。武育粳 3 号和汕优 63 表现趋势相同，但武育粳 3 号的叶片叶绿素含量各时期均要高于汕优 63（图 6-2）。

6.3.2　叶片光合速率

图 6-3 为水稻抽穗后叶片光合速率的变化。从图中可以看出，在抽穗期测定的叶片光合速率最高。汕优 63 SSNM 处理叶片的光合速率大于 FFP 处理，

而武育粳 3 号抽穗期 SSNM 和 FFP 两个处理的叶片光合速率无显著差异。两个品种叶片的光合速率在抽穗后 30 天均表现为 SSNM 处理>FFP 处理>不施氮处理（图 6-3）。说明 SSNM 有利于提高水稻结实期的光合生产能力。

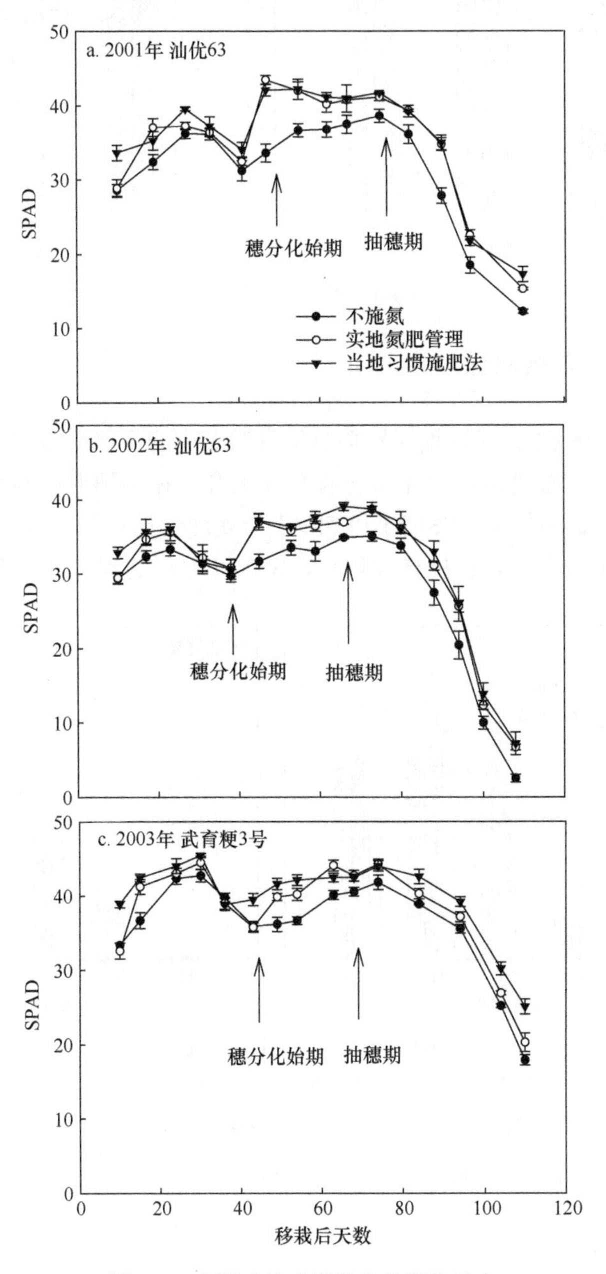

图 6-2 水稻叶片叶绿素含量变化动态

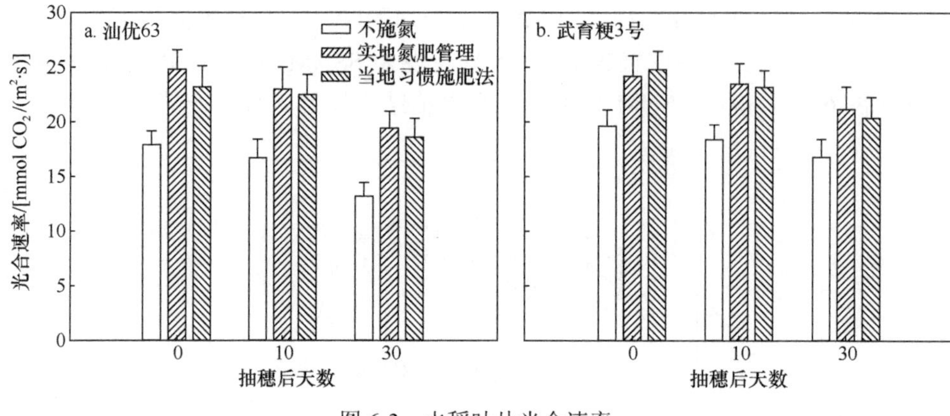

图 6-3 水稻叶片光合速率

6.3.3 水稻根重与根冠比

图 6-4 为汕优 63 和武育粳 3 号整个生育期根重的变化动态，从图中可以看出，两个品种的根重在抽穗前随着生育进程直线上升，在抽穗期达到最大值，自抽穗后开始逐步下降。不施氮、SSNM 和 FFP 3 个处理变化趋势一致。在抽穗前，FFP 处理的根重大于 SSNM，在抽穗及以后，SSNM 处理的根重大于 FFP（图 6-4）。

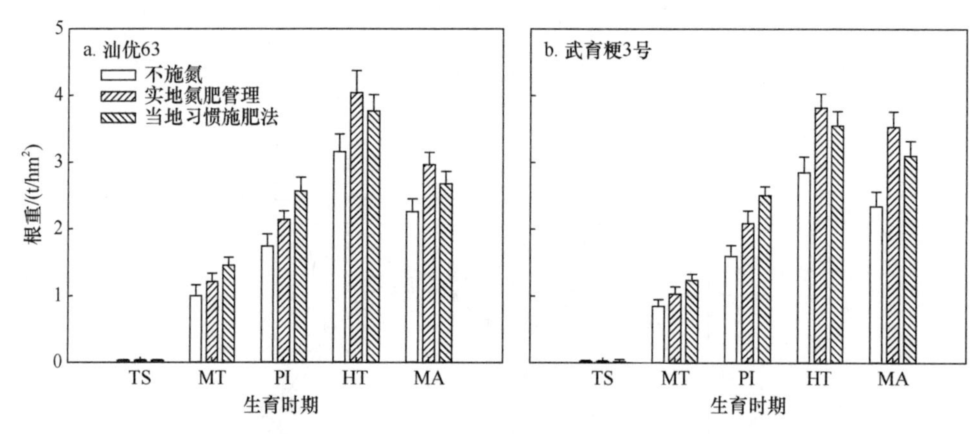

图 6-4 水稻不同生育期根系干重

TS：移栽期；MT：分蘖中期；PI：穗分化始期；HT：抽穗期；MA：成熟期

在整个生育过程中水稻根冠比呈下降趋势（图 6-5）。根冠比的大小依次为 SSNM 处理>FFP 处理>不施氮处理（图 6-5）。

6.3.4 根系活性

在分蘖中期、穗分化期及抽穗期对水稻根系活性的测定结果表明（图 6-6），

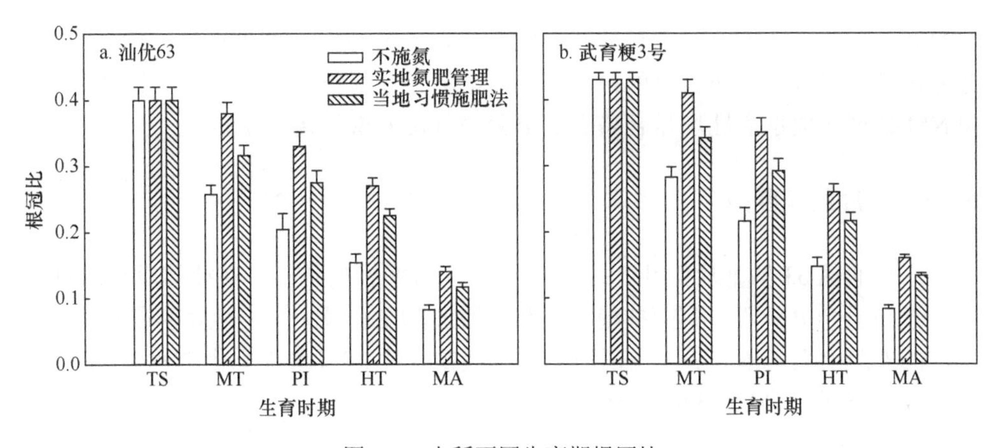

图 6-5　水稻不同生育期根冠比

TS：移栽期；MT：分蘖中期；PI：穗分化始期；HT：抽穗期；MA：成熟期

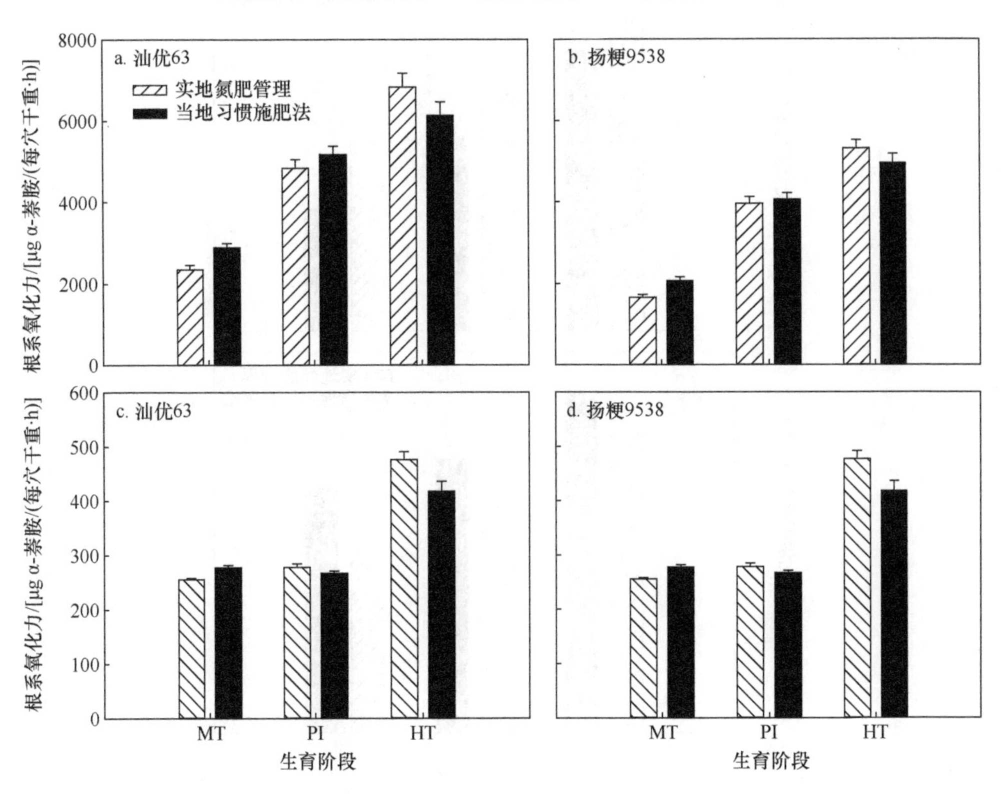

图 6-6　水稻根系单穴（a，b）和单茎（c，d）根系活性

MT：分蘖中期；PI：穗分化始期；HT：抽穗期

分蘖中期两品种（汕优 63 和扬粳 9538）SSNM 处理单穴的根系活性显著低于 FFP 处理。穗分化期 SSNM 处理的根系活性也低于 FFP，但两者差异不显著。抽穗期

SSNM 处理单穴根系活性则显著高于 FFP 处理（图 6-6 a，图 6-6 b）。若将单穴的根系活性转换成单茎所占有的根系活性，则除了分蘖中期外，穗分化期和抽穗期 SSNM 处理的根系活性均显著高于 FFP 处理（图 6-6c，图 6-6 d）。

6.3.5 叶片荧光参数

水稻汕优 63 抽穗后剑叶 PS II 最大光化学效率（F_v/F_m），在抽穗后 SSNM 处理一直高于 FFP 处理，且随抽穗后天数的增加，PS II 最大光化学效率在两种施氮方法间差距增大（图 6-7a）。在抽穗后 30 天的叶片 PS II 最大光化学效率，SSNM 处理较 FFP 处理高出 45.9%（图 6-7a）。

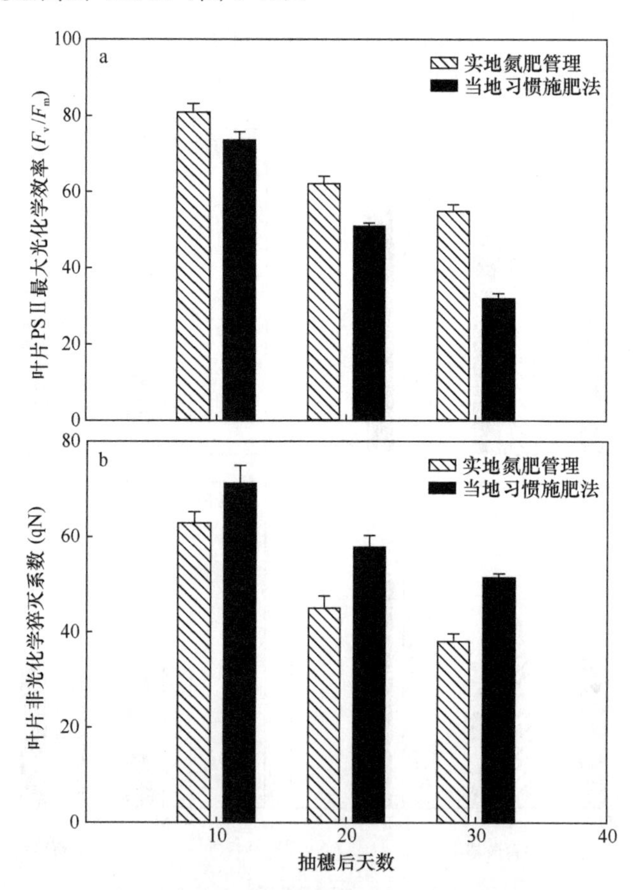

图 6-7　水稻品种汕优 63 抽穗后剑叶 PS II 最大光化学效率（F_v/F_m）（a）和非光化学猝灭系数（qN）（b）

与 F_v/F_m 相反，在 SSNM 处理下的剑叶非光化学猝灭系数（qN）抽穗后一直低于 FFP，且随抽穗天数的增加，qN 在两种施氮方法间差距增大（图 6-7b）。抽穗后 30 天的叶片非光化学猝灭系数，SSNM 处理较 FFP 处理低 25.5%（图 6-7b）。

PS II 最大光化学效率（F_v/F_m）与非光化学猝灭系数（qN）反映了光合源的质量状况，F_v/F_m 值越大、qN 值越小，表明光合源的质量就越好，有利于叶片光合能力的提高[19-21]。在 SSNM 下，抽穗后叶片 F_v/F_m 值较大，qN 值较小，说明 SSNM 有利于抽穗后叶片的光合作用。

6.3.6　冠层内温度变化

作者依据不同 SPAD 阈值设置不同施氮量，观察了在不同施氮量条件下水稻冠层内温度变化状况。结果表明，水稻冠层内温度变化在不同施氮量处理之间趋势基本一致，即夜间温度低而稳定，处理间变幅仅为 0.5℃左右，而白天温度高且变化幅度大，一般在 12：00～14：00 达最高值，处理间变幅最高可达 4.0℃左右（图 6-8）。冠层内昼温在处理之间的变化规律表现为，随施氮量的增加昼温降低，昼夜温差变小（图 6-8）。与 FFP 或其他高施氮量处理（N5、N6）相比，SSNM（N2）提高了白天冠层内温度，使得昼夜温差变大（图 6-8）。

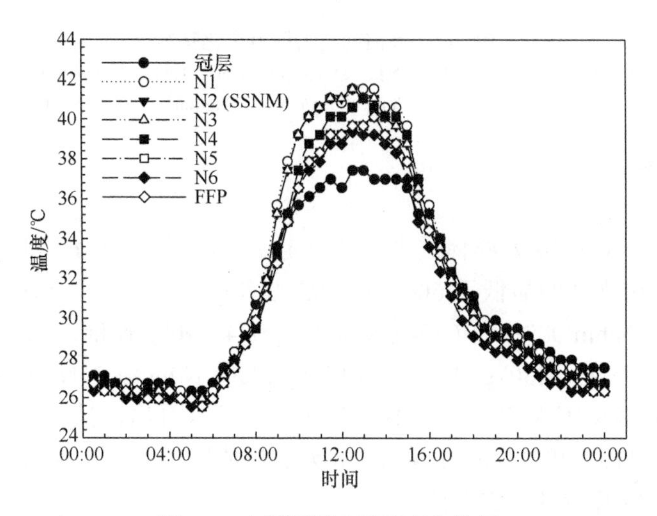

图 6-8　水稻冠层内温度变化特征

供试品种为扬粳 9538，抽穗期测定；N1、N2（SSNM）、N3、N4、N5、N6 和 FFP 的施氮量分别为 0kg/hm²、140kg/hm²、50kg/hm²、90kg/hm²、230kg/hm²、350kg/hm² 和 270kg/hm²

6.3.7　冠层内湿度变化

冠层内相对湿度与温度的变化趋势大体相反，具体表现为，冠层内夜间湿度大且相对稳定，各处理夜间湿度基本都处于饱和状态，而白天湿度低，一般在 12：00～14：00 达最低值，处理间差异大，变幅可达 20～25 个百分点（图 6-9）。

处理间比较可以看出，施氮量高的处理夜间湿度高且高湿度持续时间长，而昼湿高，且持续时间短，昼夜湿度差小（图 6-9）。与 FFP 或其他高施氮量处理（N5、N6）相比，SSNM 处理明显降低了白天水稻群体内的湿度（图 6-9）。

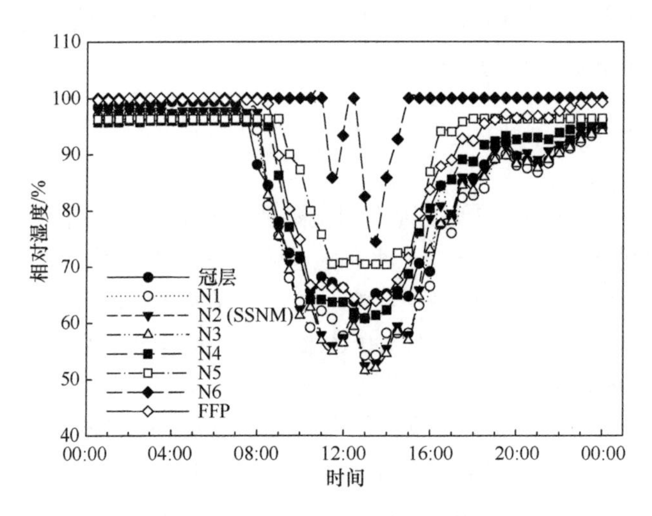

图 6-9 水稻冠层内湿度变化特征

供试品种为扬粳 9538，抽穗期测定；N1、N2（SSNM）、N3、N4、N5、N6 和 FFP 的施氮量分别为 0kg/hm^2、140kg/hm^2、50kg/hm^2、90kg/hm^2、230kg/hm^2、350kg/hm^2 和 270kg/hm^2

6.3.8 群体透光率

抽穗后 10 天和 30 天群体透光率的测定结果表明（图 6-10 和图 6-11）：距地面 30cm 处的透光率明显低于 60cm 处的透光率。处理之间群体透光率的大小表现为 N1（0kg N/hm^2）＞N3（50kg N/hm^2）＞N4（90kg N/hm^2）＞N2（SSNM，140kg N/hm^2）＞N5（230kg N/hm^2）＞FFP（270kg N/hm^2）＞N6（350kg N/hm^2），即与施氮量的多少表现相反。从不同时期比较可以看出，抽穗后 30 天的群体透光率（图 6-11）均明显高于抽穗后 10 天的群体透光率（图 6-10），这可能与结实中后期部分叶片衰老死亡有关。

距地面向上 30cm 处的群体透光率 SSNM 处理略高于 FFP 处理，但差异不显著；60cm 处的群体透光率 SSNM 处理则显著高于 FFP 处理（图 6-10 和图 6-11）。对汕优 63 的测定结果也表明，实地氮肥管理水稻距地面 30cm 处的群体透光率较 FFP 处理高出 87.1%，60 cm 处则高出 32.4%，差异均达显著水平（图 6-12）。

6.3.9 纹枯病发病情况

氮肥处理对水稻纹枯病的发生有明显影响（表 6-17）。在控病情况下，以高施

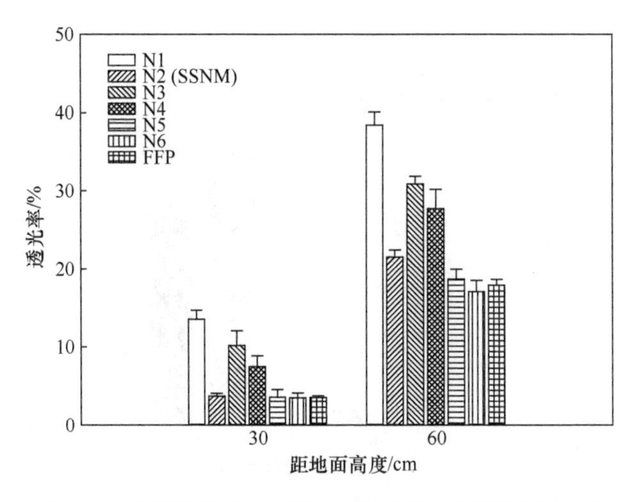

图 6-10　水稻抽穗后 10 天距离地面不同高度群体透光率

供试品种为扬粳 9538，抽穗期测定；N1、N2（SSNM）、N3、N4、N5、N6 和 FFP 的施氮量分别为 0kg/hm²、140kg/hm²、50kg/hm²、90kg/hm²、230kg/hm²、350kg/hm² 和 270kg/hm²

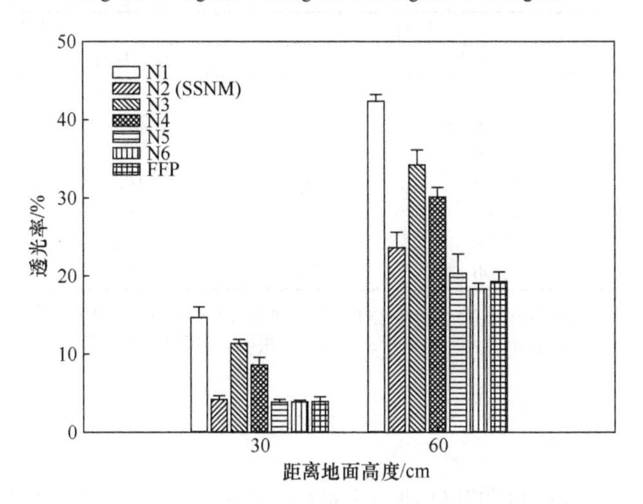

图 6-11　水稻抽穗后 30 天距离地面不同高度群体透光率

供试品种为扬粳 9538，抽穗期测定；N1、N2（SSNM）、N3、N4、N5、N6 和 FFP 的施氮量分别为 0kg/hm²、140kg/hm²、50kg/hm²、90kg/hm²、230kg/hm²、350kg/hm² 和 270kg/hm²

氮量 N6 处理的纹枯病发生情况最为严重，无论是发病株数还是病情指数均显著高于其他处理，其次是 FFP 处理，各处理纹枯病发生情况与施氮量表现一致。在不控病情况下，氮肥处理对纹枯病的影响与控病处理的趋势基本一致，但其发病株数和病情指数均明显高于控病处理。与 FFP 处理相比，SSNM 处理的纹枯病的发病株数及病情指数均有明显下降（表 6-17）。

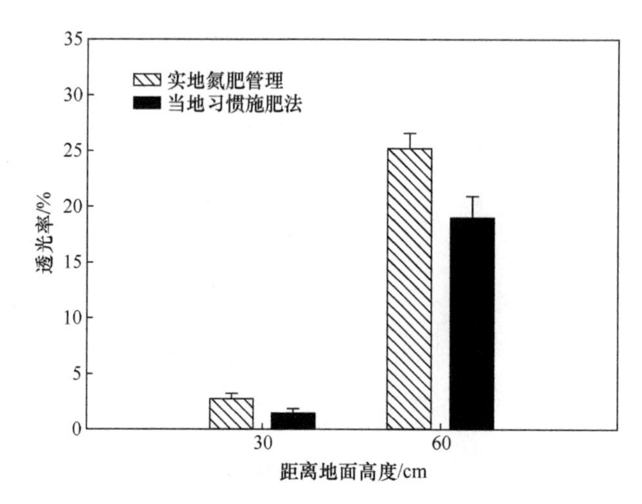

图 6-12　水稻汕优 63 齐穗期距离地面不同高度群体透光率

表 6-17　水稻纹枯病发生情况　（单位：%）

氮处理	控病		不控病	
	发病株数	病情指数	发病株数	病情指数
N1	1.3f	0.3f	5.0e	1.3e
N2（SSNM）	9.8d	3.0cd	22.3d	5.0cd
N3	3.8ef	1.3e	7.5e	1.3e
N4	8.3de	2.3d	19.8d	7.0c
N5	20.0c	3.8c	36.0c	10.3b
N6	48.8a	9.3a	57.8a	21.8a
FFP	32.0b	4.8b	42.5b	6.8c

注：N1、N2（SSNM）、N3、N4、N5、N6 和 FFP 的施氮量分别为 0kg/hm^2、140kg/hm^2、50kg/hm^2、90kg/hm^2、230kg/hm^2、350kg/hm^2 和 270kg/hm^2；同一栏内不同字母表示在 0.05 水平上差异显著

6.4　小　　结

（1）在依据目标产量和基础地力产量确定总施氮量的基础上，可根据叶绿素仪（SPAD）测定值对氮肥追施用量进行调节；SPAD 读数值 35 和 37 可分别作为籼稻和粳稻分蘖初期和穗分化始期的施氮阈值。与当地习惯施肥法相比，以叶色诊断为核心的实地氮肥管理可显著减少氮肥用量和提高氮肥利用率，并可增加产量 3.0%左右。

（2）相对于当地习惯施肥法，实地氮肥管理可以提高叶片光合作用和群体透光率，增强根系活性，增加群体昼夜温差，降低田间湿度，减轻纹枯病危害。

参 考 文 献

[1] Peng S B, Buresh R J, Huang J L, et al. Improving nitrogen fertilization in rice by site-specific N management. Agronomy for Sustainable Development, 2010, 30: 649-656.

[2] Dobermann A C, Witt C, Dawe D, et al. Site-specific nutrient management for intensive rice cropping systems in Asia. Field Crops Research, 2002, 74: 37-66.
[3] Yang W H, Peng S B, Huang J L, et al. Using leaf color charts to estimate leaf nitrogen status of rice. Agronomy Journal, 2003, 95: 212-217.
[4] Liu C G, Zhou X Q, Chen D G, et al. Natural variation of leaf thickness and its association to yield traits in *Indica* rice. Journal of Integrative Agriculture, 2014, 13(2): 316-325.
[5] 赵全志, 丁艳锋, 王强盛, 等.水稻叶色变化与氮素吸收的关系. 中国农业科学, 2006, (5): 916-921.
[6] 王绍华, 刘胜环, 王强盛, 等. 水稻产量形成与叶片含氮量及叶色的关系. 南京农业大学学报, 2002, 25 (4): 1-5.
[7] 中国农业科学院江苏分院. 陈永康水稻高产经验研究. 上海: 上海科学技术出版社, 1962: 1-30.
[8] 南京农学院, 江苏农学院. 作物栽培学. 上海: 上海科学技术出版社, 1979: 18-172.
[9] Ji R T, Shi W M, Wang Y, et al. Nondestructive estimation of bok choy nitrogen status with an active canopy sensor in comparison to a chlorophyll meter. Pedosphere, 2020, 30(6): 769-777.
[10] Mainak G, Dillip K S, Madan K J, et al. Optimizing chlorophyll meter (SPAD) reading to allow efficient nitrogen use in rice and wheat under rice-wheat cropping system in eastern India. Plant Production Science, 2020, 23(3): 270-285
[11] Zhang K, Yuan Z F, Yang T C, et al. Chlorophyll meter–based nitrogen fertilizer optimization algorithm and nitrogen nutrition index for in - season fertilization of paddy rice. Agronomy Journal, 2020, 112(1): 288-300
[12] Naeem A, Ahmad Z, Muhammad J, et al. Bridging the yield gap in rice production by using leaf color chart for nitrogen management. Journal of Botany, 2016, (3): 1-6.
[13] Ali M A, Harmit S T, Sandeep S, et al. Site-specific nitrogen management in dry direct-seeded rice using chlorophyll meter and leaf colour chart. Pedosphere, 2015, 25(1): 72-81.
[14] Yan X, Jin J Y, Ping H E, et al. Recent advances on the technologies to increase fertilizer use efficiency. Agricultural Sciences in China, 2008, 7(4): 469-479.
[15] 刘立军, 桑大志, 刘翠莲, 等. 实时实地氮肥管理对水稻产量和氮素利用率的影响. 中国农业科学, 2003, (12): 1456-1461.
[16] 刘立军, 徐伟, 桑大志, 等. 实地氮肥管理提高水稻氮肥利用效率. 作物学报, 2006, 32(7): 987-994.
[17] Dobermann A, Cassman K G, Peng S, et al. Precision nutrient management in intensive irrigated rice systems. Proc. of the International Symposium on Maximizing Sustainable Rice Yields Through Improved Soil and Environmental Management. November 11-17, 1996, Khon Kaen, Thailand. Dept. of Agriculture, Soil and Fertilizer Society of Thailand, Bangkok, 1996: 133-154.
[18] Hussain F, Bronson K F, Yadvinder S, et al. Use of chlorophyll meter sufficiency indices for nitrogen management of irrigated rice in Asia. Agronomy Journal, 2000, 92: 875-879.
[19] 赵明, 李少昆, 王志敏, 等. 论作物源的数量、质量关系及其类型划分. 中国农业大学学报, 1998, 3(3): 53-58.
[20] 葛明治, 焦德茂. 籼粳杂种稻亚优 2 号与汕优 63 光合特性比较. 江苏农业科学, 1990, 4: 6-8.
[21] 潘晓华, 王永锐, 傅家瑞. 水稻群体光合生产能力的强化及其调控. 生态科学, 1994, 1: 126-132.

第7章 “三因”氮肥施用技术

“三因”氮肥施用技术（“three-based”application technology of fertilizer nitrogen）是指因地力、因叶色、因品种的氮肥施用技术。该技术的要点：根据基础地力产量和目标产量确定总施氮量；依据稻茎上部第3完全展开叶与第1完全展开叶的叶色比值（相对值）作为追施氮肥诊断指标，对氮素追肥施用量进行调节；根据水稻品种颖花形成能力及对穗肥的响应特点，确定不同穗型水稻品种的穗肥施用策略。在水稻生产上，合理的氮肥运筹主要取决于3个因素：土壤的供肥能力；水稻品种对氮素的需求特性；水稻生长发育过程中对氮素的需求。长期以来，实现氮肥供应与土壤供肥能力、水稻品种需肥特性及其在不同生育期对氮素需求的匹配是一个难题[1-7]。“三因”氮肥施用技术解决了这一难题，可协同提高水稻产量与氮肥利用率[8-10]。

7.1 因地力氮肥施用技术

7.1.1 基础地力产量的确定

基础地力产量是指在不施氮肥条件下获得的籽粒产量（简称产量）。用于生产这部分产量的氮素，除了土壤供应的氮素（含生物固氮）以外，还包括灌水、降水、雷电、干沉降等环境输入氮素。由于稻田氮素受淹水等各种因素的影响，土壤氮素转化过程复杂，任何单纯的化学浸提方法测定的土壤氮含量均不能准确反映土壤的供氮能力[11]。因此，水稻基础地力产量通常需要通过设置氮空白区（不施氮区）获得。作者通过对长江下游稻区和东北稻区3160多个田块的试验（含测土配方肥料试验）和实地取证，明确了在不同肥力水平下的基础地力产量（表7-1）。以长江下游粳稻为例，在施氮量210～315kg/hm^{2}条件下，地力水平低的田块（施氮后产量<7.5t/hm^2），不施氮区的产量变幅为3.42～4.58t/hm^2，平均为4.20t/hm^2；地力水平中等的田块（施氮后产量<9.0t/hm^2，≥7.5t/hm^2），不施氮区的产量变幅为4.25～5.32t/hm^2，平均为4.95t/hm^2；地力水平高的田块（施氮后产量≥9.0t/hm^2），不施氮区的产量变幅为4.90～6.75t/hm^2，平均为6.30t/hm^2（表7-1）。研究表明，基础地力产量在年度间有较高的稳定性，除非品种类型和耕作制度有重大变化，从试验中获得的基础地力产量作为计算总施氮量的参数，可用3～5年[12]。

表 7-1 不同基础地力的水稻产量（不施氮区产量）

施氮区产量/（t/hm^2）	地力分类	样本数	不施氮区产量/（t/hm^2）	
			变幅	平均
长江中下游稻区粳稻				
<7.5	低	132	3.42～4.58	4.20
≥7.5，<9.0	中	266	4.25～5.32	4.95
≥9.0	高	617	4.90～6.75	6.30
长江中下游稻区籼稻				
<7.5	低	96	3.85～4.98	4.60
≥7.5，<9.0	中	103	4.50～5.70	5.25
≥9.0	高	314	5.15～6.95	6.55
东北稻区粳稻				
<7.5	低	309	2.23～5.55	3.92
≥7.5，<9.0	中	543	4.43～6.54	5.25
≥9.0	高	486	5.34～7.15	6.33

注：长江中下游稻区粳稻施氮区的施氮量为 210～315kg/hm^2，籼稻施氮区的施氮量为 180～270kg/hm^2；东北稻区粳稻施氮区的施氮量为 100～225kg/hm^2

7.1.2 总施氮量的确定

有了基础地力产量（不施氮区产量），可以根据目标产量、基础地力产量、氮肥农学利用率 3 个参数，按照下式计算确定总施氮量：

总施氮量（kg/hm^2）=[目标产量（kg/hm^2）–基础地力产量（kg/hm^2）]/氮肥农学利用率（kg/kg N）

公式中的基础地力产量可参照表 7-1 确定。目标产量可根据如下 3 种方法中的一种方法确定：①某一品种的最高产量潜力（生长条件不受限制、栽培管理措施最佳时获得的产量）乘以 0.85；②某一品种的区试产量乘以 1.10；③根据农户或某一田块的实际产量水平确定。氮肥农学利用率是指施入单位氮肥所能增加的稻谷产量，氮肥农学利用率= [（施氮区水稻产量－氮空白区水稻产量）/施氮量]。在长江下游稻区，大面积生产中粳稻品种的氮肥农学利用率多为 10～12kg/kg N，籼稻品种一般为 12～14kg/kg N；在东北稻区，生产上粳稻品种的氮肥农学利用率为 19～22kg/kg N[13-17]。作者多年多点试验示范表明，通过采用高产氮敏感性品种和实地氮肥管理等措施，在保证产量≥9.0t/hm^2 条件下，南方粳稻和籼稻的氮肥农学利用率平均为 15.3kg/kg N 和 17.4kg/kg N，东北粳稻的氮肥农学利用率平均为 25.2 kg/kg N（图 7-1）。因此，在计算总施氮量时，在长江流域稻区，可将 15kg/kg N 和 17kg/kg N 分别作为粳稻和籼稻的氮肥农学利用率指标；在东北稻区，可将

25kg/kg N 作为氮肥农学利用率指标。例如，作者曾以粳稻连粳 7 号为材料，在江苏连云港进行高产氮高效利用的示范，示范地农户的水稻产量平均为 9.05t/hm^2，示范方目标产量希望较当地农户产量增加 10%以上，设定为 9.96t/hm^2，根据表 7-1，基础地力产量为 6.30t/hm^2，氮肥农学利用率取值 15kg/kg N，计算得到总施氮量为

$$总施氮量（kg/hm^2）=（9960kg/hm^2-6300kg/hm^2）/15kg/kg\ N =244kg/hm^2$$

示范方实际施氮量 245kg/hm^2，实收产量（经测产专家验收）为 10.12t/hm^2。

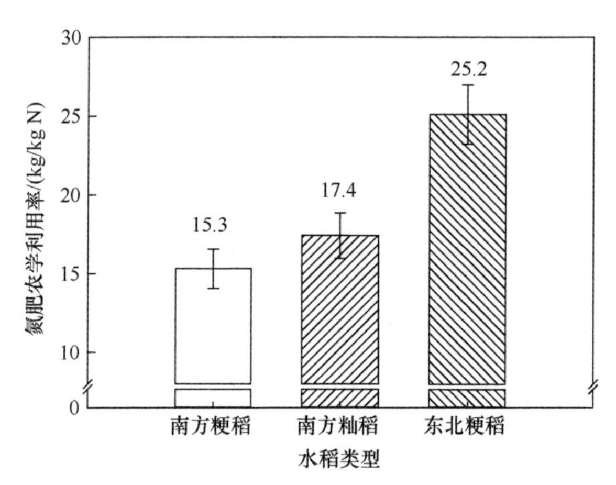

图 7-1　水稻高产与氮高效利用试验和示范地的氮肥农学利用率
南方粳稻、籼稻和东北粳稻的样本数（n）分别为 163、82 和 136

再如，作者以杂交籼稻 II 优 084 为材料，在江苏扬州进行高产氮高效利用的示范，示范地农户的水稻产量平均为 9.36t/hm^2，示范方目标产量希望较当地农户产量增加 10%以上，设定为 10.20t/hm^2，根据表 7-1，基础地力产量为 6.55t/hm^2，氮肥农学利用率取值 17kg/kg N，计算得到总施氮量为

$$总施氮量（kg/hm^2）=（10\ 200kg/hm^2-6550kg/hm^2）/17kg/kg\ N =214.7kg/hm^2$$

示范方实际施氮量 215 kg/hm^2，实收产量（经测产专家验收）为 10.48t/hm^2。

由图 7-1 可知，东北稻区粳稻的氮肥农学利用率明显高于南方稻区粳稻的氮肥农学利用率。分析其原因，主要有：一是收获指数不同，东北粳稻的收获指数为 0.55～0.6；南方粳稻的收获指数为 0.5 左右。二是成熟期植株含氮量不同，东北粳稻稻草的含氮量为 0.3%左右；南方粳稻稻草的含氮量为 0.5%～0.6%；东北粳稻籽粒的含氮量为 1%左右，南方多数为 1.2%左右。三是南方的粳稻生育期较东北粳稻长，前者消耗的氮较后者多[8,11,16-18]。

凌启鸿[12]研发的精确定量施用技术，提出用斯坦福（Stanford）差值法计算总

施氮量，即施氮量=（目标产量的需氮量－土壤的供氮量）/氮肥的当季利用率。用该方法计算总施氮量，不仅需要明确目标产量和基础地力产量，还需测定成熟期稻株植株含氮量。与之相比较，用目标产量、基础地力产量、氮肥农学利用率 3 个参数计算总施氮量的方法则更为简便。

7.2 因叶色氮肥施用技术

7.2.1 用叶色诊断施氮的可靠性

科学确定总施氮量是合理施肥的重要基础。但是，水稻生育期内土壤有效氮（含追施氮肥中的氮）的供应受当时当地气候条件、环境输入、水稻品种、生长发育状况等的影响，需要根据水稻对氮素的实际需求进行追施氮肥。在生产上，作物的营养诊断通常有 2 种方法：一是根层诊断；二是叶色诊断。由于水稻在淹水条件下土壤中有效氮的测定方法有限，在生育期内难以像小麦、玉米等旱地作物那样通过根层有效氮的测定对水稻进行实时快速的氮肥施用推荐[11]。另外，对于同一个水稻品种，叶色的深浅反映了植株含氮量的高低。因此，叶色诊断是水稻氮素营养诊断最为常用的方法。20 世纪 50 年代，陈永康[19]提出了根据水稻叶色“黑黄”变化进行施氮的方法。这一方法虽然简单，但这是一种经验性的方法，难以做到精确定量，且主要用于单季晚稻[20,21]。一些研究者提出通过测定水稻叶片或植株全氮含量来诊断水稻氮素营养状况。这一方法虽然比较准确，但需要破坏性取样，并需要进行实验室分析，因而具有明显的滞后性，难以用以指导生产[22-24]。进入 20 世纪 90 年代以来，随着便携式叶绿素仪（SPAD-502 chlorophyll meter，SPAD）的问世，氮素诊断技术实现了数字化，提高了氮素诊断的准确性和稳定性。但是，SPAD 测定值与植株含氮量的关系因品种、种植地点、季节、栽插方式等的不同而有较大差异，即使是同一品种在相同施氮量下，在不同年度间、同一年度不同地点间、同年同地点不同生育期间，SPAD 测定值相差也很大[24-31]。因此，需根据具体品种、生长发育阶段、种植地点分别确定需要施用氮肥的 SPAD 指标值，这就限制了该技术的适用性。据于此，王绍华等[24,32]提出用稻茎上顶 3 叶和顶 4 叶的相对叶色差[RSPAD =（顶 3 叶 SPAD 值-顶 4 叶 SPAD 值）/顶 3 叶 SPAD 值×100%]诊断水稻氮素营养状况。这一方法虽然可以消除品种之间叶色的差异，但作者观察到该方法在应用上也存在一些难点：①在水稻移栽后的分蘖早期，特别是小苗移栽的机插水稻分蘖早期，顶 4 叶很小，难以用 SPAD 测定该叶叶色；在拔节以后，水稻群体较大，顶 4 叶处在冠层的基部，光照条件不好，由于用 SPAD 测定叶色受光照条件影响很大，因此，用 SPAD 测定顶 4 叶叶色难以测得准。②在拔节以后，在施氮量多、群体大的条件下，虽然植株含氮量很高，但因群体郁闭，顶 4 叶容易发黄，顶 3 叶和顶 4 叶的相对叶色差会很大，即顶 3 叶和顶 4 叶的相对叶色差不能真实反映植株含氮量状况。③水稻顶 4 叶在冠层中是较老的叶片，对氮素响应较钝感，当该叶出现氮素亏缺时再进行施肥，往往施肥偏迟，影响施肥效果。

作者研究发现，茎上顶部第 3 完全展开叶[（*n*–2）叶]与茎上顶部第 1 完全展开叶（*n* 叶）的叶色比值[（*n*–2）叶叶色/ *n* 叶叶色]，简称叶色相对值，与植株含氮量呈极显著正相关（R^2> 0.99**）（图 7-2）。表明叶色相对值[（*n*–2）叶叶色与 *n* 叶叶色比值]能很好地反映水稻氮素丰缺情况，可作为水稻追施氮肥的诊断指标。不仅如此，作者还观察到，叶色相对值与水稻体内细胞分裂素（玉米素+玉米素核苷，Z+ZR）/1-氨基环丙烷-1-羧酸（ACC，乙烯合成前体）的比值 [（Z+ZR）/ACC] 密切相关（图 7-3），说明叶色相对值能够反映植株体内激素平衡情况，这是叶色相对值作为氮素诊断指标的重要生理基础。

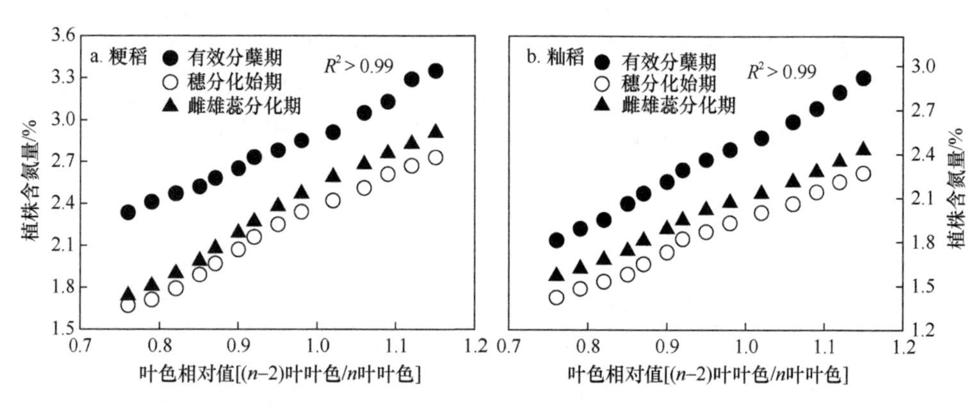

图 7-2　粳稻（a）和籼稻（b）不同生育期叶色相对值与植株含氮量的关系

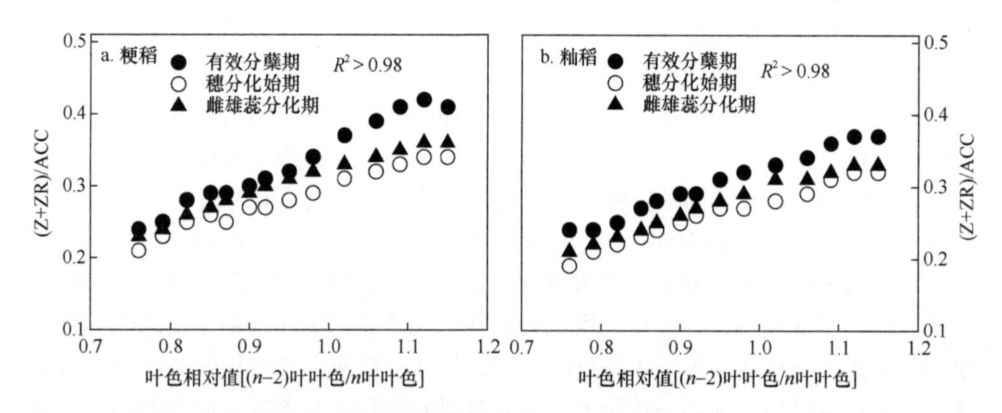

图 7-3　粳稻（a）和籼稻（b）不同生育期叶色相对值与植株中玉米素+玉米素核苷（Z+ZR）/1-氨基环丙烷-1-羧酸（ACC）值的关系

与用 SPAD 叶色直接测定值或用稻茎上顶 3 叶和顶 4 叶的相对叶色差作为追施氮肥的诊断方法相比，用叶色相对值作为氮素诊断指标的方法具有以下优点：①稻茎上顶部第 3 完全展开叶[（*n*–2）叶]与第 1 完全展开叶（*n* 叶）的叶色比较，是同一茎上两张叶片的比较，不受品种、生长季节、种植地域、生育阶段的限制。例如，相同施氮量、相同生育期、相同叶位的 SPAD 叶色测定值，水稻品种甬优 2640 较武运粳 24 号高出 5 个读数值左右，但两个品种的叶色相对值[（*n*–2）叶叶色与 *n* 叶叶色比值]基本相同（表 7-2）。表明用叶色相对值作为水稻氮素营养诊断指标具有普遍的适用性。②（*n*–2）叶与 *n* 叶均在冠层的上部，受群体遮光的影响很小，用 SPAD 测定叶色容易测得准；即使在施氮量多、群体大的条件下，该两叶的叶色受群体郁闭程度的影响也不大。③在冠层中，（*n*–2）叶与 *n* 叶均具有较高的生理活性，对氮素响应敏感，能较好地反映水稻氮素营养状况。

表 7-2 水稻不同生育时期叶色直接测定值和叶色相对值

生育时期	武运粳 24 号			甬优 2640（杂交粳稻）		
	直接测定值		叶色相对值[（*n*–2）叶/*n* 叶]	直接测定值		叶色相对值[（*n*–2）叶/*n* 叶]
	n 叶叶色	（*n*–2）叶叶色		*n* 叶叶色	（*n*–2）叶叶色	
移栽后 7 天	43.4	41.3	0.95	48.8	46.3	0.95
移栽后 14 天	44.2	43.4	0.98	49..5	48.4	0.98
叶龄余数 3.5	43.8	39.2	0.89	48.5	43.7	0.90
叶龄余数 1.5	43.3	40.7	0.94	47.8	44.9	0.94
5%的穗露出顶叶鞘	44.5	41.5	0.93	49.3	46.2	0.94

注：直接测定值为叶绿素仪（SPAD）测定值

7.2.2 不同生育期施用氮肥的叶色相对值指标

作者依据水稻关键生育期（分蘖期、穗分化始期、雌雄蕊形成期、抽穗始期）对氮素需求特点及叶色相对值[（*n*–2）叶叶色/*n* 叶叶色]与植株含氮量的对应关系，通过用 SPAD 或叶色卡测定茎上顶部第 1 完全展开叶（*n* 叶）和茎上顶部第 3 完全展开叶[（*n*–2）叶]的叶色，计算叶色相对值（图 7-4），即（*n*–2）叶 SPAD 或叶色卡测定值/*n* 叶 SPAD 或叶色卡测定值，提出了需要追施氮肥叶色相对值指标和适宜施氮量[10]。

1. 移栽时秧苗叶龄≥5 的中、大苗移栽水稻

于移栽前 1 天施用基肥，氮素基肥占总施氮量的 30%。各生育期追施氮肥的叶色相对值指标和氮肥施用量比例如下所述。

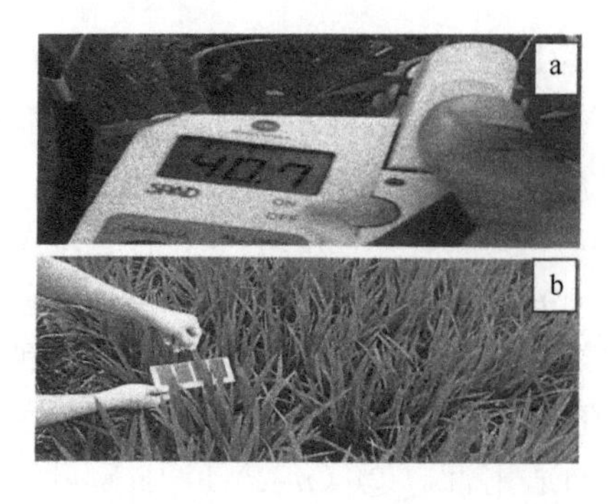

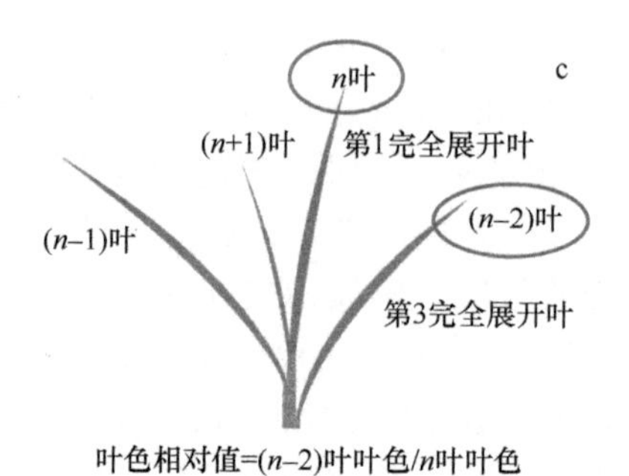

图 7-4 叶绿素测定仪（SPAD）(a)、叶色卡（b）及稻茎上部第 1 完全展开叶（*n* 叶）与第 3 完全展开叶[（*n*–2）叶] 示意图（c）

（1）分蘖期叶色相对值指标和氮肥施用量比例。

于移栽后的 6～8 天，测定（*n*–2）叶叶色和 *n* 叶叶色，计算叶色相对值[（*n*–2）叶叶色/*n* 叶叶色]：

1）叶色相对值>0.95，氮肥施用量占总施氮量的 5%；

2）0.95≥叶色相对值>0.9，氮肥施用量占总施氮量的 10%；

3）叶色相对值≤0.9，氮肥施用量占总施氮量的 15%。

（2）穗分化始期叶色相对值指标和氮肥施用量比例。

于水稻叶龄余数为 3.5 时，测定（*n*–2）叶叶色和 *n* 叶叶色，计算叶色相对值[（*n*–2）叶叶色/*n* 叶叶色]：

1）叶色相对值>1，氮肥施用量占总施氮量的 15%；

2）1≥叶色相对值>0.9，氮肥施用量占总施氮量的 20%；

3）叶色相对值≤0.9，氮肥施用量占总施氮量的 25%。

（3）雌雄蕊形成期叶色相对值指标和氮肥施用量比例。

于水稻叶龄余数为 1.5 时，测定（*n*–2）叶叶色和 *n* 叶叶色，计算叶色相对值[（*n*–2）叶叶色/*n* 叶叶色]：

1）叶色相对值>1，氮肥施用量占总施氮量的 10%；

2）1≥叶色相对值>0.9，氮肥施用量占总施氮量的 20%；

3）叶色相对值≤0.9，氮肥施用量占总施氮量的 25%。

（4）抽穗始期叶色相对值指标和氮肥施用量比例。

于全田有 5%的稻穗露出顶叶叶鞘时，测定（*n*–2）叶叶色和 *n* 叶叶色，计算叶色相对值[（*n*–2）叶叶色/*n* 叶叶色]：

1）叶色相对值>0.95，不施氮肥；

2）叶色相对值≤0.95，氮肥施用量占总施氮量的 5%。

中、大苗移栽水稻因叶色施氮方案见表 7-3。

表 7-3 水稻中、大苗移栽不同生育期追施氮肥的叶色相对值指标和施氮量比例（移栽时叶龄≥5）

施肥时期	叶色相对值	占总施氮量的比例
基肥（移栽前 1 天施）		30%
分蘖肥 （移栽后 6～8 天施）	叶色相对值>0.95 0.95≥叶色相对值>0.9 叶色相对值≤0.9	5% 10% 15%
促花肥 （穗分化始期，叶龄余数 3.5 时施）	叶色相对值>1 1≥叶色相对值>0.9 叶色相对值≤0.9	15% 20% 25%
保花肥 （雌雄蕊形成期，叶龄余数 1.5 时施）	叶色相对值>1 1≥叶色相对值>0.9 叶色相对值≤0.9	10% 20% 25%
粒肥 （抽穗始期，全田有 5%的稻穗伸出顶叶叶鞘时施）	叶色相对值>0.95 叶色相对值≤0.95	0 5%

注：用叶绿素测定仪（SPAD）或叶色卡测定叶色，叶色相对值=顶部第 3 完全展开叶[（*n*–2）叶]叶色/顶部第 1 完全展开叶（*n* 叶）叶色；总施氮量按照公式[总施氮量=（目标产量–基础地力产量）/氮肥农学利用率]计算确定

2. 移栽时秧苗叶龄<5 的小苗移栽水稻

于移栽前 1 天施用基肥，氮素基肥占总施氮量的 20%。各生育期追施氮肥的叶色相对值指标和氮肥施用量比例如下所述。

（1）第一次施用分蘖肥。

于移栽后的 6～8 天，测定（*n*–2）叶叶色和 *n* 叶叶色，计算叶色相对值[（*n*–2）叶叶色/*n* 叶叶色]：

1）叶色相对值>0.95，氮肥施用量占总施氮量的 5%；

2）0.95≥叶色相对值>0.90，氮肥施用量占总施氮量的 10%；

3）叶色相对值≤0.90，氮肥施用量占总施氮量的 15%。

（2）第二次施用分蘖肥。

于移栽后的 12～14 天，测定（*n*–2）叶叶色和 *n* 叶叶色，计算叶色相对值[（*n*–2）叶叶色/*n* 叶叶色]：

1）叶色相对值>1，不施用氮肥；

2）1≥叶色相对值>0.95，氮肥施用量占总施氮量的 5%；

3）叶色相对值≤0.95，氮肥施用量占总施氮量的 10%；

（3）穗分化始期叶色相对值指标和氮肥施用量比例。

于水稻叶龄余数为 3.5 时，测定（*n*–2）叶叶色和 *n* 叶叶色，计算叶色相对值[（*n*–2）叶叶色/*n* 叶叶色]：

1）叶色相对值>1，氮肥施用量占总施氮量的 15%；

2）1≥叶色相对值>0.9，氮肥施用量占总施氮量的 20%；

3）叶色相对值≤0.9，氮肥施用量占总施氮量的 25%。

（4）雌雄蕊形成期叶色相对值指标和氮肥施用量比例。

于水稻叶龄余数为 1.5 时，测定（*n*–2）叶叶色和 *n* 叶叶色，计算叶色相对值[（*n*–2）叶叶色/*n* 叶叶色]：

1）叶色相对值>1，氮肥施用量占总施氮量的 10%；

2）1≥叶色相对值>0.9，氮肥施用量占总施氮量的 20%；

3）叶色相对值≤0.9，氮肥施用量占总施氮量的 25%。

（5）抽穗始期叶色相对值指标和氮肥施用量比例。

于全田有 5%的稻穗露出顶叶叶鞘时，测定（*n*–2）叶叶色和 *n* 叶叶色，计算叶色相对值[（*n*–2）叶叶色/*n* 叶叶色]：

1）叶色相对值>0.95，不施氮肥；

2）叶色相对值≤0.95，氮肥施用量占总施氮量的 5%。

小苗移栽水稻因叶色施氮方案见表 7-4。

表 7-4　水稻小苗移栽不同生育期追施氮肥的叶色相对值指标和施氮量比例（移栽时叶龄<5）

施肥时期	叶色相对值	占总施氮量的比例
基肥（移栽前 1 天施）		20%
第一次分蘖肥（移栽后 6～8 天施）	叶色相对值>0.95	5%
	0.95≥叶色相对值>0.90	10%
	叶色相对值≤0.90	15%
第二次分蘖肥（移栽后 12～14 天施）	叶色相对值>1	0
	1≥叶色相对值>0.95	5%
	叶色相对值≤0.95	10%
促花肥（穗分化始期，叶龄余数 3.5 时施）	叶色相对值>1	15%
	1≥叶色相对值>0.9	20%
	叶色相对值≤0.9	25%
保花肥（雌雄蕊形成期，叶龄余数 1.5 时施）	叶色相对值>1	10%
	1≥叶色相对值>0.9	20%
	叶色相对值≤0.9	25%
粒肥（抽穗始期，全田有 5%的稻穗伸出顶叶叶鞘时施）	叶色相对值>0.95	0
	叶色相对值≤0.95	5%

注：用叶绿素测定仪（SPAD）或叶色卡测定叶色，叶色相对值=顶部第 3 完全展开叶[（*n*–2）叶]叶色/顶部第 1 完全展开叶（*n* 叶）叶色；总施氮量按照公式[总施氮量=（目标产量–基础地力产量）/氮肥农学利用率]计算确定

稻茎顶部第 3 完全展开叶[（*n*–2）叶]叶色和第 1 完全展开叶（*n* 叶）叶色可用 SPAD 测定，也可以用叶色卡测定。在生产上，如没有叶绿素测定仪或叶色卡，可直接用眼睛观察比较两叶的叶色深浅，然后确定追施氮肥用量，即在“因地力”确定总施氮量的基础上，当顶 3 叶[（*n*–2）叶]叶色深于顶 1 叶（*n* 叶）叶色，叶

色相对值>1，可减少氮肥用量；当顶 3 叶[（*n*–2）叶]叶色与顶 1 叶（*n* 叶）叶色大致相等，叶色相对值≈1，适量施用氮肥；当顶 3 叶[（*n*–2）叶]叶色浅于顶 1 叶（*n* 叶）叶色，叶色相对值<1，适当增加氮肥用量。例如，在水稻穗分化始期，当[（*n*–2）叶]叶色/ *n* 叶叶色>1，氮肥施用量（促花肥）为总施氮量的 15%；当[（*n*–2）叶]叶色/ *n* 叶叶色≈1，氮肥施用量为总施氮量的 20%；当[（*n*–2）叶]叶色/ *n* 叶叶色<1，氮肥施用量（促花肥）为总施氮量的 25%。

7.2.3 水稻因叶色施氮技术应用实例

1. 试验地概况和供试品种

分别在扬州大学实验农场（江苏扬州）和江苏省东海县平明镇稻麦丰产试验基地设置试验（简称扬州试验和东海试验）。两试验地前茬作物均为小麦。扬州试验地土壤质地为砂壤土，耕作层有机质含量 2.11%，有效氮 103mg/kg，速效磷 32.2mg/kg，速效钾 64.5mg/ kg。东海试验地土壤质地为黏质壤土，有机质含量 2.05%，速效氮 92mg/kg，速效磷 26.7mg/kg，速效钾 136mg/kg。扬州试验的供试品种为武运粳 24 号（粳稻）和扬稻 6 号（籼稻），种子购自扬州市种子公司，于 5 月 15～16 日播种，6 月 9～10 日移栽，移栽时秧苗叶龄为 4.5（小苗移栽），株行距 12cm × 30cm，双本栽，于移栽前 1 天施用过磷酸钙（P_2O_5 含量 13.5%）750kg/hm^2 和氯化钾（K_2O 含量 59.5%）300kg/hm^2。东海试验的供试品种为连粳 7 号（粳稻）和甬优 2640（籼/粳杂交稻），种子分别购自连云港市种子公司和浙江省宁波市农业科学研究所，于 5 月 25～26 日播种，6 月 22～23 日移栽，移栽时秧苗叶龄为 6.5（中、大苗移栽），株行距 16cm × 25cm，双本栽，于移栽前 1 天施用过磷酸钙（P_2O_5 含量 13.5%）795kg/hm^2 和氯化钾（K_2O 含量 59.5%）225kg/hm^2。

2. 施氮运筹处理

扬州试验和东海试验均设置 3 个氮肥运筹处理。

（1）氮空白区，全生育期不施氮。

（2）当地高产栽培施氮方法（简称常规施氮法），当地水稻生产中的施氮方法，总施氮量粳稻为 300kg/hm^2，籼稻为 270kg/hm^2，籼/粳杂交稻为 330kg/hm^2，中、大苗移栽水稻的基肥、分蘖肥、促花肥和保花肥分别占总施氮量的 50%、10%、20%和 20%；小苗移栽水稻的基肥、第一次分蘖肥、第二次分蘖肥、促花肥和保花肥分别占总施氮量的 40%、15%、15%、15%和 15%。

（3）依据水稻叶色相对值追施氮肥方法（简称因叶色施氮法），依据目标产量、基础地力产量（氮空白区产量）、氮肥农学利用率确定总施氮量；中、大苗移栽水稻的基肥占总施氮量的 30%，小苗移栽水稻的基肥占总施氮量的 20%；中、大苗移栽和小苗移栽水稻的分蘖肥、促花肥、保花肥和粒肥的施用量根据表 7-3 和表 7-4 叶色相对值确定。扬州试验地和东海试验地因叶色施氮法的总施氮量、各施肥期的叶色相对值、施氮比例及施氮量列于表 7-5 和表 7-6。各处理小区面积 40m^2，重复 3 次，随机区组排列。成熟期各小区取 10 穴测定产量构成、地上部植株干物质重和含氮量，各小区实收计产。

表 7-5　扬州试点小苗移栽水稻依据叶色相对值追施氮肥的施氮量

品种/施肥时期	总施氮量确定：按照公式：总施氮量（kg/hm^2）=（目标产量–氮空白区产量）/氮肥农学利用率，进行计算。其中，目标产量为 9.40t/hm^2（当地常规栽培的产量为 8.51t/hm^2），氮空白区产量粳稻为 5.20t/hm^2，籼稻为 5.32t/hm^2，氮肥农学利用率粳稻品种为 15kg/kg N、籼稻品种为 17kg/kg N，计算得到粳稻品种的总施氮量=（9400–5200）/15=280kg/hm^2，籼稻品种的总施氮量=（9400–5320）/17=240kg/hm^2						
	计划施氮量		叶绿素测定仪测定值			实际施氮量	
	施氮量比例	施氮量/（kg/hm^2）	*n* 叶叶色	（*n*–2）叶叶色	叶色相对值	施氮量比例	施氮量/（kg/hm^2）
武运粳 24 号（粳稻）							
基肥（移栽前 1 天）	20%	56	—	—	—	20%	56
第 1 次分蘖肥（移栽后 7 天）	5%～15%	14～42	43.4	41.3	0.95	10%	28
第 2 次分蘖肥（移栽后 14 天）	0～10%	0～28	44.2	40.4	0.91	10%	28
促花肥（叶龄余数 3.5）	15%～25%	42～70	43.8	38.2	0.87	25%	70
保花肥（叶龄余数 1.5）	10%～25%	28～70	43.3	41.7	0.96	20%	56
粒肥（5%的穗露出顶叶鞘）	0～5%	0～14	44.5	43.2	0.97	0	0
总施氮量	50%～100%	140～280				85%	238
扬稻 6 号（籼稻）							
基肥（移栽前 1 天）	20%	48	—	—	—	20%	48
第 1 次分蘖肥（移栽后 6 天）	5%～15%	12～36	40.8	37.5	0.92	10%	24
第 2 次分蘖肥（移栽后 14 天）	0～10%	0～24	40.9	38.2	0.93	10%	24
促花肥（叶龄余数 3.5）	15%～25%	36～60	39.6	37.2	0.94	20%	48
保花肥（叶龄余数 1.5）	10%～25%	24～60	39.7	34.8	0.88	25%	60
粒肥（5%的穗露出顶叶鞘）	0～5%	0～12	39.3	37.2	0.95	5%	12
总施氮量	50%～100%	120～240				90%	216

注：叶色相对值=顶部第 3 完全展开叶[（*n*–2）叶]叶色/顶部第 1 完全展开叶（*n* 叶）叶色

3. 产量和氮肥利用率

与常规施氮法相比，扬州试验点因叶色施氮法的水稻氮肥施用量降低了 20.0%～20.7%，产量增加了 5.92%～6.13%，氮肥吸收利用率提高了 10.1～11.1 个百分点，氮肥农学利用率提高了 44.0%～44.3%（表 7-7）；东海试验点因叶色施

表 7-6 东海试点中、大苗移栽水稻依据叶色相对值追施氮肥的施氮量

品种/施肥时期	总施氮量确定：按照公式：总施氮量（kg/hm^2）=（目标产量–氮空白区产量）/氮肥农学利用率，进行计算。其中，粳稻品种连粳 7 号的目标产量为 9.30t/hm^2，氮空白区产量为 5.10t/hm^2，氮肥农学利用率为 15kg/kg N，计算得到连粳 7 号的总施氮量=（9300–5100）/15=280kg/hm^2；偏粳型籼/粳杂交稻甬优 2640 的目标产量为 11.0t/hm^2，氮空白区产量为 6.50t/hm^2，氮肥农学利用率为 15kg/kg N，计算得到甬优 2640 的总施氮量=（11 000–6500）/15=300kg/hm^2						
	计划施氮量		叶绿素测定仪测定值			实际施氮量	
	施氮量比例	施氮量/（kg/hm^2）	n 叶叶色	（n–2）叶叶色	叶色相对值	施氮量比例	施氮量/（kg/hm^2）
连粳 7 号（粳稻）							
基肥（移栽前 1 天）	30%	84	—	—	—	30%	84
分蘖肥（移栽后 7 天）	5%～15%	14～42	43.4	40.5	0.93	10%	28
促花肥（叶龄余数 3.5）	15%～25%	42～70	43.5	39.0	0.89	25%	70
保花肥（叶龄余数 1.5）	10%～25%	28～70	43.6	40.6	0.93	20%	56
粒肥（5%穗露出顶叶鞘）	0～5%	0～14	44.5	42.7	0.96	0	0
总施氮量	60%～100%	168～280				85%	238
甬优 2640（籼/粳杂交稻）							
基肥（移栽前 1 天）	30%	90	—	—	—	30%	90
分蘖肥（移栽后 7 天）	5%～15%	15～45	48.7	46.2	0.95	15%	45
促花肥（叶龄余数 3.5）	15%～25%	45～75	48.4	45.5	0.94	20%	60
保花肥（叶龄余数 1.5）	10%～25%	30～75	47.9	42.7	0.91	25%	75
粒肥（5%穗露出顶叶鞘）	0～5%	0～15	49.5	46.1	0.93	5%	15
总施氮量	60%～100%	180～300				95%	285

注：叶色相对值=顶部第 3 完全展开叶[（n–2）叶]叶色/顶部第 1 完全展开叶（n 叶）叶色

表 7-7 扬州试点依据水稻叶色相对值追施氮肥的产量和氮肥利用率

品种	施氮方法	施氮量/（kg/hm^2）	产量/（t/hm^2）	氮肥吸收利用率/%	氮肥农学利用率/（kg/kg N）	氮肥偏生产力/（kg/kg N）
武运粳 24 号（粳稻）	不施氮	0	5.22c	—	—	—
	常规施氮	300	8.95b	30.2b	12.4b	29.8b
	因叶色施氮	238	9.48a	41.3a	17.9a	39.8a
扬稻 6 号（籼稻）	不施氮	0	5.35c	—	—	—
	常规施氮	270	8.97b	32.5b	13.4b	33.2b
	因叶色施氮	216	9.52a	42.6a	19.3a	44.1a

注：氮肥吸收利用率（%）=（施氮区氮素吸收量–氮空白区氮素吸收量）/施氮量×100；氮肥农学利用率（kg/kg N）=（施氮区产量–氮空白区产量）/施氮量；氮肥偏生产力（kg/kg N）= 产量/施氮量；不同字母表示在 0.05 水平上差异显著，同栏、同品种内比较

氮法的水稻氮肥施用量降低了 13.6%～20.7%，产量增加了 5.67%～6.72%，氮肥吸收利用率提高了 7.1～10.2 个百分点，氮肥农学利用率提高了 35.8%～43.1%（表 7-8）。表明因叶色施氮技术的可行性和有效性。

表 7-8　东海试点依据水稻叶色相对值追施氮肥的产量和氮肥利用率

品种	施氮方法	施氮量/（kg/hm^2）	产量/（t/hm^2）	氮肥吸收利用率/%	氮肥农学利用率/（kg/kg N）	氮肥偏生产力/（kg/kg N）
连粳 7 号（粳稻）	不施氮	0	5.13c	—	—	—
	常规施氮	300	8.82b	30.4b	12.3b	29.4b
	因叶色施氮	238	9.32a	40.6a	17.6a	39.2a
甬优 2640（籼/粳杂交稻）	不施氮	0	6.52c	—	—	—
	常规施氮	330	10.57b	38.7b	12.3b	32.0b
	因叶色施氮	285	11.28a	45.8a	16.7a	39.6a

注：氮肥吸收利用率（%）=（施氮区氮素吸收量–氮空白区氮素吸收量）/施氮量×100；氮肥农学利用率（kg/kg N）=（施氮区产量–氮空白区产量）/施氮量；氮肥偏生产力（kg/kg N）= 产量/施氮量；不同字母表示在 0.05 水平上差异显著，同栏、同品种内比较

7.3　因品种氮肥施用技术

7.3.1　不同穗型水稻品种产量对氮素穗肥和粒肥的响应

在水稻生产上，通常将氮素穗肥（简称穗肥）分为促花肥和保花肥。促花肥在穗分化始期（叶龄余数 3.5～3.1）施用，能够促进颖花分化，增加每穗颖花数。保花肥在颖花分化期（叶龄余数 1.5～1.2）施用，能够减少颖花退化。在促花肥和保花肥之间（叶龄余数 2.5～2.0）施用氮素，具有兼顾促花肥和保花肥的作用，称之为促保结合肥。氮素粒肥（简称粒肥）一般在水稻破口期（水稻群体中有 10%的穗子露出剑叶叶鞘）施用，能够增加结实率和粒重。保花肥、促花肥和粒肥简称穗、粒肥[33]。

在生产上是施用促花肥、保花肥，还是粒肥？研究表明，水稻穗型（每穗颖花数）不同，穗、粒肥的增产作用相差较大[33]。作者观察到，在相同施氮量下，在促花肥、保花肥、促保结合肥及粒肥 4 个处理中，两优培九、连稻 6 号、常优 3 号、淮稻 9 号等大穗型（每穗颖花数≥160）品种，以施用促保结合肥的产量最高；武 2635、徐稻 3 号、徐稻 5 号、扬辐粳 8 号等小穗型（每穗颖花数≤130）品种，以施用促花肥的产量最高；淮稻 11、连粳 9 号、宁粳 3 号、连粳 7 号等中穗型（160>每穗颖花数>130）品种，施用促花肥、保花肥、促保结合肥的产量在 3 种施肥处理间差异不显著，但均显著高于不施用穗肥和施用粒肥的产量（表 7-9）。

表 7-9　不同类型品种产量对氮素穗、粒肥的响应

品种类型	穗、粒肥处理	总颖花数（$10^4/m^2$）	结实率/%	千粒重/g	产量/（t/hm^2）
大穗型 每穗颖花数≥160（淮稻 9 号、两优培九、常优 3 号、连稻 6 号）	不施穗肥	4.08c	77.5c	27.4a	8.69d
	促花肥	5.09a	70.35e	26.5b	9.49c
	保花肥	4.76b	75.7d	26.8b	9.66bc
	促保结合肥	4.67b	82.4b	27.9a	10.74a
	粒肥	4.10c	86.5a	27.5a	9.75b
小穗型 每穗颖花数≤130（扬辐粳 8 号、武 2635、徐稻 3 号、徐稻 5 号）	不施穗肥	3.48d	88.5a	27.5a	8.47d
	促花肥	4.05a	87.8a	27.6a	9.76a
	保花肥	3.87b	88.2a	27.6a	9.42b
	促保结合肥	3.75c	88.5a	27.7a	9.22b
	粒肥	3.50d	89.6a	27.8a	8.72c
中穗型 130<每穗颖花数<160（连粳 7 号、淮稻 11、宁粳 3 号、连粳 9 号）	不施穗肥	3.92b	82.5b	26.8a	8.67c
	促花肥	4.48a	82.6b	26.5a	9.82a
	保花肥	4.27a	84.1a	26.6a	9.62a
	促保结合肥	4.32a	84.2a	26.6a	9.66a
	粒肥	3.95b	84.5a	26.7a	8.91c

注：不同字母表示在 0.05 水平上差异显著，同栏、同品种类型内比较

与不施穗肥的对照相比，施用促花肥增加了所用品种的总颖花数，但显著降低了大穗型品种的结实率，对小穗型和中穗型品种的结实率则无显著影响（表 7-9）。说明施用促花肥加剧了大穗型品种源（光合同化物供应）与库（籽粒库容对同化物的需求）的矛盾；而可以协调小穗型和中穗型品种的源库关系。对于大穗型品种，施用促保结合肥后，既显著增加了总颖花数，又提高了结实率（表 7-9）。表明施用促保结合肥对大穗型品种具有扩库强源的作用。

与产量结果趋势一致，在促花肥、保花肥、促保结合肥及粒肥 4 个处理中，氮肥偏生产力和氮素产谷利用率，大穗型品种以施用促保结合肥的最高；小穗型品种以施用促花肥的最高；中穗型品种在施用促花肥、保花肥、促保结合肥 3 种施肥处理间无显著差异，但均显著高于施用粒肥处理的氮肥利用率（表 7-10）。说明根据品种类型确定施用穗、粒肥，可以协同提高产量和氮肥利用率。

7.3.2　不同穗型水稻品种穗肥的施用策略

根据以上研究结果，在确定总施氮量（因地力施肥）和因叶色施肥基础上，提出了不同类型水稻品种穗、粒肥的施用策略，即小穗型品种（每穗颖花数≤130）重施促花肥；大穗型品种（每穗颖花数≥160）保花肥与粒肥结合；中穗型品种（130<每穗颖花数<160）可根据叶色施用促花肥或保花肥或促保结合肥。例如，

表 7-10 不同类型品种氮肥利用率对氮素穗、粒肥的响应

品种类型	穗、粒肥处理	施氮量/（kg/hm^2）	氮积累量/（kg/hm^2）	氮肥偏生产力/（kg/kg N）	氮素产谷利用率/（kg/kg N）
大穗型 每穗颖花数≥160（淮稻 9 号、两优培九、常优 3 号、连稻 6 号）	不施穗肥	144	136.7c	60.3a	63.6a
	促花肥	240	179.2b	39.5d	53.0cd
	保花肥	240	180.6b	40.3cd	53.5c
	促保结合肥	240	181.1b	44.8b	59.3b
	粒肥	240	186.9a	40.6c	52.2d
小穗型 每穗颖花数≤130（扬辐粳 8 号、武 2635、徐稻 3 号、徐稻 5 号）	不施穗肥	144	115.6b	58.8a	73.3a
	促花肥	240	172.9a	40.7b	56.4b
	保花肥	240	171.3a	39.3c	55.0c
	促保结合肥	240	170.4a	38.4c	54.1c
	粒肥	240	171.8a	36.3d	50.8d
中穗型 130<每穗颖花数<160（连粳 7 号、淮稻 11、宁粳 3 号、连粳 9 号）	不施穗肥	144	125.4c	60.2a	69.1a
	促花肥	240	172.5a	40.9b	56.9b
	保花肥	240	171.6a	40.1b	56.1b
	促保结合肥	240	172.2a	40.3b	56.1b
	粒肥	240	169.7b	37.1c	52.5c

注：氮肥偏生产力（kg/kg N）= 产量/施氮量；氮素产谷利用率（kg/kg N）=产量/成熟期稻株氮积累量；不同字母表示在 0.05 水平上差异显著，同栏、同品种类型内比较

对于大穗型品种，促花肥可依据叶色调整为占总施氮量的 0～10%，保花肥调整为占总施氮量的 25%～40%（表 7-11）；对于小穗型品种，促花肥可依据叶色调整为占总施氮量的 25%～35%，保花肥调整为占总施氮量的 0～15%（表 7-11）；对于中穗型品种，仍可按照表 7-3 或表 7-4 施肥方案执行。

表 7-11 不同穗型水稻品种氮素穗、粒肥施用

施肥时期	叶色相对值	大穗型品种施氮量比例	小穗型品种施氮量比例	中穗型品种施氮量比例
促花肥（穗分化始期，叶龄余数 3.5 时施）	叶色相对值>1	0	25%	15%
	1≥叶色相对值>0.9	5%	30%	20%
	叶色相对值≤0.9	10%	35%	25%
保花肥（雌雄蕊形成期，叶龄余数 1.5 时施）	叶色相对值>1	25%	0	10%
	1≥叶色相对值>0.9	35%	10%	20%
	叶色相对值≤0.9	40%	15%	25%
粒肥（抽穗始期，全田有 5% 的稻穗伸出顶叶叶鞘时施）	叶色相对值>0.95	0	0	0
	叶色相对值≤0.95	5%	0	0

注：大穗型品种，每穗颖花数≥160；小穗型品种，每穗颖花数≤130；中穗型品种，130<每穗颖花数<160；叶色相对值=顶部第 3 完全展开叶[（*n*–2）叶]叶色/顶部第 1 完全展开叶（*n* 叶）叶色；总施氮量按照公式[总施氮量=（目标产量-基础地力产量）/氮肥农学利用率]计算确定

7.4　“三因”氮肥施用技术应用效果

7.4.1　农户田块对比试验

将因地力施氮技术、因叶色施氮技术、因品种施氮技术作为一个整体，形成“三因”氮肥施用技术体系。建立的“三因”氮肥施用技术在江苏苏南、苏中和苏北 30 个农户进行了大田对比试验，田的一半为当地高产施肥法（对照），另一半应用“三因”氮肥施用技术（简称“三因”施氮法）。对照与“三因”施氮法除施肥方法不同外，其余栽培措施相同。结果表明，与对照（当地高产施肥法）相比，“三因”施氮法的氮肥施用量平均减少了 17%～22%，产量增加了 6.6%～9.8%，氮肥农学利用率提高了 47%～53%，氮肥偏生产力提高了 32%～37%（表 7-12～表 7-14）。

表 7-12　无锡市农户“三因”氮肥施用技术的对比试验
（品种：武粳 15，大穗型品种，每穗颖花数>165）

农户编号	处理	施氮量/（kg/hm^2）	产量/（t/hm^2）	氮肥农学利用率/（kg/kg N）	氮肥偏生产力/（kg/kg N）
F1	不施氮	0	5.15c	—	—
	当地高产施氮法	279	8.07b	10.5b	28.9b
	“三因”施氮法	220	9.02a	17.6a	41.0a
F2	不施氮	0	4.84c	—	—
	当地高产施氮法	309	8.54b	12.0b	27.7b
	“三因”施氮法	230	9.21a	19.0a	40.0a
F3	不施氮	0	5.47c		
	当地高产施氮法	270	8.63b	11.7b	32.0b
	“三因”施氮法	215	8.99a	16.4a	41.8a
F6	不施氮	0	4.98c	—	—
	当地高产施氮法	248	8.20b	13.0b	33.1b
	“三因”施氮法	210	8.50a	16.8a	40.5a
F8	不施氮	0	5.37c	—	—
	当地高产施氮法	279	8.64b	11.7b	31.0b
	“三因”施氮法	215	9.03a	17.0a	42.0a
F4	当地高产施氮法	264	8.48b	12.6b	32.1b
	“三因”施氮法	220	9.13a	18.1a	41.5a
F5	当地高产施氮法	279	8.33b	11.4b	29.9b
	“三因”施氮法	225	8.76a	16.0a	38.9a

续表

农户编号	处理	施氮量/（kg/hm^2）	产量/（t/hm^2）	氮肥农学利用率/（kg/kg）	氮肥偏生产力/（kg/kg）
F7	当地高产施氮法	293	8.19a	10.3b	27.9b
	“三因”施氮法	225	8.51a	14.9a	37.8a
F9	当地高产施氮法	279	8.32b	11.3b	29.8b
	“三因”施氮法	220	9.09a	17.9a	41.3a
F10	当地高产施氮法	278	8.08b	10.5b	29.1b
	“三因”施氮法	240	8.90a	15.6a	37.1a
平均	不施氮	0	5.16c	—	—
	当地高产施氮法	278a	8.35b	11.5b	30.1b
	“三因”施氮法	222b	8.91a	16.9a	40.2a

注：农户 F4、F5、F7、F9、F10 的氮肥空白区产量因管理不当，故按照其他 5 个农户氮肥空白区的平均产量（5.16t/hm^2）计算；不同字母表示在 0.05 水平上差异显著，同栏、同农户内比较

表 7-13 扬州市邗江区农户“三因”氮肥施用技术的对比试验
（品种：皖稻 54，中穗型品种，130<每穗颖花数<160）

农户编号	处理	施氮量/（kg/hm^2）	产量/（t/hm^2）	氮肥农学利用率/（kg/kg）	氮肥偏生产力/（kg/kg）
F1	不施氮	0	5.24c		
	当地高产施氮法	229	7.88b	11.5b	34.4b
	“三因”施氮法	200	8.79a	17.8a	44.0a
F2	不施氮	0	4.96c		
	当地高产施氮法	275	8.14b	11.5b	29.6b
	“三因”施氮法	240	9.09a	17.2a	37.9a
F3	不施氮	0	5.17c		
	当地高产施氮法	285	7.86b	9.4b	27.6b
	“三因”施氮法	230	8.43a	14.2a	36.7a
F4	不施氮	0	5.05c		
	当地高产施氮法	297	8.38b	11.2b	28.2b
	“三因”施氮法	240	9.19a	17.2a	38.3a
F5	不施氮	0	5.31c		
	当地高产施氮法	286	8.44b	11.0b	29.5b
	“三因”施氮法	230	9.37a	17.7a	40.8a
F6	不施氮	0	5.23c		
	当地高产施氮法	251	7.71b	9.9b	30.7b
	“三因”施氮法	210	8.64a	16.3a	41.2a
F7	不施氮	0	5.04c		
	当地高产施氮法	273	8.30b	12.0b	30.4b
	“三因”施氮法	220	8.97a	17.9a	40.8a

续表

农户编号	处理	施氮量/（kg/hm²）	产量/（t/hm²）	氮肥农学利用率/（kg/kg）	氮肥偏生产力/（kg/kg）
F8	不施氮	0	5.13		
	当地高产施氮法	274	7.61	9.0b	27.8b
	“三因”施氮法	230	8.39	14.2a	36.5a
F9	不施氮	0	4.68c		
	当地高产施氮法	251	7.97b	13.1b	31.7b
	“三因”施氮法	210	8.66a	19.0a	41.3a
F10	不施氮	0	4.73c		
	当地高产施氮法	285	8.64b	13.7b	30.3b
	“三因”施氮法	230	9.25a	19.7a	40.2a
平均	不施氮	0	5.05c	—	—
	当地高产施氮法	271a	8.09b	11.2b	30.0b
	“三因”施氮法	224b	8.88a	17.1a	39.7a

注：不同字母表示在 0.05 水平上差异显著，同栏、同农户内比较

表 7-14　连云港市东海县农户“三因”氮肥施用技术的对比试验（品种：徐稻 3 号，小穗型品种，每穗颖花数<130）

农户编号	处理	施氮量/（kg/hm²）	产量/（t/hm²）	氮肥农学利用率/(kg/kg）	氮肥偏生产力/（kg/kg）
F1	不施氮	0	5.59c		
	当地高产施氮法	280	8.15b	9.2b	29.1b
	“三因”施氮法	225	8.71a	13.9a	38.7a
F2	不施氮	0	6.29c		
	当地高产施氮法	305	9.20b	9.5b	30.2b
	“三因”施氮法	235	9.68a	14.4a	41.2a
F4	不施氮	0	5.60c		
	当地高产施氮法	275	8.78b	11.6b	31.9b
	“三因”施氮法	230	9.43a	16.7a	41.0a
F5	不施氮	0	5.94c		
	当地高产施氮法	295	9.28b	11.3b	31.5b
	“三因”施氮法	225	10.14a	18.6a	45.0a
F7	不施氮	0	5.57c		
	当地高产施肥法	310	8.82b	10.5b	28.5b
	“三因”养分管理方法	240	9.36a	15.8a	39.0a
F10	不施氮	0	5.28c		
	当地高产施氮法	300	8.65b	11.3b	28.8b
	“三因”施氮法	225	9.46a	18.6a	42.0a

续表

农户编号	处理	施氮量/（kg/hm^2）	产量/（t/hm^2）	氮肥农学利用率/(kg/kg）	氮肥偏生产力/（kg/kg）
F3	当地高产施氮法	285	9.13b	12.0b	32.1b
	“三因”施氮法	235	9.52a	16.2a	40.5a
F6	当地高产施氮法	300	8.92b	10.7b	29.7b
	“三因”施氮法	225	9.77a	18.1a	43.4a
F8	当地高产施肥法	330	9.34a	11.0b	28.3b
	“三因”养分管理方法	240	9.35a	15.1a	38.9a
F9	当地高产施氮法	315	9.14b	10.9b	29.0b
	“三因”施氮法	250	9.93a	16.9a	39.7a
平均	不施氮	0	5.71c		
	当地高产施氮法	300a	8.94b	10.8b	29.1b
	“三因”施氮法	233b	9.53a	16.4a	40.9

注：农户 F3、F6、F8、F9 的氮肥空白区产量因管理不当，故产量按照其他 6 个农户氮肥空白区的平均产量（5.71t/hm^2）计算；不同字母表示在 0.05 水平上差异显著，同栏、同农户内比较

7.4.2 示范基地示范效果

创建的“三因”氮肥施用技术在江苏省高邮市、灌南县、东海县、江苏宝应湖农场和东海农场万亩方示范基地示范，与对照（当地高产施氮法）相比，“三因”氮肥施用技术（“三因”施氮法）的氮肥施用量平均减少了 14.1%～20.0%，产量增加了 5.5%～8.9%，氮肥偏生产力提高了 24.8%～31.8%（表 7-15）。

表 7-15　水稻“三因”氮肥施用技术的示范效果

万亩示范方地点	施氮方法	施氮量/（kg/hm^2）	产量/（t/hm^2）	氮肥偏生产力/（kg/kg）
江苏省高邮市	当地高产施氮法（对照）	275	9.15	33.3
	“三因”施氮法	225*	9.78*	43.5*
江苏省灌南县	当地高产施氮法（对照）	300	9.32	31.1
	“三因”施氮法	240*	9.83*	41.0*
江苏省东海县	当地高产施氮法（对照）	285	9.22	32.4
	“三因”施氮法	245*	9.89*	40.4*
江苏省宝应湖农场	当地高产施氮法（对照）	290	8.86	30.6
	“三因”施氮法	240*	9.57*	39.9*
江苏省东海农场	当地高产施氮法（对照）	285	9.31	32.7
	“三因”施氮法	240*	10.14*	42.3*
平均	当地高产施氮法（对照）	287	9.17	32.0
	“三因”施氮法	238*	9.84*	41.4*

注：*表示在 0.05 水平上与对照差异显著，同栏、同示范点内比较

7.5 “三因”氮肥施用技术增产与氮高效利用的生物学基础

7.5.1 无效生长少，光合能力强

在当地高产施氮量为 270～305kg/hm^2、“三因”氮肥施用技术（“三因”施氮法）施氮量为 225～265kg/hm^2 条件下，“三因”施氮法的产量较当地高产施氮法（对照）增加了 5.4%～7.0%（表 7-16）。虽然有效穗数在“三因”施氮法与当地高产施氮法之间差异不显著，“三因”施氮法的茎蘖成穗率（有效穗数/最高茎蘖数）显著高于当地高产施氮法（表 7-16）。

表 7-16　“三因”氮肥施用技术对水稻产量、茎蘖成穗率和抽穗期叶面积指数（LAI）的影响

品种	施氮方法	产量/(t/hm^2)	有效穗数/(10^4/hm^2)	茎蘖成穗率/%	总 LAI	有效叶面积率/%
甬优 2640（大穗型）	当地高产施氮法	10.86	186	80.6	8.05	86.3
	“三因”施氮法	11.45*	188^{NS}	87.5*	7.98^{NS}	94.6*
连粳 7 号（中穗型）	当地高产施氮法	9.05	298	78.7	7.35	84.7
	“三因”施氮法	9.63*	301^{NS}	83.4*	7.24^{NS}	91.6*
扬辐粳 8 号（小穗型）	当地高产施氮法	8.86	326	77.6	7.06	83.9
	“三因”施氮法	9.48*	330^{NS}	82.8*	7.05^{NS}	90.8*

注：茎蘖成穗率（%）=（成熟期有效穗数/拔节期最高茎蘖数）×100；有效叶面积率（%）=（抽穗期有效茎蘖的叶面积/抽穗期总叶面积）；NS 表示在 0.05 水平上与对照差异不显著；*表示在 0.05 水平上与对照差异显著，同栏、同品种内比较

在抽穗期的总叶面积指数（LAI），在“三因”施氮法与当地高产施氮法之间无显著差异，但“三因”施氮法有效叶面积率（有效分蘖的叶面积/总叶面积）显著高于当地高产施氮法（表 7-16）。茎蘖成穗率和抽穗期有效叶面积率高，表明无效分蘖少，用于无效茎、蘖、叶生长的水分养分消耗就少[21,34]。无效分蘖的减少不仅有利于改善群体通风透光条件，而且有利于改善冠层结构，进而有利于抽穗后物质生产与积累[34-36]。

作者观察到，无论是大穗型品种，还是中穗型或小穗型品种，与当地高产施氮法（对照）相比，“三因”施氮法在灌浆各时期均表现出较高的叶片核酮糖-1,5-二磷酸羧化酶/加氧酶（Rubisco）活性和叶片光合氮利用效率（表 7-17）。Rubisco 是水稻光合作用的关键酶，该酶活性与叶片光合速率及光合功能期呈极显著正相关[37]。通常叶片光合氮利用率与氮素产谷利用效率高度相关[36-38]。“三因”施氮法在灌浆期叶片具有较高的 Rubisco 活性和叶片光合氮利用效率，这是其产量与氮肥利用率协同提高的一个重要生理机制。

表 7-17 “三因”氮肥施用技术对不同水稻品种灌浆期叶片核酮糖-1,5-二磷酸羧化酶/加氧酶（Rubisco）活性和叶片光合氮利用效率的影响

品种	施氮方法	灌浆期叶片 Rubisco 活性/[μmol/（mg 蛋白质·min）]			灌浆期叶片光合氮利用效率/[μmol/（g·s）]		
		前期	中期	后期	前期	中期	后期
甬优 2640（大穗型）	当地高产施氮法	20.8	16.7	10.6	11.5	8.5	5.5
	“三因”施氮法	23.7*	21.2*	13.9*	14.3*	10.7*	7.2*
连粳 7 号（中穗型）	当地高产施氮法	21.3	15.9	9.4	10.6	7.8	4.8
	“三因”施氮法	24.6*	19.4*	11.7*	13.3*	9.9*	6.7*
扬辐粳 8 号（小穗型）	当地高产施氮法	19.7	16.5	8.7	10.5	8.1	3.9
	“三因”施氮法	22.8*	19.8*	10.3*	12.9*	10.4*	5.4*

注：叶片光合氮利用效率=叶片光合速率/叶片比叶氮含量；*表示在 0.05 水平上与对照差异显著，同栏、同品种内比较

7.5.2 源库关系协调好，物质生产效率高

与当地高产施氮法（对照）相比，“三因”施氮法显著增加了总颖花数和抽穗期茎鞘中非结构性碳水化合物（NSC）的积累量，且 NSC 的积累量超过了总颖花数的增加，表现为抽穗期糖花比（茎鞘中 NSC 量与总颖花数的比值）显著提高（表 7-18）。表明“三因”施氮法在扩大产量库容的同时还协同增加了光合同化物的积累。不仅如此，“三因”施氮法还显著增加了花后茎鞘中 NSC 的转运量和成熟期收获指数（表 7-18）。抽穗前茎鞘中同化物（NSC）积累量多，抽穗期糖花比高，不仅有利于抽穗前花粉粒的充实完成，而且可以增加抽穗至成熟期茎中同化物向籽粒的转运量，促进花后胚乳细胞的发育和籽粒的充实[39,40]。收获指数反映了光合同化物转化为经济产量的效率，不仅是决定产量的一个重要因素，而且也是决定水分和养分利用效率的一个重要因素[41-43]。说明“三因”施氮法不仅能扩库强源，而且能提高物质生产效率。

表 7-18 “三因”氮肥施用技术对水稻收获指数、抽穗期茎鞘中非结构性碳水化合物（NSC）积累量和糖花比及花后 NSC 转运量的影响

品种	施氮方法	总颖花数/（$10^3/m^2$）	抽穗期 NSC/（g/m^2）	糖花比/（mg/粒）	NSC 转运量/（g/m^2）	收获指数
甬优 2640（大穗型）	当地高产施氮法	50.5	271	5.37	105.5	0.496
	“三因”施氮法	53.6*	344*	6.42*	138.3*	0.513*
连粳 7 号（中穗型）	当地高产施氮法	36.8	205	5.57	73.0	0.502
	“三因”施氮法	38.7*	267*	6.89*	98.9*	0.516*
扬辐粳 8 号（小穗型）	当地高产施氮法	35.1	207	5.89	67.0	0.489
	“三因”施氮法	37.2*	257*	6.91*	88.7*	0.505*

注：糖花比= 总颖花数/穗期茎鞘中 NSC；NSC 转运量=抽穗期茎鞘中 NSC 量–成熟期茎鞘中 NSC 量；*表示在 0.05 水平上与对照差异显著，同栏、同品种内比较

7.5.3 根系活性强，细胞分裂素与乙烯的比值高

作者观察到，尽管抽穗期 0～20cm 土层的根干重在“三因”施氮法与当地高产施氮法之间无显著差异，但是 10～20cm 土层的根干重，“三因”施氮法显著高于当地高产施氮法（表 7-19），说明“三因”施氮法可以促进根系的下扎。在灌浆期各类型水稻品种的根系氧化力，均表现为“三因”施氮法显著高于当地高产施氮法，在灌浆中后期尤为明显（表 7-19）。根系扎得深，有利于对土壤深层处水分养分的吸收利用；根系活性强，特别是灌浆中后期根系活性强有利于提高地上部叶片净光合速率和延长叶片光合作用时间，提高花后干物质产量[44-46]。

表 7-19 “三因”氮肥施用技术对水稻抽穗期根干重和灌浆期根系氧化力的影响

品种	施氮方法	根干重/（g/m^2）		根系氧化力/[μg α-萘胺/（g DW·h）]		
		0～20cm 土层	10～20cm 土层	灌浆前期	灌浆中期	灌浆后期
甬优 2640（大穗型）	当地高产施氮法	193	58.6	845	612	283
	“三因”施氮法	197^{NS}	65.7*	918*	735*	409*
连粳 7 号（中穗型）	当地高产施氮法	159	47.5	803	576	245
	“三因”施氮法	163^{NS}	54.8*	867*	659*	371*
扬辐粳 8 号（小穗型）	当地高产施氮法	161	46.8	789	534	233
	“三因”施氮法	165^{NS}	52.3*	854*	628*	362*

注：NS 表示在 0.05 水平上与对照差异不显著；*表示在 0.05 水平上与对照差异显著，同栏、同品种内比较

在分蘖中期（MT）、穗分化始期（PI）和抽穗期（HT），“三因”氮肥施用技术能增强水稻根系铵转运基因 *OsAMT1;1* 和硝酸盐转运基因 *OsNRT2;1* 的表达（表 7-20）。根中 *OsAMT1;1* 和 *OsNRT2;1* 表达量高有利于根对氮素的吸收，促进根系吸收的氮素向地上部转运[47,48]。

表 7-20 “三因”氮肥施用技术对水稻根中铵转运基因 *OsAMT1;1* 和硝酸盐转运基因 *OsNRT2;1* 表达的影响

品种	施氮方法	*OsAMT1;1* 表达相对 mRNA 水平/%			*OsNRT2;1* 表达相对 mRNA 水平/%		
		MT	PI	HT	MT	PI	HT
甬优 2640（大穗型）	当地高产施氮法	4.34	5.52	4.22	3.57	4.25	3.84
	“三因”施氮法	5.77*	6.39*	5.39*	4.56*	5.61*	5.15*
连粳 7 号（中穗型）	当地高产施氮法	4.51	4.75	3.69	3.65	3.71	3.53
	“三因”施氮法	5.69*	5.95*	4.56*	4.61*	4.89*	4.32*
扬辐粳 8 号（小穗型）	当地高产施氮法	4.24	4.54	3.57	3.48	3.52	3.45
	“三因”施氮法	5.35*	5.78*	4.45*	4.39*	4.68*	4.21*

注：MT：分蘖中期；PI：穗分化始期；HT：抽穗期；*表示在 0.05 水平上与对照差异显著，同栏、同品种内比较

“三因”施氮法的一个重要功能是调节水稻体内激素的平衡，特别是提高细胞分裂素（玉米素+玉米素核苷，Z+ZR）与乙烯［1-氨基环丙烷-1-羧酸（ACC，乙烯合成前体）］的比值（表 7-21）。由表 7-21 可知，在穗分化始期、抽穗期和灌浆期，根系伤流液中 Z+ZR 与 ACC 的比值，“三因”施氮法显著高于当地高产施氮法。植株体内较高的（Z+ZR）/ACC 有利于促进产量器官形成，增大库容和库强，提高冠层光合效率，延长叶片光合功能期，提高叶片氮素光合效率和氮素籽粒生产效率[49-53]。

表 7-21 “三因”氮肥施用技术对水稻根伤流液中细胞分裂素（玉米素+玉米素核苷，Z+ZR）与 1-氨基环丙烷-1-羧酸（ACC）比值的影响

品种	施氮方法	（Z+ZR）/ACC				
		穗分化期	抽穗期	灌浆前期	灌浆中期	灌浆后期
甬优 2640（大穗型）	当地高产施氮法	0.33	0.31	0.29	0.28	0.22
	“三因”施氮法	0.38*	039*	0.35*	0.33*	0.27*
连粳 7 号（中穗型）	当地高产施氮法	0.29	0.27	0.25	0.24	0.19
	“三因”施氮法	0.34*	0.33*	0.32*	0.30*	0.25*
扬辐粳 8 号（小穗型）	当地高产施氮法	0.26	0.25	0.24	0.23	0.19
	“三因”施氮法	0.32*	0.32*	0.31*	0.29*	0.23*

注：*表示在 0.05 水平上与对照差异显著，同栏、同品种内比较

7.6 磷、钾肥施用技术

除氮素以外，磷素和钾素是作物生长所必需的两个大量元素，也是水稻生产中投入量大的两种肥料[3,7,11,54,55]。合理使用磷肥和钾肥对于实现水稻高产、资源高效利用具有十分重要的意义。据于此，本节简要介绍两种磷、钾肥使用量的推荐方法。

7.6.1 依据水稻对氮磷钾吸收的比例推荐磷、钾肥使用量

水稻对氮、磷、钾的吸收有较好的规律性。在通常条件下，高产水稻对氮（N）、磷（P_2O_5）、钾（K_2O）的吸收为 1∶0.4∶1.2[12]。考虑到水稻对氮、磷、钾的吸收利用效率，在确定氮、磷、钾施肥量时，多数情况下可按照 N∶P_2O_5∶K_2O =1∶0.3∶0.6 施用，按此比例关系，当因地力确定总施氮量后，可确定磷、钾肥的施用量。例如，应用本章 7.1 节因地力施肥技术方法，目标产量≥9t/hm^2，总施氮量确定为 240kg/hm^2，在秸秆不还田条件下，按照 N∶P_2O_5∶K_2O =1∶0.3∶0.6，计算得到施用磷肥（P_2O_5）72kg/hm^2，钾肥（K_2O）144kg/hm^2。在秸秆还田条

件下，水稻所需钾的 50%左右可由秸秆提供。因此，氮、磷、钾肥的施用可按照 N∶P_2O_5∶K_2O =1∶0.3∶0.3 确定用量。例如，秸秆还田以后，按照“因地力”确定总施氮量的方法，得到总施氮量为 240kg/hm^2，依据 N∶P_2O_5∶K_2O =1∶0.3∶0.3，计算得到施用磷肥（P_2O_5）72kg/hm^2，钾肥（K_2O）72kg/hm^2。磷肥可作为基肥一次施用，钾肥可作为基肥和拔节肥（水稻基部第一节间开始伸长）两次施用，前后两次施用量的比例为 7∶3。

7.6.2 采用年度恒量监控法推荐磷、钾肥使用量

所谓年度恒量监控法是指通过定期（如一年）测定土壤中土壤有效磷、钾含量，根据土壤有效磷、钾供应水平和目标产量水平，确定磷、钾肥的施用量。作者在多年研究基础上，提出了长江流域不同产量水平、不同肥力土壤的水稻磷、钾肥推荐施用量（表 7-22），可供参考应用。

表 7-22 长江流域土壤磷、钾分级及水稻磷、钾肥推荐用量

目标产量/（t/hm^2）	肥力等级	土壤有效磷/（mg Olsen-P/kg）	磷肥用量/（kg P_2O_5/hm^2）	土壤有效钾/（mg K/kg）	钾肥用量/（kg K_2O/hm^2）
7.5	极低	<5	60	<50	135
	低	5～10	45	50～100	105
	中	11～20	30	101～130	75
	高	21～30	0	131～160	45
	极高	>30	0	>160	0
9.0	极低	<5	90	<50	170
	低	5～10	70	50～100	130
	中	11～20	50	101～130	90
	高	21～30	30	131～160	50
	极高	>30	0	>160	0
10.5	极低	<5	120	<50	205
	低	5～10	95	50～100	165
	中	11～20	70	101～130	125
	高	21～30	45	131～160	85
	极高	>30	15	>160	45

注：本表依据参考文献[56]进行改制

7.7 小 结

（1）创建了因地力、因叶色、因品种的“三因”氮肥施用技术。因地力，应

用公式“总施氮量（kg/hm^2）=[目标产量（kg/hm^2）-基础地力产量（kg/hm^2）]/氮肥农学利用率（kg/kg N）”确定总施氮量。因叶色，依据稻茎上部第 3 完全展开叶[（*n*–2）叶]与第 1 完全展开叶（*n* 叶）的叶色比值（叶色相对值）作为追施氮肥诊断指标，对氮素追肥施用量进行调节，叶色相对值是同一茎上两张叶片的比较，不受品种、生长季节、种植地域、生育阶段的限制，具有普遍的适用性。因品种，根据水稻品种颖花形成能力及对穗肥的响应特点，确定不同穗型水稻品种的穗肥施用策略：小穗型品种（每穗颖花数≤130）重施促花肥；大穗型品种（每穗颖花数≥160）保花肥与粒肥结合；中穗型品种（130<每穗颖花数<160）可根据叶色施用促花肥或保花肥或促保结合肥。“三因”氮肥施用技术使氮肥供应与土壤供氮能力、品种需氮特性及不同生育期对氮素的需求相匹配，可协同提高水稻产量与氮肥利用率。

（2）无效生长少，光合能力强，源库关系协调好，物质生产效率高，根系活性强，细胞分裂素与乙烯的比值高，这是“三因”氮肥施用技术协同提高水稻产量与氮肥利用率的重要生物学基础。

（3）在“三因”氮肥施用技术的基础上，可用两种方法推荐磷、钾肥的施用量。一是依据水稻对氮磷钾吸收的比例推荐磷、钾肥施用，在没有秸秆还田条件下，按照 N∶P_2O_5∶K_2O =1∶0.3∶0.6 施用磷、钾肥；在秸秆还田条件下，磷、钾肥用量按照 N∶P_2O_5∶K_2O =1∶0.3∶0.3 推荐施用。二是依据土壤有效磷、钾供应水平和目标产量水平，确定磷、钾肥的施用量。

参考文献

[1] Peng S B, Buresh R J, Huang J L, et al. Improving nitrogen fertilization in rice by site-specific N management. Agronomy for Sustainable Development, 2010, 30: 649-656.

[2] Fan M S, Shen J B, Yuan L X, et al. Improving crop productivity and resource use efficiency to ensure food security and environmental quality in China. Journal of Experimental Botany, 2012, 63: 13-24.

[3] 张福锁, 王激清, 张卫峰, 等. 中国主要粮食作物肥料利用率现状与提高途径. 土壤学报, 2008, 45(5): 915-924.

[4] Witt C, Dobermann, A, Abdulrachman S. et al. Internal nutrient efficiencies of irrigated lowland rice in tropical and subtropical Asia. Field Crops Research. 1999, 63: 113-138.

[5] De Datta S K, Buresh R J. Integrated nitrogen management in irrigated rice. Advances in Agronomy, 1989, 10: 143-169.

[6] Cassman K G, Kropff M J, Gaunt J, et al. Nitrogen use efficiency of rice reconsidered: what are the key constraints? Plant and Soil, 1993, 155/156: 359-362.

[7] 张福锁, 范明生, 等. 主要粮食作物高产栽培与资源高效利用的基础研究. 北京: 中国农业出版社, 2013: 1-13.

[8] 杨建昌, 张耗, 刘立军, 等. 水稻产量与效率协同提高关键技术及技术集成. 见: 张福锁, 范明生, 等. 主要粮食作物高产栽培与资源高效利用的基础研究. 北京: 中国农业出版社,

2013: 204-243.
[9] Xue Y G, Duan H, Liu L J, et al. An improved crop management increases grain yield and nitrogen and water use efficiency in rice. Crop Science, 2013, 53: 271-284.
[10] 杨建昌, 张伟杨, 王志琴. 一种依据水稻叶色相对值追施氮肥的方法: CN, 3459421, 2019.
[11] 申建波, 张福锁. 养分资源综合管理理论与实践. 北京: 中国农业大学出版社, 2006: 1-71.
[12] 凌启鸿. 水稻精确定量栽培理论与技术. 北京: 中国农业出版社, 2007: 92-125.
[13] Peng S B, Buresh R J, Huang J L, et al. Strategies for overcoming low agronomic nitrogen use efficiency in irrigated rice systems in China. Field Crops Research, 2006, 96: 37-47.
[14] Cui Z L, Zhang H Y, Chen X P, et al. Pursuing sustainable productivity with millions of smallholder farmers. Nature, 2018 , 555: 363-367.
[15] Liu L J, Xiong Y W, Bian J L, et al. Effect of genetic improvement of grain yield and nitrogen efficiency of mid-season indica rice cultivars. Journal of Plant Nutrition and Soil Science, 2015, 178: 297-305.
[16] 彭显龙. 实地养分管理对寒地水稻群体质量的影响. 北京: 中国农业出版社, 2011: 1-92.
[17] 刘立军, 桑大志, 刘翠莲, 等. 实时实地氮肥管理对水稻产量和氮素利用率的影响. 中国农业科学, 2003, 36(12): 1456-1461.
[18] 陈 露, 张伟杨, 王志琴, 等. 施氮量对江苏不同年代中粳稻品种产量与群体质量的影响. 作物学报, 2014, 40(8): 1412-1423.
[19] 中国农业科学院江苏分院. 陈永康水稻高产经验研究. 上海: 上海科学技术出版社, 1962: 1-30.
[20] 凌启鸿, 张洪程, 丁艳锋, 等. 水稻高产技术的新发展: 精确定量栽培. 中国稻米, 2005, 1: 3-7.
[21] 凌启鸿. 作物群体质量. 上海: 上海科学技术出版社, 2000: 1-216.
[22] Matsushima S. Rice Cultivation for the Million. Tokyo: Japan Scientific Societies Press, 1980: 93-172.
[23] Hussain F, Bronson K F, Yadvinder S, et al. Use of chlorophyll meter sufficiency indices for nitrogen management of irrigated rice in Asia. Agronomy Journal, 2000, 92: 875-879.
[24] 王绍华, 刘胜环, 王强盛, 等. 水稻产量形成与叶片含氮量及叶色的关系. 南京农业大学学报, 2002, 25 (4): 1-5.
[25] Dobermann A C, Witt C, Dawe D, et al. Site-specific nutrient management for intensive rice cropping systems in Asia. Field Crops Research, 2002, 74: 37-66.
[26] Yang W H, Peng S B, Huang J L, et al. Using leaf color charts to estimate leaf nitrogen status of rice. Agronomy Journal, 2003, 95: 212-217.
[27] 李刚华, 薛利红, 尤 娟, 等. 水稻氮素和叶绿素 SPAD 叶位分布特点及氮素诊断的叶位选择. 中国农业科学, 2007, 40(6): 1127-1134.
[28] 张静, 史慧琴, 杜彦修, 等. 水稻叶色氮素反应的基因型间差异. 植物遗传资源学报, 2012, 13(1) : 105-110.
[29] 沈阿林, 姚健, 刘春增, 等. 沿黄稻区主要水稻品种的需肥规律、叶色动态与施氮技术研究. 华北农学报, 2000, 15(4): 131-136.
[30] 李刚华, 丁艳锋, 薛利红, 等. 利用叶绿素计(SPAD-502)诊断水稻氮素营养和推荐追肥的研究进展. 植物营养与肥料学报, 2005, 11: 412-416.
[31] Balasubramanian A C. Adaptation of the chlorophyll meter (SPAD) technology for real-time N management in rice: a review. International Rice Research Notes, 2000, 25(1): 4-8.

[32] 王绍华, 曹卫星, 王强盛, 等. 水稻叶色分布特点与氮素营养诊断. 中国农业科学, 2002, 35(12): 1461-1466.

[33] Zhang Z J, Chu G, Liu L J, et al. Mid-season nitrogen application strategies for rice varieties differing in panicle size. Field Crops Research, 2013, 150: 9-18.

[34] 杨建昌, 展明飞, 朱宽宇. 水稻绿色性状形成的生理基础. 生命科学, 2018, 30(10): 1137-1145.

[35] Chu G, Wang Z Q, Zhang H, et al. Agronomic and physiological performance of rice under integrative crop management. Agronomy Journal, 2016, 108: 117-128.

[36] Gu J F, Chen Y, Zhang H, et al. Canopy light and nitrogen distributions are related to grain yield and nitrogen use efficiency in rice. Field Crops Research, 2017, 206: 74-85.

[37] Peng J Y, Palta J A, Rebetzke G J. Wheat genotypes with high early vigor accumulate more nitrogen and have higher photosynthetic nitrogen use efficiency during early growth. Function of Plant Biology, 2014, 41: 215-222.

[38] 剧成欣, 周著彪, 赵步洪, 等. 不同氮敏感性粳稻品种的氮代谢与光合特性比较. 作物学报, 2018, 44: 405-413.

[39] Fu J, Huang Z H, Wang Z Q, et al. Pre-anthesis non-structural carbohydrate reserve in the stem enhances the sink strength of inferior spikelets during grain filling of rice. Field Crops Research, 2011, 123: 170-182.

[40] Yang J C, Peng S B, Zhang Z J, et al. Grain and dry matter yields and partitioning of assimilates in japonica/indica hybrid rice. Crop Science, 2002, 42: 766-772.

[41] Yang J C. Approaches to achieve high yield and high resource use efficiency in rice. Frontiers in Agricultural Science and Engineering, 2015, 2(2): 115-123.

[42] Wang Z Q, Zhang W Y, Beebout S S, et al. Grain yield, water and nitrogen use efficiencies of rice as influenced by irrigation regimes and their interaction with nitrogen rates. Field Crops Research, 2016, 193: 54-69.

[43] Yang J C, Zhang J H. Crop management techniques to enhance harvest index in rice. Journal of Experimental Botany, 2010, 61: 3177-3189.

[44] Chu G, Chen T T, Wang Z Q, et al. Morphological and physiological traits of roots and their relationships with water productivity in water-saving and drought-resistant rice. Field Crops Research, 2014, 162: 108-119.

[45] 褚光. 不同水分、养分利用效率水稻品种的根系特征及其调控技术. 扬州大学博士学位论文, 2016.

[46] Ju C X, Buresh R J, Wang Z Q, et al. Root and shoot traits for rice varieties with higher grain yield and higher nitrogen use efficiency at lower nitrogen rates application. Field Crops Research, 2015, 175: 47-59.

[47] 杨肖娥, 孙义. 不同水稻品种对低氮反应的差异及其机制的研究. 土壤学报, 1992, 29(1): 73-79.

[48] Shi W M, Xu W F, Li S M, et al. Responses of two rice cultivars differing in seedling-stage nitrogen use efficiency to growth under low-nitrogen conditions. Plant and Soil, 2010, 326: 291-302.

[49] Gu J F, Li Z K, Mao Y Q, et al. Roles of nitrogen and cytokinin signals in root and shoot communications in maximizing of plant productivity and their agronomic applications. Plant Science, 2018, 274: 320-331.

[50] Yang J C, Zhang J H, Huang Z L, et al. Correlation of cytokinin levels in the endosperms and roots with cell number and cell division activity during endosperm development in rice. Annals

of Botany, 2002, 90: 369-377.

[51] Jameson P E, Song J. Cytokinin: a key driver of seed yield. Journal of Experimental Botany, 2015, 67: 593-606.

[52] Sakakibara H, Takei K, Hirose N. Interactions between nitrogen and cytokinin in the regulation of metabolism and development. Trends in Plant Science, 2006, 11: 440-448.

[53] Boonman A, Prinsen E, Gilmer F, et al. Cytokinin import rate as a signal for photosynthetic acclimation to canopy light gradients. Plant Physiology, 2007, 143: 1841-1852.

[54] Deng Y P, Men C B, Qiao S F, et al. Tolerance to low phosphorus in rice varieties is conferred by regulation of root growth. The Crop Journal, 2020, 8: 534-547.

[55] Deng Y P, Qiao S F, Wang W L, et al. Tolerance to low phosphorus was enhanced by an alternate wetting and drying regime in rice. Food and Energy Security, 2021, 200: e294.

[56] 杨建昌, 郭世伟. 江苏稻-麦轮作施肥指南. 见: 张福锁, 陈新平, 陈清, 等. 中国主要作物施肥指南. 北京: 中国农业大学出版社, 2009: 27-32.

第 8 章　水稻氮肥高效利用的综合栽培技术

水稻氮肥高效利用的综合栽培技术（integrated cultivation techniques for high efficient utilization of nitrogen fertilizer in rice）是指包含多个优化的单项栽培措施，组装集成一项比较完整的栽培技术，能够高效协同提高水稻产量和氮肥利用率。

我国是一个拥有 14 多亿人口的农业大国和发展中国家，确保国家粮食安全始终是经济发展、社会稳定和国家富强的基础，直接关系到国计民生的大事。随着人口的增长和经济发展，我国的粮食需求仍将呈现持续刚性增长。要实现 2030 年中国粮食安全，总产必须在 2010 年产量基础上提高 40%以上，单产增加 45%以上，即年均增长率要达到 2.0%[1-3]。在粮食种植面积扩大潜力非常有限的形势下，大面积持续提高作物单产已经成为保障我国粮食安全的唯一选择。我国水稻氮肥消费量高达 570 万 t，位居世界第一，占我国氮肥总消费量的 24%，占世界水稻氮肥消费总量的 37%[4]。我国单季水稻氮肥用量平均为 180kg/hm^2（有的高产稻区平均氮肥施用量达 270kg/hm^2），比世界稻田氮肥单位面积用量高 75%左右，而氮肥的吸收利用率和农学利用率均低于世界平均水平，氮肥利用率仅为 30%～35%，比发达国家低 15～20 个百分点，磷肥利用率为 10%～20%，钾肥利用率为 35%～50%[4-7]。在江苏省等高产和高投入区域，上述养分利用效率则更低[8-12]。资源利用率低下不仅导致农业生产成本增加，影响农民增收，而且造成环境污染，成为制约我国农业可持续发展的重要因素[13,14]。

为协同提高产量和氮肥利用率，我国农业科学工作者对水稻氮肥吸收规律、氮肥的损失途径和施用技术等进行了大量研究，创建、集成或引进了一系列水稻氮肥施肥技术，如区域平均适宜施氮量法、测土配方施肥技术、实地氮肥管理、精确定量施肥技术、“三定”栽培技术、“三控” 施肥技术等[15-31]。这些技术对提高水稻产量和氮肥利用率，减少氮素损失对环境的不利影响发挥了重要作用。但是，我国目前水稻氮肥（素）利用率仍低于世界平均水平[20,32]。如何进一步协同提高产量和氮肥利用率？这是我国稻作科学研究的一个热点和难点。据于此，作者优化、组装、集成了水稻氮肥高效利用的综合栽培技术，研究了综合栽培技术对水稻产量和氮肥利用率的调控作用及其生物学基础。

8.1　综合栽培技术的组装集成

作者以籼/粳杂交稻品种甬优 2640 和常规粳稻品种武运粳 24 号为材料，大田种植，设置以下 9 种栽培措施，观察不同栽培措施处理对产量、氮肥利用率及地上部群体特征的影响。

A. 氮空白区（0N）。不施氮肥。施磷量（过磷酸钙，含 P_2O_5 13.5%）90kg/hm^2，于移栽前作基肥一次性施入。施钾量（氯化钾，含 K_2O 63%）120kg/hm^2，分基肥和拔节肥（促花肥）两次使用，前后两次的比例为 6∶4。栽插株行距为 13.3cm×30cm。除生育中期排水搁田外，其余时期保持水层至收获前一周断水。

B. 当地常规栽培（对照）。总施氮量（纯氮，以下同）为 300kg/hm^2，按基肥（移栽前）∶分蘖肥（移栽后 5～7 天）∶促花肥（叶龄余数 3.5）∶保花肥（叶龄余数 1.2）＝5∶2∶2∶1，栽插株行距为 13.3cm×30cm。磷、钾肥的施用时间和施用量及水分管理方式同 A 处理。

C. 减氮。总施氮量（纯氮，以下同）较 B 处理减 10%，即 270kg/hm^2。栽插株行距为 13.3cm×30cm。磷、钾肥的施用时间和施用量及水分管理方式同 A 处理。采用前氮后移技术：氮肥按基肥（移栽前）∶分蘖肥（移栽后 5～7 天）∶促花肥（叶龄余数 3.5）∶保花肥（叶龄余数 1.2）＝4∶2∶2∶2 施用。

D. 增密减氮。氮肥较 B 处理减 10%，即 270kg/hm^2。水分管理方式同 A 处理。采用以下关键栽培技术。

Ⅰ. 增密。栽插株行距为 10.7cm×30cm。

Ⅱ. 前氮后移。氮肥按基肥（移栽前）∶分蘖肥（移栽后 5～7 天）∶促花肥（叶龄余数 3.5）∶保花肥（叶龄余数 1.2）＝4∶2∶2∶2 施用。磷、钾肥的施用时间和施用量同 A 处理。

E. 精确灌溉。氮肥较 B 处理减 10%，即 270kg/hm^2。采用以下关键栽培技术。

Ⅰ. 增密。栽插株行距为 10.7cm×30cm。

Ⅱ. 前氮后移。氮肥运筹同 D 处理。

Ⅲ. 精确灌溉。从移栽至返青建立浅水层；返青至有效分蘖临界叶龄期（$N-n$）前 2 个叶龄期[（$N-n-2$）叶龄期]进行间隙湿润灌溉，低限土壤水势为–10kPa；（$N-n-1$）叶龄期至（$N-n$）叶龄期进行排水搁田，低限土壤水势为–20kPa，并保持 1 个叶龄期；（$N-n+1$）叶龄期至二次枝梗分化期初（倒 3 叶开始抽出）进行干湿交替灌溉，低限土壤水势为–10kPa；二次枝梗分化期（倒 3 叶抽出期）至出穗后 10 天进行间隙湿润灌溉，低限土壤水势为–10kPa；抽穗后 11 天至抽穗后 45 天进行干湿交替灌溉，低限土壤水势为–15kPa。各生育期达到上述指标即灌 2～3cm 浅层水，用水分张力计监测土壤水势。

F. 增施饼肥。氮肥较 B 处理减 10%，即 270kg/hm^2。采用以下关键栽培技术。

Ⅰ. 增密。栽插株行距为 10.7cm×30cm。

Ⅱ. 前氮后移。同 D. 增密减氮。磷、钾肥的施用时间和施用量同 A 处理。

Ⅲ. 精确灌溉。同 E. 精确灌溉。

Ⅳ. 基肥增施菜籽饼肥（含 N 5%）2250kg/hm^2。

G. 土壤深翻。氮肥较 B 处理减氮 10%，即 270kg/hm^2。采用以下关键栽培技术。

Ⅰ. 增密。栽插株行距为 10.7cm×30cm。

Ⅱ. 前氮后移。同 D. 增密减氮。磷、钾肥的施用时间和施用量同 A 处理。

Ⅲ. 精确灌溉。同 E. 精确灌溉。

Ⅳ. 基肥增施菜籽饼肥（含 N 5%）2250/kg/hm^2。

Ⅴ. 深翻 20cm（试验地人工深翻）。

H. 施硅锌肥。施硅锌肥 360kg/hm^2。采用以下关键栽培技术。

Ⅰ. 增密。栽插株行距为 10.7cm×30cm。

Ⅱ. 前氮后移。同 D. 增密减氮。磷、钾肥的施用时间和施用量同 A 处理。

Ⅲ. 精确灌溉。同 E. 精确灌溉。

Ⅳ. 基肥增施菜籽饼肥（含 N 5%）2250kg/hm^2。

Ⅴ. 深翻 20cm（试验地人工深翻）。

Ⅵ. 基肥增施硅肥 225kg/hm^2，锌肥 15kg/hm^2。

I. 施蚯蚓粪。总施氮量较 B 处理减 10%，即 270kg/hm^2（其中，70%无机氮肥，折合纯氮 189kg/hm^2，30%有机氮肥，折合纯氮 81kg/hm^2）。采用以下关键栽培技术。

Ⅰ. 增密。栽插株行距为 10.7cm×30cm。

Ⅱ. 前氮后移。同 D. 增密减氮。磷、钾肥的施用时间和施用量同 A 处理。

Ⅲ. 精确灌溉。同 E. 精确灌溉。

Ⅳ. 基肥增施蚯蚓粪，折合纯氮 81kg/hm^2。

在上述 9 种栽培措施中，增密减氮、精确灌溉、增施饼肥、土壤深翻、施硅锌肥、施蚯蚓粪（所对应的符号分别为 D、E、F、G、H、I）组装、集成了 2～5 种优化的栽培措施，均为综合栽培调控技术。为叙述方便，以各综合栽培技术中的核心技术，如增密减氮、精确灌溉、增施饼肥、土壤深翻、施硅锌肥、施蚯蚓粪，作为各综合栽培技术的名称。

8.2 综合栽培技术对产量和氮肥利用率的影响

8.2.1 产量及其构成因素

由表 8-1 可见，甬优 2640 在增密减氮、精确灌溉、增施饼肥、深翻栽培、施硅锌肥及施蚯蚓粪栽培措施下的产量分别为 11.58t/hm^2、12.27t/hm^2、12.91t/hm^2、13.20t/hm^2、13.77t/hm^2 和 11.63t/hm^2，分别较当地常规栽培（对照）产量增加 7.42%、

13.82%、19.76%、22.45%、27.74%和 7.88%，减氮栽培的产量较对照降低了 6.49%。武运粳 24 号在增密减氮、精确灌溉、增施饼肥、深翻栽培、施硅锌肥及施蚯蚓粪栽培措施下的产量分别为 9.53t/hm^2、10.54t/hm^2、10.91t/hm^2、11.04t/hm^2、11.81t/hm^{2}和 9.59t/hm^2，分别较当地常规栽培（对照）产量增加 3.59%、14.57%、18.59%、20.00%、28.37%和 4.24%，减氮栽培的产量较对照降低了 10.22%（表 8-1）。

表 8-1　综合栽培技术对水稻产量及其构成因素的影响

品种	处理	穗数/（×10^4/hm^2）	每穗粒数	总颖花数/（×10^4/m^2）	结实率/%	千粒重/g	产量/（t/hm^2）
甬优 2640	氮空白区	111.25g	286.52f	3.19f	84.92a	24.50a	6.63h
	当地常规	185.28e	318.59a	5.9d	77.55c	23.566c	10.78f
	减氮	172.5f	314.15bcd	5.42e	76.74c	24.24ab	10.08g
	增密减氮	204.15c	310.43d	6.34c	77.35c	23.62bc	11.58e
	精确灌溉	210.25c	312.2cd	6.56c	78.21bc	23.91abc	12.27cd
	增施饼肥	218.24b	315.05abc	6.87b	78.61bc	23.87abc	12.91bc
	深翻栽培	222.65ab	310.36d	6.91b	78.35bc	24.37a	13.20ab
	施硅锌肥	227.34a	317.67ab	7.22a	78.24bc	24.39a	13.77a
	施蚯蚓粪	195.41d	305.33e	5.97d	80.32b	24.26ab	11.63de
武运粳 24 号	氮空白区	162.5h	143.39f	2.33h	85.14a	28.60a	5.68e
	当地常规	241.83f	170.79a	4.13e	81.00cd	27.51c	9.20c
	减氮	221.34g	163.28bc	3.61g	80.78cd	28.28ab	8.26d
	增密减氮	278.87d	157.48d	4.39d	79.65d	27.23c	9.53c
	精确灌溉	283.32d	160.85c	4.56c	83.13abc	27.80bc	10.54b
	增施饼肥	301.75b	162.18c	4.89b	81.32cd	27.42c	10.91b
	深翻栽培	304.08b	162.55c	4.94b	81.53cd	27.38c	11.04b
	施硅锌肥	315.18a	165.73b	5.23a	82.29bcd	27.48c	11.81a
	施蚯蚓粪	266.08e	150.45e	4.00f	84.46ab	28.38ab	9.59c

注：表 8-1～表 8-9 部分数据引自参考文献[33]和[34]；不同字母表示在 0.05 水平上差异显著，同栏、同品种内比较

增密减氮、精确灌溉、增施饼肥、深翻栽培、施硅锌肥等综合栽培技术产量增加的原因主要在于总颖花数（穗数×每穗颖花数）的显著增加。甬优 2640 在增密减氮、精确灌溉、增施饼肥、深翻栽培和施硅锌肥栽培措施下，总颖花数分别为 6.34×10^4/m^2、6.56×10^4/m^2、6.87×10^4/m^2、6.91×10^4/m^2 和 7.22×10^4/m^2，武运粳 24 号在以上 5 种栽培措施下的总颖花数分别为 4.39×10^4/m^2、4.56×10^4/m^2、4.89×10^4/m^2、4.94×10^4/m^2 和 5.23×10^4/m^2（表 8-1）。两个品种在精确灌溉、增施饼肥、深翻栽培、施硅锌肥及施蚯蚓粪等综合栽培技术下的千粒重和结实率也明显增加（表 8-1）。

8.2.2 氮素积累量

由图 8-1 可见，随着生育期的推进，两品种在各栽培措施管理下的氮素吸收量不断增加；氮素积累量呈现先增加再降低的趋势，穗分化始期至抽穗期期间的氮素积累量最大；各处理间，穗分化始期之后的生育期，精确灌溉、增施饼肥、深翻栽培、施硅锌肥等综合栽培技术下的氮素吸收量和氮素积累量显著高于当地常规栽培（图 8-1）。

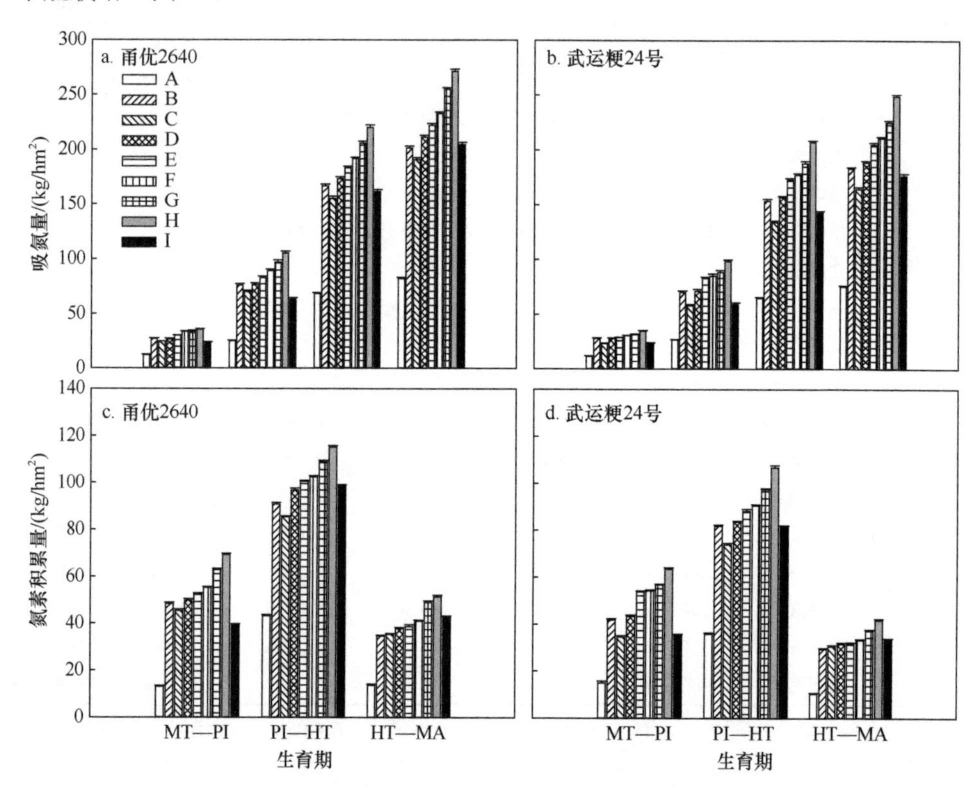

图 8-1 综合栽培技术对水稻吸氮量（a，b）及生育阶段氮积累量（c，d）的影响

A：氮空白区（0N）；B：当地常规栽培（对照）；C：减氮；D：增密减氮；E：精确灌溉；F：增施饼肥；G：深翻栽培；H：施硅锌肥；I：施蚯蚓粪。MT：分蘖中期；PI：穗分化始期；HT：抽穗期；MA：成熟期

8.2.3 氮肥利用率

由表 8-2 可知，与当地常规栽培（对照）相比，两品种在增密减氮、精确灌溉、增施饼肥、深翻栽培、施硅锌肥、施蚯蚓粪这 6 种综合栽培技术下的植株吸氮量、氮肥农学利用率、氮肥生理利用率、氮肥吸收利用率、氮肥偏生产力均显著增加；另外，除深翻栽培及施硅锌肥处理外，上述综合栽培技术处理的氮素产

谷利用率显著提高；减氮处理各氮肥利用率指标显著降低。在增密减氮、精确灌溉、增施饼肥、施蚯蚓粪综合栽培技术下的甬优 2640 的氮素产谷利用率分别为 54.82kg/kg N、55.27kg/kg N、55.47kg/kg N 和 56.84kg/kg N，与对照相比，分别提高 2.33%、3.17%、3.55%和 6.10%；相同栽培措施处理下，武运粳 24 号的氮素产谷利用率分别为 50.52kg/kg N、51.38kg/kg N、51.72kg/kg N 和 54.29kg/kg N，较对照增长 0.58%、2.29%、2.97%和 8.08%。在深翻栽培和施硅锌肥处理下，两品种植株吸氮量均较其他各综合栽培技术增大，但与对照相比，深翻栽培和施硅锌肥综合栽培技术下氮素产谷利用率显著低于当地常规栽培。以上结果表明，各综合栽培技术（减氮处理除外），能较当地常规栽培（对照）显著增加植株氮肥吸收量，提高氮素利用效率（表 8-2）。

表 8-2　综合栽培技术对水稻氮肥利用率的影响

品种	处理	施氮量/（kg N/hm^2）	吸氮量/（kg N/hm^2）	AE_N/（kg /kg N）	PE_N/（kg /kg N）	RE_N/%	PFP_N/（kg/kg N）	IE_N/（kg/kg N）
甬优 2640	氮空白区	0	82.17h	—	—	—	—	80.69a
	当地常规	300	201.22f	13.83f	34.86e	39.69g	35.93g	53.57d
	减氮	270	190.69g	12.78g	31.79f	40.19f	37.33f	52.86d
	增密减氮	270	211.22e	18.33e	38.36c	47.80d	42.89d	54.82c
	精确灌溉	270	222.00d	20.89c	40.33ab	51.79c	45.44c	55.27c
	增施饼肥	270	232.75c	23.26b	41.70a	55.77b	47.81b	55.47bc
	深翻栽培	270	254.88b	24.33a	38.04c	63.97a	48.89a	51.79e
	施硅锌肥	360	271.59a	19.83d	37.69d	52.62c	38.25e	50.70e
	施蚯蚓粪	270	204.62e	18.52e	40.83a	45.35e	43.07d	56.84b
武运粳 24 号	氮空白区	0	75.33g	—	—	—	—	75.40a
	当地常规	300	183.17d	11.73f	32.64e	35.94f	30.67f	50.23e
	减氮	270	164.58f	9.56g	28.91f	33.05g	30.59f	50.19e
	增密减氮	270	188.63d	14.26e	33.98d	41.96d	35.30d	50.52d
	精确灌溉	270	205.13c	18.00c	37.44ab	48.07c	39.04c	51.38c
	增施饼肥	270	210.94c	19.37b	38.57a	50.22b	40.41b	51.72c
	深翻栽培	270	225.31b	19.85a	35.74c	55.55a	40.89a	49.00e
	施硅锌肥	360	249.05a	17.03d	35.29c	48.25c	32.81e	47.42f
	施蚯蚓粪	270	176.64de	14.48e	38.60a	37.52e	35.52d	54.29b

注：不同字母表示在 0.05 水平上差异显著，同栏、同品种内比较。AE_N：氮肥农学利用率；PE_N：氮肥生理利用率；RE_N：氮肥吸收利用效率；PFP_N：氮肥偏生产力；IE_N：氮素产谷利用率

以上结果说明，在当地常规栽培方式下，水稻的氮肥农学利用率为 11.7～13.8kg/kg N，氮肥吸收利用率为 35.9%～39.7%，说明常规栽培方式的氮肥利用率较低。但在增密减氮、精确灌溉、增施饼肥、土壤深翻和施硅锌肥等综合栽培技术下，氮肥农学利用率为 14.26～24.33kg/kgN，氮肥吸收利用率为 41.96%～

63.97%，氮肥生理利用率、氮肥偏生产力及氮、磷、钾产谷利用率均显著提高。说明通过栽培措施的改进可协同提高水稻产量和养分利用效率。作者在本研究中还观察到，在土壤深翻和施硅锌肥栽培措施下，氮吸收量和氮转运量均很高，但氮的转运率和氮收获指数低于精确灌溉栽培方式。说明在土壤深翻和施硅锌肥栽培措施下仍有大量氮素积累在植株营养器官中。如何在土壤深翻和施硅锌肥栽培技术下促进氮素向籽粒转运，进一步提高养分利用效率？尚需深入研究。

8.3 综合栽培技术对地上部群体特征的影响

8.3.1 茎蘖动态及茎蘖成穗率

两品种的茎蘖数均随着生育进程推进逐渐增加，并在穗分化始期达到最大值，然后平稳下降，抽穗期的茎蘖数约等于或略多于最终成穗数（表 8-3）。甬优 2640 和武运粳 24 号在精确灌溉、增施饼肥、深翻栽培、施硅锌肥及施蚯蚓粪等综合栽培技术下的茎蘖成穗率均显著高于当地常规栽培，减氮处理的茎蘖成穗率则低于当地常规栽培（表 8-3）。

表 8-3 综合栽培技术对水稻茎蘖数及茎蘖成穗率的影响

品种	处理	分蘖中期/(10^4/hm^2)	穗分化始期/(10^4/hm^2)	抽穗期/(10^4/hm^2)	成熟期/(10^4/hm^2)	茎蘖成穗率/%
甬优 2640	氮空白区	77.69e	139.94g	113.67h	111.25h	79.50a
	当地常规	150.97b	271.08e	189.86f	185.28f	68.35e
	减氮	122.18d	259.40f	180.34fg	172.50fg	66.50f
	增密减氮	134.21c	293.32c	208.20d	204.15cd	69.60e
	精确灌溉	140.76c	283.42d	212.20cd	210.25c	74.18c
	增施饼肥	143.96bc	301.27bc	220.95bc	218.24ab	72.44d
	深翻栽培	147.16b	311.75b	227.34b	222.65a	71.42d
	施硅锌肥	187.73a	320.02a	235.77a	227.34a	71.04d
	施蚯蚓粪	130.39c	259.10f	200.37e	195.41de	75.42b
武运粳 24 号	氮空白区	82.06e	196.49h	165.44h	162.50g	82.70a
	当地常规	163.58b	315.75f	248.64f	241.83e	76.59e
	减氮	121.55d	296.3fg	230.74fg	221.34f	74.70f
	增密减氮	146.88c	356.70c	282.36d	278.87c	78.18d
	精确灌溉	147.57c	343.42d	287.36cd	283.32c	82.50a
	增施饼肥	155.76bc	370.70bc	305.68bc	301.75b	81.40b
	深翻栽培	161.62b	376.96b	310.16b	304.08b	80.67c
	施硅锌肥	170.09a	391.40a	328.03a	315.18a	80.53c
	施蚯蚓粪	143.15c	326.44e	270.10e	266.08d	81.51b

注：不同字母表示在 0.05 水平上差异显著，同栏、同品种内比较

8.3.2　干物质积累

除氮空白区外，在分蘖中期，各改进的栽培措施的干物质重与当地常规栽培（对照）相比差异不显著，且减氮和施蚯蚓粪等综合栽培技术略低于对照（表 8-4）。但从穗分化始期至成熟期，增密减氮、精确灌溉、增施饼肥、深翻栽培、施硅锌肥及施蚯蚓粪等综合栽培技术的干物质重均高于对照，收获指数也高于对照，其中，精确灌溉和施蚯蚓粪综合栽培技术最高，增施饼肥、深翻栽培和施硅锌肥次之。甬优 2640 和武运粳 24 号两品种表现趋势一致（表 8-4）。

表 8-4　综合栽培技术对水稻地上部干物质积累的影响

品种	处理	分蘖中期/（t/hm²）	穗分化始期/（t/hm²）	抽穗期/（t/hm²）	成熟期/（t/hm²）	收获指数
甬优 2640	氮空白区	0.57d	3.93g	8.56h	13.47g	0.492f
	当地常规	1.15ab	5.08e	13.91f	23.82e	0.453e
	减氮	1.12b	4.79ef	12.85g	22.12f	0.456e
	增密减氮	1.18ab	6.00cd	14.85de	24.84d	0.466d
	精确灌溉	1.21a	6.28c	15.63d	25.11d	0.489a
	增施饼肥	1.23a	7.04b	16.53c	26.89bc	0.480b
	深翻栽培	1.24a	7.48ab	17.57b	27.55b	0.479b
	施硅锌肥	1.26a	8.02a	18.03a	29.13a	0.473c
	施蚯蚓粪	1.03c	5.96d	14.93de	23.87e	0.487a
武运粳 24 号	氮空白区	0.65d	4.35f	7.12h	11.29h	0.503f
	当地常规	1.25ab	4.88de	12.30f	19.99f	0.460de
	减氮	1.18b	4.61e	11.37g	17.88g	0.462d
	增密减氮	1.27ab	5.61d	12.60de	20.60e	0.463d
	精确灌溉	1.30a	6.41c	13.08d	22.13d	0.476b
	增施饼肥	1.32a	6.89b	14.22c	23.04bc	0.474b
	深翻栽培	1.33a	7.11ab	14.81b	23.42b	0.471c
	施硅锌肥	1.35a	7.35a	15.58a	25.28a	0.467cd
	施蚯蚓粪	1.12bc	5.53d	12.72de	19.74f	0.486a

注：不同字母表示在 0.05 水平上差异显著，同栏、同品种内比较

8.3.3　叶面积

表 8-5 为水稻各生育阶段叶面积指数（LAI）的变化情况。从表可以看出，从

分蘖中期至穗分化始期，增施饼肥、深翻栽培和施硅锌肥 3 种综合栽培技术的 LAI 均显著高于当地常规栽培（对照）。之后至成熟期，精确灌溉、增施饼肥、深翻栽培、施硅锌肥和施蚯蚓粪综合栽培技术的 LAI 均显著高于对照（表 8-5）。说明上述综合栽培技术有较高的光合叶面积。特别是到成熟期，增施饼肥、深翻栽培和施硅锌肥等综合栽培技术仍有比较高的绿叶面积。

表 8-5　综合栽培技术对水稻叶面积指数的影响

品种	处理	分蘖中期	穗分化始期	抽穗期	成熟期
甬优 2640	氮空白区	0.67f	1.86h	5.26g	1.32f
	当地常规	1.12d	3.92de	7.99e	2.29e
	减氮	1.05e	3.77f	7.58f	2.24e
	增密减氮	1.21c	4.62g	8.39d	2.62cd
	精确灌溉	1.23c	4.98d	8.59c	3.07c
	增施饼肥	1.44b	5.67bc	8.83b	3.38b
	深翻栽培	1.47ab	5.74ab	8.89b	3.43ab
	施硅锌肥	1.52a	5.81a	8.99a	3.57a
	施蚯蚓粪	1.02e	3.89e	8.01e	2.82c
武运粳 24 号	氮空白区	0.52g	2.43g	4.95h	1.33g
	当地常规	0.95ef	4.01f	7.63f	2.39f
	减氮	0.93f	3.88f	6.97g	2.40f
	增密减氮	1.01e	4.75e	8.18e	2.79de
	精确灌溉	1.16d	5.63d	8.37d	2.83d
	增施饼肥	1.25bc	6.08bc	8.84bc	3.58c
	深翻栽培	1.34ab	6.14b	8.92b	3.65ab
	施硅锌肥	1.38a	6.25a	9.16a	3.71a
	施蚯蚓粪	0.89f	3.97f	7.77f	2.97d

注：不同字母表示在 0.05 水平上差异显著，同栏、同品种内比较

表 8-6 为水稻抽穗期有效叶面积率和高效叶面积率。由表可见，精确灌溉、增施饼肥、深翻栽培、施硅锌肥和施蚯蚓粪 5 种综合栽培技术下的有效叶面积指数、高效叶面积指数、有效叶面积率和高效叶面积率均显著高于当地常规栽培（对照）。其中，精确灌溉和施蚯蚓粪两种综合栽培技术的有效叶面积率最高，精确灌溉综合栽培技术的高效叶面积率最高。两品种表现趋势一致（表 8-6）。

表 8-6　综合栽培技术对水稻抽穗期有效叶面积率和高效叶面积率的影响

品种	处理	总 LAI	有效 LAI	高效 LAI	有效叶面积率/%	高效叶面积率/%
甬优 2640	氮空白区	5.26g	4.88f	3.48f	92.69b	66.21f
	当地常规	7.99e	6.90d	5.30d	86.35e	66.26f
	减氮	7.58f	6.62e	4.89e	87.29d	64.52g
	增密减氮	8.39d	7.50c	5.72c	89.46c	68.16e
	精确灌溉	8.59c	8.10b	6.20ab	94.39a	72.22a
	增施饼肥	8.83b	8.13b	6.21ab	92.05b	70.36bc
	深翻栽培	8.89b	8.31a	6.32a	93.48a	71.10ab
	施硅锌肥	8.99a	8.33a	6.32a	92.63b	70.25c
	施蚯蚓粪	8.01e	7.37c	5.61c	92.00b	69.98d
武运粳 24 号	氮空白区	4.95h	4.60g	3.17h	93.04c	64.13g
	当地常规	7.63f	6.77e	5.13f	88.80f	67.27e
	减氮	6.97g	6.30f	4.62g	90.48e	66.39ef
	增密减氮	8.18e	7.52d	5.71d	91.93d	69.82d
	精确灌溉	8.37d	7.92c	6.15c	94.64a	73.49a
	增施饼肥	8.84bc	8.25b	6.40b	93.30b	72.38b
	深翻栽培	8.92b	8.32b	6.41b	93.26c	71.87a
	施硅锌肥	9.16a	8.53a	6.55a	93.15c	71.54a
	施蚯蚓粪	7.77f	7.29d	5.46de	93.81b	70.29d

注：不同字母表示在 0.05 水平上差异显著，同栏、同品种内比较

8.3.4　粒叶比

精确灌溉、增施饼肥、深翻栽培、施硅锌肥等综合栽培技术的颖花粒叶比、实粒粒叶比和粒重粒叶比均高于当地常规栽培，两品种表现趋势一致（表 8-7）。说明在各综合栽培技术下，水稻库容的增加高于叶量的增加，即增加了库源比。

表 8-7　综合栽培技术对水稻抽穗期粒叶比的影响

品种	处理	颖花粒叶比/（粒/cm^2）	实粒粒叶比/（粒/cm^2）	粒重粒叶比/（mg/cm^2）
甬优 2640	氮空白区	0.61g	0.51f	12.60g
	当地常规	0.75cd	0.58d	13.49f
	减氮	0.72f	0.55e	13.30f
	增密减氮	0.76c	0.58d	13.81e

续表

品种	处理	颖花粒叶比/（粒/cm^2）	实粒粒叶比/（粒/cm^2）	粒重粒叶比/（mg/cm^2）
甬优 2640	精确灌溉	0.76c	0.60bc	14.29d
	增施饼肥	0.78b	0.61b	14.62bc
	深翻栽培	0.78b	0.61b	14.84b
	施硅锌肥	0.80a	0.63a	15.31a
	施蚯蚓粪	0.74e	0.60c	14.51c
武运粳 24 号	氮空白区	0.47e	0.40f	11.48g
	当地常规	0.54c	0.44c	12.06d
	减氮	0.52d	0.42e	11.86e
	增密减氮	0.54c	0.43e	11.65eg
	精确灌溉	0.54c	0.45b	12.59b
	增施饼肥	0.55b	0.45b	12.34c
	深翻栽培	0.55b	0.45b	12.37c
	施硅锌肥	0.57a	0.47a	12.90a
	施蚯蚓粪	0.51d	0.43e	12.34c

注：不同字母表示在 0.05 水平上差异显著，同栏、同品种内比较

8.3.5 茎鞘中非结构性碳水化合物的转运

表 8-8 为综合栽培技术下茎鞘中非结构性碳水化合物（NSC）的转运情况。由表可知，在抽穗前，精确灌溉、增施饼肥、深翻栽培和施蚯蚓粪等综合栽培技术积累了较多的 NSC，抽穗期至成熟期的 NSC 转运率和对籽粒产量的贡献率均显著高于常规栽培（对照）。施硅锌肥能增加 NSC 对籽粒的贡献率，但转运率不高，较多的 NSC 留在了稻草中。两品种表现趋势一致（表 8-8）。

表 8-8 综合栽培技术对水稻茎鞘中 NSC 转运的影响

品种	处理	抽穗期 NSC/（t/hm^2）	成熟期 NSC/（t/hm^2）	NSC 转运量/（t/hm^2）	NSC 转运率/%	NSC 对产量的贡献率/%
甬优 2640	氮空白区	1.71g	0.70g	1.02d	59.32a	15.32a
	当地常规	2.36ef	1.46f	0.90e	38.19g	8.37g
	减氮	2.41e	1.49f	0.92e	38.26g	9.16f
	增密减氮	2.52e	1.45f	1.07d	42.51d	9.26f
	精确灌溉	3.82c	2.10d	1.72b	45.15b	14.06b
	增施饼肥	4.26b	2.41c	1.85a	43.44c	14.33b

续表

品种	处理	抽穗期 NSC/（t/hm²）	成熟期 NSC/（t/hm²）	NSC 转运量/（t/hm²）	NSC 转运率/%	NSC 对产量的贡献率/%
甬优 2640	深翻栽培	4.38b	2.65ab	1.72b	39.34f	13.04d
	施硅锌肥	4.59a	2.73a	1.86a	40.63e	13.54bc
	施蚯蚓粪	3.35d	1.93e	1.43c	42.54d	12.26e
武运粳 24 号	氮空白区	1.55h	0.65f	0.90e	58.14a	15.91ab
	当地常规	2.14g	1.30de	0.84e	39.24g	9.11h
	减氮	2.20g	1.34d	0.87e	39.37g	10.51g
	增密减氮	2.42f	1.38d	1.04d	43.04e	10.91f
	精确灌溉	3.16d	1.52c	1.64b	51.76b	15.52c
	增施饼肥	3.83bc	2.06b	1.77a	46.29d	16.26a
	深翻栽培	4.14b	2.46a	1.68b	40.69g	15.26e
	施硅锌肥	4.27a	2.47a	1.80a	42.20f	15.27e
	施蚯蚓粪	2.91de	1.49c	1.41c	48.60c	14.73d

注：不同字母表示在 0.05 水平上差异显著，同栏、同品种内比较

8.3.6　叶片光合速率

图 8-2 为在综合栽培技术下冠层上（L1）、中（L2）、下（L3）部叶片的光合速率。由图 8-2 可知，水稻叶片的光合速率随着生育进程的推进逐渐降低。增施饼肥、深翻栽培和施硅锌肥等综合栽培技术的光合速率显著高于当地常规栽培。冠层叶片的光合速率为上部叶片>中部叶片>下部叶片。增施饼肥、深翻栽培和施硅锌肥等综合栽培技术下的上部叶片光合速率显著高于对照，在精确灌溉、增施饼肥、深翻栽培、施硅锌肥和施蚯蚓粪等综合栽培技术下的中部叶片和下部叶片光合速率均显著高于对照（图 8-2）。

8.3.7　冠层的光、氮分布

1. *冠层内光分布梯度*

冠层内光合有效辐射强度随着叶面积指数的增加而衰减，光透射率变小（图 8-3）。在冠层叶面积指数相同条件下，与其他栽培措施相比，氮空白区冠层的光衰减更明显。这是因为在氮空白区，个体发育小，个体之间竞争也小，叶型披散，消光系数较大；而在施氮肥的综合栽培技术，个体发育较快，群体密度大，植株间竞争较剧烈，叶型较直立，叶片的消光系数相对较小。两品种表现趋势基本一致（图 8-3）。

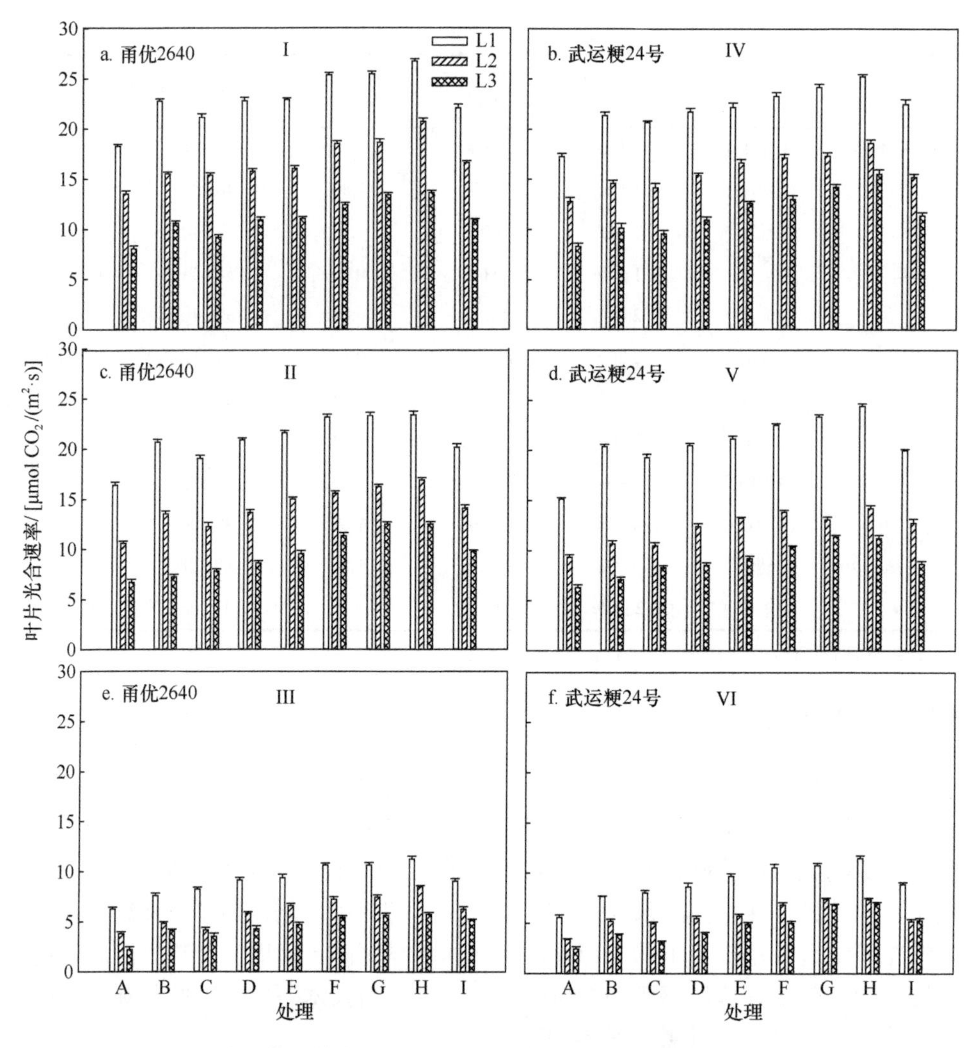

图 8-2　综合栽培技术对水稻冠层上、中、下部叶片光合速率的影响

A：氮空白区（0N）；B：当地常规（对照）；C：减氮；D：增密减氮；E：精确灌溉；F：增施饼肥；G：深翻栽培；H：施硅锌肥；I：施蚯蚓粪。L1：上部叶片；L2：中部叶片；L3：下部叶片。I、IV：抽穗期；II、V：抽穗后 20 天；III、VI：成熟期

2. 冠层内氮素分布梯度

随着叶面积指数的增加，叶片氮含量逐渐降低（图 8-4）。与图 8-3 中光在冠层中的衰减相比，氮素含量衰减在各综合栽培技术间变异较大。其中氮空白区的水稻叶片氮含量随着叶面积的增加，氮素含量的减少最明显。而随着栽培措施的改进和施氮量的增加，叶片氮含量衰减变慢。尤其在综合栽培技术中施硅锌肥处理，叶片氮含量衰减最慢。甬优 2640 和武运粳 24 号的变化趋势一致（图 8-4）。

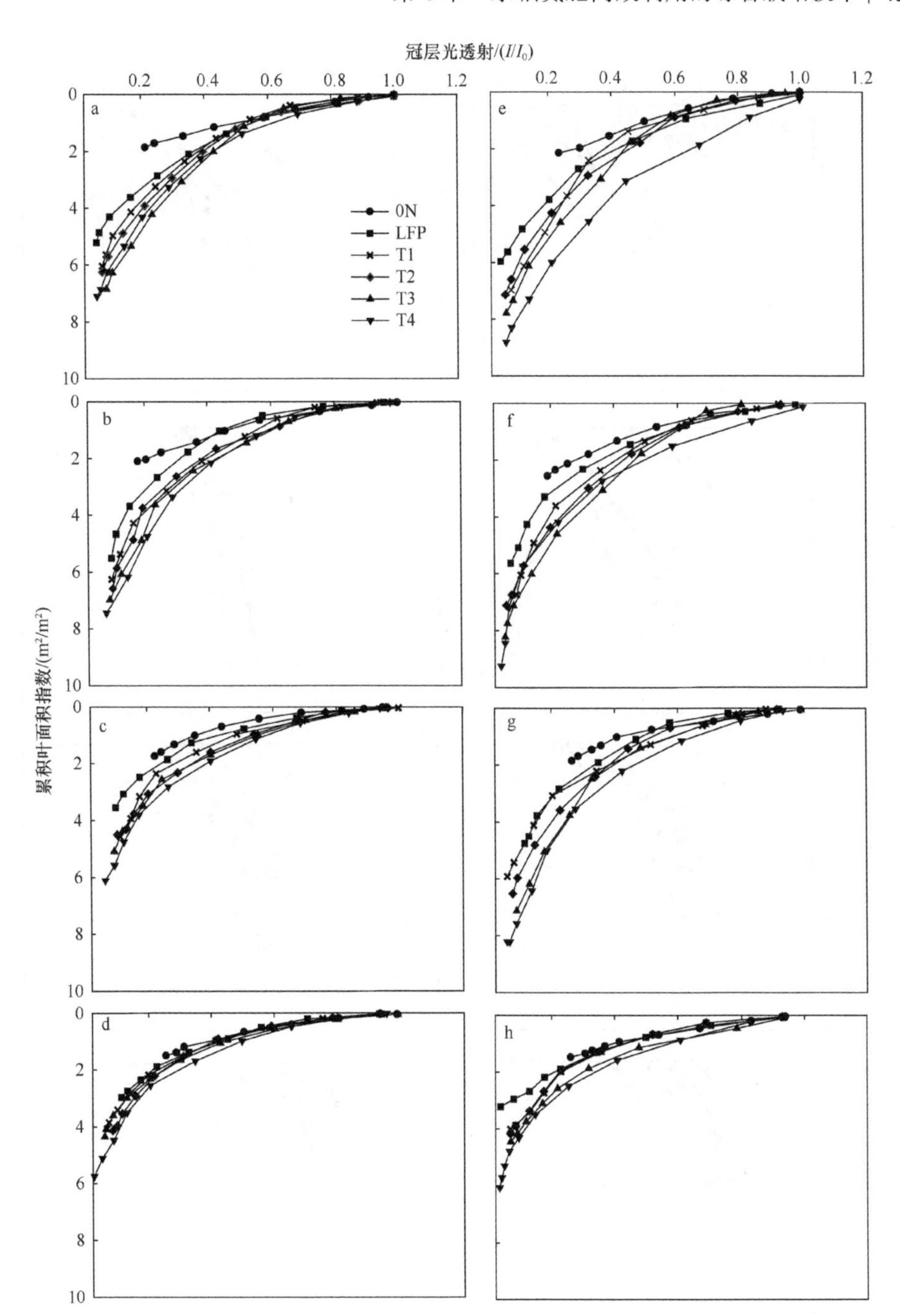

图 8-3　甬优 2640（a～d）和武运粳 24 号（e～h）在不同时期累积叶面积指数与冠层光透射的关系

0N：氮空白区；LFP：当地常规栽培（对照）；T1：增密减氮；T2：精确灌溉；T3：增施饼肥；T4：施硅锌肥；I_0：冠层顶部光透射；I：冠层内光透射；a，b，e，f 为抽穗期；c，g 为抽穗后 15 天；d，h 为抽穗后 30 天

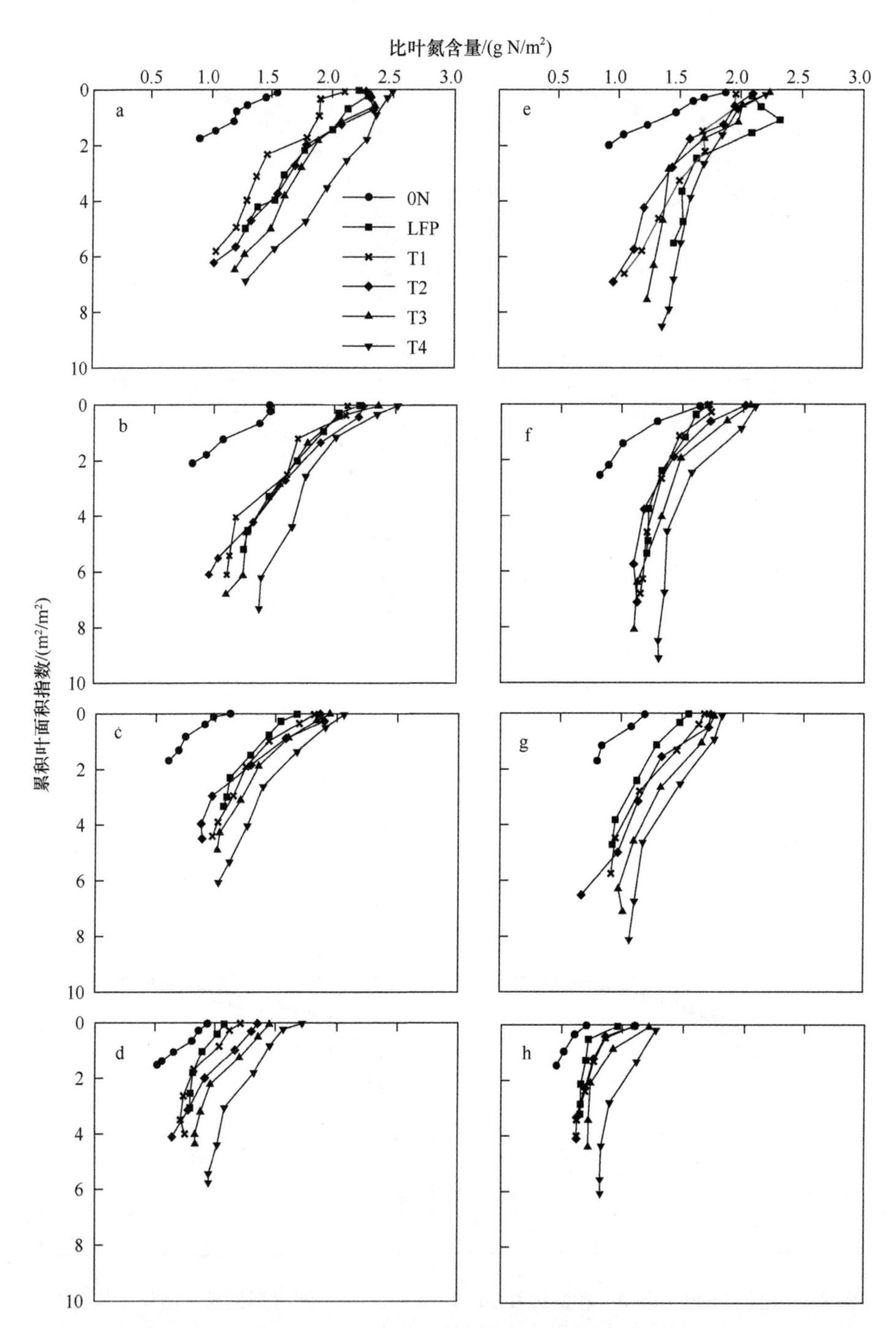

图 8-4 甬优 2640（a～d）和武运粳 24 号（e～h）累积叶面积指数与冠层氮素分布梯度的关系

0N：氮空白区；LFP：当地常规（对照）；T1：增密减氮；T2：精确灌溉；T3：增施饼肥；T4：施硅锌肥。a，b，e，f 为抽穗期；c，g 为抽穗后 15 天；d，h 为抽穗后 30 天

3. 冠层内光氮分布与氮素利用效率的关系

表 8-9 为冠层光分布参数与氮素分布参数。通过冠层光的指数分布公式与氮的指数分布公式估算冠层光衰减系数（K_L）与氮消减系数（K_N）。栽培措施对冠层光氮分布各参数的影响不同。与不施氮相比，各栽培措施的叶面积指数和冠层顶部叶片氮含量（N_0）显著增加，但 K_L 降低。在栽培措施间比较，K_N 表现为，当地常规栽培<增密减氮<精确灌溉，表明栽培措施的改进可以提高 K_N。但是由于施用了有机肥，增加了氮肥供给，在增施饼肥与施硅锌肥栽培措施下，K_N 降低。K_N/K_L 的变化趋势与 K_N 的变化趋势一致（表 8-9）。

表 8-9　冠层光分布参数与氮素分布参数

品种	处理	抽穗期					抽穗后 15 天					抽穗后 30 天				
		LAI	K_L	N_0/(g/m^2)	K_N	K_N/K_L	LAI	K_L	N_0/(g/m^2)	K_N	K_N/K_L	LAI	K_L	N_0/(g/m^2)	K_N	K_N/K_L
甬优 2640	氮空白区	2.10d	0.779a	1.551e	0.374a	0.48	1.74d	1.077a	1.077e	0.576a	0.534	1.50d	0.958a	0.979f	0.642a	0.67
	当地常规	5.50c	0.683b	2.152cd	0.137d	0.201	3.54c	0.804b	1.631d	0.183c	0.227	2.97c	0.865b	1.056e	0.166e	0.191
	增密减氮	6.25b	0.489c	2.114d	0.148c	0.303	4.56b	0.637c	1.768c	0.190c	0.299	4.07b	0.827bc	1.176d	0.217c	0.263
	精确灌溉	6.57b	0.466cd	2.301b	0.171b	0.367	4.50b	0.565d	1.923b	0.258b	0.456	4.12b	0.799cd	1.381c	0.265b	0.332
	增施饼肥	6.97ab	0.420de	2.206c	0.134d	0.318	5.08b	0.549de	1.891b	0.180c	0.328	4.33b	0.757d	1.437b	0.199d	0.264
	施硅锌肥	7.45a	0.409e	2.384a	0.103e	0.252	6.12a	0.490e	2.023a	0.147d	0.301	5.75a	0.672e	1.636a	0.141f	0.21
武运粳24号	氮空白区	2.55e	0.680a	1.635e	0.397a	0.584	1.84e	0.787a	1.213e	0.385a	0.489	1.47d	0.908a	0.704f	0.652a	0.718
	当地常规	5.62d	0.532b	1.661de	0.088d	0.165	4.75d	0.619b	1.533e	0.158c	0.256	3.21c	0.843b	0.868e	0.187e	0.222
	增密减氮	6.74c	0.465c	1.683d	0.081de	0.175	5.92c	0.516c	1.701c	0.159c	0.308	4.02b	0.796bc	1.017d	0.241c	0.303
	精确灌溉	7.12c	0.428cd	1.880c	0.120b	0.281	6.52bc	0.509c	1.775b	0.184b	0.361	4.17b	0.757c	1.138c	0.369b	0.488
	增施饼肥	8.23b	0.389de	1.957b	0.107c	0.276	7.12b	0.430d	1.785b	0.120d	0.278	4.45b	0.597d	1.150b	0.217d	0.363
	施硅锌肥	9.25a	0.359e	2.012a	0.071e	0.197	8.21a	0.369e	1.844a	0.098e	0.265	6.07a	0.565d	1.259a	0.121f	0.215

注：LAI：叶面积指数；K_L：光衰减系数；K_N：氮消减系数；N_0：叶片氮含量。不同字母表示在 0.05 水平上差异显著，同栏、同品种内比较

参数 K_N/K_L 是一个指示光与氮素在冠层中分布梯度的参数。在低氮条件下，K_N/K_L 值高；在高氮条件下，K_N/K_L 值低。参数 K_N/K_L 也受栽培措施的调控。例如，虽然施硅锌肥的氮肥使用量高于当地常规栽培，但在施硅锌肥综合栽培技术中改进了施氮方式和水分管理方式，使得该技术下的 K_N/K_L 高于当地常规栽培的 K_N/K_L 值。相关分析表明，K_N/K_L 与氮素利用率（IE_N）呈显著正相关关系（图 8-5）。

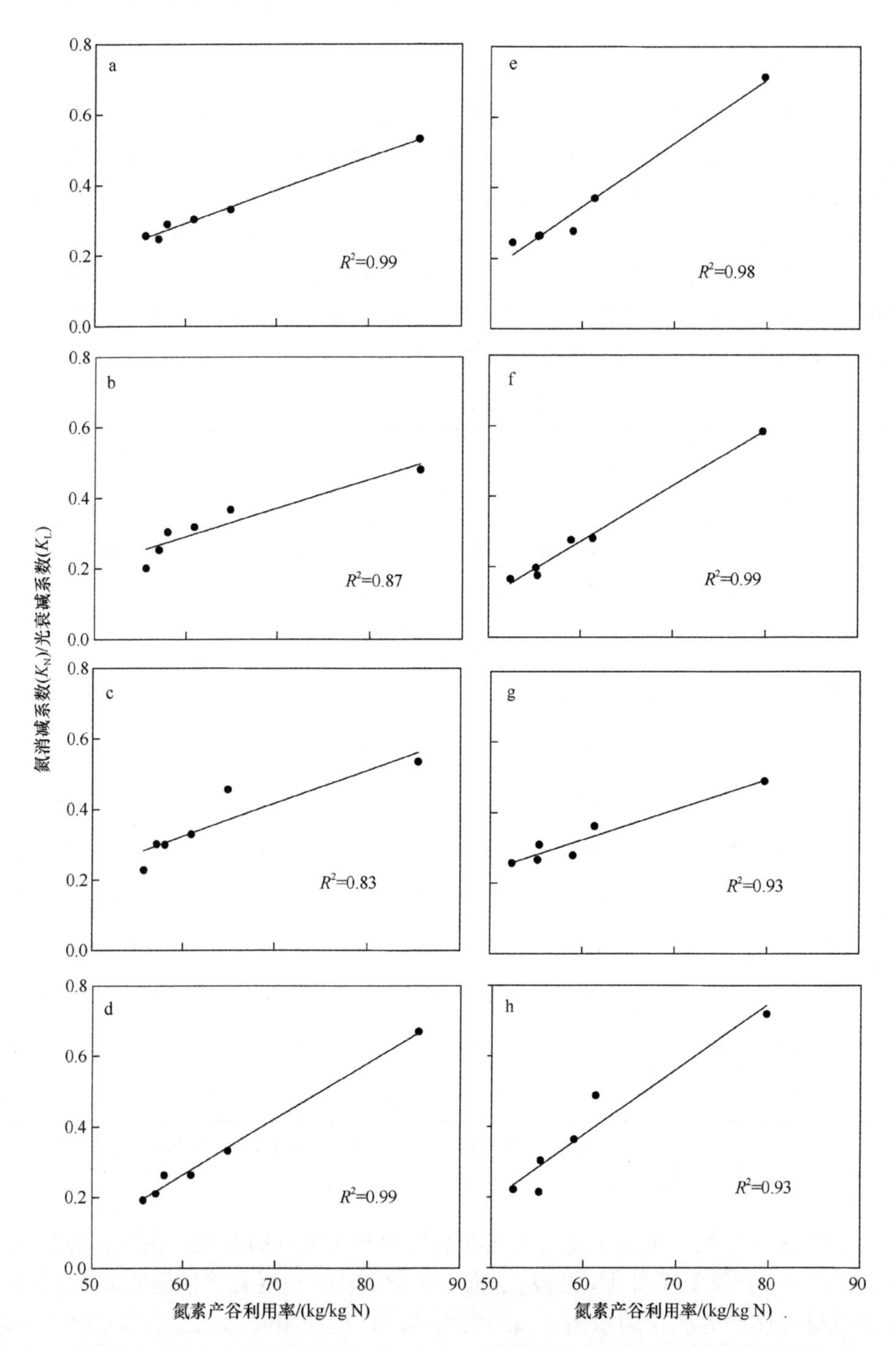

图 8-5 甬优 2640（a～d）和武运粳 24 号（e～h）冠层氮消减系数与光衰减系数比例（K_N/K_L）与氮素产谷利用率的关系

a，b，e，f 为抽穗期；c，g 为抽穗后 15 天；d，h 为抽穗后 30 天

以上结果说明，与当地常规栽培相比，增密减氮、精确灌溉、增施饼肥、深翻栽培和施蚯蚓粪等综合栽培技术的茎蘖成穗率显著提高，叶面积指数、有效叶面积率和高效叶面积率、抽穗和成熟期的干物质积累、NSC 的转运量及其对籽粒的贡献率显著增加。上述 5 种综合栽培技术除施蚯蚓粪外还提高了水稻粒叶比。说明通过栽培技术的集成优化可以改善水稻群体质量，改善源库关系，获得更高产量。同时，与当地常规栽培相比，增密减氮、精确灌溉、增施饼肥和深翻等综合栽培技术使得水稻群体具有较小的冠层光衰减系数（K_L），较大的冠层氮素衰减系数（K_N）和 K_N/K_L，可以较好地协调冠层光与氮素的分布，提高冠层上、中、下叶层光合能力，进而较好地协调冠层光、氮匹配，增加冠层氮素光合效率。

8.4　综合栽培技术对根系形态和生理性状的影响

8.4.1　根系形态性状

1. 根干重与根冠比

在主要生育期，氮空白区（0N）处理的根干重均显著低于其他 6 种栽培技术，而其根冠比则高于其他 6 种栽培技术（图 8-6）。

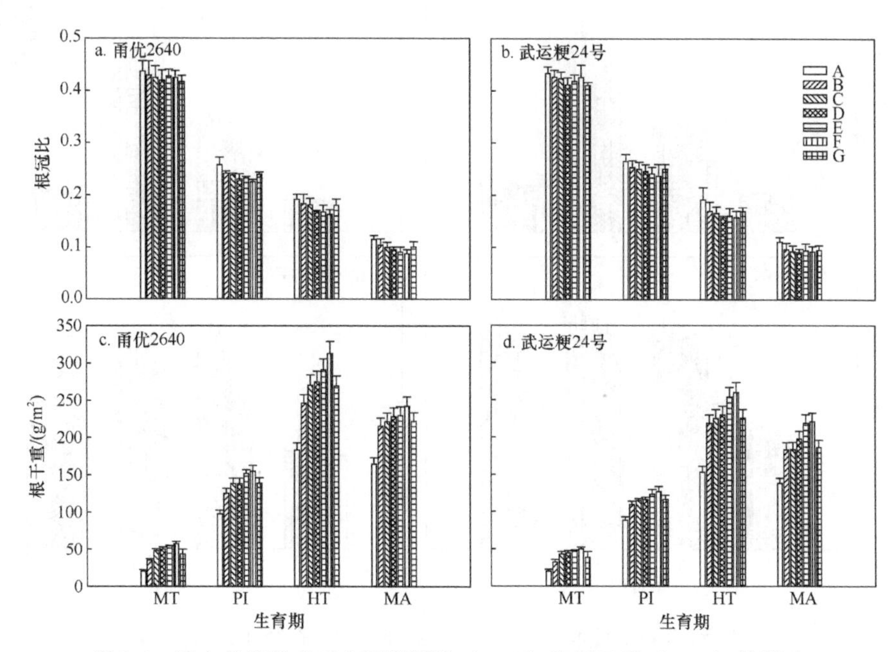

图 8-6　综合栽培技术对水稻根冠比（a，b）和根干重（c，d）的影响

图 8-6～图 8-12 的部分数据引自参考文献[35]；A：氮空白区（0N）；B：当地常规栽培（对照）；C：增密减氮；D：精确灌溉；E：增施饼肥；F：深翻栽培；G：施蚯蚓粪。MT：分蘖中期；PI：穗分化始期；HT：抽穗期；MA：成熟期

根干重的最大值出现在抽穗期，分蘖期至抽穗期根干重呈现上升趋势，抽穗期之后开始下降且下降幅度较小。根干重的高低顺序依次是深翻栽培、增施饼肥、精确灌溉、施蚯蚓粪、增密减氮、当地常规栽培、氮空白区；武运粳24号与甬优2640趋势相同，但是根干重值略低于甬优2640（图8-6c，图8-6d）。水稻根冠比，武运粳24号在分蘖中期的根冠比要明显高于甬优2640（图8-6a，图8-6b）。这可能与武运粳24号前期生长慢于甬优2640有关。

2. 根长和根直径

根系长度（简称根长）随着生育进程的推进呈现先增加后减少的趋势，其峰值出现在抽穗期（图8-7a，图8-7b）。除成熟期外，增密减氮、精确灌溉、增施饼肥、深翻栽培及施蚯蚓粪等综合栽培技术的根长显著高于当地常规栽培，以深翻栽培为最高，其次是增施饼肥。根直径在分蘖中期到抽穗期增加幅度较大，抽穗之后基本保持不变（图8-7c，图8-7d）。甬优2640的根直径略大于武运粳24号，但根长在整个生育期内要显著高于武运粳24号。2个品种的根长和根直径在整个生育期内的变化趋势基本相同（图8-7）。

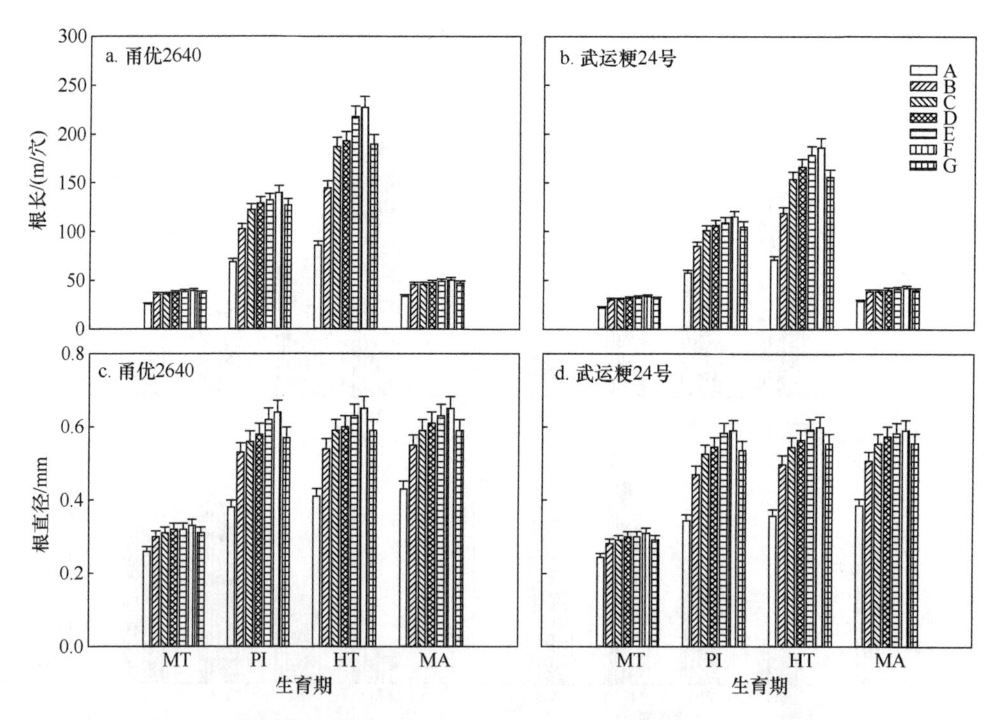

图8-7 综合栽培技术对水稻根长（a、b）和根直径（c、d）的影响

A：氮空白区（0N）；B：当地常规栽培（对照）；C：增密减氮；D：精确灌溉；E：增施饼肥；F：深翻栽培；G：施蚯蚓粪。MT：分蘖中期；PI：穗分化始期；HT：抽穗期；MA：成熟期

8.4.2　根系生理性状

1. 根系氧化力

在主要生育期，根系氧化力的最高值都出现在穗分化始期，自分蘖中期至穗分化始期呈上升趋势，之后开始下降（图 8-8）。在相同生育期，甬优 2640 和武运粳 24 号的根系氧化力表现为深翻栽培>增施饼肥>精确灌溉、施蚯蚓粪>增密减氮>当地常规栽培>氮空白区。深翻栽培、增施饼肥、精确灌溉等综合栽培技术的根系氧化力在各个生育时期均显著高于当地常规栽培（图 8-8）。

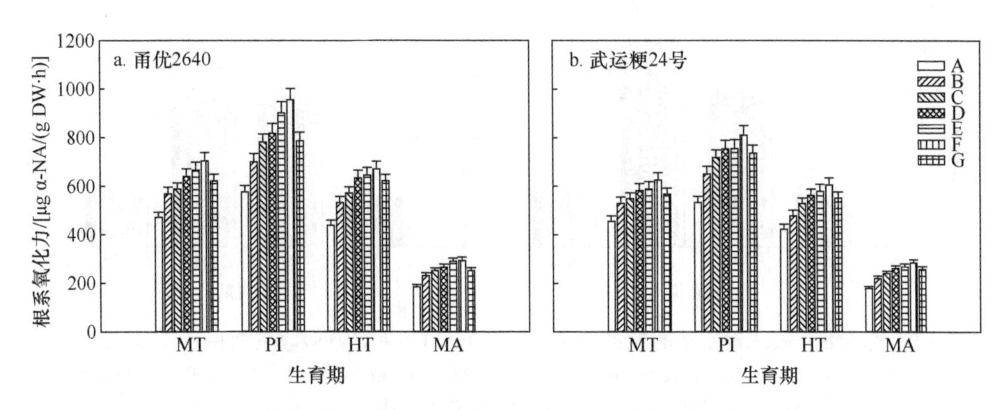

图 8-8　综合栽培技术对水稻根系氧化力的影响

A：氮空白区（0N）；B：当地常规栽培（对照）；C：增密减氮；D：精确灌溉；E：增施饼肥；F：深翻栽培；G：施蚯蚓粪。MT：分蘖中期；PI：穗分化始期；HT：抽穗期；MA：成熟期

2. 根系总吸收表面积和活跃吸收表面积

自分蘖中期至抽穗期，根系总吸收表面积和活跃吸收表面积呈上升趋势，之后开始下降（图 8-9）。甬优 2640 和武运粳 24 号的根系总吸收表面积和活跃吸收表面积表现为深翻栽培>增施饼肥>精确灌溉>施蚯蚓粪>增密减氮>当地常规栽培>氮空白区。深翻栽培、增施饼肥等综合栽培技术与当地常规栽培的根系吸收面积的差异达到显著水平。两品种表现趋势一致（图 8-9）。

3. 根系伤流量

图 8-10 为综合栽培技术下水稻的根系伤流量。由图可知，根系伤流量在整个生育期内表现为先增加后减少的趋势，分蘖中期到穗分化始期迅速增加，之后开始缓慢下降。甬优 2640 和武运粳 24 号的根系伤流量表现为深翻栽培>增施饼肥>精确灌溉>施蚯蚓粪>增密减氮>当地常规栽培>氮空白区（图 8-10）。

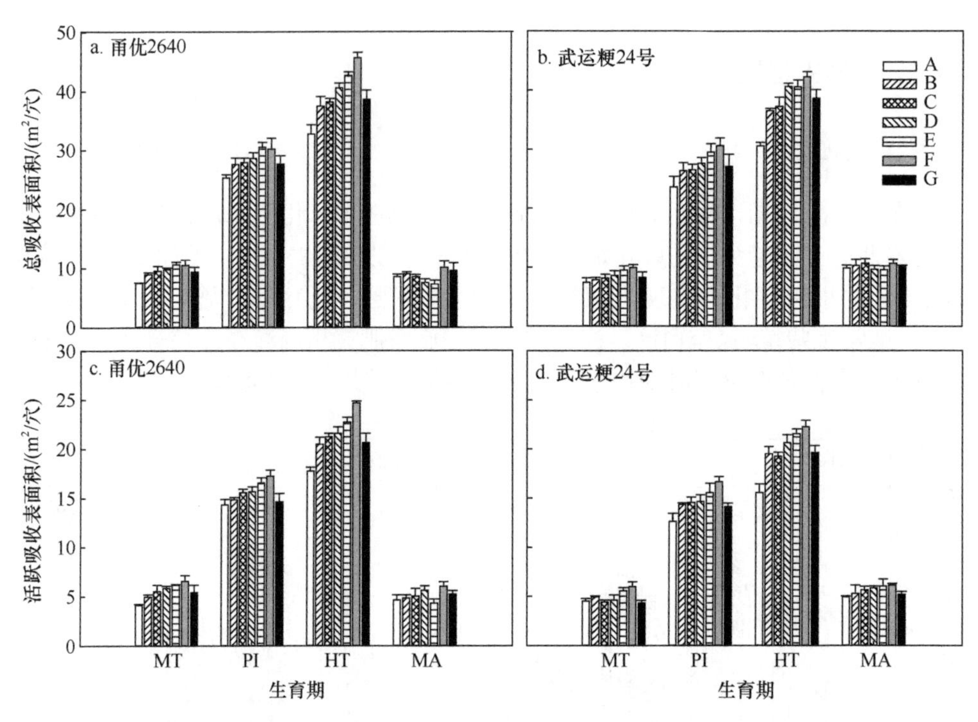

图 8-9　综合栽培技术对水稻的根系吸收表面积（a，b）和活跃吸收表面积（c，d）的影响

A：氮空白区（0N）；B：当地常规栽培（对照）；C：增密减氮；D：精确灌溉；E：增施饼肥；F：深翻栽培；G：施蚯蚓粪。MT：分蘖中期；PI：穗分化始期；HT：抽穗期；MA：成熟期

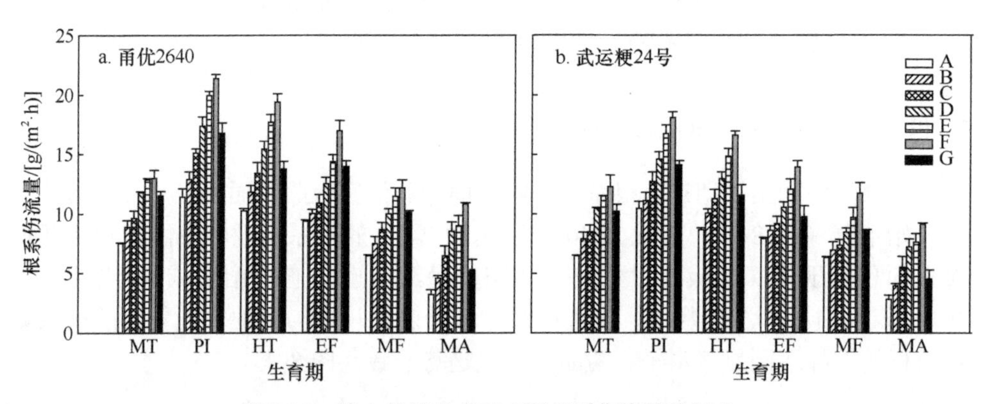

图 8-10　综合栽培技术对水稻根系伤流量的影响

A：氮空白区（0N）；B：当地常规栽培（对照）；C：增密减氮；D：精确灌溉；E：增施饼肥；F：深翻栽培；G：施蚯蚓粪。MT：分蘖中期；PI：穗分化始期；HT：抽穗期；EF：灌浆早期；MF：灌浆中期；MA：成熟期

4. 根系中硝酸还原酶（NR）和谷氨酸合酶（GOGAT）活性

在整个生育期，根系中硝酸还原酶（NR）活性在抽穗期达到峰值（图 8-11）。在各种栽培技术之间，以深翻栽培的 NR 活性最高，其次是增施饼肥，精确灌溉

略高于对照但没有达到显著水平，增密减氮处理在主要时期均低于对照。甬优 2640 与武运粳 24 号根系中 NR 变化趋势基本一致，但武运粳 24 号的 NR 活性整体略低于甬优 2640（图 8-11）。谷氨酸合酶（GOGAT）活性在各生育期变化趋势与 NR 活性变化趋势基本一致，深翻栽培、增施饼肥、精确灌溉等综合栽培技术显著高于常规栽培（图 8-12）。

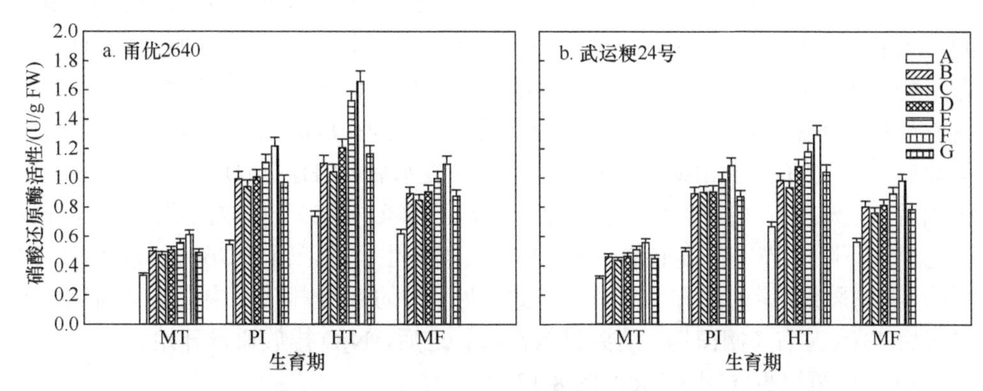

图 8-11　综合栽培技术对水稻根系中硝酸还原酶（NR）活性的影响

A：氮空白区（0N）；B：当地常规栽培（对照）；C：增密减氮；D：精确灌溉；E：增施饼肥；F：深翻栽培；G：施蚯蚓粪。MT：分蘖中期；PI：穗分化始期；HT：抽穗期；MF：灌浆中期

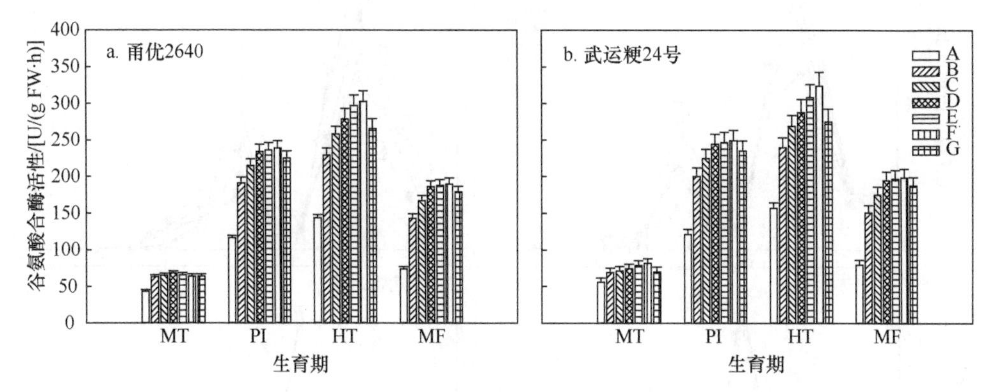

图 8-12　综合栽培技术对水稻根系中谷氨酸合酶（GOGAT）活性的影响

A：氮空白区（0N）；B：当地常规栽培（对照）；C：增密减氮；D：精确灌溉；E：增施饼肥；F：深翻栽培；G：施蚯蚓粪。MT：分蘖中期；PI：穗分化始期；HT：抽穗期；MF：灌浆中期

以上结果说明，与当地常规栽培相比，增密减氮、精确灌溉、增施饼肥、深翻栽培和施蚯蚓粪等综合栽培技术的根系形态性状明显改善，根干重、根长和根直径显著增加。同时，根系生理性状也得到了改善，根系氧化力提高，根系伤流强度增强，根系吸收表面积增大，根系中氮代谢酶活性增强。表明综合栽培技术可以促进地下部根系生长，增强根系活性，为水稻高产与氮肥高效利用打下重要的根系基础。

8.5 综合栽培技术对稻田温室气体排放的影响

8.5.1 温室气体排放通量

由图 8-13a 和图 8-13b 可见，稻田甲烷（CH_4）排放主要集中在前期，抽穗后的 CH_4 排放急剧减少。整个生育期，甬优 2640 和武运粳 24 号的 CH_4 排放通量动态趋势基本一致，出现一大峰和一小峰。两品种 CH_4 排放通量均在水稻返青之后迅速升高，并在移栽后 30 天左右（分蘖盛期）达到排放高峰，之后迅速下降，在移栽后 43 天左右（搁田期）达到最低点。在复水后，CH_4 排放通量开始回升，在移栽后 63 天左右（抽穗期）达到第二个排放高峰。第二个排放高峰后 CH_4 排放通量呈现下降趋势（图 8-13a，图 8-13b）。整个生育期，甬优 2640 和武运粳 24 号的 N_2O 排放通量的动态趋势基本一致。两品种的 N_2O 排放集中在生育前期，在移栽后 43 天左右（搁田期）达到排放高峰；之后，N_2O 排放通量开始回落，后期的 N_2O 排放量很少（图 8-13c，图 8-13d）。

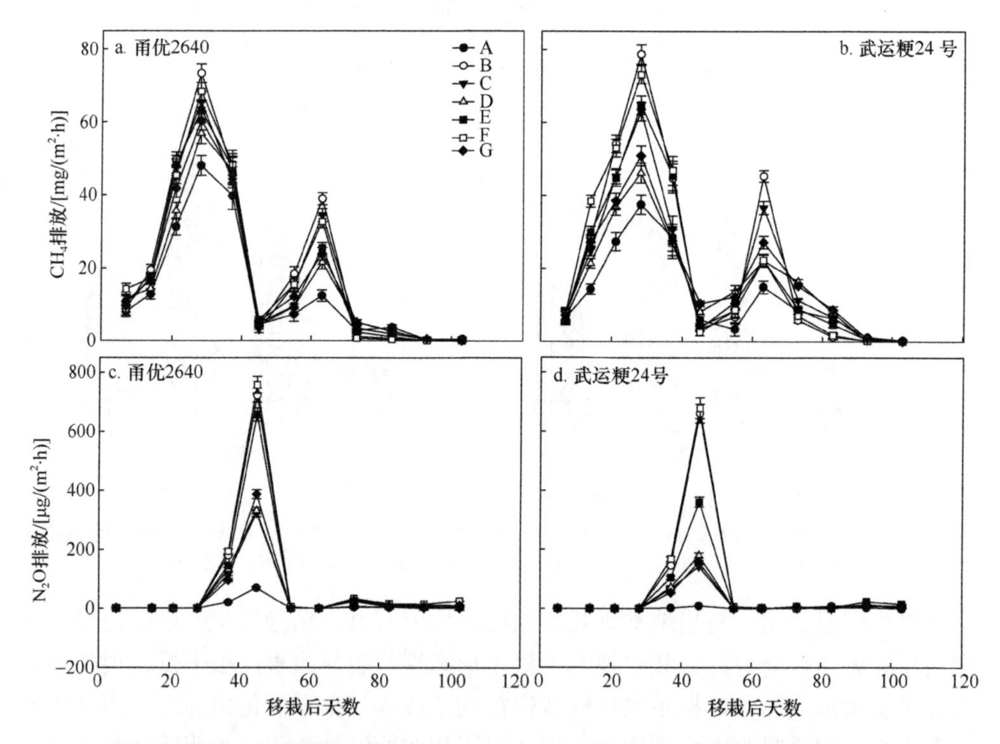

图 8-13 综合栽培技术对稻田 CH_4（a，b）和 N_2O（c，d）排放通量的影响

部分数据引自参考文献[36]；A：氮空白区（0N）；B：当地常规栽培（对照）；C：增密减氮；D：精确灌溉；E：增施饼肥；F：深翻栽培；G：施蚯蚓粪

8.5.2　全球增温潜势

表 8-10 为各综合栽培技术下水稻温室气体排放量与全球增温潜势（GWP）。由表可知，精确灌溉、增施饼肥和深翻栽培均较对照显著降低了 GWP，显著降低单位产量的 GWP，即降低了温室气体强度（GWP/产量）（表 8-10）。

表 8-10　综合栽培技术对稻田温室气体排放量与 GWP 的影响

品种	处理	CH_4 排放量		N_2O 排放量		总 GWP（CO_2）/（t/hm²）	单位产量 GWP/（kg/kg）
		积累排放量/（kg/hm²）	折合成 CO_2/（t/hm²）	积累排放量/（g/hm²）	折合成 CO_2/（kg/hm²）		
甬优 2640	氮空白区	304.18e	7.60e	235.17f	70.08f	7.67e	1.09b
	当地常规	470.31a	11.76a	1899.46b	566.04b	12.32a	1.29a
	增密减氮	437.28b	10.93b	890.66e	265.42e	11.20b	1.05b
	精确灌溉	372.67d	9.32d	1004.98d	299.48d	9.62d	0.81e
	增施饼肥	407.47c	10.19c	1730.82c	515.79c	10.70c	0.84e
	深翻栽培	443.15b	11.08b	2064.47a	615.21a	11.69b	0.86d
	施蚯蚓粪	402.79c	10.07c	1070.58d	319.03d	10.39c	0.93c
武运粳 24	氮空白区	282.22f	7.06f	40.07e	11.94e	7.07f	1.17b
	当地常规	495.76a	12.39a	1659.21b	494.45b	12.89a	1.43a
	增密减氮	437.91b	10.95b	440.99d	131.41d	11.08c	1.13b
	精确灌溉	383.67e	9.59e	541.03d	161.23d	9.75e	0.88d
	增施饼肥	434.90c	10.87c	1005.99c	299.78c	11.17c	0.97c
	深翻栽培	461.72b	11.54b	1729.32a	515.34a	12.06b	1.01c
	施蚯蚓粪	420.54d	10.51d	473.77d	141.18d	10.65d	1.03c

注：不同字母表示在 0.05 水平上差异显著，同栏、同品种内比较

以上结果说明，在整个生育期内，甲烷（CH_4）和氧化亚氮（N_2O）的排放变化趋势在各综合栽培技术下基本一致。精确灌溉、增施饼肥和深翻栽培处理均较对照显著降低了全球增温潜势（GWP）和温室气体强度。上述 3 种综合栽培技术的 GWP 降低主要是由于显著降低了 CH_4 的排放，说明通过栽培技术的集成和优化（关键技术包括适当增密减氮、前氮后移、精确灌溉、施用有机肥和土壤深翻），不仅可以提高产量和养分利用效率，而且还可以获得较好的环境效益。

8.6　小　　结

（1）通过增密减氮、前氮后移、精确灌溉、增施有机肥、旋耕深翻等栽培技术的集成，可形成协同提高产量和氮肥利用率的综合栽培技术。

（2）综合栽培技术协同提高水稻产量和氮肥利用率的原因，主要在提高总颖花数的同时提高结实率和粒重；增大生殖生长阶段氮素养分吸收的比例；增加养分总吸收量、转运量、转运率和收获指数。

（3）综合栽培技术可以显著改善水稻群体质量，包括提高茎蘖成穗率，改善叶系组成和冠层光、氮分布梯度，提高光合势、群体生长率、净同化率及抽穗至成熟期的干物质积累、粒叶比，改善根系形态生理性状（根干重、根冠比和根系氧化力），这是综合栽培技术高产高效的重要生物学基础。

（4）综合栽培技术还可显著降低全球增温潜势和温室气体排放强度（单位产量的 GWP），获得较好的环境效益。

参 考 文 献

[1] 张福锁. 养分资源综合管理理论与技术概论. 北京: 中国农业大学出版社, 2006: 48-54.

[2] 王宏广. 中国粮食安全研究. 北京: 中国农业出版社, 2005.

[3] 张福锁. 高产高效养分管理技术. 北京: 中国农业大学出版社, 2012: 1-7.

[4] 彭少兵, 黄见良, 钟旭华, 等. 提高中国稻田氮肥利用率的研究策略. 中国农业科学, 2002, 35(9): 1095-1103.

[5] 李荣刚, 杨林章, 皮家欢. 苏南地区稻田土壤肥力演变、养分平衡和合理施肥. 应用生态学报, 2003, 14(11): 1889-1892.

[6] 李庆奎, 朱兆良, 于天仁. 中国农业持续发展中的肥料问题. 南昌: 江西科学技术出版社, 1998, 38-51.

[7] FAOSTA. FAO Statistical Databases. Food and Agriculture Organization (FAO) of the United Nations. Rome. http: //www.fao.org/statistics. [2017-8-22]

[8] Ying J F, Peng S B, He Q R, et al. Comparison of high-yield rice in tropical and subtropical environments I. Determinants of grain and dry matter yields. Field Crops Research, 1998, 57: 71-84.

[9] Ying J F, Peng S B, Yang G Q, et al. Comparison of high-yield rice in tropical and subtropical environments II. Nitrogen accumulation and utilization efficiency. Field Crops Research, 1998, 57: 85-93.

[10] Gu J, Chen Y, Zhang H, et al. Canopy light and nitrogen distributions are related to grain yield and nitrogen use efficiency in rice. Field Crops Research, 2017, 206: 74-85.

[11] 邹长明, 秦道珠, 徐明岗, 等. 水稻的氮磷钾养分吸收特性及其与产量的关系. 南京农业大学学报, 2002, 25(4): 6-10.

[12] 敖和军, 王淑红, 邹应斌, 等. 不同施肥水平下超级杂交稻对氮、磷、钾的吸收积累. 中国农业科学, 2008, 41(10): 3123-3132.

[13] Belder P, Bouman B A M, Cabangon R, et al. Effect of water-saving irrigation on rice yield and water use in typical lowland conditions in Asia. Agricultural Water Management, 2004, 65: 193-210.

[14] Bouman B A M, Toung T P. Field water management to save water and increase its productivity in irrigated lowland rice. Agricultural Water Management, 2001, 49: 11-30.

[15] 中国农业科学院江苏分院. 陈永康水稻高产经验研究. 上海: 上海科学技术出版社, 1962:

1-30.
[16] 南京农学院, 江苏农学院. 作物栽培学. 上海: 上海科学技术出版社, 1979: 18-172.
[17] 浙江农业大学, 华中农业大学, 江苏农学院, 等. 实用水稻栽培学. 上海: 上海科学技术出版社, 1981: 202-230.
[18] Matsushima S. Rice Cultivation for the Million. Tokyo: Japan Scientific Societies Press, 1980: 93-172.
[19] Peng S B, Buresh R J, Huang J L, et al. Strategies for overcoming low agronomic nitrogen use efficiency in irrigated rice systems in China. Field Crops Research, 2006, 96: 37-47.
[20] 张福锁, 范明生, 等. 主要粮食作物高产栽培与资源高效利用的基础研究. 北京: 中国农业出版社, 2013: 199-289.
[21] 朱兆良. 推荐氮肥适宜施用量的方法论刍议. 植物营养与肥料学报, 2006, 12(1): 1-4.
[22] 朱兆良. 平均适宜施氮量的含义. 土壤, 1986, 18(6): 316-317.
[23] 朱兆良. 关于稻田土壤供氮量的预测和平均适宜施氮量的应用. 土壤, 1988, 20(1): 57-61.
[24] 张福锁, 马文奇, 陈新平. 养分资源综合管理理论与技术概论. 北京: 中国农业大学出版社, 2006: 48-58.
[25] 凌启鸿. 水稻精确定量栽培理论与技术. 北京: 中国农业出版社, 2007: 92-125.
[26] 蒋鹏, 黄敏, Ibrahim Md, et al. “三定”栽培对双季超级稻养分吸收积累及氮肥利用率的影响. 作物学报, 2011, 37(12): 2194-2207.
[27] 钟旭华. 水稻三控施肥技术. 北京: 中国农业出版社, 2011: 1-30.
[28] 唐拴虎, 杨少海, 陈建生, 等. 水稻一次性施用控释肥料增产机理探讨. 中国农业科学, 2006, 39(12): 2511-2520.
[29] 李玥, 李应洪, 赵建红, 等. 缓控释氮肥对机插稻氮素利用特征及产量的影响. 浙江大学学报(农业与生命科学版), 2015, 41(6): 673-684.
[30] Wang D P, Huang J L, Nie L X, et al. Integrated crop management practices for maximizing grain yield of double-season rice crop. Scientific Reports, 2017, 7: 38982.
[31] Zhang H, Yu C, Kong X, et al. Progressive integrative crop managements increase grain yield, nitrogen use efficiency and irrigation water productivity in rice. Field Crops Research, 2018, 215: 1-11.
[32] Horie T, Shiraiwa T, Homma K, et al. Can yields of lowland rice resume the increases that showed in the 1980s? Plant Production Science, 2005, 8: 259-274.
[33] 展明飞. 栽培方式对水稻农艺生理性状与养分利用效率的影响. 扬州大学硕士学位论文, 2019.
[34] 陈颖. 栽培措施对水稻产量和氮肥利用效率的影响. 扬州大学硕士学位论文, 2019.
[35] 余超. 综合栽培技术对水稻根系形态生理和产量的影响. 扬州大学硕士学位论文, 2018.
[36] 孔祥胜. 不同栽培方式对水稻产量和氮肥利用效率的影响. 扬州大学硕士学位论文, 2017.

第 9 章　水氮耦合调控技术

水氮耦合调控技术（water-nitrogen coupling regulation technology）是指通过调控水分和氮素供应，产生水分与氮素对产量形成的互作效应，实现产量与水氮利用效率的协同提高。有关水氮供应对水稻产量影响的耦合效应，国内外有较多的研究报告，明确了在一定的范围内，氮素和水分对作物产量、品质、养分和水分利用效率有明显的协同促进作用[1-5]；采用适当的灌溉模式和施氮量可以取得高产、水分和氮肥高效利用的效果[6-10]。但以往有关土壤水分与施氮量对水稻产量的互作效应观察，大多局限于定性描述，缺乏定量分析；水稻在大田生长条件下，土壤水分受到降雨等影响而难以控制，因此，过去关于水氮耦合的研究，大多在盆钵栽培条件下进行，研究结果难以反映大田生产的实际情况[2-4,11-13]。

除水、氮等环境因子外，水稻品种的基因型也是决定产量和水、氮吸收利用效率高低的内在因子。有研究表明，不同水稻基因型或品种类型对土壤水分和氮素的响应存在很大差异[14-18]。总体而言，常规籼稻品种的抗旱或耐旱性要强于常规粳稻品种；杂交稻品种的抗旱或耐旱性又要强于常规籼稻品种；在产量水平相同情况下，粳稻品种要比籼稻品种吸收更多的氮，或粳稻品种的氮素籽粒生产效率（氮素产谷利用率，吸收 1kg 氮素生产的籽粒）要低于籼稻品种[14-18]。但有关既根据土壤水分又按照水稻品种类型进行追施氮肥的技术，研究甚少。

在水稻生产上，以往一般施用尿素、硫酸铵等速效氮肥以提高产量。施用速效氮肥虽对作物生长的调控作用有见效快等优点。但至少有两点不足之处：一是在水稻生育期需要分多次施用，用工多；二是氮素容易损失，利用效率较低[19-21]。随着农村劳动力的减少和绿色农业的发展，水稻施用控、缓释氮肥已成为一种趋势[20,22-23]。所谓控、缓释肥，是指根据作物的需肥特性，通过相关工艺技术，调节和控制肥料的养分释放速度，制成肥料养分释放与作物养分需求相匹配的氮素肥料[24,25]。缓释肥又称为长效肥料，控释肥则是缓释肥的高级形式，但在目前生产上缓释肥与控释肥没有严格的区分，统称控/缓释肥[20,23-25]。施用控、缓释氮肥能减少施肥次数，降低劳动成本，减少氨挥发等氮损失，提高作物产量[20,22-25]。但是，控、缓释肥的养分是持续缓慢释放的，而作物对养分的需求在不同生育期是不同的。因此，控、缓释肥的养分释放与作物生长对养分的需求往往难以一致，从而影响作物生长发育和养分利用效率[26-28]。有研究表明，合理地控制土壤水分能够促进作物对肥料的吸收利用，进而调控作物生长发育、提高产量和肥料利用效率[29-31]。但有关控、缓释氮肥与灌溉方式对水稻产量的耦合效应及调节控、缓释氮肥养分释放的灌溉技术的研究，鲜见报告。

针对以上问题，作者近年在大田试验条件下，研究了水氮对水稻产量的耦合效应及水氮耦合技术的应用，建立了依据土壤水势和水稻品种类型追施氮肥的技术，研究并明确了缓释氮肥与灌溉方式对水稻产量的互作效应及提高缓释氮肥利用率的水分控制技术。

9.1　水氮对产量的耦合效应和水氮耦合技术的应用

9.1.1　水氮对产量的耦合效应

作者曾以产量（Y）为因变量；土壤水势（W）和植株含氮量（N）为自变量，采用数学方程 $Y=y_0+aW+bN+cW^2+dN^2+eWN$ 建立了水氮耦合量化模型（y_0 为产量矫正值，a、b、c、d、e 为模型参数）[12]。按照该模型，明确了水稻不同生育期在不同土壤水分条件下的最适植株含氮量（获得最高产量的含氮量）（图 9-1）。由图可知，水氮对水稻产量的互作效应在品种间、不同生育期差异颇大。例如，在有效分蘖期，当离地表 15～20cm 深处土壤水势（–kPa）为 0kPa、–10kPa、–20kPa、–30kPa 和–40kPa 时，粳稻品种武运粳 24 号的最适植株含氮量分别为 2.97%、2.94%、2.91%、2.87%和 2.84%；籼稻品种扬稻 6 号的最适植株含氮量分别为 2.78%、2.75%、2.72%、2.69%和 2.66%（图 9-1a）。在雌雄蕊分化期，当土壤水势（–kPa）为 0kPa、–10kPa、–20kPa、–30kPa 和–40kPa 时，武运粳 24 号的最适植株含氮量分别为 2.47%、2.51%、2.56%、2.60%和 2.65%；扬稻 6 号的最适植株含氮量分别为 2.09%、2.04%、1.99%、1.94%和 1.89%（图 9-1c）。粳稻品种淮稻 5 号和籼型杂交稻 II 优 084 也有类似的水氮耦合效应（图 9-2a～图 9-2c）。根据以上水氮对产量的耦合效应，作者提出了水氮互作与产量协同的施肥策略：在有效分蘖期，当土壤落干程度较重时，适当减少施氮量以减少叶片蒸腾失水，提高稻苗碳氮比（C/N）和抗逆能力；在穗分化始期，水稻处于需氮高峰期，当土壤落干程度较重时，适当增加施氮量，可减少土壤干旱对颖花分化的不利影响；在雌雄蕊分化期，当土壤落干程度较重时，粳稻品种适当增加施氮量、籼稻品种则适当减少施氮量，可减少颖花退化。

在水稻雌雄蕊分化期，粳稻品种和籼稻品种产量对水氮的响应存在着明显差异：粳稻品种随土壤水势的降低，最适植株含氮量或施氮量应增加；籼稻品种随土壤水势的降低，最适植株含氮量或施氮量应减少（图 9-1c，图 9-2c）。从生理上分析，主要是这两种类型品种根系激素对水氮响应的差异：对于粳稻品种，在土壤落干较重时增加施氮量，可提高根系细胞分裂素（玉米素+玉米素核苷，Z+ZR）与乙烯[1-氨基环丙烷-1-羧酸（ACC，乙烯合成前体）]的比值（图 9-3a）；对于籼

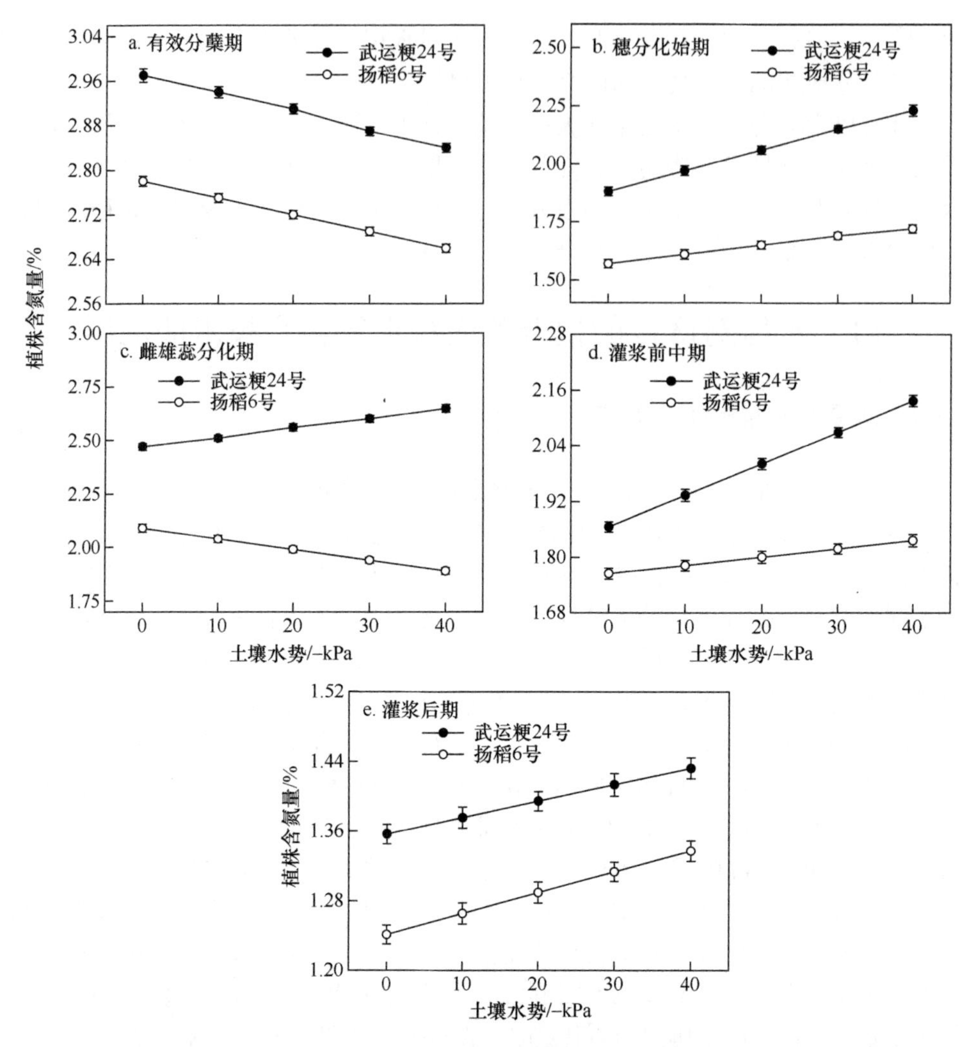

图 9-1　不同土壤水分状况下水稻不同生育期获得最高产量的植株含氮量（最适含氮量）

稻品种，在土壤落干较重时增加施氮量，会降低根系 Z+ZR 与 ACC 的比值（图 9-3b）。因此在雌雄蕊分化期，当土壤落干较重时，粳稻品种适当增加施氮量、籼稻品种适当较少施氮量，可以提高体内（Z+ZR）/ACC 值，进而减少土壤干旱对水稻光合作用和颖花发育的不利影响[32-34]。

9.1.2　水氮耦合技术的应用

以土壤水势和植株含氮量为自变量建立的水氮耦合量化模型，其优点：①用土壤水势作为模型的一个自变量受土壤类型的局限性小，不论是砂土还是黏土，只要土壤水势一样，植物根对土壤水分的有效性就一样，可克服因土壤类型不同而含水量不同的局限性[12,16,35]；②植株含氮量既反映了土壤供氮水平又体现了施氮量的多寡，用植株含氮量作为模型的另外一个自变量可以避免土壤供肥能

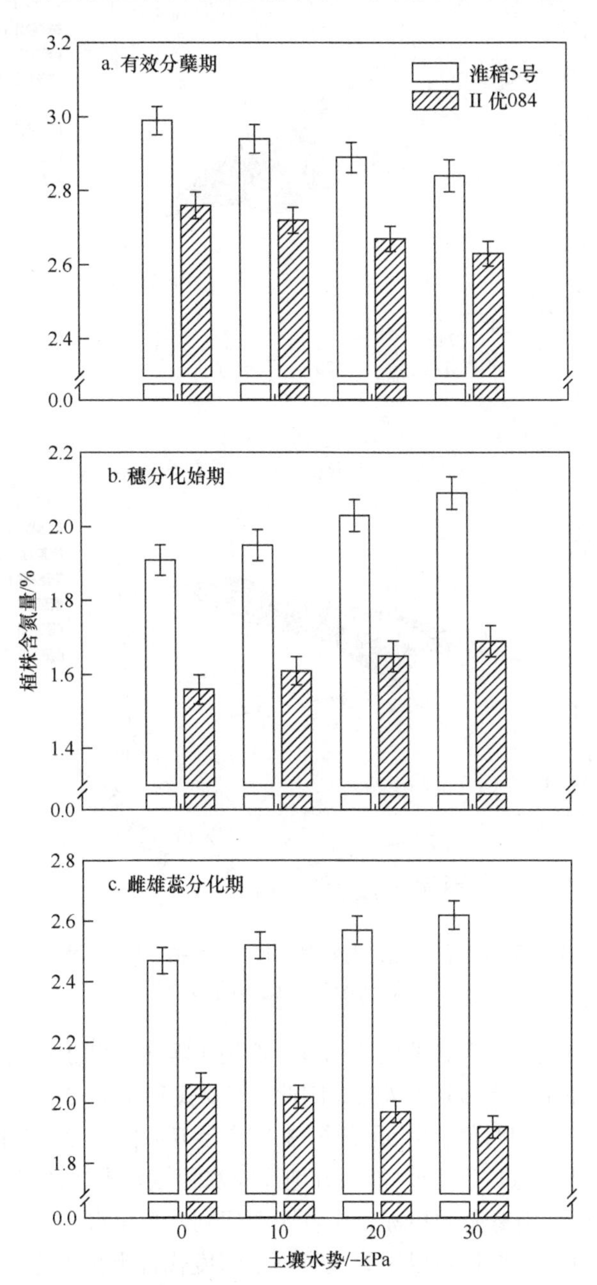

图 9-2　不同土壤水分状况下水稻不同生育期植株最适含氮量

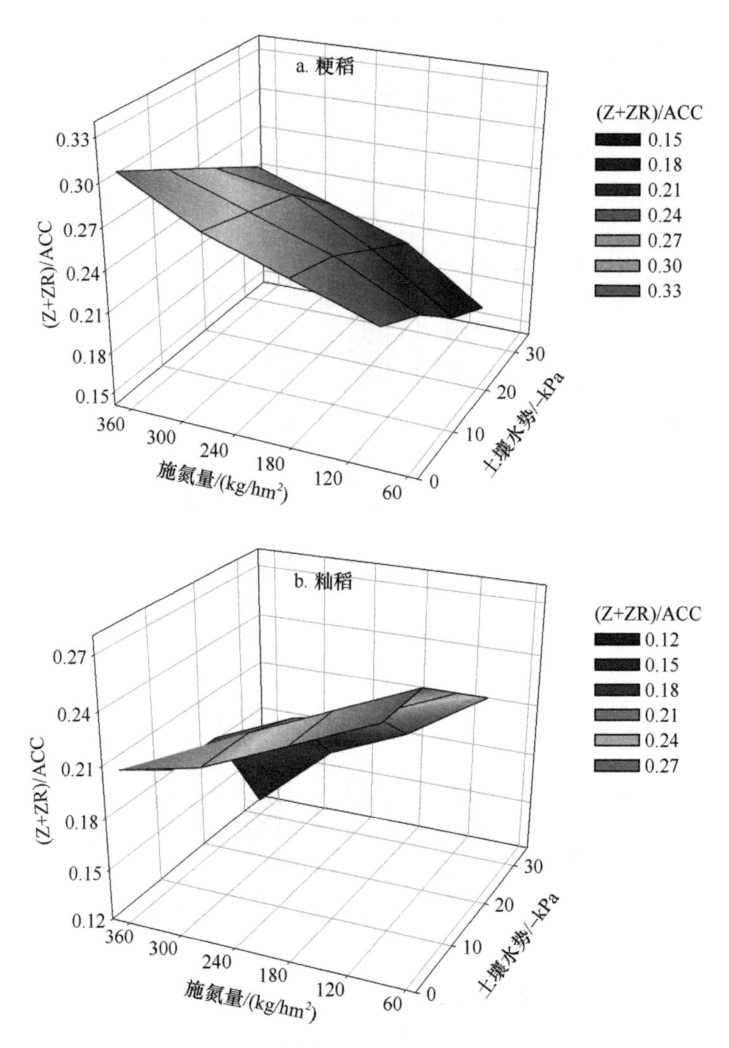

图 9-3 雌雄蕊分化期土壤水分和施氮量对粳稻（a）和籼稻（b）根系细胞分裂素（Z+ZR）与乙烯（ACC）比值的影响

力不同对模型的影响，具有普遍的适用性。但用土壤水势和植株含氮量作为水、氮供应的诊断指标在生产上应用有难度。因此，需要找到简单实用的水、氮供应指标。作者发现，水稻叶色相对值{茎上顶部第 3 完全展开叶[（*n*–2）叶]与茎上顶部第 1 完全展开叶（*n* 叶）的叶色比值}能很好地反映水稻氮素丰缺情况（见第 7 章，图 7-2），可作为水稻追施氮肥的指标。作者还观察到，土壤水势与离地表埋水深度呈高度正相关（图 9-4）。这样可以用离地表埋水深度代替土壤水势，用作供水诊断指标。叶色相对值和离地表埋水深度的观察方法简单，在生产上容易应用[12,36,37]。

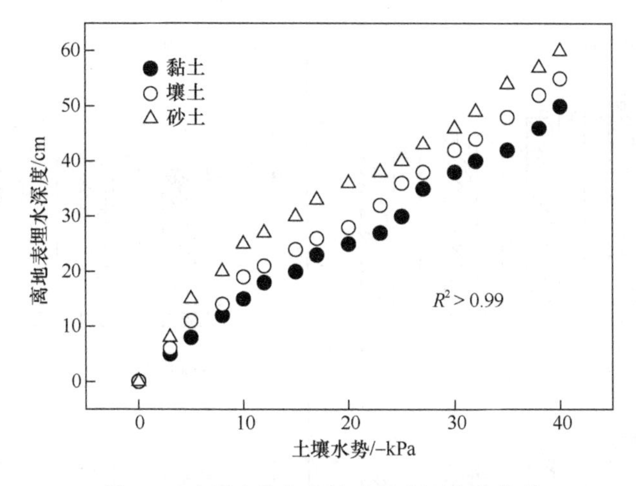

图 9-4　土壤水势与离地表埋水深度的关系

根据离地表埋水深度与土壤水势的关系及叶片含氮量与叶色相对值的关系，可将图 9-1a～图 9-1e 不同土壤水势与植株含氮量的关系替换成离地表埋水深度与叶色相对值（获得最高产量的叶色相对值或适宜叶色相对值）的关系（图 9-5a～图 9-5e）。例如，在有效分蘖期，当离地表埋水深度为 0～10cm、11～20cm、21～30cm 和 31～40cm 时，粳稻品种的最适叶色相对值分别为 1.02、0.99、0.95 和 0.92；籼稻品种的最适叶色相对值分别为 1.01、0.98、0.94 和 0.91（图 9-5a）。在雌雄蕊分化期，当离地表埋水深度为 0～10cm、11～20cm、21～30cm 和 31～40cm 时，粳稻品种的最适叶色相对值分别为 0.91、0.94、0.97 和 1.00；籼稻品种的最适叶色相对值分别为 0.99、0.97、0.95 和 0.93（图 9-5c）。

依据水稻主要生育期叶色相对值与施氮量的定量关系（见第 7 章，表 7-3 和表 7-4），可以确定不同土壤水分（离地表埋水深度）状况下分蘖肥及穗肥的适宜施氮量（图 9-6）。例如，在有效分蘖期，当离地表埋水深度为 0～10cm、11～20cm、21～30cm 和 31～40cm 时，水稻（粳稻和籼稻）的施氮量分别为设计施氮量（根据第 7 章表 7-3 和表 7-4 设计的施氮量）的 100%、96%、92% 和 88%（图 9-6a）；在雌雄蕊分化期，当离地表埋水深度为 0～10cm、11～20cm、21～30cm 和 31～40cm 时，粳稻品种的施氮量分别为设计施氮量的 91%、94%、97%和 100%（图 9-6c）；籼稻品种的施氮量分别为设计施氮量的 100%、98%、96%和 94%（图 9-6d）。

图 9-6a～图 9-6d 中的施氮量用相对值表示（以第 7 章表 7-3 和表 7-4 设计的施氮量为 100%），可用于各水稻品种。在实际应用中，对于某一田块和某一品种，可直接计算出或转换成实际氮肥施用量（kg/hm^2）。例如，中穗型（130<每穗颖花数<160）粳稻品种南粳 9108 的目标产量为 $9.5t/hm^2$，基础地力产量为 $5.9t/hm^2$，

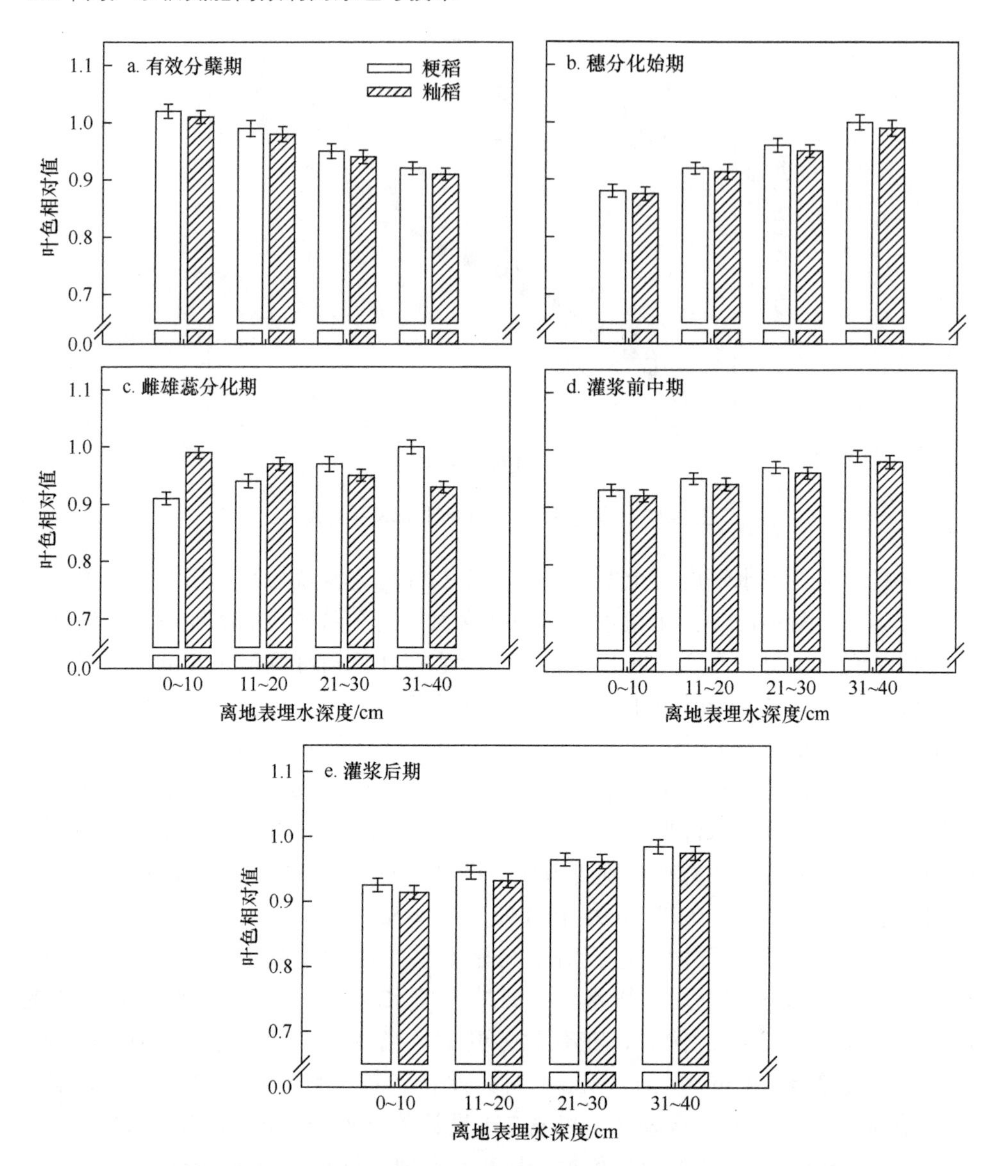

图 9-5 水稻主要生育期不同土壤水分（离地表埋水深度）条件下获得最高产量的叶色相对值（最适叶色相对值）

氮肥农学利用率为 15kg/kg N，大苗移栽；根据公式：总施氮量=（目标产量–基础地力产量）/氮肥农学利用率，计算得到总施氮量为 240kg/hm^2，依据第 7 章表 7-3 的氮肥运筹：基肥为 72kg/hm^2，分蘖肥最高施氮量为 36kg/hm^2，促花肥最高施氮量为 72kg/hm^2，保花肥最高施氮量为 48kg/hm^2；根据图 9-6a～图 9-6d 土壤水分（离地表埋水深度）与施氮量的对应关系，并以各期最高施氮量为 100%，得到

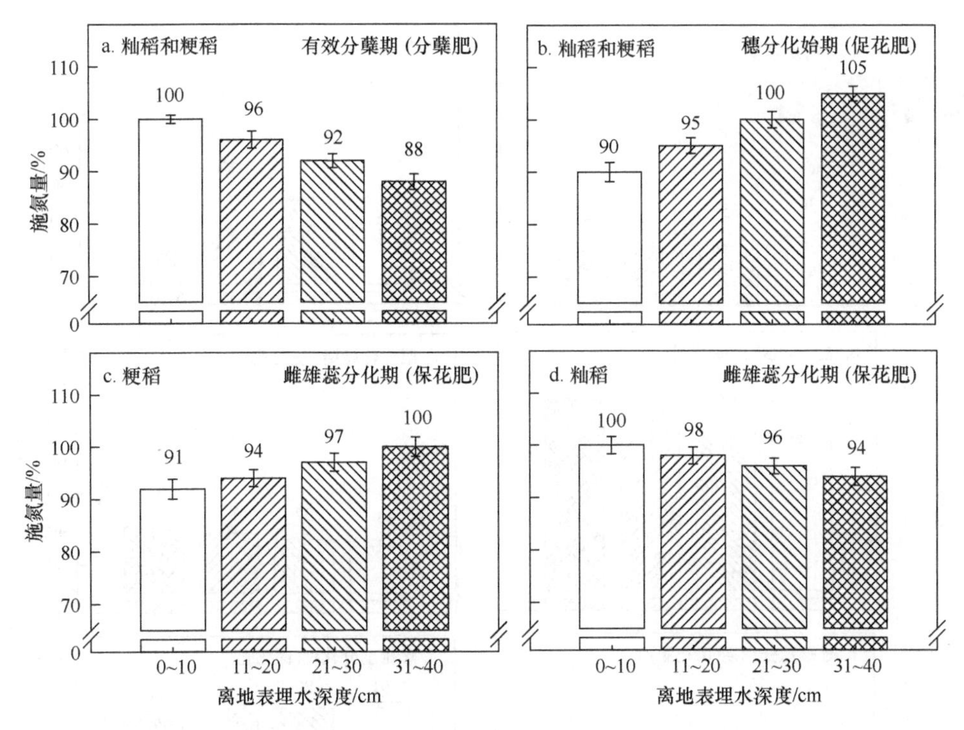

图 9-6　不同土壤水分状况下水稻分蘖肥及穗肥的适宜施氮量比例

柱上方数字为施氮量比例，以因叶色施氮技术设计的施氮量为 100%（参见第 7 章表 7-3 和表 7-4）

南粳 9108 各生育期的实际施氮量（图 9-7a～图 9-7c）。再如，大穗型（每穗颖花数>160）杂交籼稻品种扬两优 6 号的目标产量为 10.5t/hm^2，基础地力产量为 6.08t/hm^2，氮肥农学利用率为 17kg/kg N，大苗移栽；根据公式：总施氮量=（目标产量–基础地力产量）/氮肥农学利用率，计算得到总施氮量为 260kg/hm^2，依据第 7 章表 7-3 的氮肥运筹：基肥为 78kg/hm^2，分蘖肥最高施氮量为 39kg/hm^2，促花肥最高施氮量为 39kg/hm^2，保花肥最高施氮量为 91kg/hm^2；根据图 9-6a～图 9-6d 土壤水分（离地表埋水深度）与施氮量的对应关系，并以各期最高施氮量为 100%，得到扬两优 6 号各生育期的实际施氮量（图 9-7d～图 9-7f）。

与常规栽培技术（当地农户主要凭经验的高产施肥技术；水稻生育期内以水层灌溉为主，中期搁田的灌溉方式）相比，水氮耦合调控技术（依据水氮对水稻产量的耦合效应及土壤水分与叶色相对值的定量关系，调控水分和氮素供应）的产量、氮肥利用率和灌溉水利用率分别增加了 11.9%、21.8%和 38.7%（图 9-8）。与轻干湿交替灌溉技术（浅水层灌溉与土壤自然轻度落干交替进行，在落干期叶片光合速率不显著降低，复水后叶片光合速率显著增加）[12]、“三因”氮肥施用技术（见第 7 章）等单项技术相比，水氮耦合调控技术提高产量和水氮利用率的效果更显著（图 9-8）。

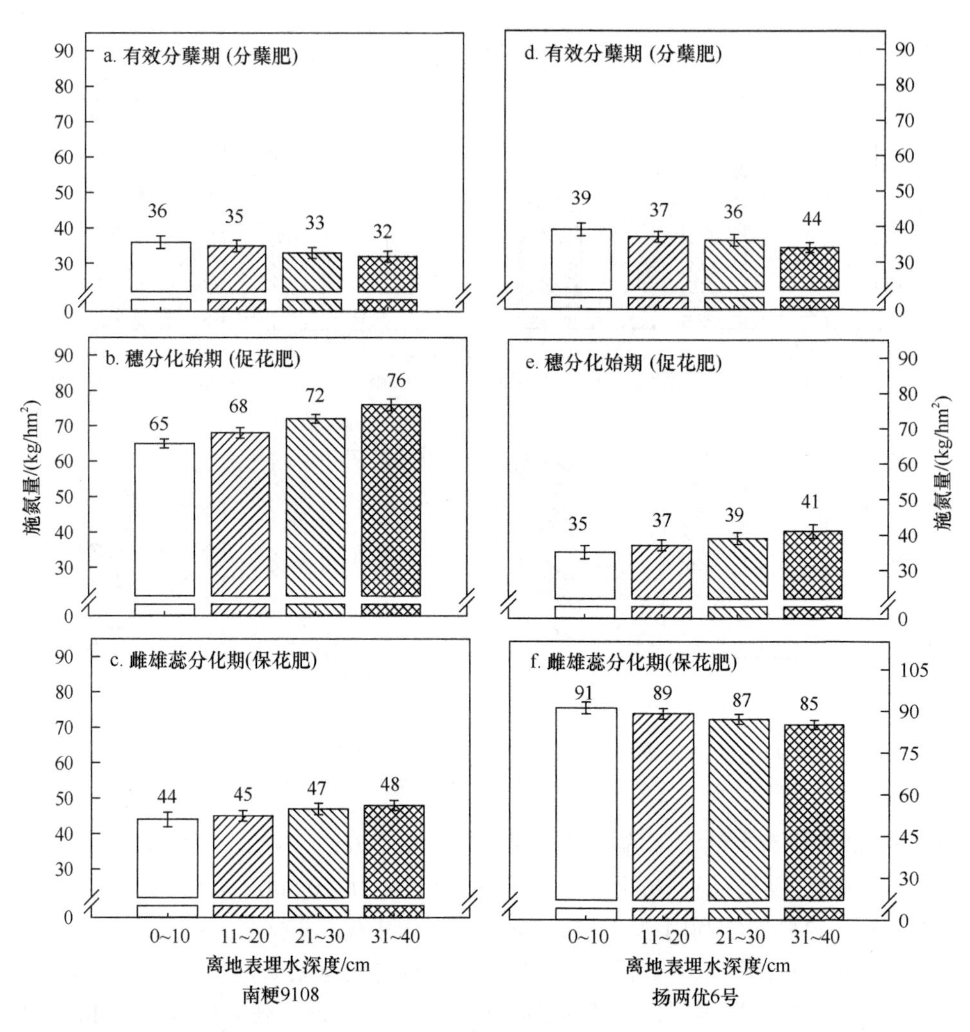

图 9-7　不同土壤水分状况下南粳 9108（a～c）和扬两优 6 号（d～f）分蘖肥及穗肥的适宜施氮量

柱上方数字为施氮量，依据第 7 章“三因”施氮技术和表 9-6a～图 9-6d 施氮量比例确定

水氮耦合调控技术高产高效主要生理机制在于“4 个提高”（图 9-9）：①提高稻株体内细胞分裂素与乙烯的比值[（Z+ZR）/ACC]，有利于增强水稻光合作用等生理活性[32-34]；②提高根系分泌物中多胺含量，有利于改善根际环境，促进根系水分养分的吸收利用[38-40]；③提高叶片光合速率与蒸腾速率比值，有利于发挥作物生物学潜力，在较少的水分投入条件下获得较高的作物产量[41,43]；④提高冠层叶片光合氮利用效率，有利于吸收单位氮素产生更多的籽粒产量[14,18,29]。

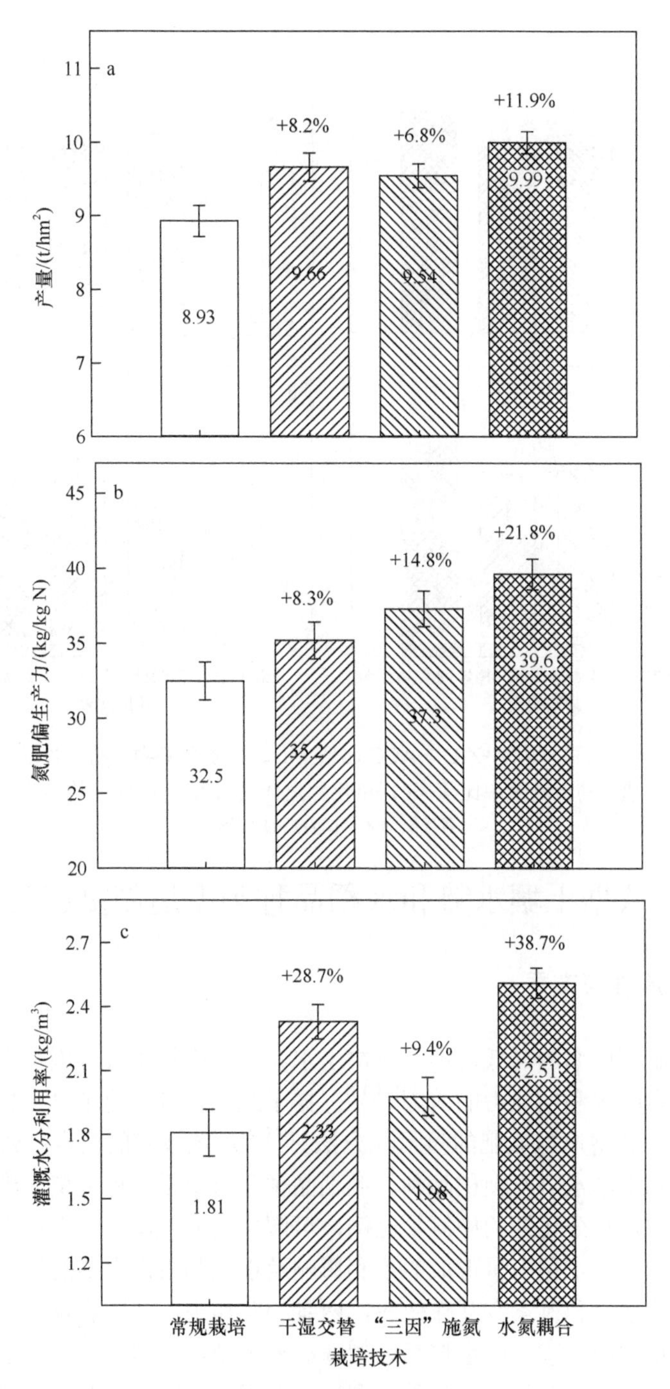

图 9-8　各栽培技术的水稻产量和水氮利用效率

柱上方数字为与常规栽培相比增加的百分率；柱中数据为产量或水、氮利用率；各数据为 12 个试验点和示范点的平均值

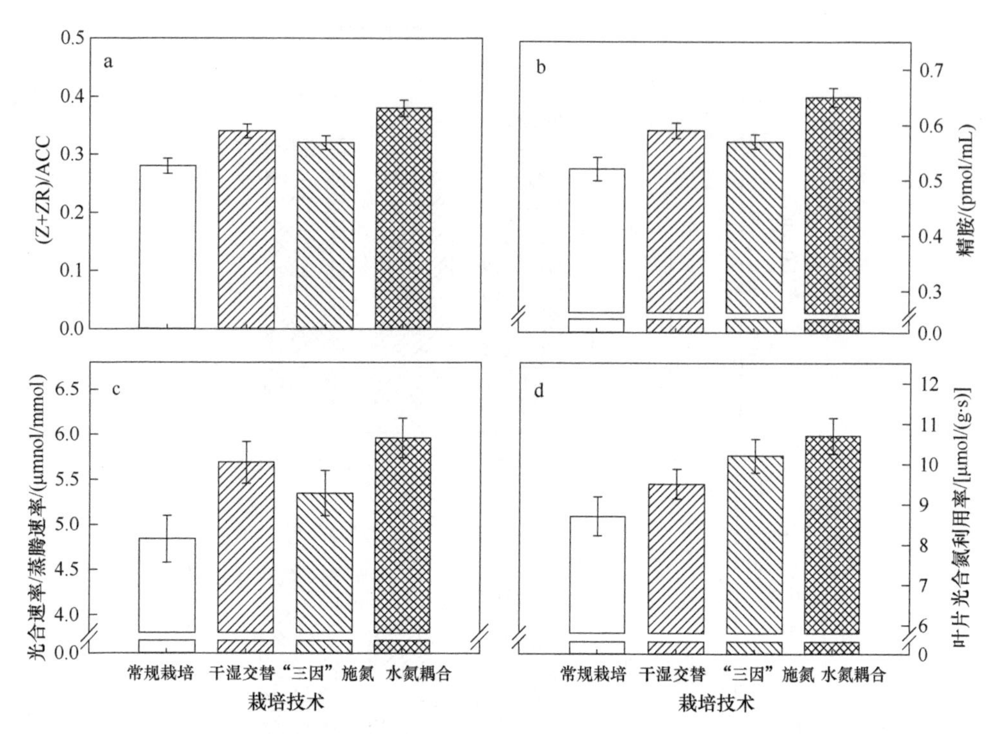

图 9-9 栽培技术对水稻体内 Z+ZR 与 ACC 比值（a）、根系分泌物中精胺含量（b）、叶片光合速率与蒸腾速率比值（c）和叶片光合氮利用效率（d）的影响

各数据为 8 个试验点的平均值

9.2 依据土壤水势和水稻品种类型追施氮肥的技术

9.2.1 技术原理与方案

水稻氮肥利用率的高低，不仅取决于水、氮供应技术等外因，而且取决于水稻品种对氮素吸收利用能力的内因[14-18]。据于此，作者创建了“一种依据土壤水势和水稻品种类型追施氮肥的技术（方法）”[44]。该技术的要点：依据水稻不同生育期、不同土壤水势及粳稻品种、籼稻品种和杂交稻品种类型，确定分蘖期、穗分化始期和颖花分化期的施氮量比例，可解决因追施氮肥与土壤水分及品种类型不匹配而造成对水稻产量形成的不利影响及水氮利用效率低的问题。该技术的原理：①土壤水分和氮素有互作效应，两者相互作用，共同影响水稻产量、水分和养分的吸收利用；②不同水稻基因型或品种类型对土壤水分和氮素响应存在差异，根据土壤水分状况和水稻品种类型进行施肥，可以充分发挥水稻对水氮利用的生物学潜力；③土壤水分、品种类型与氮肥供应的合理匹配会产生相互促进机制，实现作物产量、水分与氮肥利用率的协同提高。该技术的方案：首先，按照

目标产量、基础地力产量、氮肥农学利用率这 3 个参数确定总施氮量，即总施氮量=（目标产量–基础地力产量）/氮肥农学利用率。各参数的确定方法见第 7 章中的“因地力氮肥施用技术”；然后，在水稻不同生育期，根据不同土壤水势及粳稻品种、籼稻品种和杂交稻品种类型，确定分蘖期（分蘖肥）、穗分化始期（促花肥）和颖花分化期（保花肥）的施氮量比例（表 9-1），具体如下。

表 9-1　依据土壤水势和水稻品种类型追施氮肥的技术方案

施肥时期	土壤水势/kPa	品种类型	占总施氮量比例/%
移栽前 1 天（基肥）	0	所有品种	30
分蘖期，移栽后 5～14 天（分蘖肥）	>–10	常规粳稻	20
		常规籼稻	18
		杂交稻	16
	–10～–20	常规粳稻	22
		常规籼稻	20
		杂交稻	18
	<–20	常规粳稻	24
		常规籼稻	22
		杂交稻	20
穗分化始期，叶龄余数 3.5（促花肥）	>–10	常规粳稻	28
		常规籼稻	22
		杂交稻	20
	–10～–20	常规粳稻	30
		常规籼稻	24
		杂交稻	20
	<–20	常规粳稻	32
		常规籼稻	26
		杂交稻	22
颖花分化期，叶龄余数 1.5（保花肥）	>–10	常规粳稻	10
		常规籼稻	18
		杂交稻	22
	–10～–20	常规粳稻	12
		常规籼稻	20
		杂交稻	26
	<–20	常规粳稻	14
		常规籼稻	22
		杂交稻	28

注：土壤水势为离地表 15～20cm 处的土壤水势；杂交稻包括杂交籼稻、杂交粳稻和籼/粳杂交稻

1. 分蘖期（移栽后 5～14 天，分蘖肥）氮肥施用量比例

（1）如果土壤水势高于–10kPa，常规粳稻品种的氮肥施用量占总施氮量的 20%，常规籼稻品种的氮肥施用量占总施氮量的 18%，杂交稻品种的氮肥施用量占总施氮量的 16%；

（2）如果土壤水势在–10～–20kPa，常规粳稻品种的氮肥施用量占总施氮量的 22%，常规籼稻品种的氮肥施用量占总施氮量的 20%，杂交稻品种的氮肥施用量占总施氮量的 18%；

（3）如果土壤水势低于–20kPa，常规粳稻品种的氮肥施用量占总施氮量的 24%，常规籼稻品种的氮肥施用量占总施氮量的 22%，杂交稻品种的氮肥施用量占总施氮量的 20%。

2. 穗分化始期（叶龄余数 3.5，促花肥）氮肥施用量比例

（1）如果土壤水势高于–10kPa，常规粳稻品种的氮肥施用量占总施氮量的 28%，常规籼稻品种的氮肥施用量占总施氮量的 22%，杂交稻品种的氮肥施用量占总施氮量的 20%；

（2）如果土壤水势在–10～–20kPa，常规粳稻品种的氮肥施用量占总施氮量的 30%，常规籼稻品种的氮肥施用量占总施氮量的 24%，杂交稻品种的氮肥施用量占总施氮量的 20%；

（3）如果土壤水势低于–20kPa，常规粳稻品种的氮肥施用量占总施氮量的 32%，常规籼稻品种的氮肥施用量占总施氮量的 26%，杂交稻品种的氮肥施用量占总施氮量的 22%。

3. 颖花分化期（叶龄余数 1.5，保花肥）氮肥施用量比例

（1）如果土壤水势高于–10kPa，常规粳稻品种的氮肥施用量占总施氮量的 10%，常规籼稻品种的氮肥施用量占总施氮量的 18%，杂交稻品种的氮肥施用量占总施氮量的 22%；

（2）如果土壤水势在–10～–20kPa，常规粳稻品种的氮肥施用量占总施氮量的 12%，常规籼稻品种的氮肥施用量占总施氮量的 20%，杂交稻品种的氮肥施用量占总施氮量的 26%；

（3）如果土壤水势低于–20kPa，常规粳稻品种的氮肥施用量占总施氮量的 14%，常规籼稻品种的氮肥施用量占总施氮量的 22%，杂交稻品种的氮肥施用量占总施氮量的 28%。

上述方案中土壤水势为离地表 15～20cm 处的土壤水势，可用土壤水分张力计（或称为负压式土壤湿度计）测定。土壤水分张力计国内有多家公司生产。在

购买土壤水分张力计时，制造商会提供土壤水分张力计使用说明书。土壤水分张力计价格便宜，使用方法简单，精确可靠。在相同土壤水势下，不论是砂土、壤土还是黏土，植物利用土壤水分的有效性基本一致。因此，同一土壤水势指标可用于各类型土壤[12,16,35]。也可以按照图 9-4 土壤水势与离地表埋水深度的关系，将土壤水势转换成离地表埋水深度。例如，当土壤水势在–10kPa 时，黏土、壤土和砂土离地表埋水深度分别为 15cm、19cm 和 25cm；当土壤水势在–20kPa 时，黏土、壤土和砂土离地表埋水深度分别为 25cm、28cm、36cm；当土壤水势在–30kPa 时，黏土、壤土和砂土离地表埋水深度分别为 38cm、42cm、46cm（图 9-4）。

9.2.2　技术试验示范实例

1. 试验示范地概况和供试品种

于 2017 年和 2018 年在江苏扬州稻麦丰产试验示范基地进行依据土壤水势和水稻品种类型追施氮肥技术的试验示范。试验示范基地前茬作物为小麦，土壤质地为砂壤土，耕作层有机质含量 2.21%，有效氮 101mg/kg，速效磷 33.2mg/kg，速效钾 64.5mg/kg。供试品种为武运粳 24 号（常规粳稻）、扬稻 6 号（常规籼稻）和 II 优 084（杂交籼稻），种子购自扬州市种子公司，于 5 月 22 日播种，用育秧基质（江苏省淮安柴米河农业科技发展有限公司生产）在育秧盘中育秧，6 月 19 日（秧龄 18 天、叶龄 3.4）模拟手工机插，株行距 11.7cm × 20cm，双本栽。

2. 总施氮量的确定

试验示范基地地力较好，往年施氮后水稻产量 >8.5t/hm^2。因此，常规粳稻和常规籼稻的目标产量定为 9.2t/hm^2，杂交稻的目标产量定为 9.5t/hm^2；基础地力（不施氮区）产量粳稻为 5.2t/hm^2，籼稻和杂交稻为 5.5t/hm^2；粳稻的氮肥农学利用率为 15kg/kg N，籼稻和杂交稻为 17kg/kg N，得到各供试品种的总施氮量：

武运粳 24 号：总施氮量=（9.2－5.2）×1000/15=267kg/hm^2

扬稻 6 号：总施氮量=（9.2－5.5）×1000/17=218kg/hm^2

II 优 084：总施氮量=（9.5－5.5）×1000/17=235kg/hm^2

将总施氮量的 30%作为基肥于移栽前 1 天施用。各品种还施用过磷酸钙（P_2O_5 含量 13.5%）600kg/hm^2 作为基肥（移栽前 1 天）一次施用，氯化钾（K_2O 含量 60%）250kg/hm^2，在移栽前 1 天（70%）和穗分化始期（30%）分两次施用。

3. 处理设置

设置土壤水势、氮肥追施方式和品种 3 因素试验，以土壤水势处理为主区，氮肥追施方式为副区，品种为裂区（小区），重复 3 次，小区面积为 20m^2。

（1）土壤水势处理。自移栽后 5 天至收获设置 3 个处理：（A）土壤轻度落干，土壤水势保持在 0～–10kPa；（B）土壤中度落干，土壤水势保持在–10～–20kPa；（C）土壤重度落干，土壤水势保持在–20～–30kPa。用土壤水分张力计监测土壤水势。在安装土壤水分张力计时，以一直径相当于土壤水分张力计陶土头的钻孔器开孔到离地面 20cm 的深度，垂直插入土壤水分张力计，使得陶土头（长度为 5cm）的上部离地面 15cm，下部离地面 20cm，并使陶土头和埋于土壤的张力计管与土壤紧密接触，然后将周围填土捣实（可参照产品说明书使用）。实验区装自来水管道灌水，管道上安装水表检测灌水量，遮雨设施挡雨。

（2）氮肥追施方式处理。设置 2 个处理：（A）常规施氮法（对照），目前生产上常用的高产施肥法，即基肥∶分蘖肥∶促花肥∶保花肥＝0.3∶0.3∶0.25∶0.15；（B）依据土壤水势和水稻品种类型追施氮肥（简称因水因种施氮法），详见表 9-1。常规施氮法与因水因种施氮法除氮素追施的方法不同外，其余栽培措施，如育秧、病虫草害防治等管理完全一致。

（3）品种：武运粳 24 号、扬稻 6 号和 II 优 084。

4. 测定与计产

分别于抽穗期和成熟期各小区取 10 穴稻株，测定干物质重、茎鞘中非结构性碳水化合物；成熟期除边行以外取 10 穴稻株测定产量构成因素，各小区实收计产。

5. 试验示范效果

与常规施氮法（对照）相比，因水因种施氮法的产量显著增加，且随着土壤落干程度的加重，因水因种施氮法的产量有增加的趋势。例如，常规籼稻品种扬稻 6 号的产量，在土壤轻度落干（土壤水势保持在 0～–10kPa）、土壤中度落干（土壤水势保持在–10～–20kPa）和土壤重度落干（土壤水势保持在–20～–30kPa）条件下，因水因种施氮法的产量分别较常规施氮法的产量增加了 5.99%、7.06%和 12.0%（表 9-2）。说明在土壤干旱或节水灌溉条件下，因水因种施氮法的增产效应更明显。因水因种施氮法较常规施氮法显著提高了氮肥偏生产力（产量/施氮量），增加的幅度为 9.21%～21.46%（表 9-2）。因产量的显著增加，因水因种施氮法较常规施氮法显著提高了灌溉水生产力（产量/灌溉水量，表 9-2）。表明因水因种施氮法可以协同提高水稻产量和水氮利用效率。

从产量构成因素分析，因水因种施氮法较常规施氮法显著提高了单位面积穗数、每穗粒数和结实率（表 9-3）。在土壤中度落干和土壤重度落干条件下，因水因种施氮法还提高了千粒重（表 9-3）。说明因水因种施氮法可以使产量各构成因素协调形成。与常规施氮法相比，因水因种施氮法显著提高了抽穗后干物质积累、

表 9-2　氮肥追施方法对水稻产量和水、氮肥利用率的影响

土壤水势/kPa	品种	氮肥追施方法	施氮量/（kg/hm²）	产量（t/hm²）	氮肥偏生产力/（kg/kg N）	灌溉水生产力/（kg/m³）
0～−10	武运粳 24 号（常规粳稻）	常规施氮法	267	9.11b	34.1e	1.57b
		因水因种施氮法	235	9.69a	41.2c	1.67a
	扬稻 6 号（常规籼稻）	常规施氮法	218	9.18b	42.1c	1.58b
		因水因种施氮法	192	9.73a	50.7a	1.68a
	II 优 084（杂交籼稻）	常规施氮法	235	9.31b	39.6d	1.61b
		因水因种施氮法	207	9.96a	48.1b	1.72a
−10～−20	武运粳 24 号（常规粳稻）	常规施氮法	267	8.85c	33.1e	2.11d
		因水因种施氮法	251	9.54b	38.0d	2.27b
	扬稻 6 号（常规籼稻）	常规施氮法	218	8.92c	40.9c	2.12d
		因水因种施氮法	205	9.55b	46.6a	2.27b
	II 优 084（杂交籼稻）	常规施氮法	235	9.14c	38.9d	2.18c
		因水因种施氮法	221	9.92a	44.9b	2.36a
−20～−30	武运粳 24 号（常规粳稻）	常规施氮法	267	8.13d	30.4e	2.62d
		因水因种施氮法	267	8.87c	33.2d	2.86c
	扬稻 6 号（常规籼稻）	常规施氮法	218	8.25d	37.8c	2.66d
		因水因种施氮法	218	9.24b	42.4a	2.98b
	II 优 084（杂交籼稻）	常规施氮法	235	8.76c	37.3c	2.83c
		因水因种施氮法	235	9.63a	41.0b	3.11a

注：表中数据为 2017 年和 2018 年两年试验的平均值；因水因种施氮法：依据土壤水势和水稻品种类型追施氮肥；氮肥偏生产力=产量/施氮量；灌溉水生产力=产量/灌溉水量；不同字母表示在 0.05 水平上差异显著；同栏、同土壤水势内比较

表 9-3　氮肥追施方法对水稻产量构成因素的影响

土壤水势/kPa	品种	氮肥追施方法	穗数/（个/m²）	每穗粒数/（粒/穗）	结实率/%	千粒重/g
0～−10	武运粳 24 号（常规粳稻）	常规施氮法	286b	131c	89.5b	27.2a
		因水因种施氮法	294a	133c	91.2a	27.3a
	扬稻 6 号（常规籼稻）	常规施氮法	272d	149b	83.3d	27.5a
		因水因种施氮法	278c	150b	85.1c	27.6a
	II 优 084（杂交籼稻）	常规施氮法	241f	178a	79.4f	27.5a
		因水因种施氮法	248e	181a	80.9e	27.6a
−10～−20	武运粳 24 号（常规粳稻）	常规施氮法	280b	123f	94.5b	27.0a
		因水因种施氮法	285a	128e	96.2a	27.1a
	扬稻 6 号（常规籼稻）	常规施氮法	267d	142d	86.8d	27.2a
		因水因种施氮法	273c	147c	88.2c	27.1a
	II 优 084（杂交籼稻）	常规施氮法	239f	172b	81.5f	27.3a
		因水因种施氮法	245e	177a	83.4e	27.5a

续表

土壤水势/kPa	品种	氮肥追施方法	穗数/（个/m^2）	每穗粒数/（粒/穗）	结实率/%	千粒重/g
−20～−30	武运粳 24 号（常规粳稻）	常规施氮法	275b	117f	95.2b	26.0c
		因水因种施氮法	281a	122e	96.9a	26.6b
	扬稻 6 号（常规籼稻）	常规施氮法	258d	136d	89.1d	26.6b
		因水因种施氮法	265c	143c	91.3c	27.3a
	II 优 084（杂交籼稻）	常规施氮法	238f	165b	84.2f	26.7b
		因水因种施氮法	244e	171a	85.7e	27.4a

注：表中数据为 2017 年和 2018 年两年试验的平均值；因水因种施氮法：依据土壤水势和水稻品种类型追施氮肥；不同字母表示在 0.05 水平上差异显著；同栏、同土壤水势内比较

抽穗后茎中同化物转运率和成熟期的收获指数（表 9-4）。说明因水因种施氮法不仅能增强经济产量形成期的物质生产能力，而且还可以提高物质生产效率。

表 9-4　氮肥追施方法对水稻抽穗后干物质积累、物质转运和收获指数的影响

土壤水势/kPa	品种	氮肥追施方法	抽穗后干物质积累/（t/hm^2）	抽穗后茎中同化物转运率/%	收获指数
0～−10	武运粳 24 号（常规粳稻）	常规施氮法	6.85e	28.7f	0.492b
		因水因种施氮法	7.32c	36.5c	0.503a
	扬稻 6 号（常规籼稻）	常规施氮法	7.06d	31.3e	0.494b
		因水因种施氮法	7.54b	38.9b	0.503a
	II 优 084（杂交籼稻）	常规施氮法	7.21cd	34.5d	0.491b
		因水因种施氮法	7.75a	41.7a	0.501a
−10～−20	武运粳 24 号（常规粳稻）	常规施氮法	6.81e	32.4d	0.494c
		因水因种施氮法	7.34c	38.6c	0.507a
	扬稻 6 号（常规籼稻）	常规施氮法	7.03d	40.6c	0.495c
		因水因种施氮法	7.52b	48.5b	0.508a
	II 优 084（杂交籼稻）	常规施氮法	7.25c	46.7b	0.492c
		因水因种施氮法	8.10a	52.3a	0.502b
−20～−30	武运粳 24 号（常规粳稻）	常规施氮法	6.20e	36.6d	0.498c
		因水因种施氮法	6.93c	42.5c	0.512a
	扬稻 6 号（常规籼稻）	常规施氮法	6.56d	43.7c	0.503b
		因水因种施氮法	7.41b	48.9b	0.511a
	II 优 084（杂交籼稻）	常规施氮法	7.05c	50.5b	0.497c
		因水因种施氮法	7.95a	56.8a	0.509a

注：表中数据为 2017 年和 2018 年两年试验的平均值；因水因种施氮法：依据土壤水势和水稻品种类型追施氮肥；抽穗后茎中同化物转运率（%）=（抽穗期茎鞘中非结构性碳水化合物－成熟期茎鞘中非结构性碳水化合物）/抽穗期茎鞘中非结构性碳水化合物×100；收获指数＝产量/成熟期地上部干重；不同字母表示在 0.05 水平上差异显著；同栏、同土壤水势内比较

9.3　控释氮肥与灌溉方式的互作效应

9.3.1　控释氮肥与灌溉方式的耦合效应

施用控、缓释氮肥具有用工少、氮肥损失少、利用率高的优点[22-26]。但关于控释氮肥的水氮耦合效应的研究甚少。针对这一问题，作者近年来以常规籼稻品种扬稻 6 号和粳稻品种武运粳 24 号为材料并种植于大田，设置 3 种氮肥处理：N1，100%速效氮肥，施尿素折合纯氮 200kg/hm^2，按基肥∶分蘖肥∶穗肥=4∶2∶4 施用；N2，100%控释氮肥（热固性树脂包膜控释氮肥，含氮量 42%，释放周期 100 天），折合纯氮 200kg/hm^2，移栽前作基肥一次性施入；N3，30%速效氮肥+70%控释氮肥，折合纯氮 200kg/hm^2，移栽前作基肥一次性施入。自移栽后 7 天至成熟期，每种氮肥处理下设置两种灌溉方式：①常规灌溉（CF），田间保持 1～2cm 浅水层，生育中期搁田，收获前 1 周断水；②轻干湿交替灌溉（AWMD），移栽至返青田间保持浅水层，其余时期采用轻干湿交替灌溉技术，即自浅水层自然落干至离地表 15～20cm 深处的土壤低限水势为–10kPa 时，田间灌 1～2cm 水层，再自然落干，再灌浅层水，如此循环。观察缓释氮肥与灌溉方式对产量和氮肥吸收利用的互作效应。

结果表明，不同氮肥处理和灌溉方式对水稻产量的影响存在显著的交互作用。在相同的灌溉方式下，施用 100%控释氮肥处理（N2）和 30%速效氮肥+70%控释氮肥处理（N3）与 100%速效氮肥处理（N1）相比均有显著的增产效应，但施氮处理的增产效应因水稻品种、灌溉方式的不同而异。在常规灌溉方式（CF）下，扬稻 6 号在 N2 和 N3 处理下比 N1 处理的产量分别增加了 8.17%和 7.46%，武运粳 24 号在 N2 和 N3 处理下分别比 N1 处理的产量增加了 10.36%和 8.63%（表 9-5）。与 N1 的产量相比，在常规灌溉方式下，N2 处理产量的增加量高于 N3 处理。在轻干湿交替灌溉方式（AWMD）下，N2 和 N3 处理较 N1 处理均显著增产，扬稻 6 号的增加幅度分别为 6.02%和 7.78%，武运粳 24 号的增加幅度分别为 9.26%和 12.38%，均表现为 N3 处理的产量增加量高于 N2 处理，其主要原因在于 N3 处理较 N2 处理具有较多的有效穗数（表 9-5）。在相同的灌溉方式下，N2、N3 处理较 N1 处理显著提高了产量，其主要得益于总颖花数的提高。在相同氮肥处理之下，轻干湿交替灌溉方式较常规灌溉方式显著提高了水稻的产量，主要在于总颖花数、粒重和结实率的协同提高（表 9-5）。

轻干湿交替灌溉方式较常规灌溉方式显著提高了各氮肥处理下的植株吸氮量、氮素产谷利用率、氮肥偏生产力和氮收获指数（表 9-6）。在相同的灌溉方式下，100%控释氮肥处理（N2）与 30%速效氮肥+70%控释氮肥处理（N3）均较 100%速效氮肥处理（N1）显著增加了氮肥偏生产力，但降低了氮素产谷利用率和氮收

表 9-5 灌溉方式和控释氮肥处理对水稻产量及其构成因素的影响

品种/处理	产量/（t/ hm²）	穗数/（个/m²）	每穗粒数	总颖花数/（×10⁶/ hm²）	结实率/%	千粒重/g
扬稻 6 号						
CF+N1	8.44d	217c	152e	330e	88.9ab	28.8ab
CF+N2	9.13c	232b	166c	386c	83.4c	28.4b
CF+N3	9.07c	251a	161d	404b	80.5d	27.9c
AWMD+N1	9.64b	214c	168bc	359d	92.5a	29.0a
AWMD+N2	10.22a	227b	181a	410b	87.0bc	28.7ab
AWMD+N3	10.39a	245a	171b	433a	87.1bc	28.5b
武运粳 24 号						
CF+N1	8.69c	279c	129c	360d	89.5a	27.0ab
CF+N2	9.59b	304b	141b	431b	83.6cd	26.6bc
CF+N3	9.44b	321a	136b	430b	83.0d	26.1d
AWMD+N1	9.61b	278c	141b	391c	89.8a	27.4a
AWMD+N2	10.5a	298b	156a	464a	86.3bc	26.8bc
AWMD+N3	10.8a	307b	152a	477a	87.3ab	26.4cd

注：表 9-5～表 9-9 数据引自参考文献[45]；CF：保持水层；AWMD：轻干湿交替灌溉；N1：100%速效氮肥，N2：100%控释氮肥，N3：30%速效氮肥+70%控释氮肥；同一列相同品种内不同字母表示在 0.05 水平上差异显著

获指数（表 9-6）。从以上结果可以看出：①无论是常规灌溉还是轻干湿交替灌溉方式，施用 100%控释氮肥或施用 30%速效氮肥+70%控释氮肥均可较 100%速效氮肥显著增产，均可显著增加水稻对氮素的吸收；②在同一施氮方式下的水稻产量和对氮的吸收利用，轻干湿交替灌溉方式均高于常规灌溉；③在常规灌溉方式下，产量以施用 100%控释氮肥的最高，轻干湿交替灌溉方式下，产量以施用 30%速效氮肥+70%控释氮肥的最高；在各处理组合中，轻干湿交替灌溉结合施用 30%速效氮肥+70%控释氮肥可以获得最高的产量、氮肥偏生产力和最高的氮素吸收量（表 9-5 和表 9-6）。表明控释氮肥施用方式与灌溉方式对产量及氮肥的吸收利用均存在着显著的耦合效应。

表 9-6 灌溉方式和控释氮肥处理对水稻氮肥利用率与氮收获指数的影响

品种/处理	植株吸氮量/（kg/hm²）	籽粒氮素/（kg/hm²）	氮产谷利用率/（kg/kg N）	氮肥偏生产力/（kg/kg N）	氮收获指数/%
扬稻 6 号					
CF+N1	124f	83.3d	68.0b	42.2d	66.9c
CF+N2	157c	95.8c	58.1d	45.7c	61.0d
CF+N3	149d	83.7d	60.8cd	45.4c	56.0e
AWMD+N1	134e	94.1c	72.4a	48.2b	70.3a

续表

品种/处理	植株吸氮量/（kg/hm²）	籽粒氮素/（kg/hm²）	氮产谷利用率/（kg/kg N）	氮肥偏生产力/（kg/kg N）	氮收获指数/%
AWMD+N2	163b	110b	61.8c	51.1a	67.1bc
AWMD+N3	168a	115a	62.5c	52.0a	68.0bc
武运粳 24 号					
CF+N1	117f	74.7e	74.4a	43.4c	63.8ab
CF+N2	148c	91.6b	65.9b	47.9b	61.8b
CF+N3	143d	80.0d	64.8b	47.2b	55.9c
AWMD+N1	126e	83.9c	76.5a	48.0b	66.6a
AWMD+N2	156b	101a	67.5b	52.4a	64.8ab
AWMD+N3	159a	103a	68.0b	53.9a	65.0ab

注：CF：保持水层；AWMD：轻干湿交替灌溉；N1：100%速效氮肥，N2：100%控释氮肥，N3：30%速效氮肥+70%控释氮肥；同一列相同品种内不同字母表示在 0.05 水平上差异显著

9.3.2　控释氮肥与灌溉方式产生耦合效应的生物学基础

1. 减少无效分蘖，提高叶面积质量

在相同的灌溉方式下，分蘖中期 100%速效氮肥处理（N1）较 100%控释氮肥处理（N2）或 30%速效氮肥+70%控释氮肥处理（N3）显著增加了茎蘖数；在拔节期、抽穗期及成熟期，N2、N3 处理的茎蘖数显著高于 N1 处理，最终的茎蘖成穗率也高于 N1 处理（表 9-7）。在相同氮肥处理下，两种灌溉方式间比较，在成熟期，茎蘖数在常规灌溉（CF）与轻干湿交替灌溉（AWMD）之间无显著差异；在拔节期，常规灌溉的茎蘖数显著高于轻干湿交替灌溉，因而轻干湿交替灌溉的茎蘖成穗率显著高于常规灌溉；在各处理组合中，以 AWMD+N3 处理组合的茎蘖成穗率最高（表 9-7）。

表 9-7　灌溉方式和控释氮肥处理对水稻茎蘖数与茎蘖成穗率的影响

品种/处理	茎蘖数/（个/m²）				茎蘖成穗率/%
	分蘖中期	拔节期	抽穗期	成熟期	
扬稻 6 号					
CF+N1	185a	311c	230e	217c	69.8f
CF+N2	140d	321b	246c	232b	72.2e
CF+N3	175b	331a	267a	251a	75.7d
AWMD+N1	181a	273e	218f	214c	78.3c
AWMD+N2	139d	280e	238d	227b	81.1b

续表

品种/处理	茎蘖数/（个/m²）				茎蘖成穗率/%
	分蘖中期	拔节期	抽穗期	成熟期	
AWMD+N3	169c	291d	253b	245a	84.0a
武运粳 24 号					
CF+N1	218a	379c	294d	279c	73.8e
CF+N2	180b	401b	324b	304b	75.8d
CF+N3	212a	412a	341a	321a	77.8c
AWMD+N1	215a	345e	280e	278c	80.7b
AWMD+N2	176b	366d	306c	298b	81.5b
AWMD+N3	211a	369d	321b	307ab	83.2a

注：CF：保持水层；AWMD：轻干湿交替灌溉；N1：100%速效氮肥，N2：100%控释氮肥，N3：30%速效氮肥+70%控释氮肥；同一列相同品种内不同字母表示在 0.05 水平上差异显著

在相同的灌溉方式下，100%控释氮肥处理（N2）和 30%速效氮肥+70%控释氮肥处理（N3）较 100%速效氮肥处理（N1）显著提高了各生育期叶面积指数，延长了绿叶面积持续期（表 9-8）。在相同氮肥处理下，与 CF 相比，AWMD 方式下的叶面积指数在拔节期、抽穗期无显著差异，但抽穗期有效叶面积率和成熟期叶面积指数显著增加。抽穗前 CF 方式下的绿叶面积持续期略高于 AWMD，抽穗之后则表现为 AWMD 高于 CF（表 9-8）。

表 9-8　灌溉方式和控释氮肥处理对水稻叶面积指数、绿叶面积持续期的影响

品种/处理	叶面积指数（LAI）				绿叶面积持续期/[m²/（m²·d）]	
	拔节期	抽穗期总 LAI	抽穗期有效叶面积率/%	成熟期	拔节—抽穗	抽穗—成熟
扬稻 6 号						
CF+N1	5.72d	7.74c	84.4b	0.99c	202c	186c
CF+N2	6.32c	9.24b	81.3c	1.61b	240b	231b
CF+N3	7.86a	9.72a	78.4d	1.22c	270a	229b
AWMD+N1	5.47e	7.54c	87.2a	1.16c	195c	192c
AWMD+N2	6.11c	9.21b	86.5ab	2.14a	236b	233b
AWMD+N3	7.22b	9.69a	85.2ab	2.21a	254ab	241a
武运粳 24 号						
CF+N1	4.62c	6.56c	83.8c	0.91d	168d	156c
CF+N2	5.52b	7.72b	82.6c	1.84c	202c	194b
CF+N3	6.49a	8.76a	82.2c	1.32d	229a	192b
AWMD+N1	4.47c	6.37c	93.5a	1.17d	163d	158c
AWMD+N2	5.36b	7.68b	91.0a	2.15b	199c	196b
AWMD+N3	6.36a	8.18a	88.9b	2.46a	218b	212a

注：CF：保持水层；AWMD：轻干湿交替灌溉；N1：100%速效氮肥，N2：100%控释氮肥，N3：30%速效氮肥+70%控释氮肥；抽穗期有效叶面积率（%）=抽穗期有效茎蘖叶面积/抽穗期总叶面积×100；同一列相同品种内不同字母表示在 0.05 水平上差异显著

在分蘖中期的土壤落干期（MT-D，土壤水势–10kPa）和复水期（MT-W，土壤水势为 0kPa），叶片光合速率均以 N1 处理最高，N2 处理最低（表 9-9）。在灌浆中期的土壤落干期（MG-D）和复水期（MG-W），N2 和 N3 处理的叶片光合速率均高于 N1 处理。在相同氮肥处理下，AWMD 在土壤落干期（MT-D、MG-D）的叶片光合速率与 CF 无显著差异，但在复水期（MT-W、MG-W），AWMD 的叶片光合速率显著高于 CF，在灌浆中期（MG）以 N3 处理的光合速率最大（表 9-9）。表 9-7、表 9-8 和表 9-9 结果说明，轻干湿交替灌溉或施用控释氮肥，尤其是轻干湿交替灌溉+施用控释氮肥处理组合，可以减少无效分蘖的发生并提高叶片质量，从而减少无效生长和消耗，提高叶片光合速率和延长叶片光合功能期。

表 9-9　灌溉方式和控释氮肥处理对水稻叶片光合速率的影响

品种/处理	叶片光合速率/[μmol/(m²· s)]			
	MT-D	MT-W	MG-D	MG-W
扬稻 6 号				
CF+N1	22.5a	22.6d	16.6c	16.5e
CF+N2	20.2c	20.5f	18.2b	18.4d
CF+N3	21.6b	21.7e	19.4a	19.8c
AWMD+N1	22.3a	26.5a	17.1c	20.6c
AWMD+N2	20.4c	24.1c	18.5b	22.1b
AWMD+N3	21.7b	25.3b	19.7a	23.7a
武运粳 24 号				
CF+N1	23.6a	23.7d	17.5c	17.6e
CF+N2	21.2c	21.3f	19.2b	19.8d
CF+N3	22.7b	22.5e	20.6a	20.9c
AWMD+N1	23.9a	26.8a	17.7c	21.5c
AWMD+N2	21.5c	24.5c	19.6b	22.9b
AWMD+N3	22.8b	25.6b	21.1a	24.8a

注：CF：保持水层；AWMD：轻干湿交替灌溉；N1：100%速效氮肥，N2：100%控释氮肥，N3：30%速效氮肥+70%控释氮肥；MT-D：分蘖中期的土壤落干期；MT-W：分蘖中期的复水期；MG-D：灌浆中期的土壤落干期；MG-W：灌浆中期的复水期；同一列相同品种内不同字母表示在 0.05 水平上差异显著

2. 增加同化物积累，促进同化物转运

无论是 CF 还是 AWMD，100%控释氮肥处理（N2）和 30%速效氮肥+70%控

释氮肥处理（N3）较100%速效氮肥处理（N1）均显著增加了茎鞘中非结构性碳水化合物（NSC）积累量和抽穗至成熟期NSC转运量（表9-10）。在N2或N3处理下，与CF相比，AWMD显著增加了抽穗至成熟期NSC转运量（表9-10）。说明轻干湿交替灌溉与施用控释氮肥相结合，不仅可以增加水稻茎鞘中同化物积累，而且可以促进同化物向籽粒转运。

表9-10 灌溉方式和控释氮肥处理对水稻茎鞘中NSC积累与转运的影响

品种/处理	茎鞘NSC积累量/（g/m²）		NSC转运量/（g/m²）
	抽穗期	成熟期	
扬稻6号			
CF+N1	180d	95.7d	84.3f
CF+N2	218c	107c	111c
CF+N3	243b	142a	101d
AWMD+N1	183d	91.9d	91.1e
AWMD+N2	223c	102c	121b
AWMD+N3	259a	121b	138a
武运粳24号			
CF+N1	181d	98.6c	82.4d
CF+N2	198c	104b	94.0c
CF+N3	224b	124a	100b
AWMD+N1	181d	97.8c	83.2d
AWMD+N2	205b	102b	103b
AWMD+N3	238a	120a	118a

注：CF：保持水层；AWMD：轻干湿交替灌溉；N1：100%速效氮肥，N2：100%控释氮肥，N3：30%速效氮肥+70%控释氮肥；NSC转运量=抽穗期NSC量–成熟期NSC量；同一列相同品种内不同字母表示在0.05水平上差异显著

3. 增强根系活性，提高土壤中硝态氮和铵态氮含量

在同一灌溉方式下，100%控释氮肥处理（N2）和30%速效氮肥+70%控释氮肥处理（N3）的根干重显著高于100%速效氮肥处理（N1），AWMD较CF显著提高了根干重（表9-11）。在相同灌溉方式下，分蘖中期的根系氧化力，无论是在土壤落干期（MT-D）还是在复水期（MT-W），均以N1处理最高，N2处理最低（表9-11）。但灌浆中期的根系氧化力，无论是在土壤落干期（MG-D）还是在复水期（MG-W），N2和N3处理均高于N1处理，N3处理尤为明显（表9-11）。在

相同氮肥处理下，在土壤落干期（MT-D，MG-D）的根系氧化力，AWMD 与 CF 之间无显著差异，但在复水期（MT-W，MG-W），AWMD 显著高于 CF，以 WMAD+N3 处理组合的根系氧化力最大（表 9-11）。

表 9-11　灌溉方式和控释氮肥处理对水稻根干重和根系氧化力的影响

品种/处理	根干重/（t/hm^2）	根系氧化力/[μg α-萘胺/（g·h）]			
		MT-D	MT-W	MG-D	MG-W
扬稻 6 号					
CF+N1	0.856c	680a	689b	279d	277d
CF+N2	0.971b	588c	597d	371b	366b
CF+N3	1.02b	632b	640c	337c	322c
AWMD+N1	0.985b	677a	761a	279d	335c
AWMD+N2	1.13a	587c	661b	387b	449a
AWMD+N3	1.18a	631b	728a	403a	452a
武运粳 24 号					
CF+N1	0.818c	647a	652b	315d	298f
CF+N2	0.985b	589c	591c	419b	396c
CF+N3	1.03ab	626b	638b	373c	358d
AWMD+N1	0.964b	645a	728a	314d	336e
AWMD+N2	1.06ab	585c	650b	424b	458b
AWMD+N3	1.12a	625b	711a	443a	484a

注：CF：保持水层；AWMD：轻干湿交替灌溉；N1：100%速效氮肥，N2：100%控释氮肥，N3：30%速效氮肥+70%控释氮肥；MT-D：分蘖中期土壤落干期；MT-W：分蘖中期复水期；MG-D：灌浆中期土壤落干期；MG-W：灌浆中期复水期；同一列相同品种内不同字母表示在 0.05 水平上差异显著

在相同氮肥处理下，AWMD 的土壤硝态氮含量高于 CF（图 9-10）。在 AWMD 的复水期，土壤硝态氮含量与土壤落干期相比有所下降，但仍高于 CF。分蘖中期两种灌溉方式下的各氮肥处理硝态氮含量表现为 N1>N3>N2。抽穗期及灌浆期表现为 N2 和 N3 处理的硝态氮含量高于 N1 处理；在 CF 下，土壤硝态氮含量以 N2 处理含量最高，在 AWMD 下以 N3 处理含量最高（图 9-10）。

同一氮肥处理下，CF 的铵态氮含量高于 AWMD（图 9-11）。在 AWMD 下的各氮肥处理的铵态氮含量，表现为复水期高于土壤落干期。在分蘖中期，各氮肥处理中以 N1 处理的土壤铵态氮含量最高，N2 处理的最低；在抽穗期及灌浆期土壤铵态氮含量，N2 和 N3 处理显著高于 N1 处理。在 CF 下，以 N2 处理的土壤铵态氮含量最高，在 AWMD 下，以 N3 处理的土壤铵态氮含量最高（图 9-11）。以

上结果说明，采用轻干湿交替灌溉和施用控释氮肥，可以提高水稻生育中后期根系活性及土壤中硝态氮含量和铵态氮含量，因而有利于水稻花后对氮素的吸收利用和物质生产[46-48]。

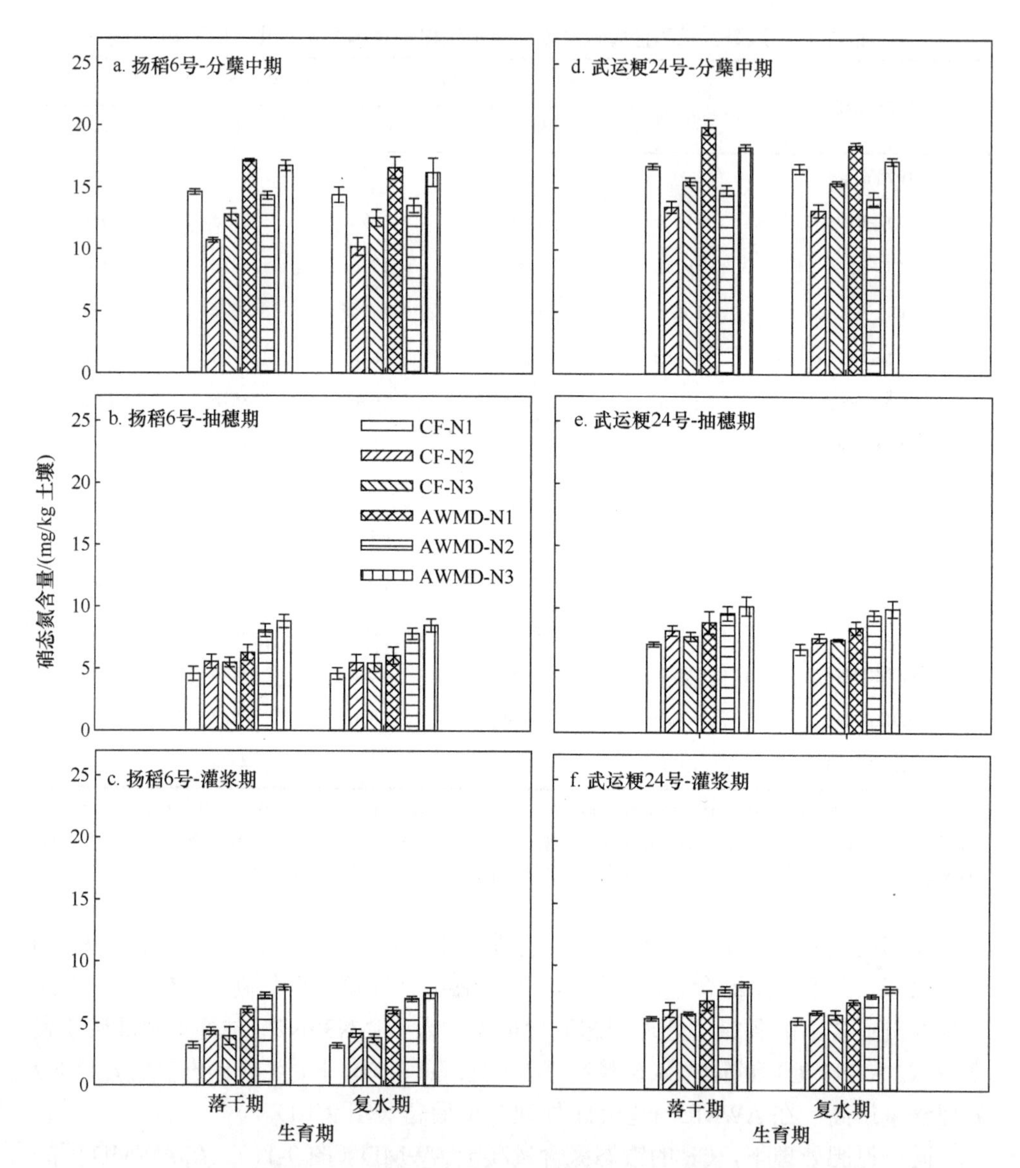

图 9-10 灌溉方式和控释氮肥对 0～20cm 土壤中硝态氮含量的影响

CF：保持水层，AWMD：轻干湿交替灌溉；N1：100%速效氮肥，N2：100%控释氮肥，N3：30%速效氮肥+70%控释氮肥

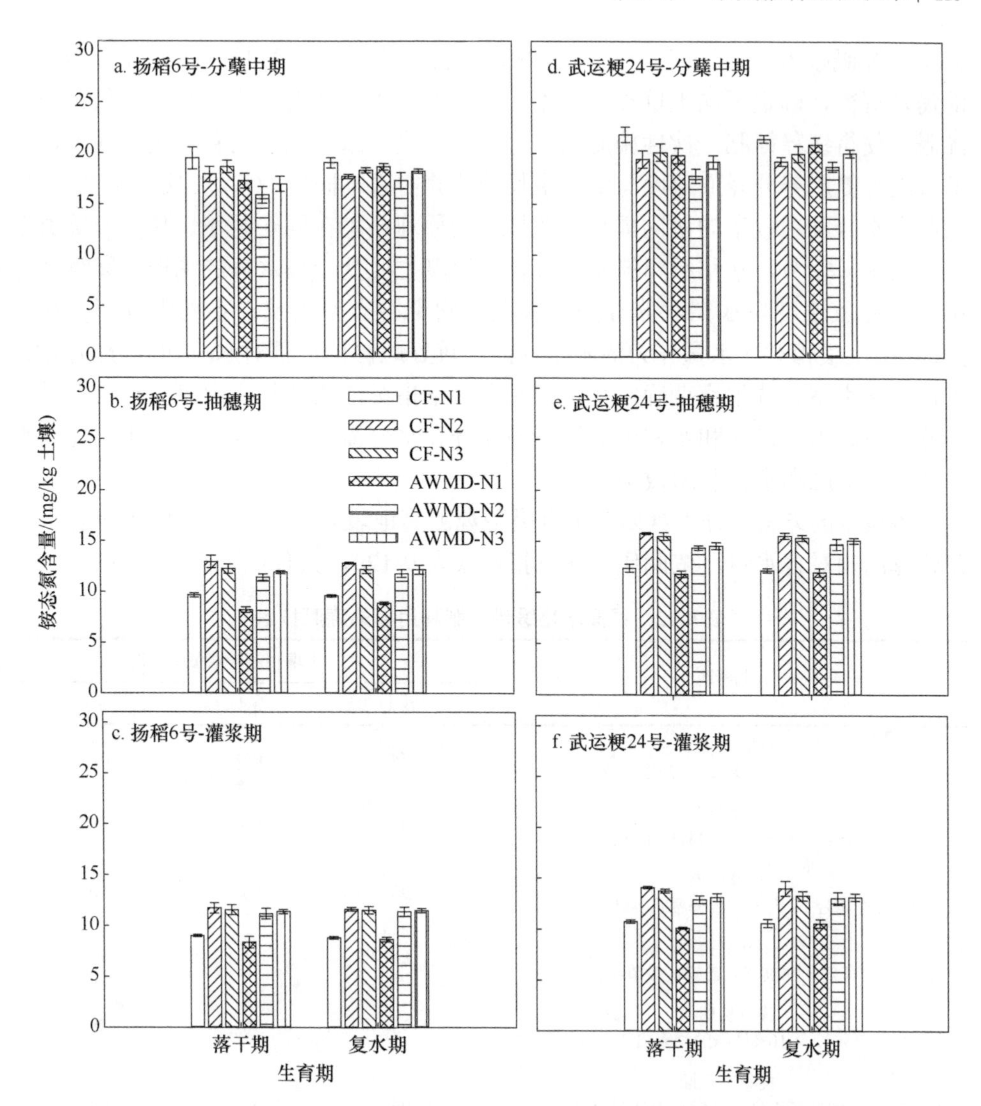

图 9-11　灌溉方式和控释氮肥对 0～20cm 土壤中铵态氮含量的影响

CF：保持水层，AWMD：轻干湿交替灌溉；N1：100%速效氮肥，N2：100%控释氮肥，N3：30%速效氮肥+70%控释氮肥

9.4　提高水稻缓释氮肥利用率的灌溉技术

9.4.1　技术原理和方案

针对缓释氮肥养分释放速度与水稻生长的营养需求不同步，难以实现水稻产量与氮肥利用率协同提高等突出问题[49-51]，作者创建了“提高水稻缓释氮肥利用

效率的灌溉技术（方法）”[52]。该技术的要点：根据水稻生长发育对养分和水分的需求规律，确定不同土壤类型、不同生育期的土壤相对含水量指标，依此指导灌溉，使得缓释氮肥一次性施肥后养分释放速度与水稻生长的营养需求匹配，可解决缓释氮肥养分释放速度与水稻生长的营养需求不同步的问题，实现水稻产量、氮肥和水分利用效率的协同提高。该技术的原理：①在同一区域、相同土壤类型或相同生长季节，水稻缓释氮肥养分释放速度主要受土壤水分的调控；②缓释氮肥养分释放速度与水稻对养分的需求在不同土壤类型间及在不同生育期存在差异；③用土壤相对含水量作为灌溉指标能够较好地协调水稻对水分和养分的需求；④按土壤类型、分生育期确定土壤相对含水量指标，依此作为灌溉指标，可以使养分供应、水分供应和水稻生长发育的养分和水分需求相一致，从而协同提高水稻产量、氮肥和水分利用效率。

该技术的方案：分生育期按土壤类型观测离地表0～15cm土层的土壤含水量并计算出相对含水量，依此作为灌溉指标（表9-12），具体如下。

表9-12　提高水稻缓释氮肥利用率的灌溉技术

生育期	土壤相对含水量/%		
	砂土	壤土	黏土
移栽活棵期（自移栽至移栽后7天）	100	100	100
分蘖前期（自移栽后8天至移栽后15天）	95	90	85
分蘖中期（自移栽后16天至有效分蘖临界叶龄期）	90	85	80
分蘖后期（自有效分蘖临界叶龄期至拔节始期）	80	75	70
拔节长穗期（自拔节始期至10%植株的穗露出剑叶叶鞘）	95	90	88
抽穗开花期（自10%植株的穗露出剑叶叶鞘至100%植株的穗全部抽出）	96	93	90
灌浆前、中期（自100%植株的穗全部抽出至穗全部抽出后的20天）	92	90	85
灌浆后期（自穗全部抽出后的21天至收割）	90	85	80

注：土壤相对含水量（%）=各生育期测得的0～15cm土层土壤含水量/田间有水层条件下0～15cm土层的土壤饱和含水量×100；在移栽活棵期，0～15cm土层土壤相对含水量为100%；其余生育期当0～15cm土层的土壤相对含水量达到表中指标值时就灌1～2cm水层，自然落干达到指标值时再灌水，再自然落干，依此循环；土壤相对含水量大于指标值则不灌水

（1）移栽活棵期（自移栽至移栽后7天）：砂土地、壤土地和黏土地0～15cm

土层土壤相对含水量为 100%。

（2）分蘖前期（自移栽后 8 天至移栽后 15 天）：砂土地田间自然落干，当 0～15cm 土层土壤相对含水量为 95%时，灌水层 1～2cm；壤土地田间自然落干，当 0～15cm 土层土壤相对含水量为 90%时，灌水层 1～2cm；黏土地田间自然落干，当 0～15cm 土层土壤相对含水量为 85%时，灌水层 1～2cm。

（3）分蘖中期（自移栽后 16 天至有效分蘖临界叶龄期）：砂土地田间自然落干，当 0～15cm 土层土壤相对含水量为 90%时，灌水层 1～2cm；壤土地田间自然落干，当 0～15cm 土层土壤相对含水量为 85%时，灌水层 1～2cm；黏土地田间自然落干，当 0～15cm 土层土壤相对含水量为 80%时，灌水层 1～2cm。

（4）分蘖后期（自有效分蘖临界叶龄期至拔节始期）：砂土地田间自然落干，当 0～15cm 土层土壤相对含水量为 80%时，灌水层 1～2cm；壤土地田间自然落干，当 0～15cm 土层土壤相对含水量为 75%时，灌水层 1～2cm；黏土地田间自然落干，当 0～15cm 土层土壤相对含水量为 70%时，灌水层 1～2cm。

（5）拔节长穗期（自拔节始期至 10%植株的穗露出剑叶叶鞘）：砂土地田间自然落干，当 0～15cm 土层土壤相对含水量为 95%时，灌水层 1～2cm；壤土地田间自然落干，当 0～15cm 土层土壤相对含水量为 90%时，灌水层 1～2cm；黏土地田间自然落干，当 0～15cm 土层土壤相对含水量为 88%时，灌水层 1～2cm。

（6）抽穗开花期（自 10%植株的穗露出剑叶叶鞘至 100%植株的穗全部抽出）：砂土地田间自然落干，当 0～15cm 土层土壤相对含水量为 96%时，灌水层 1～2cm；壤土地田间自然落干，当 0～15cm 土层土壤相对含水量为 93%时，灌水层 1～2cm；黏土地田间自然落干，当 0～15cm 土层土壤相对含水量为 90%时，灌水层 1cm～2cm。

（7）灌浆前、中期（自 100%植株的穗全部抽出至穗全部抽出后的 20 天）：砂土地田间自然落干，当 0～15cm 土层土壤相对含水量为 92%时，灌水层 1～2cm；壤土地田间自然落干，当 0～15cm 土层土壤相对含水量为 90%时，灌水层 1～2cm；黏土地田间自然落干，当 0～15cm 土层土壤相对含水量为 85%时，灌水层 1～2cm。

（8）灌浆后期（自穗全部抽出后的 21 天至收割）：砂土地田间自然落干，当 0～15cm 土层土壤相对含水量为 90%时，灌水层 1～2cm；壤土地田间自然落干，当 0～15cm 土层土壤相对含水量为 85%时，灌水层 1～2cm；黏土地田间自然落干，当 0～15cm 土层土壤相对含水量为 80%时，灌水层 1～2cm。

上述技术方案中的土壤相对含水量为 0～15cm 土层土壤含水量与土壤饱和含水量比值的百分值，计算公式为土壤相对含水量（%）=各生育期测得的 0～15cm 土层土壤含水量/田间有水层条件下 0～15cm 土层的土壤饱和含水量×100。公式中的土壤含水量可采用土壤水分测定仪测定。土壤水分测定仪测定土壤含水量方法简单、可靠[12]。

9.4.2 技术实施实例

1. 材料和栽培概况

分别于2016～2017年在江苏扬州市和连云港市选择砂土、壤土和黏土3种类型土壤，种植籼稻品种扬稻6号和粳稻品种连粳7号。各品种用塑料软盘育秧，每盘播干谷100g、秧田：大田=1：80，秧龄为18～20天。在移栽前，大田整平，耱田18～24h后进行机插秧，株行距30cm×11.7cm，每穴3～4苗。

2. 处理设置

肥料类型：每种土壤类型施用3种肥料：普通尿素（速效氮肥，含氮量46.2%）；硫包衣尿素（缓释氮肥，含氮量37%）；树脂包衣尿素（缓释氮肥，含氮量40%）。每种肥料施用折合成纯氮：籼稻品种总施氮量为180kg/hm^2（普通尿素、硫包衣尿素和树脂包衣尿素分别为389.6kg/hm^2、486.5kg/hm^{2}和450.0kg/hm^2）；粳稻品种总施氮量为210kg/hm^2（普通尿素、硫包衣尿素和树脂包衣尿素分别为454.5kg/hm^2、567.6kg/hm^{2}和525.0kg/hm^2）。普通尿素按基肥（移栽前1天）：分蘖肥Ⅰ（移栽后7天）：分蘖肥Ⅱ（移栽后15天）：促花肥（叶龄余数3.0～3.5）：保花肥（叶龄余数1.0～1.5）=4：1：1：2：2施用，硫包衣尿素和树脂包衣尿素在移栽前1天作基肥一次施用。各品种在移栽前一次性施磷肥折合P_2O_5 60kg/hm^2，使用钾肥折合K_2O 90kg/hm^2，钾肥分基肥和促花肥两次施用，前后两次的比例为7：3。灌溉方式：每种肥料设有两种灌溉方式：①常规灌溉（对照），即分蘖末、拔节初排水搁田，其余生育期田间保持1～2cm水层，收获前1周断水；②提高水稻缓释氮肥利用率的灌溉方法（简称高效灌溉），按照表9-12灌溉方案进行灌溉。高效灌溉方法与对照除水分管理方法不同外，其余栽培措施，如育秧、移栽、施肥时期和施肥量、病虫害防治等完全一致。小区面积30m^2，重复3次。测定分蘖数、产量及其构成因素。

3. 主要结果

与对照（常规灌溉方法）相比，在施用缓释氮肥条件下，高效灌溉方法的产量增加12.8%～18.5%，氮素产谷利用率（产量/植株吸氮量）提高10.5%～20.6%，灌溉水利用效率（产量/灌溉水量）提高36.7%～47.8%（表9-13～表9-16）。在施用普通尿素条件下，水稻产量、氮素产谷利用率和灌溉水利用率，高效灌溉方法较常规灌溉方法分别提高了3.9%～7.1%、3.2%～5.9%和25.5%～30.6%（表9-13～表9-16）。高效灌溉方法，特别是在施用缓释氮肥条件下具有较高的茎蘖成穗率、较多的每穗颖花数和较高的结实率，这是高效灌溉方法的产量、氮素产谷利用率和灌溉水利用率高于常规灌溉方法的重要原因（表 9-13～表 9-16）。

表 9-13　籼稻扬稻 6 号在不同灌溉方法下的产量及其构成因素

土壤类型	肥料种类	灌溉方法	穗数/（万/hm^2）	每穗颖花数	结实率/%	千粒重/g	实收产量/（t/hm^2）
砂土	普通尿素	常规灌溉	291a	132bc	84.5b	26.5a	8.6c
		高效灌溉	293a	134b	87.3a	26.7a	9.1b
	硫包衣尿素	常规灌溉	289a	130c	81.6c	26.4a	8.1d
		高效灌溉	293a	138a	88.9a	26.8a	9.6a
	树脂包衣尿素	常规灌溉	286a	131bc	82.4c	26.3a	8.2d
		高效灌溉	292a	140a	87.8a	26.9a	9.7a
壤土	普通尿素	常规灌溉	293a	132b	85.6c	26.6a	8.8c
		高效灌溉	295a	134b	87.3b	26.7a	9.2b
	硫包衣尿素	常规灌溉	291a	135b	83.6d	26.4a	8.6c
		高效灌溉	294a	140a	88.6a	26.8a	9.7a
	树脂包衣尿素	常规灌溉	292a	133b	83.4d	26.5a	8.5c
		高效灌溉	293a	139a	89.1a	26.9a	9.6a
黏土	普通尿素	常规灌溉	288a	130c	85.2b	26.5a	8.4c
		高效灌溉	293a	134b	87.5a	26.6a	9.0b
	硫包衣尿素	常规灌溉	287a	127d	83.4c	26.7a	8.1d
		高效灌溉	291a	142a	86.9a	26.7a	9.5a
	树脂包衣尿素	常规灌溉	285a	128d	83.7c	26.6a	8.2d
		高效灌溉	289a	145a	86.5a	26.7a	9.6a

注：因 2016 年和 2017 年的试验结果在年度间无显著差异（P>0.05），故表中数据为 2016 年和 2017 年两年数据的平均值；硫包衣尿素和树脂包衣尿素为缓释氮肥；高效灌溉即为提高水稻缓释氮肥利用率的灌溉技术（表 9-12）；在同列、同一土壤类型内不同字母表示在 0.05 水平上差异显著

表 9-14　籼稻扬稻 6 号在不同灌溉方法下的氮肥利用率和灌溉水分利用率（WUE）

土壤类型	肥料种类	灌溉方法	茎蘖成穗率/%	氮肥偏生产力/（kg/kg N）	氮素产谷利用率/（kg/kg N）	灌溉水量/mm	WUE/（kg/m^3）
砂土	普通尿素	常规灌溉	71.3b	47.8c	53.9bc	750a	1.15b
		高效灌溉	73.3ab	50.6b	55.9b	610b	1.49a
	硫包衣尿素	常规灌溉	65.5c	45.0d	51.1c	750a	1.08b
		高效灌溉	74.6a	53.3a	59.4a	610b	1.57a
	树脂包衣尿素	常规灌溉	64.7c	45.6d	52.4c	750a	1.09b
		高效灌溉	75.4a	53.9a	60.8a	610b	1.59a
壤土	普通尿素	常规灌溉	72.6b	48.9c	55.5c	645a	1.36b
		高效灌溉	74.5ab	51.1b	57.3b	520b	1.77a
	硫包衣尿素	常规灌溉	66.8c	47.8c	55.3c	645a	1.33b
		高效灌溉	75.5a	53.9a	61.6a	520b	1.87a

续表

土壤类型	肥料种类	灌溉方法	茎蘖成穗率/%	氮肥偏生产力/（kg/kg N）	氮素产谷利用率/（kg/kg N）	灌溉水量/mm	WUE/（kg/m^3）
壤土	树脂包衣尿素	常规灌溉	63.6d	47.2c	54.7c	645a	1.32b
		高效灌溉	74.2ab	53.3a	60.5a	520b	1.85a
黏土	普通尿素	常规灌溉	68.3b	46.7c	52.6c	560a	1.50b
		高效灌溉	72.7a	50.0b	55.7b	475b	1.89a
	硫包衣尿素	常规灌溉	67.5b	45.0d	50.5c	560a	1.45b
		高效灌溉	73.4a	52.8a	59.9a	475b	2.00a
	树脂包衣尿素	常规灌溉	66.7b	45.6d	50.2c	560a	1.46b
		高效灌溉	74.1a	53.3a	60.5a	475b	2.02a

注：因2016年和2017年的试验结果在年度间无显著差异（P>0.05），故表中数据为2016年和2017年两年数据的平均值；硫包衣尿素和树脂包衣尿素为缓释氮肥；高效灌溉为表9-12的灌溉方法；茎蘖成穗率（%）=成熟期有效穗数/拔节期最高茎蘖数×100，氮肥偏生产力（kg/kg N）=产量（kg/hm^2）/施氮量（kg/hm^2）；氮素产谷利用率（kg/kg N）=产量（kg/hm^2）/成熟期植株总吸氮量（kg/hm^2）；灌溉水分利用率（WUE，kg/m^3）=产量（kg/hm^2）/全生育期灌溉水量（m^3/hm^2）；在同列、同一土壤类型内不同字母表示在0.05水平上差异显著

表 9-15　粳稻连粳7号在不同灌溉方法下的产量及其构成因素

土壤类型	肥料种类	灌溉方法	穗数/（万/hm^2）	每穗颖花数	结实率/%	千粒重/g	实收产量/（t/hm^2）
砂土	普通尿素	常规灌溉	317a	126bc	85.9c	26.8a	9.12c
		高效灌溉	319a	128ab	87.4b	26.9a	9.48b
	硫包衣尿素	常规灌溉	313a	124cd	83.2d	26.5a	8.62d
		高效灌溉	320a	131a	89.7a	26.7a	9.95a
	树脂包衣尿素	常规灌溉	312a	122d	83.8d	26.4a	8.32d
		高效灌溉	319a	129a	89.6a	26.5a	9.76a
壤土	普通尿素	常规灌溉	318a	127a	86.3c	26.7a	9.21c
		高效灌溉	320a	129a	88.2b	26.8a	9.65b
	硫包衣尿素	常规灌溉	316a	122b	84.1d	26.5a	8.48d
		高效灌溉	317a	128a	90.5a	26.9a	9.84ab
	树脂包衣尿素	常规灌溉	312a	123b	84.5d	26.6a	8.53d
		高效灌溉	316a	130a	91.2a	26.8a	9.96a
黏土	普通尿素	常规灌溉	316a	125cd	84.3c	26.4a	8.62c
		高效灌溉	319a	127bc	85.9b	26.9a	9.17b
	硫包衣尿素	常规灌溉	314a	124cd	82.4d	26.4a	8.29d
		高效灌溉	318a	131a	87.8ab	26.5a	9.63a
	树脂包衣尿素	常规灌溉	310a	123d	81.9d	26.7a	8.27d
		高效灌溉	317a	130ab	88.3a	26.8a	9.72a

注：因2016年和2017年的试验结果在年度间无显著差异（P>0.05），故表中数据为2016年和2017年两年数据的平均值；硫包衣尿素和树脂包衣尿素为缓释氮肥；高效灌溉即为提高水稻缓释氮肥利用率的灌溉技术（表9-12）；在同列、同一土壤类型内不同字母表示在0.05水平上差异显著

表 9-16 粳稻连粳 7 号在不同灌溉方法下的氮肥利用率和灌溉水分利用率（WUE）

土壤类型	肥料种类	灌溉方法	茎蘖成穗率/%	氮肥偏生产力/(kg/kg N)	氮素产谷利用率/（kg/kg N）	灌溉水量/mm	WUE/(kg/m^3)
砂土	普通尿素	常规灌溉	72.3a	43.4c	54.4c	735a	1.24b
		高效灌溉	73.5a	45.1b	56.1b	585b	1.62a
	硫包衣尿素	常规灌溉	67.2b	41.0d	52.8cd	735a	1.17b
		高效灌溉	73.8a	47.4a	59.3a	585b	1.70a
	树脂包衣尿素	常规灌溉	65.9b	39.6d	51.1d	735a	1.13b
		高效灌溉	74.3a	46.5a	59.3a	585b	1.67a
壤土	普通尿素	常规灌溉	72.8b	43.9c	54.8c	610a	1.51b
		高效灌溉	75.6a	46.0a	56.8b	495b	1.95a
	硫包衣尿素	常规灌溉	68.5c	40.4b	51.3d	610a	1.39b
		高效灌溉	76.3a	46.9a	58.8a	495b	1.99a
	树脂包衣尿素	常规灌溉	67.6c	40.6b	50.6d	610a	1.40b
		高效灌溉	75.9a	47.4a	59.7a	495b	2.01a
黏土	普通尿素	常规灌溉	71.5b	41.0c	53.2c	525a	1.64b
		高效灌溉	75.8a	43.7b	56.1b	445b	2.06a
	硫包衣尿素	常规灌溉	67.2c	39.5d	52.2cd	525a	1.58b
		高效灌溉	76.3a	45.9a	59.9a	445b	2.16a
	树脂包衣尿素	常规灌溉	68.0c	39.4d	51.4d	525a	1.58b
		高效灌溉	75.6a	46.3a	60.3a	445b	2.18a

注：因 2016 年和 2017 年的试验结果在年度间无显著差异（P>0.05），故表中数据为 2016 年和 2017 年两年数据的平均值；硫包衣尿素和树脂包衣尿素为缓释氮肥；高效灌溉为表 9-12 的灌溉方法；茎蘖成穗率（%）=成熟期有效穗数/拔节期最高茎蘖数×100，氮肥偏生产力（kg/kg N）=产量（kg/hm^2）/施氮量（kg/hm^2）；氮素产谷利用率（kg/kg N）=产量（kg/hm^2）/成熟期植株总吸氮量（kg/hm^2）；灌溉水分利用率（WUE，kg/m^3）=产量（kg/hm^2）/全生育期灌溉水量（m^3/hm^2）；在同列、同一土壤类型内不同字母表示在 0.05 水平上差异显著

9.5 小　结

（1）土壤水分和氮素对产量的影响存在显著的互作效应，但在籼、粳稻间和生育期间存在差异。当土壤水分较低时，水氮互作效应协同的栽培策略为，在有效分蘖期应适当减少施氮量；在穗分化始期应适当增加施氮量；在雌雄蕊分化期粳稻应增加施氮量，籼稻则应减少施氮量。在灌浆期，当植株含氮量较高时，可增加土壤落干的程度。以水氮耦合量化模型为依据，以叶色相对值和土壤埋水深度为主要调控指标，以轻干湿交替灌溉技术和因地因种施肥技术为调控手段，建立了生产上实用的水氮耦合与产量协同高效的调控技术。该技术可协调体内激素水平，增强叶片光合性能。

（2）水稻氮肥利用率的高低，不仅取决于水、氮供应技术等外因，而且取决

于水稻品种对氮素吸收利用能力的内因。创建了“一种依据土壤水势和水稻品种类型追施氮肥的技术”，即依据水稻不同生育期、不同土壤水势及粳稻品种、籼稻品种和杂交稻品种类型，确定分蘖期、穗分化始期和颖花分化期的施氮量比例，可以充分发挥水稻对水氮利用的生物学潜力，协同提高水稻产量、水分与氮肥利用率。

（3）控释氮肥处理与灌溉方式对产量和水、氮利用效率的影响存在明显的互作效应。轻干湿交替灌溉结合施用 30%速效氮肥+70%控释氮肥可协同提高水稻产量和氮肥利用率。减少无效分蘖，提高叶面积质量，增加花后干物质生产，促进同化物转运，增强根系活性，提高土壤中硝态氮和铵态氮含量是控释氮肥与灌溉方式产生耦合效应的重要生物学基础。

（4）创建了“一种提高水稻缓释氮肥利用率的灌溉技术”。该技术根据水稻生长发育对养分和水分的需求规律，确定不同土壤类型、不同生育期的土壤相对含水量指标，依此指导灌溉，使得缓释氮肥一次性施肥后养分释放速度与水稻生长的营养需求匹配，可解决缓释氮肥养分释放速度与水稻生长的营养需求不同步的问题，实现水稻产量、氮肥和水分利用效率的协同提高。

参考文献

[1] Li Y, Yin Y P, Zhao Q, et al. Changes of glutenin subunits due to water-nitrogen interaction influence size and distribution of glutenin macropolymer particles and flour quality. Crop Science, 2011, 51: 2809-2819.

[2] 杨建昌, 王志琴, 朱庆森.不同土壤水分状况下氮素营养对水稻产量的影响及其生理机制的研究. 中国农业科学, 1996, 29(4): 58-66.

[3] 王绍华, 曹卫星, 丁艳锋, 等. 水氮互作对水稻氮吸收与利用的影响. 中国农业科学, 2004, 37(4): 497-501.

[4] 孙永健, 孙园园, 刘树金, 等. 水分管理和氮肥运筹对水稻养分吸收、转运及分配的影响. 作物学报, 2011, 37(12): 2221-2232.

[5] Sadras V O, Lawson C. Nitrogen and water-use efficiency of Australian wheat varieties released between 1958 and 2007. European Journal Agronomy, 2013, 46: 34- 41.

[6] Sadras V O, Rodriguez D. Modelling the nitrogen-driven trade-off between nitrogen utilisation efficiency and water use efficiency of wheat in eastern Australia. Field Crops Research, 2010, 118: 297-305.

[7] Xu B C, Xu W Z, Gao Z J, et al. Biomass production, relative competitive ability and water use efficiency of two dominant species in semiarid Loess Plateau under different water supply and fertilization treatments. Ecological Research, 2013, 28: 781-792.

[8] Zhang H, Kong X S, Hou D P, et al. Progressive integrative crop managements increase grain yield, nitrogen use efficiency and irrigation water productivity in rice. Field Crops Research, 2018, 215: 1-11.

[9] 张自常, 李鸿伟, 曹转勤, 等. 施氮量和灌溉方式的交互作用对水稻产量和品质影响. 作物学报, 2013, 39(1): 84-92.

[10] Ye Y S, Liang X Q, Chen Y X, et al. Alternate wetting and drying irrigation and controlled-release nitrogen fertilizer in late-season rice. Effects on dry matter accumulation, yield, water and nitrogen use. Field Crops Research, 2013, 144: 212-224.
[11] 朱宽宇, 展明飞, 陈静, 等. 不同氮肥水平下结实期灌溉方式对水稻弱势粒灌浆及产量的影响.中国水稻科学, 2018, 32(2): 155-168.
[12] 杨建昌, 张建华. 水稻高产节水灌溉. 北京: 科学出版社, 2019: 183-199.
[13] 彭玉, 孙永健, 蒋明金, 等. 不同水分条件下缓/控释氮肥对水稻干物质量和氮素吸收、运转及分配的影响. 作物学报, 2014, 40(5): 859-870.
[14] Ju C X, Buresh R J, Wang Z Q, et al. Root and shoot traits for rice varieties with higher grain yield and higher nitrogen use efficiency at lower nitrogen rates application. Field Crops Research, 2015, 175: 47-59.
[15] 剧成欣, 陈尧杰, 赵步洪, 等. 实地氮肥管理对不同氮响应粳稻品种产量和品质的影响. 中国水稻科学, 2018, 32(3): 237-246.
[16] Yang J C, Liu K, Wang Z Q, et al. Water-saving and high-yielding irrigation for lowland rice by controlling limiting values of soil water potential. Journal of Integrative Plant Biology, 2007, 49: 1445-1454.
[17] Zhang H, Chen T T, Liu L J, et al. Performance in grain yield and physiological traits of rice in the Yangtze River Basin of China during the last 60 yr. Journal of Integrative Agriculture, 2013, 12(1): 57-66.
[18] Yang J C. Approaches to achieve high yield and high resource use efficiency in rice. Frontiers of Agricultural Science and Engineering, 2015, 2(2): 115-123.
[19] 李俊峰, 杨建昌. 水分与氮素及其互作对水稻产量和水肥利用效率的影响研究进展. 中国水稻科学, 2017, 31(3): 327-334.
[20] 鲁艳红, 纪雄辉, 郑圣先, 等. 施用控释氮肥对减少稻田氮素径流损失和提高水稻氮素利用率的影响. 植物营养与肥料学报, 2008, 14(3): 490-495.
[21] Peng S B, Buresh R J, Huang J L, et al. Improving nitrogen fertilization in rice by site-specific N management. Agronomy for Sustainable Development, 2010, 30: 649-656.
[22] 诸海焘, 朱恩, 余廷园, 等. 水稻专用缓释复合配方肥增产效果研究. 中国农学通报, 2014, (3): 56-60.
[23] 唐拴虎, 杨少海, 陈建生, 等. 水稻一次性施用控释肥料增产机理探讨. 中国农业科学, 2006, 39(12): 2511-2520.
[24] 贵会平, 宋美珍, 李健, 等. 缓/控释肥发展现状及在棉花上的应用前景. 中国棉花, 2016, 43(8): 16-20.
[25] 冯兆滨, 冀建华, 侯红乾, 等. 硅基包膜控释肥对水稻产量形成、氮素吸收及氮肥利用率的影响. 江西农业学报, 2016, 28(5): 31-35.
[26] 陈建生, 徐培智, 唐拴虎, 等. 一次基施水稻控释肥技术养分利用率及增产效果. 应用生态学报, 2005, 16(10): 1868-1871.
[27] 孙会峰, 周胜, 付子轼, 等. 秸秆与缓释肥配施对水稻产量及氮素吸收利用率的影响. 中国稻米, 2015, (4): 95-98.
[28] 马良, 朱玉祥, 张乐平, 等. 不同缓控释肥对水稻甬优 1540 产量和效益的影响. 浙江农业科学, 2018, 59(4): 561-563.
[29] Wang Z Q, Zhang W Y, Beebout S S, et al. Grain yield, water and nitrogen use efficiencies of rice as influenced by irrigation regimes and their interaction with nitrogen rates. Field Crops

Research, 2016, 193(4): 54-69.

[30] Yang J C, Zhang J H. Crop management techniques to enhance harvest index in rice. Journal of Experimental Botany, 2010, 61: 3177-3189.

[31] Xu W F, Jia L G, Shi W M, et al. Abscisic acid accumulation modulates auxin transport in the root tip to enhance proton secretion for maintaining root growth under moderate water stress. New Phytologist, 2013, 197: 139-150.

[32] Gu J F, Li Z K, Mao Y Q, et al. Roles of nitrogen and cytokinin signals in root and shoot communications in maximizing of plant productivity and their agronomic applications. Plant Science, 2018, 274: 320-331.

[33] Jameson P E, Song J. Cytokinin: a key driver of seed yield. Journal of Experimental Botany, 2015, 67: 593-606.

[34] Sakakibara H, Takei K, Hirose N. Interactions between nitrogen and cytokinin in the regulation of metabolism and development. Trends in Plant Science, 2006, 11: 440-448.

[35] Zhang H, Li H, Yuan L M, et al. Post-anthesis alternate wetting and moderate soil drying enhances activities of key enzymes in sucrose-to-starch conversion in inferior spikelets of rice. Journal of Experimental Botany. 2012, 63(1): 215-227.

[36] 杨建昌, 张伟杨, 王志琴. 一种依据水稻叶色相对值追施氮肥的方法: CN, 3459421, 2019.

[37] 杨建昌, 许更文, 张建华, 等. 一种水稻节水灌溉方法: CN, 2407724, 2017.

[38] Jang S J, Wi S J, Choi Y J, et al. Increased polyamine biosynthesis enhances stress tolerance by preventing the accumulation of reactive oxygen species: T-DNA mutational analysis of *Oryza sativa* lysine decarboxylase-like protein 1. Molecular Cells, 2012, 34: 251-262.

[39] Torrigiani P, Bressanin D, Ruiz K B, et al. Spermidine application to young developing peach fruits leads to a slowing down of ripening by impairing ripening-related ethylene and auxin metabolism and signaling. Physiologia Plantarum, 2012, 146: 86-98.

[40] Chen T T, Xu Y J, Wang J C, et al. Polyamines and ethylene interact in rice grains in response to soil drying during grain filling. Journal of Experimental Botany, 2013, 64: 2523-2538.

[41] 张明炷, 李远华, 崔远来, 等. 非充分灌溉条件下水稻生长发育及生理机制研究. 灌溉排水, 1994, 13(4): 6-10.

[42] 杨建昌, 展明飞, 朱宽宇. 水稻绿色性状形成的生理基础. 生命科学, 2018, 30: 1137-1145.

[43] Peng J Y, Palta J A, Rebetzke G J. Wheat genotypes with high early vigor accumulate more nitrogen and have higher photosynthetic nitrogen use efficiency during early growth. Functional Plant Biology, 2014, 41: 215-222.

[44] 杨建昌, 申勇, 王志琴, 等. 一种依据土壤水势和水稻品种类型追施氮肥的方法: CN, 4386984, 2021.

[45] 盛家艳. 控释氮肥与灌溉方式对水稻产量和氮肥利用率的影响及其生理机制. 扬州大学硕士学位论文, 2020.

[46] 崔亚兰, 李东坡, 武志杰, 等. 水田土壤氮转化相关因子对多年施用缓/控释尿素的响应. 土壤通报, 2015, 46(5): 1208-1215.

[47] 杨肖娥, 孙义. 不同水稻品种对低氮反应的差异及其机制的研究. 土壤学报, 1992, 29(1): 73-79.

[48] Shi W M, Xu W F, Li S M, et al. Responses of two rice cultivars differing in seedling-stage nitrogen use efficiency to growth under low-nitrogen conditions. Plant and Soil, 2010, 326: 291-302.

[49] Zhang WY, Yu J X, Xu Y J, et al. Alternate wetting and drying irrigation combined with the

proportion of polymer-coated urea and conventional urea rates increases grain yield, water and nitrogen use efficiencies in rice. Field Crops Research, 2021, (265): 108165.

[50] Azeem B, KuShaari K, Man Z B, et al. Review on materials & methods to produce controlled release coated urea fertilizer. J. Controlled Release, 2014, 181: 11-21.

[51] Geng J B, Ma Q, Zhang M, et al. Synchronized relationships between nitrogen release of controlled release nitrogen fertilizers and nitrogen requirements of cotton. Field Crops Research, 2015, 184: 9-16.

[52] 杨建昌, 张伟杨, 王志琴, 等. 一种提高水稻缓释氮肥利用效率的灌溉方法: CN, 3869919, 2020.

第 10 章　水稻氮肥高效利用技术的品质效应

优质食用稻米的标准是一个综合性状，主要包括优良的加工品质、外观品质、蒸煮食味品质及营养品质等几个方面。其中，加工品质又包括糙米率、精米率和整精米率。外观品质主要有长宽比、垩白率、垩白度和透明度。蒸煮食味品质包括直链淀粉含量、胶稠度和糊化温度，而营养品质主要包括蛋白质含量、氨基酸的种类及含量等[1-5]。随着我国居民生活水平的提高和饮食质量的改善，发展优质稻米生产已成为水稻产业的重大需求，也是绿色高效农业的重要组成部分[4-8]。稻米品质主要受品种的遗传控制，但也受到许多环境和栽培因子的影响，如肥料水平、水分管理等都会对稻米品质产生一定的影响[9-18]。然而，粮食作物产量与品质的协同提高是一个科学难题[19]。有人认为，产量性状与品质性状是矛盾的，生产实践中常常出现产量高而品质相对较差的情况，即高产水稻品种很多，优质品种也不少，但既高产又优质的品种并不多；一些栽培技术如"前氮后移"技术可以提高产量和氮肥利用率，但往往会降低稻米的食味品质[20-25]。有关氮肥施用对稻米外观品质（主要是指垩白率、垩白度）和蒸煮食味品质（胶稠度和直链淀粉含量）影响的研究结果也尚不一致[26-34]。由此可见，有关氮肥对稻米品质影响的正负效应尚须深入研究。采用实地氮肥管理、"三因"氮肥施用技术、综合栽培技术等可以协同提高产量和氮肥利用率 [8,20,35]，但关于这些技术是否可以改善稻米品质？尚不清楚。据于此，作者观察了实地氮肥管理、"三因"氮肥施用技术和综合栽培技术的品质效应。

10.1　实地氮肥管理技术的品质效应

水稻实地氮肥管理是在确定总施氮量基础上，在水稻主要生育期用快速叶绿素测定仪（SPAD）或叶色卡（LCC）观测叶片氮素情况，对氮肥施用量进行调节的一种施肥技术[36-38]。为研究实地氮肥管理的品质效应，作者以籼型三系杂交稻汕优 63 及常规粳稻武育粳 3 号和扬粳 9538 为材料，大田种植，设置 2 种氮肥处理：①按当地常规施肥方法和施肥量（习惯施肥方法，FFP）。汕优 63 全生育期总施氮量为 240kg/hm^2，按基肥、分蘖肥、保花肥和粒肥分别占 60%、10%、15%和 15%进行施用。武育粳 3 号和扬粳 9538 全生育期总施氮量为 270kg/hm^2，按基肥、分蘖肥、穗肥各占 60%、10%、30%进行施用，穗肥中促花肥与保花肥所占比例为 3∶1。②实地氮肥管理（SSNM）：依据土壤养分的有效供给量，结合当地土壤和气候特征及品种特性确定水稻的目标产量，确定水稻总施氮量范围和主要生育阶段施氮比例，在水稻主要生育期用快速叶绿素测定仪（SPAD）观测叶片氮素状况并依此指导施肥，具体方法见表 10-1。

表 10-1　实地氮肥的施氮时期及施氮量

时期	施氮比例/%	氮肥用量/（kg/hm^2）
基肥	35	50
分蘖初期	20	30±10*
穗分化始期	35	40±10*
抽穗期	10	0 或 20**
合计	100	100～160

注：对于汕优 63，*：如果 SPAD>36，在基数用氮量上减去 10kg/hm^2；如果 34<SPAD<36，按基数用氮量施肥；如果 SPAD<34，在基数用氮量上增加 10kg/hm^2；* *：如果 SPAD<36，施氮 20kg/hm^2，否则不施氮。对于武育粳 3 号和扬粳 9538，*：如果 SPAD>38，在基数用氮量上减去 10kg/hm^2；如果 36<SPAD<38，按基数用氮量施肥；如果 SPAD<36，在基数用氮量上增加 10kg/hm^2。* *：如果 SPAD<38，施氮 20kg/hm^2，否则不施氮

10.1.1　加工品质

与习惯施肥方法（FFP）处理相比，实地氮肥管理（SSNM）处理均不同程度地提高了稻米的糙米率（提高幅度为 0.2%～1.5%）、精米率（提高幅度为 0.5%～3.1%），而以整精米率提高最为明显，其提高幅度达 3.0%～5.6%，差异达显著水平。品种间和年度间表现趋势一致（表 10-2）。

表 10-2　实地氮肥管理对稻米加工品质的影响　　（单位：%）

年份	品种	处理	糙米率	精米率	整精米率
2005	汕优 63	实地氮肥管理	82.6	74.3	58.2*
		习惯施肥方法	82.4	73.9	56.2
	武育粳 3 号	实地氮肥管理	87.4*	78.5*	67.8*
		习惯施肥方法	86.6	77.4	65.4
2006	汕优 63	实地氮肥管理	82.2	71.7	58.3*
		习惯施肥方法	81.0	70.8	55.2
	扬粳 9538	实地氮肥管理	86.8*	78.8	68.6*
		习惯施肥方法	86.2	76.4	66.6

注：表 10-1～表 10-5 部分数据引自参考文献[35]；*表示在 0.05 水平上差异显著，同一品种同一年度内比较

10.1.2　外观品质

由表 10-3 可见，SSNM 处理的垩白粒率较 FFP 处理降低了 9.0%～44.9%，垩白度较 FFP 处理下降了 32.3%～80.5%，差异达显著水平。SSNM 处理垩白度的大幅度降低一方面是由于垩白粒率较 FFP 有所降低，另一方面主要是 SSNM 处理明显降低了垩白面积，与 FFP 处理相比，其降幅达 25.6%～64.4%。SSNM 处理也明

显提高了稻米的透明度，对稻米的长宽比则无明显影响（表 10-3）。

表 10-3　实地氮肥管理对稻米外观品质的影响

年份	品种	处理	垩白粒率/%	垩白面积/%	垩白度/%	透明度	长宽比
2005	汕优 63	实地氮肥管理	77.3*	18.9*	14.6*	0.78*	2.46
		习惯施肥方法	85.0	30.9	26.3	0.71	2.49
	武育粳 3 号	实地氮肥管理	56.8*	39.8*	22.6*	0.86	1.64
		习惯施肥方法	62.4	53.5	33.4	0.82	1.63
2006	汕优 63	实地氮肥管理	74.6*	23.5*	17.5*	0.77*	2.41
		习惯施肥方法	88.1	31.8	28.0	0.70	2.38
	扬粳 9538	实地氮肥管理	32.4	18.0*	5.8*	0.85*	1.88
		习惯施肥方法	58.8	50.5	29.7	0.78	1.65

注：*表示在 0.05 水平上差异显著，同一品种同一年度内比较

从稻米剖面电镜扫描的结构可以看出（图 10-1），汕优 63 精米中淀粉体和蛋白体变化有如下规律：SSNM 处理（图 10-1a）淀粉体排列紧密且粒径大小较为一致，蛋白体数量较少，而 FFP 处理（图 10-1b）米粒中淀粉体大小差异较大，排列相对疏松，蛋白体也较 SSNM 处理明显增多。武育粳 3 号两处理米粒中淀粉体和蛋白体的变化与汕优 63 基本一致（图 10-1c，图 10-1d）。

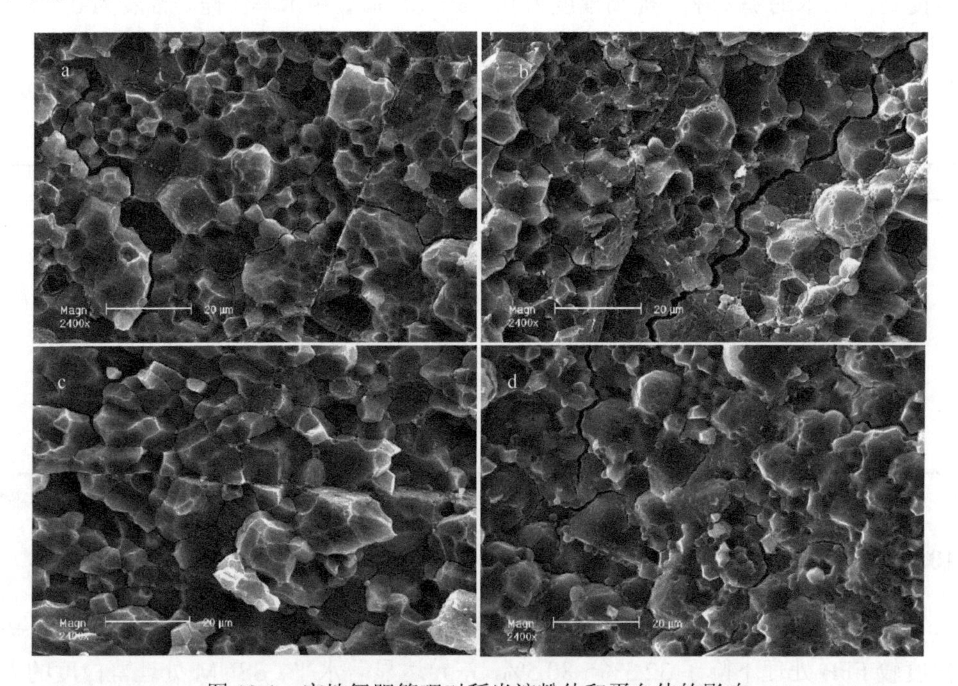

图 10-1　实地氮肥管理对稻米淀粉体和蛋白体的影响

a. 汕优 63-实地氮肥管理处理；b. 汕优 63-习惯施肥方法处理；c. 武育粳 3 号-实地氮肥管理处理；d. 武育粳 3 号-习惯施肥方法处理

10.1.3　蒸煮食味品质和营养品质

与 FFP 处理相比，SSNM 处理明显降低了精米的直链淀粉含量，提高了胶稠度，使得米胶变软，SSNM 处理也不同程度地降低了米粉的糊化温度（表 10-4）。此外，SSNM 处理精米中蛋白质含量均较 FFP 显著降低（表 10-4）。这主要是由于 SSNM 处理的施氮量较 FFP 大幅度降低所致。

表 10-4　实地氮肥管理对稻米蒸煮食味品质和蛋白质含量的影响

年份	品种	处理	直链淀粉含量/%	胶稠度/mm	糊化温度/℃	蛋白质含量/%
2005	汕优 63	实地氮肥管理	23.1*	63.2*	79.2	9.4*
		习惯施肥方法	24.2	52.8	80.6	10.5
	武育粳 3 号	实地氮肥管理	13.8*	83.2*	72.3*	9.5*
		习惯施肥方法	15.7	75.3	76.3	10.2
2006	汕优 63	实地氮肥管理	23.0*	61.8*	77.5	9.6*
		习惯施肥方法	24.9	49.6	78.6	10.7
	扬粳 9538	实地氮肥管理	14.6*	86.4*	70.1*	7.8*
		习惯施肥方法	19.7	70.4	73.8	8.8

注：*表示在 0.05 水平上差异显著，同一品种同一年度内比较

10.1.4　淀粉黏滞谱特征值

由汕优 63 和武育粳 3 号两品种稻米淀粉黏滞谱（RVA）特征值（图 10-2）和 RVA 特征值（表 10-5）可以看出，SSNM 处理的峰值黏度明显高于 FFP 处理，而热浆黏度和最终黏度均不同程度地低于 FFP 处理。SSNM 处理的崩解值明显高于

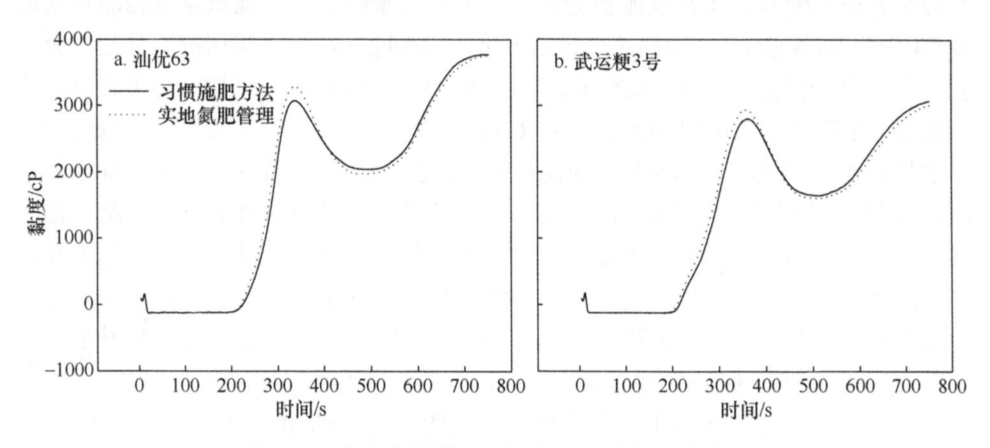

图 10-2　实地氮肥管理对淀粉 RVA 特征值的影响

表 10-5 实地氮肥管理对淀粉 RVA 特征值的影响 （单位：cP）

品种	处理	峰值黏度	热浆黏度	最终黏度	崩解值	消减值	回复值
汕优 63	实地氮肥管理	3283.5*	1968.0	3756.0	1315.5*	472.5*	1788.0
	习惯施肥方法	3071.5	2038.5	3771.5	1033.0	700.0	1733.0
武育粳 3 号	实地氮肥管理	2932.5*	1606.5	3011.5	1326.0*	79.0*	1405.0
	习惯施肥方法	2792.0	1651.0	3075.5	1141.0	283.5	1424.5

注：*表示在 0.05 水平上差异显著，同一品种同一年度内比较

FFP 处理，而消减值则明显低于 FFP 处理。武育粳 3 号两处理的结果与汕优 63 的变化趋势表现一致（表 10-5）。通常，淀粉的峰值黏度和淀粉粒崩解值越大、消减值越小，稻米的食味性越佳[39]。SSNM 处理后 RVA 峰值黏度和崩解值增大、消减值变小，说明 SSNM 有利于稻米食味品质的改善。

以上结果说明，与习惯施肥方法（FFP）相比，实地氮肥管理（SSNM）可以提高稻谷的糙米率、精米率，尤其是明显提高了整精米率，改善了稻米的加工品质；明显降低了垩白粒率和垩白度，提高了稻米的透明度，改善了稻米的外观品质；SSNM 可以降低直链淀粉含量，明显增加淀粉的峰值黏度和崩解值，降低其消减值；SSNM 还明显提高了米粉的胶稠度，使得米饭质地变软，改善了稻米的食味品质，明显降低了稻米蛋白质含量。总体上 SSNM 可以改善稻米品质。

10.2 “三因”氮肥施用技术的品质效应

“三因”氮肥施用技术是指因地力、因叶色、因品种的氮肥施用技术[40]。为研究“三因”氮肥施用技术的品质效应，作者以常规籼稻品种扬稻 6 号和常规粳稻品种武运粳 24 号为材料，大田种植，采用 2 种稻作方式，即直播和移栽，下设 2 种施氮技术处理：①常规施氮处理。当地高产施肥法，总施氮量粳稻品种武运粳 24 号为 270kg/hm^2，籼稻品种扬稻 6 号为 240kg/hm^2，移栽稻按照基肥∶分蘖肥∶促花肥∶保花肥=0.5∶0.2∶0.2∶0.1 施用，直播稻按照基肥∶分蘖肥-1∶分蘖肥-2∶促花肥∶保花肥=0.4∶0.15∶0.15∶0.2∶0.1 施用。②“三因”施氮技术。根据基础地力产量和目标产量确定总施氮量，总施氮量=（目标产量－基础地力产量）/氮肥农学利用率，按照第 7 章表 7-3 和表 7-4 方法确定基肥、分蘖肥、穗肥（促花肥和保花肥）的分配比例；依据稻茎上部第 3 完全展开叶与第 1 完全展开叶的叶色比值（相对值）作为追施氮肥诊断指标对分蘖肥和穗肥进行调节（见第 7 章表 7-3 和表 7-4）；扬稻 6 号和武运粳 24 号属中穗型品种，穗肥采用促花肥、保花肥并重的方法；按照上述方法，扬稻 6 号移栽稻和直播稻的总施氮量均为 210kg/hm^2，移栽稻按照基肥∶分蘖肥∶促花肥∶保花肥=0.3∶0.2∶0.25∶0.25 施用，直播稻按照基肥∶分蘖肥-1∶分蘖肥-2∶促花肥∶保花肥=0.2∶0.1∶0.1∶

0.30∶0.30 施用；武运粳 24 号移栽稻和直播稻的总施氮量均为 240kg/hm^2，移栽稻按照基肥∶分蘖肥∶促花肥∶保花肥=0.3∶0.15∶0.30∶0.25 施用，直播稻按照基肥∶分蘖肥-1∶分蘖肥-2∶促花肥∶保花肥=0.2∶0.1∶0.20∶0.30∶0.20 施用；两种氮肥处理的其余栽培措施相同。

10.2.1　加工品质和外观品质

无论是直播方式还是移栽方式，与常规施氮处理相比，“三因”施氮技术处理均显著提高了稻米的糙米率、精米率和整精米率，降低了垩白粒率和垩白度。两品种表现趋势一致。说明“三因”施氮技术可以显著改善稻米的加工和外观品质（表 10-6）。

表 10-6　“三因”施氮技术对稻米加工品质和外观品质的影响

稻作方式/品种	施氮技术	糙米率/%	精米率/%	整精米率/%	垩白粒率/%	垩白度/%
直播稻						
扬稻 6 号	常规施氮	76.8c	69.7d	59.6d	23.7b	5.86b
	“三因”施氮	79.3b	72.9b	63.2b	18.6d	4.05c
武运粳 24 号	常规施氮	80.6b	71.1b	64.8b	26.9a	7.97a
	“三因”施氮	82.8a	73.4a	67.2a	21.5c	5.45b
移栽稻						
扬稻 6 号	常规施氮	75.6c	68.5d	61.3c	23.4a	5.24b
	“三因”施氮	78.3b	72.4b	64.2b	19.1b	3.75c
武运粳 24 号	常规施氮	79.5b	70.6c	65.4b	24.2a	6.27a
	“三因”施氮	82.4a	74.5a	68.5a	20.0b	4.24c

注：不同字母表示在 0.05 水平上差异显著，同栏、同稻作方式内比较

10.2.2　蒸煮食味品质与营养品质

无论是在直播方式下还是在移栽方式下，与常规施氮处理相比，“三因”施氮技术处理均显著提高了稻米的胶稠度和碱消值，降低了稻米的直链淀粉含量，两品种表现趋势一致（表 10-7）。说明“三因”施氮技术可以改善稻米的蒸煮食味品质。

无论是在直播方式下还是在移栽方式下，与常规施氮处理相比，“三因”施氮技术处理均显著提高了稻米中清蛋白和谷蛋白的含量，降低了稻米中醇溶蛋白的含量。两品种表现趋势一致（表 10-8）。说明“三因”施氮技术虽然对蛋白质总量无显著影响，但可以优化蛋白质组成，从而改善稻米的营养品质。

表 10-7　“三因”施氮技术对稻米蒸煮食味品质和蛋白质含量的影响

稻作方式/品种	施氮技术	胶稠度/mm	直链淀粉含量/%	碱消值	蛋白质含量/%
直播稻					
扬稻 6 号	常规施氮	57.2d	17.4a	5.2c	8.3ab
	“三因”施氮	60.1c	16.5b	6.3b	8.1b
武运粳 24 号	常规施氮	64.8b	15.7c	6.4b	8.6a
	“三因”施氮	67.9a	14.5d	6.9a	8.3ab
移栽稻					
扬稻 6 号	常规施氮	58.1d	17.1a	5.4c	8.2bc
	“三因”施氮	60.6c	16.3b	6.5b	8.0c
武运粳 24 号	常规施氮	65.3b	15.2c	6.3b	8.5a
	“三因”施氮	68.4a	14.3d	6.9a	8.4ab

注：不同字母表示在 0.05 水平上差异显著，同栏、同稻作方式内比较

表 10-8　“三因”施氮技术对稻米蛋白质组分的影响

稻作方式/品种	施氮技术	清蛋白/%	谷蛋白/%	球蛋白/%	醇溶蛋白/%
直播稻					
扬稻 6 号	常规施氮	0.56c	5.79b	0.86b	1.09b
	“三因”施氮	0.59b	6.08a	0.84b	0.59d
武运粳 24 号	常规施氮	0.61b	5.65b	0.94a	1.40a
	“三因”施氮	0.64a	5.95a	0.91a	0.80c
移栽稻					
扬稻 6 号	常规施氮	0.56b	5.61b	0.82b	1.21b
	“三因”施氮	0.61a	5.84a	0.81b	0.74d
武运粳 24 号	常规施氮	0.57b	5.26c	0.95a	1.72a
	“三因”施氮	0.62a	5.59b	0.93a	1.26c

注：不同字母表示在 0.05 水平上差异显著，同栏、同稻作方式内比较

在直播方式下和在移栽方式下，与常规施氮处理相比，“三因”施氮技术处理均显著提高了稻米中必需氨基酸含量和赖氨酸含量，两品种表现趋势一致（表 10-9）。再次表明“三因”施氮技术可以改善稻米的营养品质。

表 10-9　“三因”施氮技术对稻米氨基酸含量的影响

稻作方式/品种	施氮技术	必需氨基酸含量/%	非必需氨基酸含量/%	总氨基酸含量/%	赖氨酸含量/%
直播稻					
扬稻 6 号	常规施氮	1.87b	2.31a	4.18a	0.32c
	“三因”施氮	1.98a	2.24a	4.22a	0.36b
武运粳 24 号	常规施氮	1.91b	2.32a	4.23a	0.37b
	“三因”施氮	2.02a	2.25a	4.27a	0.42a

续表

稻作方式/品种	施氮技术	必需氨基酸含量/%	非必需氨基酸含量/%	总氨基酸含量/%	赖氨酸含量/%
移栽稻					
扬稻 6 号	常规施氮	1.85b	2.29a	4.14b	0.31c
	“三因”施氮	1.96a	2.28a	4.24ab	0.35b
武运粳 24 号	常规施氮	1.92b	2.31a	4.23ab	0.36b
	“三因”施氮	2.04a	2.30a	4.34a	0.43a

注：必需氨基酸含量为赖氨酸、缬氨酸、蛋氨酸、苏氨酸、异亮氨酸、亮氨酸、苯丙氨酸、组氨酸和精氨酸含量之和；非必需氨基酸含量为天冬氨酸、丝氨酸、谷氨酸、甘氨酸、丙氨酸、脯氨酸、半胱氨酸和酪氨酸含量之和；总氨基酸含量＝必需氨基酸含量+非必需氨基酸含量；不同字母表示在 0.05 水平上差异显著，同栏、同稻作方式内比较

10.2.3　淀粉黏滞谱特征值

无论是直播方式还是移栽方式，与常规施氮处理相比，“三因”施氮技术处理均显著提高了稻米的峰值黏度和崩解值，降低了稻米的热浆黏度和消减值（表 10-10）。说明“三因”施氮技术改善了稻米的食味性。

表 10-10　“三因”施氮技术对稻米淀粉 RVA 特征值的影响（单位：cP）

稻作方式/品种	施氮技术	峰值黏度	热浆黏度	最终黏度	崩解值	消减值
直播稻						
扬稻 6 号	常规施氮	3042b	2503a	3255a	539d	213a
	“三因”施氮	3486a	2381b	3173a	1105b	–313b
武运粳 24 号	常规施氮	3153b	2519a	2879b	634c	–274b
	“三因”施氮	3518a	2286b	2782b	1232a	–736c
移栽稻						
扬稻 6 号	常规施氮	3142b	2559a	3248a	583d	106a
	“三因”施氮	3524a	2321b	3196a	1203b	–328b
武运粳 24 号	常规施氮	3217b	2561a	2919b	656c	–298b
	“三因”施氮	3631a	2316b	2854b	1315a	–777c

注：不同字母表示在 0.05 水平上差异显著，同栏、同稻作方式内比较

以上结果说明，与常规施氮处理相比，“三因”施氮技术可以提高稻谷的糙米率、精米率和整精米率，改善稻米的加工品质；明显降低垩白粒率和垩白度，改善稻米的外观品质；“三因”施氮技术可以降低直链淀粉含量，增加淀粉的峰值黏度和崩解值，降低其消减值，改善稻米的食味性；“三因”施氮技术还明显提高了米粉的胶稠度和碱消值，使得米饭质地变软，同时明显提高了稻米蛋白质含量和赖氨酸等必需氨基酸含量。表明“三因”施氮技术可以改善稻米的品质。

10.3 综合栽培技术的品质效应

水稻氮肥高效利用的综合栽培技术是组装、集成、优化多个单项栽培措施，组装集成一项比较完整的栽培技术。为研究水稻综合栽培技术的品质效应，作者以籼/粳杂交稻甬优 2640 和常规粳稻武运粳 24 号为材料，大田种植，设置以下 5 种不同栽培措施，即氮空白区（0N）、当地常规（对照）、增密减氮、精确灌溉、增施饼肥（后 3 个处理为综合栽培技术），观察不同栽培措施处理对稻米品质的影响。

A. 氮空白区（0N）。不施氮肥，施磷量（过磷酸钙，含 P_2O_5 13.5%）90kg/hm^2，于移栽前作基肥一次性施入。施钾量（氯化钾，含 K_2O 63%）120kg/hm^2，分基肥和拔节肥（促花肥）两次使用，前后两次的比例为 6∶4。栽插株行距为 13.3cm×30 cm。除生育中期排水搁田外，其余时期保持水层至收获前一周断水。

B. 当地常规（对照）。总施氮量（纯氮，以下同）为 300kg/hm^2，按基肥（移栽前）∶分蘖肥（移栽后 5～7 天）∶促花肥（叶龄余数 3.5）∶保花肥（叶龄余数 1.2）＝5∶2∶2∶1 施用，栽插株行距为 13.3cm×30cm。磷、钾肥的施用时间和施用量及水分管理方式同 A 处理。

C. 增密减氮。氮肥较 B 处理减 10%，即 270kg/hm^2。水分管理方式同 A 处理。采用以下关键栽培技术：

Ⅰ. 增密，较 B 处理增加栽插苗数 20%，栽插株行距为 10.7cm×30cm。

Ⅱ. 前氮后移，氮肥按基肥（移栽前）∶分蘖肥（移栽后 5～7 天）∶促花肥（叶龄余数 3.5）∶保花肥（叶龄余数 1.2）= 4∶2∶2∶2 施用。磷、钾肥的施用时间和施用量同 A 处理。

D. 精确灌溉。氮肥较 B 处理减 10%，即 270kg/hm^2。采用以下关键栽培技术：

Ⅰ. 增密，栽插密度同 C 处理，栽插株行距为 10.7cm×30cm。

Ⅱ. 前氮后移，氮肥运筹同 C 处理。

Ⅲ. 精确灌溉，从移栽至返青建立浅水层；返青至有效分蘖临界叶龄期[（N–n）叶龄期]前 2 个叶龄期[（N–n–2）叶龄期]进行间隙湿润灌溉（N 表示水稻主茎总叶数，n 表示主茎伸长节间数），低限土壤水势为–10kPa；（N–n–1）叶龄期至（N–n）叶龄期进行排水搁田，低限土壤水势为–20kPa，并保持 1 个叶龄期；（N–n+1）叶龄期至二次枝梗分化期初（倒 3 叶开始抽出）进行干湿交替灌溉，低限土壤水势为–10kPa；二次枝梗分化期（倒 3 叶抽出期）至出穗后 10 天进行间隙湿润灌溉，低限土壤水势为–10kPa；抽穗后 11 天至抽穗后 45 天进行干湿交替灌溉，低限土壤水势为–15kPa。各生育期达到上述指标即灌 2～3cm 浅层水，用水分张力计监测土壤水势。

E. 增施饼肥。氮肥较 B 处理减 10%，即 270kg/hm^2。采用以下关键栽培技术：

Ⅰ. 增密，栽插密度同 C 处理，栽插株行距为 10.7cm×30cm。

Ⅱ. 前氮后移，同 C 处理。磷、钾肥的施用时间和施用量同 A 处理。

Ⅲ. 精确灌溉，同 D 处理。

Ⅳ. 基肥增施菜籽饼肥（含 N 5%）2250kg/hm^2。

在上述 5 项技术中，从 B 到 E，后一个技术较前一个技术多增加一个技术；即 C 处理（增密减氮）组装集成 2 项技术；D 处理（精确灌溉）组装集成 3 项技术；E 处理（增施饼肥）组装集成 4 项技术，处理 C、D、E 均为综合栽培技术，为叙述方便，各项综合技术以其核心技术如增密减氮、精确灌溉、增施饼肥命名。

10.3.1　加工品质与外观品质

与当地常规（对照）处理相比，增施饼肥处理提高了稻谷的糙米率、精米率和整精米率（表 10-11）。与当地常规处理相比，3 种综合栽培技术降低了垩白粒率和垩白度，而增加了长宽比（表 10-12）。武运粳 24 号的加工品质和外观品质均优于甬优 2640（表 10-11 和表 10-12）。

表 10-11　综合栽培技术对稻米加工品质的影响　　（单位：%）

年份/品种	处理	糙米率	精米率	整精米率
2016/甬优 2640	氮空白区	79.5c	71.7c	60.2c
	当地常规	82.8a	74.1ab	64.1b
	增密减氮	81.9b	73.8b	63.1b
	精确灌溉	81.6b	73.5b	63.5b
	增施饼肥	83.4a	74.8a	68.0a
2016/武运粳 24 号	氮空白区	82.1c	71.9c	63.3c
	当地常规	84.9a	75.8a	66.7b
	增密减氮	84.1b	74.7b	66.2b
	精确灌溉	84.0b	74.4b	65.2b
	增施饼肥	85.0a	76.5a	68.8a
2017/甬优 2640	氮空白区	81.5c	73.8d	68.7c
	当地常规	82.8b	75.0bc	70.5b
	增密减氮	81.6c	74.6c	71.5ab
	精确灌溉	82.6b	75.1b	71.6ab
	增施饼肥	83.9a	76.9a	72.5a
2017/武运粳 24 号	氮空白区	83.9c	75.7c	66.5d
	当地常规	84.7b	76.2bc	70.7b
	增密减氮	84.8b	75.3c	68.3bc
	精确灌溉	85.2ab	76.8b	67.6c
	增施饼肥	85.4a	78.8a	71.7a

注：不同字母表示在 0.05 水平上差异显著，同栏、同年份、同品种内比较

表 10-12 综合栽培技术对稻米外观品质的影响

年份/品种	处理	长宽比	垩白粒率/%	垩白度/%
2016/甬优 2640	氮空白区	2.23a	24.2e	7.0bc
	当地常规	2.15b	31.1a	9.1a
	增密减氮	2.18ab	28.7b	7.5b
	精确灌溉	2.19ab	25.4d	7.0bc
	增施饼肥	2.24a	27.4c	6.8cd
2016/武运粳 24 号	氮空白区	1.62a	25.3d	6.5c
	当地常规	1.55b	36.2a	8.9a
	增密减氮	1.57ab	35.3b	7.4b
	精确灌溉	1.58ab	25.6d	5.2d
	增施饼肥	1.64a	28.9c	6.4c
2017/甬优 2640	氮空白区	2.23a	25.5c	6.9c
	当地常规	2.15b	30.2a	8.4a
	增密减氮	2.18ab	27.4b	7.6b
	精确灌溉	2.20ab	25.9c	6.8c
	增施饼肥	2.25a	25.4c	6.5cd
2017/武运粳 24 号	氮空白区	1.63a	27.0c	6.3c
	当地常规	1.56b	36.9a	7.6a
	增密减氮	1.59ab	34.3b	7.2ab
	精确灌溉	1.60ab	26.7c	6.1c
	增施饼肥	1.65a	25.5d	6.2c

注：不同字母表示在 0.05 水平上差异显著，同栏、同年份、同品种内比较

10.3.2 胚乳淀粉结构

甬优 2640 和武运粳 24 号籽粒背面的胚乳结构如图 10-3 所示。当地常规栽培处理下，淀粉积累不充分而使得淀粉体排列疏松、间隙大，淀粉体大小差异悬殊，程度严重时细胞轮廓不清（图 10-3b，图 10-3g）。随着 2～4 项栽培技术的集成，淀粉积累和胚乳充实变好，淀粉体排列更加紧密、间隙变小，特别是在增施饼肥处理下表现明显（图 10-3c～图 10-3e，图 10-3h～图 10-3j）。

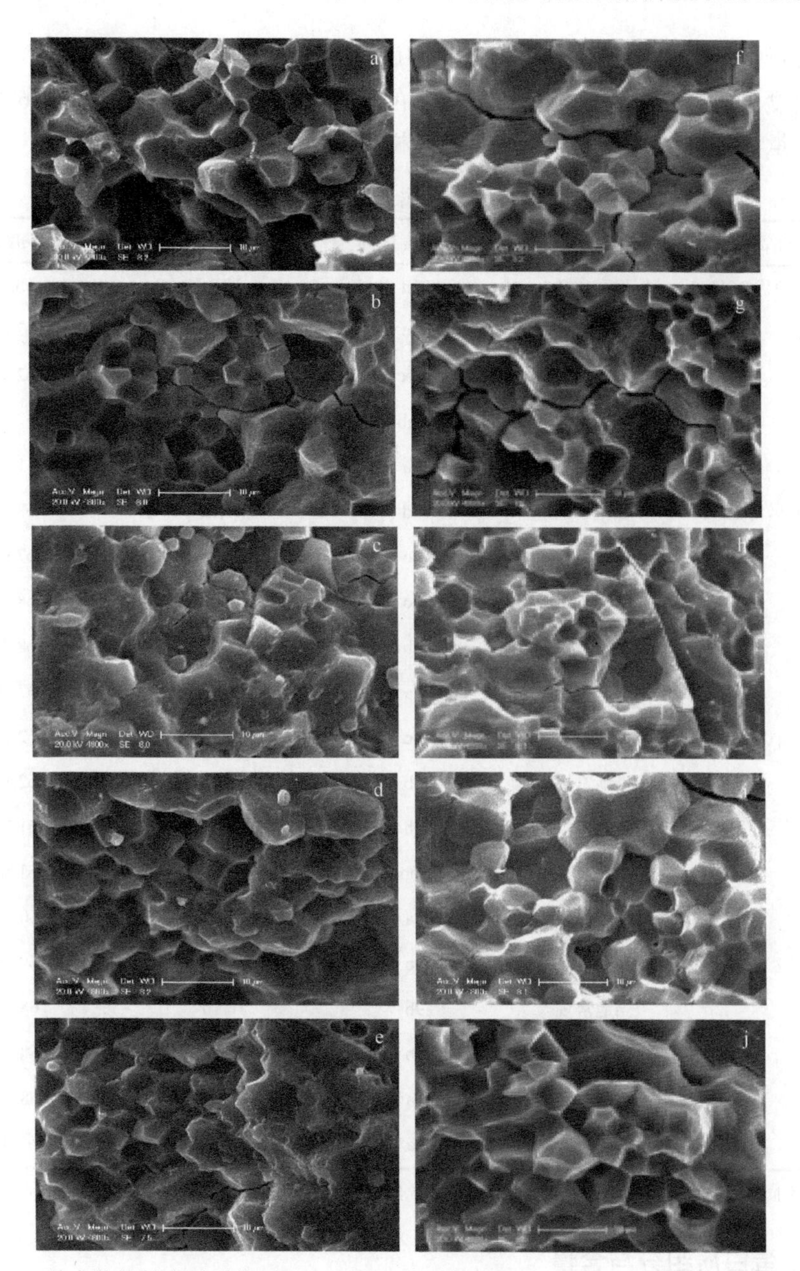

图 10-3　综合栽培技术对甬优 2640（a～e）和武运粳 24 号（f～j）籽粒胚乳结构的影响
a，f：氮空白区（0N）；b，g：当地常规（对照）；c，h：增密减氮；d，i：精确灌溉；e，j：增施饼肥。
图中比例尺是 10μm

10.3.3　蒸煮食味品质和营养品质

与当地常规栽培（对照）相比，精确灌溉和增施饼肥处理可以提高精米中蛋白质含量（表 10-13）。与对照相比，增施饼肥降低了直链淀粉含量，并显著降低了胶稠度。两个品种在增施饼肥处理下的精米蛋白质含量比对照高 8.26%，直链淀粉含量和胶稠度分别比对照低 2.15%和 2.27%（表 10-13）。

表 10-13 综合栽培技术对稻米蒸煮食味和营养品质的影响

年份/品种	处理	蛋白质含量/%	直链淀粉含量/%	胶稠度/mm
2016/甬优 2640	氮空白区	7.6d	17.2a	63.1a
	当地常规	9.2c	16.4b	62.6a
	增密减氮	9.3bc	16.7ab	62.4a
	精确灌溉	9.6ab	16.8ab	62.5a
	增施饼肥	9.9a	16.2b	61.5b
2016/武运粳 24 号	氮空白区	6.9d	17.5a	68.6a
	当地常规	8.4c	17.1ab	67.9a
	增密减氮	8.4c	16.9ab	68.2a
	精确灌溉	8.8b	16.2b	68.4a
	增施饼肥	9.4a	16.4b	67.1b
2017/甬优 2640	氮空白区	6.9c	16.8a	62.2a
	当地常规	8.6b	15.5b	62.1a
	增密减氮	8.4b	15.8b	61.7a
	精确灌溉	8.8ab	15.6b	61.5a
	增施饼肥	9.2a	15.3b	60.1b
2017/武运粳 24 号	氮空白区	7.9c	16.7a	69.5a
	当地常规	8.9b	16.1b	68.3a
	增密减氮	8.6b	16.3ab	68.8a
	精确灌溉	9.5a	16.1b	68.5a
	增施饼肥	9.5a	15.8b	66.3b

注：不同字母表示在 0.05 水平上差异显著，同栏、同年份、同品种内比较

10.3.4 蛋白质组分与含量

随着 2～4 项栽培技术的集成，稻米中清蛋白和谷蛋白含量增加（表 10-14）。与对照相比，增施饼肥处理显著降低了稻米中醇溶蛋白含量。球蛋白含量在增密减氮、精确灌溉和增施饼肥处理间的差异不明显。2016 年武运粳 24 号的 4 种蛋白质组分含量均低于甬优 2640（表 10-14）。

表 10-14　综合栽培技术对稻米蛋白质组分和含量的影响　　（单位：%）

年份/品种	处理	清蛋白	球蛋白	醇溶蛋白	谷蛋白
2016/甬优 2640	氮空白区	0.47c	0.79b	0.89b	5.67d
	当地常规	0.55b	0.92a	1.09a	6.88c
	增密减氮	0.57ab	0.90a	1.06a	6.92c
	精确灌溉	0.60a	0.92a	1.04a	7.16b
	增施饼肥	0.62a	0.95a	0.92b	7.38a
2016/武运粳 24 号	氮空白区	0.43c	0.77b	0.79b	5.18d
	当地常规	0.50b	0.89a	0.96a	6.25c
	增密减氮	0.52ab	0.86a	0.95a	6.23c
	精确灌溉	0.55a	0.85a	0.91a	6.57b
	增施饼肥	0.58a	0.90a	0.83b	7.03a
2017/甬优 2640	氮空白区	0.44c	0.82b	0.90b	5.79d
	当地常规	0.55b	0.97a	1.01a	6.52c
	增密减氮	0.53b	0.95a	0.98a	6.48c
	精确灌溉	0.59a	0.93a	1.02a	7.02b
	增施饼肥	0.60a	0.98a	0.92b	7.21a
2017/武运粳 24 号	氮空白区	0.43c	0.80b	0.81b	5.14d
	当地常规	0.52b	0.93a	0.98a	6.36c
	增密减氮	0.51b	0.91a	0.96a	6.27c
	精确灌溉	0.55ab	0.95a	1.00a	6.54b
	增施饼肥	0.57a	0.94a	0.84b	6.83a

注：不同字母表示在 0.05 水平上差异显著，同栏、同年份、同品种内比较

10.3.5　淀粉黏滞谱特征值

增施饼肥处理的淀粉峰值黏度、热浆黏度和最终黏度均高于对照（当地常规栽培），增施饼肥处理的崩解值高于对照，消减值低于对照（表 10-15）。

表 10-15　综合栽培技术对淀粉 RVA 特征值的影响　　（单位：cP）

年份/品种	处理	峰值黏度	热浆黏度	最终黏度	崩解值	消减值
2016/甬优 2640	氮空白区	2599b	2032b	567a	2781b	182b
	当地常规	2394d	1926c	468c	2652c	258a
	增密减氮	2433d	2014b	419d	2685c	252a
	精确灌溉	2661a	2253a	408d	2865a	204ab
	增施饼肥	2502c	1989c	513b	2693c	191b
2016/武运粳 24 号	氮空白区	2551b	1960bc	591a	2754b	203b
	当地常规	2362d	1888c	474bc	2677c	315a

续表

年份/品种	处理	峰值黏度	热浆黏度	最终黏度	崩解值	消减值
2016/武运粳 24 号	增密减氮	2416c	2015b	401c	2790b	374a
	精确灌溉	2389d	2046b	343d	2692c	303ab
	增施饼肥	2727a	2216a	511b	2938a	211b
2017/甬优 2640	氮空白区	2689a	2052a	637a	2886a	197b
	当地常规	2187e	1620c	567c	2465b	278a
	增密减氮	2293d	1711b	582bc	2558b	265a
	精确灌溉	2410c	1829ab	581bc	2670b	260a
	增施饼肥	2525b	1907a	618ab	2738a	213b
2017/武运粳 24 号	氮空白区	2358a	1891a	467a	2655a	297b
	当地常规	2152c	1782b	370c	2529b	377a
	增密减氮	2000d	1593c	407b	2356c	356a
	精确灌溉	2019d	1610c	409b	2373c	354a
	增施饼肥	2237b	1798b	439a	2540b	303b

注：不同字母表示在 0.05 水平上差异显著，同栏、同年份、同品种内比较

综上，相较于当地农民习惯栽培（对照），3 种综合栽培技术（增密减氮、精确灌溉、增施饼肥）均可以显著提高糙米率、精米率、整精米率、长宽比和淀粉崩解值，而降低直链淀粉含量、胶稠度、醇溶蛋白含量、消减值、垩白粒率和垩白度。3 种综合栽培技术可以提高籽粒中总蛋白质、清蛋白和谷蛋白含量。表明通过优化集成综合栽培技术（关键技术包括增加密度、适当减氮、精确灌溉、增施有机肥等）可以在提高水稻产量和氮素利用效率的同时改善稻米品质。

10.4 品质调优栽培技术的生物学基础

10.4.1 实地氮肥管理下的叶片光合速率

由图 10-4 可见，汕优 63 抽穗期实地氮肥管理的剑叶光合速率显著高于习惯施肥方法，但扬粳 9538 抽穗期实地氮肥管理和习惯施肥方法两个处理的剑叶光合速率无显著差异。两个品种叶片的光合速率在抽穗后 30 天均表现为实地氮肥管理处理显著高于习惯施肥方法处理（图 10-4）。表明实地氮肥管理有利于提高水稻结实中后期光合生产能力。

10.4.2 实地氮肥管理下的叶片氮代谢主要酶类活性

从叶片氮代谢主要酶类活性来看，实地氮肥管理和习惯施肥方法处理对

NADH-谷氨酸合酶（NADH-GOGAT）活性无明显影响。除穗分化期外，在分蘖中期和抽穗期，实地氮肥管理叶片的谷氨酰胺合酶、硝酸还原酶和 Fd-谷氨酸合酶（Fd-GOGAT）活性均高于习惯施肥方法（表 10-16）。

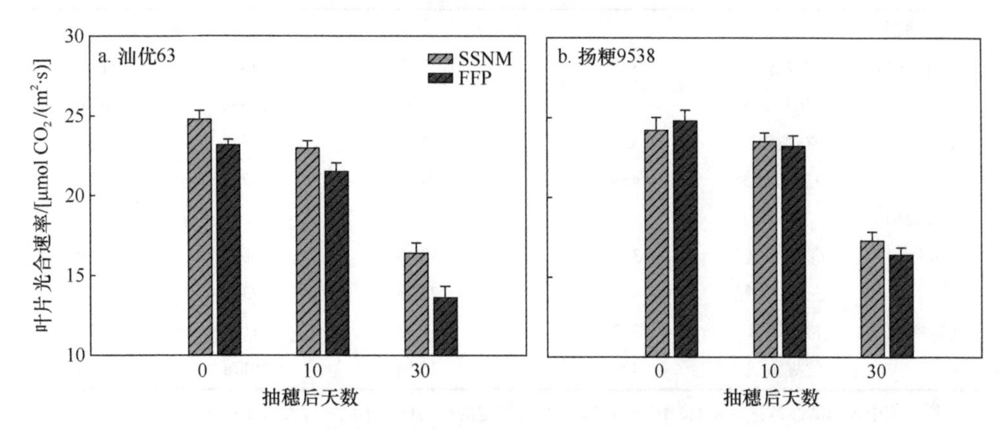

图 10-4　实地氮肥管理对水稻剑叶光合速率的影响

SSNM：实地氮肥管理；FFP：习惯施肥方法

表 10-16　实地氮肥管理对叶片氮代谢酶类活性的影响[单位：nmol /（min·mg 蛋白质）]

品种	氮代谢酶	分蘖中期		穗分化期		抽穗期	
		实地氮肥管理	习惯施肥方法	实地氮肥管理	习惯施肥方法	实地氮肥管理	习惯施肥方法
汕优 63	谷氨酰胺合酶	472.4*	503.1	454.3**	403.2	432.2*	378.5
	硝酸还原酶	288.5*	318.3	273.4	263.2	255.4*	212
	NADH-GOGAT	3.2	3.4	2.8	3.0	2.5	2.3
	Fd-GOGAT	433.7*	468.3	403.2*	388.2	355.7*	303.4
扬粳 9538	谷氨酰胺合酶	439.6*	476.5	423.6*	400.2	402.5*	365.2
	硝酸还原酶	254.1*	307.9	234.1	217.5	202.1*	165.4
	NADH-GOGAT	3.4	3.1	3.0	2.9	2.6	2.5
	Fd-GOGAT	346.1**	387.3	318.3*	297.8	288.5*	263.4

注：NADH-GOGAT：NADH-谷氨酸合酶；Fd-GOGAT：Fd-谷氨酸合酶；*表示在 0.05 水平上差异显著，**表示在 0.01 水平上差异显著，同一品种、同一酶两种施氮方法间比较

10.4.3　“三因”施氮技术下灌浆期籽粒酶活性

无论是在直播方式下还是在移栽方式下，与常规施氮技术相比，“三因”施氮技术均显著提高了灌浆期籽粒中 ADPG 焦磷酸化酶、可溶性淀粉合酶、淀粉分支酶和天冬氨酸激酶活性，两品种表现趋势一致（表 10-17）。

表 10-17　“三因”施氮技术对灌浆期籽粒中一些酶活性的影响

稻作方式/品种	施氮技术	ADPG 焦磷酸化酶/[nmol/（mg 蛋白质·min）]	可溶性淀粉合酶/[nmol/（mg 蛋白质·min）]	淀粉分支酶/[U/（mg 蛋白质·min）]	天冬氨酸激酶/[nmol/（mg 蛋白质·h）]
直播稻					
扬稻 6 号	常规施氮	347b	57.8b	1587d	21.6c
	“三因”施氮	426a	72.3a	2139c	26.8b
武运粳 24 号	常规施氮	351b	55.5b	2356b	28.4b
	“三因”施氮	439a	74.7a	2574a	33.7a
移栽稻					
扬稻 6 号	常规施氮	334d	58.6b	1609c	20.6d
	“三因”施氮	405b	77.2a	2235b	25.9c
武运粳 24 号	常规施氮	362c	61.4b	2319b	29.1b
	常规施氮	429a	76.1a	2617a	35.3a

注：表中各酶活性为花后 8 天、16 天和 24 天 3 次测定的平均值；不同字母表示在 0.05 水平上差异显著，同栏、同稻作方式内比较

10.4.4　籽粒碳氮代谢酶活性与稻米品质和氨基酸含量的相关性

相关分析表明，灌浆期籽粒中 ADPG 焦磷酸化酶活性与崩解值和糙米率呈极显著或显著正相关关系，与消减值呈显著或极显著负相关关系。灌浆期籽粒中淀粉分支酶活性均与胶稠度、糙米率和整精米率呈极显著正相关。灌浆期籽粒中可溶性淀粉合酶活性与垩白度呈极显著负相关关系（表 10-18）。稻米中必需氨基酸含量和赖氨酸含量与灌浆期籽粒中天冬氨酸激酶活性呈极显著正相关关系（图 10-5）。说明“三因”施氮技术和实地氮肥管理技术通过增强叶片和籽粒中碳氮代谢酶活性，改善稻米品质。

表 10-18　灌浆期籽粒中淀粉合成相关酶活性与一些稻米品质性状的相关性

与相关	崩解值	消减值	胶稠度	糙米率	整精米率	垩白度
ADPG 焦磷酸化酶活性	0.960**	−0.838**	0.535	0.719*	0.672	−0.612
可溶性淀粉合酶活性	0.976**	−0.736*	0.383	0.513	0.585	−0.801**
淀粉分支酶活性	0.712*	−0.954**	0.930**	0.943**	0.966**	−0.034

注：*和**分别表示在 0.05 和 0.01 水平上相关性显著（n=8）

10.4.5　综合栽培技术对籽粒中蔗糖—淀粉转化途径关键酶活性的影响

图 10-6 为抽穗期和抽穗后 30 天籽粒中蔗糖—淀粉转化途径关键酶，蔗糖合酶（SUS）、腺苷二磷酸葡萄糖焦磷酸化酶（AGP）、淀粉合酶（StS）和淀粉分支

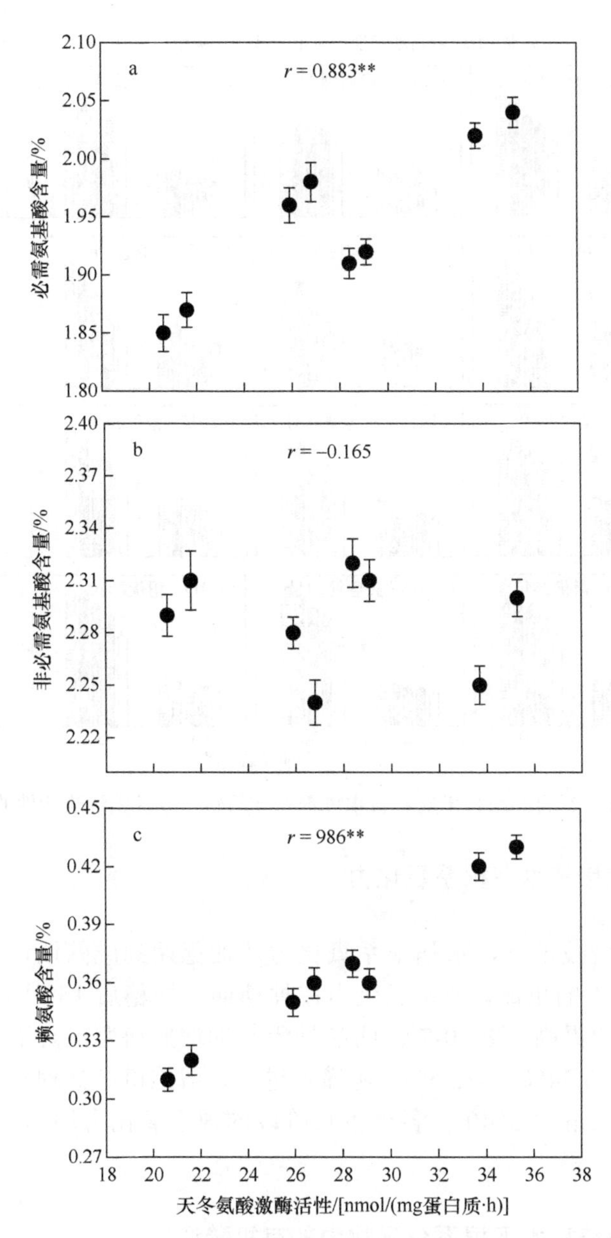

图 10-5　灌浆期籽粒中天冬氨酸激酶活性与稻米中氨基酸含量的相关性

**表示在 0.01 水平上相关性显著（n=8）

酶（SBE）活性。如图所示，随 2～4 项栽培技术的集成，上述 4 种关键酶活性提高。抽穗期和抽穗后 30 天，增施饼肥处理的两个品种籽粒中 4 种关键酶平均活性分别比常规栽培（对照）高出 20.54%～40.35%和 25.85%～54.18%（图 10-6a～图 10-6p）。

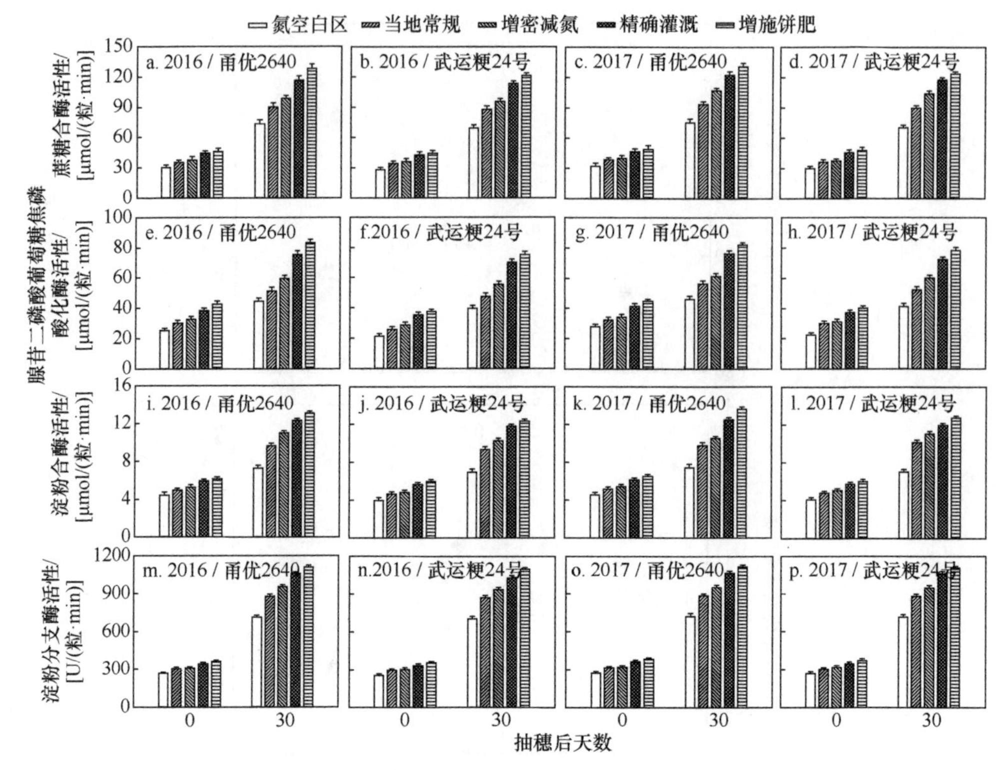

图 10-6　综合栽培技术对籽粒中蔗糖—淀粉转化途径关键酶活性的影响

10.4.6　综合栽培技术下根系氧化力

在各种栽培技术下，水稻根系氧化力从抽穗期到成熟期逐渐降低。随着 2～4 项栽培技术的集成，根系氧化力在抽穗期及抽穗后 15 天、30 天和 45 天均有不同程度的提高（图 10-7）。两品种灌浆期增施饼肥处理的平均根系氧化力比对照高出 13.44%～43.35%。随灌浆进程，增施饼肥处理与对照的根系氧化力差距拉大。甬优 2640 在各个生长阶段的根系氧化力均高于武运粳 24 号（图 10-7）。

10.4.7　综合栽培技术下根系分泌物中的有机酸浓度

随着 2～4 项栽培技术的集成，抽穗期根系分泌物中苹果酸、琥珀酸和乙酸浓度增加，而酒石酸和柠檬酸浓度在各处理间差异不显著（表 10-19）。抽穗后 30 天根系分泌物中苹果酸和琥珀酸浓度增加，而酒石酸、柠檬酸和乙酸浓度在各处理间差异不显著（表 10-19）。有研究表明，水稻根系分泌物中较高的苹果酸、琥珀酸和乙酸浓度有利于稻米食味品质的改善[41-43]。增密减氮、精确灌溉、增施饼肥等综合栽培技术提高了水稻根系分泌物中苹果酸、琥珀酸和乙酸浓度，说明这些技术可改善稻米品质。

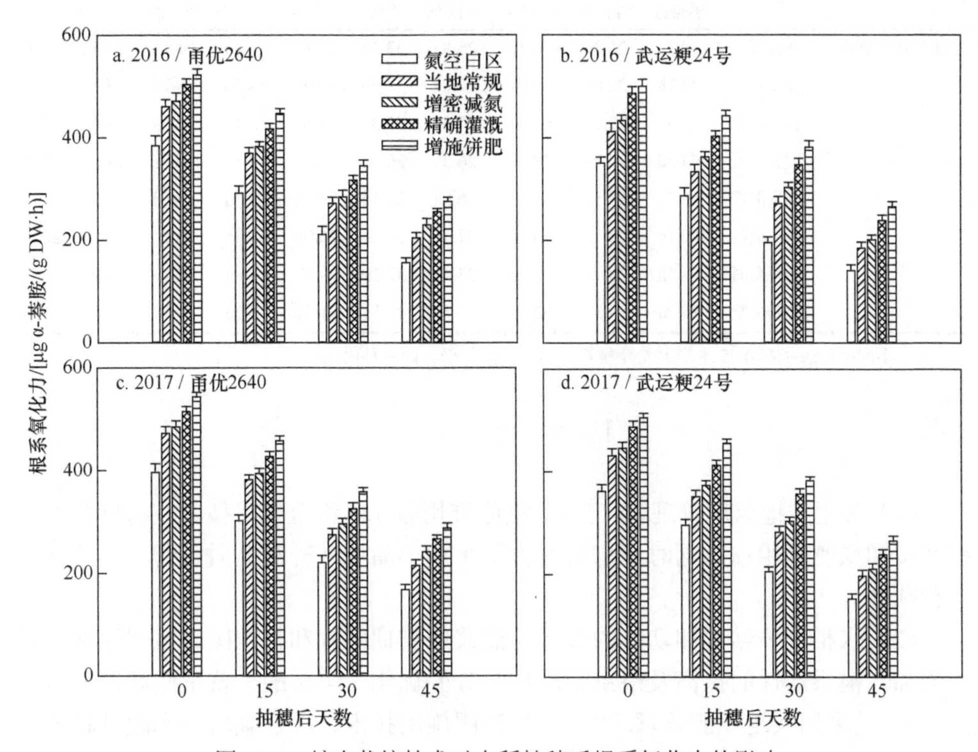

图 10-7　综合栽培技术对水稻抽穗后根系氧化力的影响

表 10-19　综合栽培技术对根系分泌物中有机酸浓度的影响（单位：μmol/g DW）

年份/品种	处理	抽穗期					抽穗后 30 天				
		苹果酸	酒石酸	琥珀酸	柠檬酸	乙酸	苹果酸	酒石酸	琥珀酸	柠檬酸	乙酸
2016/甬优 2640	氮空白区	64.9d	27.4a	48.5d	28.2a	26.8c	17.6e	12.6a	10.1e	14.6a	20.6a
	当地常规	70.5c	28.8a	55.9c	28.8a	36.5b	24.4d	13.1a	16.4d	15.0a	20.9a
	增密减氮	71.0c	28.5a	56.0c	29.2a	36.8b	27.8c	13.6a	20.3c	15.1a	21.6a
	精确灌溉	73.1b	29.2a	58.1b	29.2a	39.4a	30.1b	13.9a	23.7b	15.9a	22.0a
	增施饼肥	75.2a	29.5a	60.2a	29.6a	40.1a	32.3a	14.2a	26.7a	16.3a	22.3a
2016/武运粳 24 号	氮空白区	63.8d	25.9a	46.8d	27.3a	26.0d	14.7e	11.8a	9.2e	14.1a	19.2a
	当地常规	68.7c	26.5a	55.1bc	27.7a	32.7c	22.4d	12.5a	15.6d	14.7a	19.6a
	增密减氮	69.0c	26.9a	55.7bc	27.7a	32.9c	25.9c	12.6a	19.2c	15.1a	19.8a
	精确灌溉	71.4b	27.2a	56.6b	28.1a	35.3b	28.1b	13.0a	22.8b	15.6a	20.5a
	增施饼肥	73.9a	27.8a	58.9a	28.6a	38.1a	30.4a	13.6a	25.1a	15.8a	20.7a
2017/甬优 2640	氮空白区	63.5d	25.7a	48.2d	26.1a	27.2d	19.4e	13.6a	9.7e	16.2a	21.2a
	当地常规	67.6c	26.0a	54.8c	26.4a	32.0c	25.6d	14.0a	18.5d	16.7a	21.8a

续表

年份/品种	处理	抽穗期					抽穗后 30 天				
		苹果酸	酒石酸	琥珀酸	柠檬酸	乙酸	苹果酸	酒石酸	琥珀酸	柠檬酸	乙酸
2017/甬优 2640	增密减氮	68.5c	26.2a	56.1c	26.8a	33.1c	29.1c	14.2a	21.4c	17.1a	22.1a
	精确灌溉	72.1b	26.6a	60.0b	27.0a	38.6b	32.0b	14.7a	25.1b	17.7a	22.7a
	增施饼肥	77.3a	27.1a	63.4a	27.3a	42.3a	34.6a	15.1a	28.3a	18.0a	22.9a
2017/武运粳 24 号	氮空白区	65.3d	27.9a	48.2c	26.5a	26.5d	16.2e	12.5a	10.2e	14.9a	19.4a
	当地常规	69.5c	28.5a	55.6c	26.9a	34.1c	23.3d	13.1a	17.6d	15.4a	19.6a
	增密减氮	70.1c	28.7a	56.8c	27.3a	34.7c	26.0c	13.4a	20.1c	15.5a	20.1a
	精确灌溉	73.5b	29.0a	59.2b	27.4a	37.2b	29.1b	13.9a	23.4b	16.0a	20.7a
	增施饼肥	76.2a	29.3a	62.4a	27.8a	40.3a	31.5a	14.3a	26.5a	16.4a	21.1a

注：不同字母表示在 0.05 水平上差异显著，同栏、同年份、同品种内比较

10.5 小　结

（1）采用实地氮肥管理、“三因”氮肥施用技术、综合栽培技术在协同提高水稻产量和氮肥利用率的同时，均可改善稻米加工品质、外观品质、营养品质和稻米食味性。

（2）水稻群体结构和功能的改善，灌浆结实期叶片和籽粒碳、氮代谢酶活性的增强，根系活性的提高及根系分泌物组分的优化（苹果酸、琥珀酸和乙酸浓度提高），是采用实地氮肥管理、“三因”氮肥施用技术、综合栽培技术改善稻米品质的重要生物学基础。

参 考 文 献

[1] 国家质量技术监督局. 中华人民共和国国家标准：优质稻谷. GB/T 17891—1999. 1999: 1-6.

[2] 张耗, 黄钻华, 王静超, 等. 江苏中籼水稻品种演进过程中根系形态生理性状的变化及其与产量的关系. 作物学报, 2011, 37(6): 1020-1030.

[3] Bian J L, Xu F F, Han C, et al. Effects of planting methods on yield and quality of different types of japonica rice in northern Jiangsu plain, China. Journal of Integrative Agriculture, 2018, 17: 2624-2635.

[4] Xu Y J, Gu D J, Li K, et al. Response of grain quality to alternate wetting and moderate soil drying irrigation in rice. Crop Science, 2019, 59: 1261-1272.

[5] Albarracin M, Dyner L, Giacomino M S, et al. Modification of nutritional properties of whole rice flours (*Oryza sativa* L.) by soaking, germination, and extrusion. Journal of Food Biochemistry, 2019, 43(7): e12854.

[6] Yang Q Q, Zhao D S, Zhang C Q, et al. A connection between lysine and serotonin metabolism in rice endosperm. Plant Physiology, 2018, 176: 1965-1980.

[7] Zhang H, Yu C, Hou D P, et al. Changes in mineral elements and starch quality of grains during the improvement of japonica rice cultivars. Journal of the Science of Food and Agriculture, 2018,

98: 122-133.
[8] Zhang H, Hou D P, Peng X L, et al. Optimizing integrative cultivation management improves grain quality while increasing yield and nitrogen use efficiency in rice. Journal of Integrative Agriculture, 2019, 18: 2716-2731.
[9] 高如嵩, 张嵩平. 稻米品质气候生态基础研究. 西安: 陕西科学技术出版社, 1994.
[10] 程方民, 朱碧岩. 气象生态因子对稻米品质影响的研究进展. 中国农业气象, 1998, 19(5): 39-45.
[11] 蔡一霞, 朱庆森, 王志琴, 等. 结实期土壤水分对稻米品质的影响. 作物学报, 2002, 28(5): 601-608.
[12] 蔡一霞, 王维, 张祖建, 等. 水旱种植下多个品种蒸煮品质和稻米 RVA 谱的比较性研究. 作物学报, 2003, 29(4): 508-513.
[13] 金军, 徐大勇, 蔡一霞, 等. 施氮量对主要米质性状及RVA谱特征参数的影响. 作物学报, 2004, 30(2): 154-158.
[14] 陈新红, 徐国伟. 结实期氮素营养和土壤水分对水稻光合特性、产量及品质影响. 上海交通大学学报(农业科学版), 2004, 22(2): 48-53.
[15] 唐健, 唐闯, 郭保卫, 等. 氮肥施用量对机插优质晚稻产量和稻米品质的影响. 作物学报, 2020, 1: 117-130.
[16] 金正勋, 秋太权, 孙艳丽, 等. 氮肥对稻米垩白及蒸煮食味品质特性的影响. 植物营养与肥料学报, 2001, 7(1): 31-35.
[17] Hong T P. Influence of fertilizer levels and cultivated regions on changes of chemical components in rice grains. RDA Journal of Agriculture Science, 1994, 36(1): 38-51.
[18] Cheong J L, Park H K, Choi Y W. Effects of slow-release fertilizer application on rice grain quality at different culture methods. Korean Journal of Crop Science, 1998, 41(3): 286-294.
[19] 王振林. 粮食作物产量与品质协同提高. 见: 10000 个科学难题农业科学编委会. 10000 个科学难题　农业科学卷. 北京: 科学出版社, 2011: 108-110.
[20] 杜永, 王艳, 王学红. 黄淮地区不同粳稻品种株型、产量与品质的比较分析. 作物学报, 2007, 33(7): 1079-1085.
[21] Santos K F D N, Silveira R D D, Martin-Didonet C C G, et al. Storage protein profile and amino acid content in wild rice *Oryza glumaepatula*. Pesquisa Agropecuaria Brasileira, 2013, 48(1): 66-72.
[22] 慕永红. 不同施氮比例对水稻产量与品质的影响. 黑龙江农业科学, 2000, (3): 18-19.
[23] 刘立超, 张广彬, 谢树鹏. 等. 不同施氮处理对绥粳 4 号产量及品质的影响. 中国稻米, 2016, 22(1): 90-91.
[24] 孙国才, 崔月峰, 卢铁钢, 等. 氮肥用量及前氮后移模式对水稻产量及品质的影响. 中国稻米, 2012, 18(5): 49-52.
[25] 胡群, 夏敏, 张洪程, 等. 氮肥运筹对钵苗机插优质食味水稻产量及品质的影响. 作物学报, 2017, 3: 420-431.
[26] Zhi D, She T, Li G, et al. Application of nitrogen fertilizer at heading stage improves rice quality under elevated temperature during grain-filling stage. Crop Science, 2017, 57(4): 2183-2192.
[27] Yang X. Amylopectin chain length distribution in grains of japonica rice as affected by nitrogen fertilizer and genotype. Journal of Cereal Science, 2016, 71: 230-238.
[28] 张洪程, 王秀芹, 戴其根, 等. 施氮量对杂交稻两优培九产量、品质及吸氮特性的影响. 中

国农业科学, 2003, (7): 800-806.

[29] 丁涛, 张洪程, 袁秋勇. 施氮量与每穴本数对丰优香占产量、品质及吸氮特性的影响. 江苏农业科学, 2005, (1): 23-27.

[30] 徐大勇, 杜永, 方兆伟, 等. 江淮稻区不同穗型粳稻品种主要农艺和品质特性的比较分析. 作物学报, 2006, (3): 379-384.

[31] Ding C, Yan W, Chang Z, et al. Comparative proteomic analysis reveals nitrogen fertilizer increases spikelet number per panicle in rice by repressing protein degradation and 14-3-3 Proteins. Journal of Plant Growth Regulation, 2016, 35(3): 744-754.

[32] 谢成林, 唐建鹏, 姚义, 等. 栽培措施对稻米品质影响的研究进展. 中国稻米, 2017, 23(6): 13-18+22.

[33] 唐永红, 张嵩午, 高如嵩, 等.水稻结实期米质动态变化研究. 中国水稻科学, 1997, (1): 28-32.

[34] 李金州. 不同地域优质粳稻食味品质相关性状的评价. 南京农业大学硕士学位论文, 2009.

[35] 吴长付. 实地氮肥管理的水稻产量与品质及田间生态效应. 扬州大学硕士学位论文, 2008.

[36] Peng S B, Buresh R J, Huang J L, et al. Improving nitrogen fertilization in rice by site-specific N management. Agronomy for Sustainable Development, 2010, 30: 649-656.

[37] Dobermann A C, Witt C, Dawe D. et al. Site-specific nutrient management for intensive rice cropping systems in Asia. Field Crops Research, 2002, 74: 37-66.

[38] Yang W H, Peng S B, Huang J L, et al. Using leaf color charts to estimate leaf nitrogen status of rice. Agronomy Journal, 2003, 95: 212-217.

[39] Han Y P, Xu M, Liu X, et al. Genes coding for starch branching enzymes are major contributors to starch viscosity characteristics in waxy rice (*Oryza sativa* L.). Plant Science, 2004, 166: 357-364.

[40] 杨建昌, 张耗, 刘立军, 等. 水稻产量与效率协同提高关键技术及技术集成. 见: 张福锁, 范明生, 等. 主要粮食作物高产栽培与资源高效利用的基础研究. 北京: 中国农业出版社, 2013: 204-243.

[41] 杨建昌. 水稻根系形态生理与产量、品质形成及养分吸收利用的关系. 中国农业科学, 2011, 44(1): 36-46.

[42] Yang J C, Zhang H, Zhang J H. Root morphology and physiology in relation to the yield formation of rice. Journal of Integrative Agriculture, 2012, 11: 920-926.

[43] 常二华. 根系化学讯号与稻米品质的关系及其调控技术. 扬州大学博士学位论文, 2008.